CAD/CAM/CAE 工程应用丛书

Autodesk CFD 入门　进阶　精通

朱　戈　等编著

机 械 工 业 出 版 社

本书主要介绍了 Autodesk CFD 的使用方法与技巧。本书基于 Autodesk 2018 版本进行介绍，但是内容通用于 Autodesk CFD（以及原 CFDesign）各个版本的功能。其内容由浅入深，主要包括 Autodesk CFD 的基本操作、高级功能及其在电子散热、照明灯具、涡轮机械、建筑暖通行业的应用。另外附书附赠网盘有操作视频练习，可以帮助 CFD 从业者入门学习，而书中的内容也可以作为高级从业者作为应用的参考书查阅。

本书的读者对象包括电子产品热设计、汽车气动分析、水利机构设计等领域的从业人员，以及相关理工科院校的高年级本科生、硕士和博士研究生等。

图书在版编目（CIP）数据

Autodesk CFD 入门 进阶 精通/朱戈等编著．—北京：机械工业出版社，2017.7
（CAD/CAM/CAE 工程应用丛书）
ISBN 978-7-111-57776-8

Ⅰ. ①A… Ⅱ. ①朱… Ⅲ. ①计算流体力学－应用软件 Ⅳ. ①O35－39

中国版本图书馆 CIP 数据核字（2017）第 201945 号

机械工业出版社（北京市百万庄大街 22 号　邮政编码 100037）
策划编辑：张淑谦　　责任编辑：张淑谦
责任校对：张艳霞　　责任印制：常天培
涿州市京南印刷厂印刷

2017 年 8 月第 1 版・第 1 次印刷
184mm×260mm・19.25 印张・466 千字
0001－3000 册
标准书号：ISBN 978-7-111-57776-8
定价：59.00 元

凡购本书，如有缺页、倒页、脱页，由本社发行部调换

电话服务
服务咨询热线：(010)88361066
读者购书热线：(010)68326294
(010)88379203

网络服务
机 工 官 网：www.cmpbook.com
机 工 官 博：weibo.com/cmp1952
金 书 网：www.golden－book.com
教育服务网：www.cmpedu.com

前　言

本书内容分为两个部分：

第一部分（第1~4章）为基础的操作介绍，针对首次接触Autodesk CFD软件的零基础者。目的在于使初学者了解Autodesk CFD的用户界面与操作方法。

第二部分（第5~7章）为进阶的应用介绍，包括以下3章。

（1）软件进阶（第5章）

针对软件的具体设置进行进一步的说明，包括目录结构与文件类型、网格、标志、旋转区域、瞬态流动、运动、对流方式、湍流、求解控制、收敛判断、粒子轨迹、API等相关设置的详细说明。这一部分之所以没有放在基础操作部分，是因为在基础操作部分已经可以对一个模型进行初级的分析，而对于没有CFD专业背景的人员，想要做到对趋势的分析，使用默认的设置已经足够了，而本部分的内容可以帮助用户更深入和准确地对CFD模型进行分析。

（2）功能进阶（第6章）

针对一些特定流体分析和热分析的衍生功能的说明，包括日照辐射、热舒适度、焦耳热、湿度、冲蚀、空蚀、两相流混合、标量混合、烟雾能见度、自由液面等内容进行进一步说明。这些功能在一般的流体和热分析中可能较少用到，但是针对某些场景却十分有用，因此放在本部分进行介绍和说明。

（3）行业进阶（第7章）

针对建筑、照明灯具、电子散热和涡轮机械这4个不同的行业进行具体的指导说明，包括对这几个行业的各自所采用的建模策略、模型设置、网格划分、具体案例和预期问题进行整理和详细说明。本章是对这几个行业在实际应用中的经验总结。希望读者在快速进行行业应用的同时能够举一反三。

本书电子资料中配备操作练习内容，可以在网盘中下载附赠的操作练习教程的电子文档、示例模型及视频演示。

本书的编写虽然基于Autodesk CFD 2018版本，但在内容使用方面通用于Autodesk CFD 2015之后各个版本。虽然有些介绍到的功能在过早的版本中没有涉及，但是本书所描述的建模策略和操作技巧是通用的，不仅在使用Autodesk CFD时可以有所帮助，甚至在使用其他类似CFD软件时都可以对读者有所帮助。

本书主要由朱戈编写，此外，在本书的编写过程中，赵强参与了第5章的编写，梁晶镭参与了第6章的编写，在此表示感谢。同时感谢Autodesk公司Simulation团队中的Parker Wright、MinoruKanja－San、何凡，销售团队的庄华祥、赵敏，技术团队的李健、黄明忠，技术支持团队的张晓锦、罗海泳、吴秀丽的支持和帮助，感谢江西云博士提供的帮助和建议。

目 录

前言
第1章 Autodesk CFD 软件介绍 …… 1
1.1 CFD 和 Autodesk CFD …… 1
1.2 解决方案策略推荐 …… 1
1.3 重要资源 …… 2
第2章 Autodesk CFD 三维模型准备 …… 3
2.1 准备 CAD 模型 …… 3
2.2 CAD 连接和基本模型交互 …… 7
2.2.1 设计分析简介 …… 7
2.2.2 从 CAD 启动 …… 8
2.3 模型基本操作 …… 10
第3章 Autodesk CFD 仿真前处理 …… 14
3.1 用户界面 …… 14
3.2 模型设置工作流程 …… 24
3.3 几何分支和工具 …… 27
3.4 指定材料和设备 …… 30
3.5 指定边界条件 …… 34
3.6 指定网格 …… 39
3.7 求解 …… 43
3.8 结果收敛判断 …… 44
第4章 Autodesk CFD 仿真后处理 …… 46
4.1 控制全局结果 …… 46
4.2 使用平面理解结果 …… 49
4.3 迹线 …… 55
4.4 等值面和 ISO 体积 …… 60
4.5 壁面结果 …… 63
4.6 测量部件温度 …… 64
4.7 结果点 …… 66
4.8 使用决策中心得出结论 …… 68
4.9 克隆设计和工况 …… 69
第5章 软件高级设置 …… 70
5.1 基本文件夹结构和常用文件类型 …… 70
5.2 有限元与有限体积 …… 70
5.3 标志 …… 72
5.3.1 标志管理器 …… 72
5.3.2 标志列表 …… 75
5.4 网格划分 …… 77
5.4.1 诊断 …… 78
5.4.2 调整网格尺寸 …… 78
5.4.3 自动加密 …… 80
5.4.4 加密区域 …… 87
5.4.5 高级参数 …… 90
5.4.6 自适应网格 …… 91
5.4.7 拉伸 …… 96
5.4.8 手动网格剖分 …… 101
5.4.9 壁面层 …… 104
5.4.10 几何变更 …… 105
5.4.11 网格单元说明 …… 106
5.4.12 多线程网格划分 …… 106
5.5 旋转区域 …… 107
5.5.1 旋转区域几何学注意事项 …… 107
5.5.2 旋转区域边界条件 …… 108
5.5.3 使用冻结转子求解旋转分析 …… 109
5.5.4 旋转区域输出文件 …… 109
5.5.5 旋转区域分析最佳实践 …… 109
5.6 瞬态流动 …… 110
5.7 运动 …… 113
5.7.1 直线运动 …… 115
5.7.2 角运动 …… 119
5.7.3 直线/角复合运动 …… 125
5.7.4 轨道/旋转复合运动 …… 126
5.7.5 章动运动 …… 128
5.7.6 滑片运动 …… 133
5.7.7 自由运动 …… 135
5.7.8 运动的几何体与网格划分 …… 139
5.7.9 运动表面元件 …… 142
5.7.10 运行运动分析 …… 144

5.8　对流方式 ………………………… 146
5.9　湍流 ……………………………… 147
5.10　智能求解控制 ………………… 149
5.11　收敛 …………………………… 151
5.12　FEA 映射 ……………………… 153
5.12.1　传输结果到 FEA ……… 153
5.12.2　FEA 系统介绍 ………… 155
5.13　粒子 …………………………… 158
5.13.1　轨迹算法 ……………… 158
5.13.2　带质量的粒子轨迹 …… 158
5.14　应用程序接口（API）……… 160
5.14.1　CFD 脚本编辑器 ……… 161
5.14.2　API 结构与层级概述 … 163
5.14.3　使用 API 编程引用 …… 166
第 6 章　Autodesk CFD 进阶功能 …… 177
6.1　日照辐射 ………………………… 177
6.2　热舒适度 ………………………… 178
6.2.1　仿真热舒适度 …………… 179
6.2.2　热舒适度因子 …………… 180
6.2.3　评估热舒适结果 ………… 181
6.3　焦耳热 …………………………… 183
6.4　湿度 ……………………………… 184
6.5　冲蚀 ……………………………… 185
6.5.1　通过质量粒子迹线查看冲蚀 ……………………… 186
6.5.2　冲蚀仿真中的材料硬度 … 187
6.6　空蚀 ……………………………… 188
6.7　两相流混合 ……………………… 189
6.8　标量混合 ………………………… 191
6.9　烟雾能见度 ……………………… 193
6.9.1　烟雾能见度仿真 ………… 193
6.9.2　烟雾能见度参数 ………… 194
6.9.3　评估烟雾能见度结果 …… 195
6.10　可压缩流 ……………………… 196
6.11　自由液面 ……………………… 199
第 7 章　Autodesk CFD 行业最佳实践 ………………………………… 203
7.1　建筑行业最佳实践 ……………… 203
7.1.1　机械通风 ………………… 204
7.1.2　风载荷 …………………… 207
7.1.3　自然通风 ………………… 210
7.1.4　AEC 应用中的几何建模技术 ……………………… 213
7.1.5　AEC 行业应用中的材料 … 218
7.1.6　AEC 应用中的热边界条件 ……………………… 221
7.1.7　热交换器的使用 ………… 223
7.1.8　AEC 应用中的网格划分 … 228
7.2　照明行业应用最佳实践 ………… 229
7.2.1　建模策略——几何体与边界条件 ………………… 230
7.2.2　使用的建模策略 ………… 243
7.2.3　照明应用中的网格划分 … 245
7.2.4　运行灯具案例 …………… 247
7.2.5　照明应用的可视化和结果提取 ……………………… 248
7.2.6　预期流动方式和查找问题 ……………………… 249
7.3　电子散热行业最佳实践 ………… 251
7.3.1　内部强迫冷却：有通风口 ……………………… 254
7.3.2　内部强迫冷却：封闭环境 ……………………… 257
7.3.3　外部强迫冷却 …………… 260
7.3.4　被动冷却：内部，通风 … 262
7.3.5　被动冷却：内部，封闭 … 265
7.3.6　外部被动冷却 …………… 267
7.3.7　电子散热分析技巧 ……… 272
7.3.8　印制电路板 ……………… 277
7.3.9　简化热模型 ……………… 279
7.3.10　散热器 ………………… 280
7.3.11　TEC（热电制冷器）材料 ……………………… 283
7.4　涡轮机械行业最佳实践 ………… 286
7.4.1　离心泵和轴流风机 ……… 287
7.4.2　涡轮 ……………………… 291
7.4.3　错误排查 ………………… 295
附录 A　Autodesk CFD 涡轮机械性能曲线生成器 ……………………… 296

第 1 章　Autodesk CFD 软件介绍

1.1　CFD 和 Autodesk CFD

1. 什么是 CFD?

计算流体动力学（Computational Fluid Dynamics，CFD）是一种可精确模拟流体流动和传热的模拟技术。

2. 什么是 Autodesk CFD?

Autodesk 软件可将用户的三维 CAD 工作站变成完全交互式的流动试验台、热测试工作台和风洞。它让用户的三维装配体变成相关联的零成本样机，能揭示无法从物理测试中得到的重要工程信息。更改模型设计之后，用户可以立即在其中看到此更改。

通过在 CAD 模型中直接应用设置，并将 CAD 模型设计与分析中的设计进行关联，可实现此过程的自动化。

3. Autodesk CFD 可用在整个设计过程中

- 在概念阶段，可使用 Autodesk CFD 尝试新的想法、研究趋势并确定用户的想法在现实中的表现如何。在提交设计资源前用它来理解概念的含义。
- 在开发阶段，可使用 Autodesk CFD 分析对设计所做更改的影响并最终获得能提供所需性能的设计。
- 在营销阶段，可使用 Autodesk CFD 创建可展示设计优势的二维和三维图像及视频。

1.2　解决方案策略推荐

在启动“设计分析”之前，用户应询问一些重要的问题，这些问题对于确定用户将启动什么样的几何结构、设计重点在于哪些部分以及完成分析时观察哪些参数至关重要。

1. 你对此设计有哪些了解?

- 此设计有哪些工作条件?
- 此设计使用什么材料?

2. 对于此设计的性能，你希望了解哪些方面?

- 此设计的目标是什么?
- 有无成功或失败的标准?

3. 为了达到你的目标，可以更改此设计的哪些方面，以达到的目标?

- 你能否更改工作条件?
- 你能否更改材料?

- 设计中的哪些部件可以更改?

这些问题得到回答后，用户将可以在 Autodesk CFD 中执行适用于所有分析的基本流程：

- 准备 CAD 模型并导入 Autodesk CFD 中。(2.1 节)
- 根据需要修正或修改几何模型。(2.2 节)
- 为模型中的所有部件指定材料。(3.4 节)
- 指定工作条件。(3.5 节)
- 指定网格。(3.6 节)
- 单击“求解”开始分析。(3.7 节)
- 转到“结果”任务，然后（在运行期间及结束后）查看结果。(4.1 节~4.7 节)
- 在决策中心中比较结果。(4.8 节)
- 如果需要更改几何模型，那么克隆“设计分析”栏中的设计或工况。(4.9 节)

1.3 重要资源

除本书之外，还可以通过以下途径获取 Autodesk CFD 的相关学习资源。

1. Autodesk 帮助

Autodesk 帮助旨在最大程度地丰富用户的 Autodesk CFD 学习经验，包含以下资源。

- 快速入门信息，帮助新用户尽可能快速入门。
- 有关如何使用 Autodesk CFD 的全面、深入说明。
- 基本技能视频。
- 教程。
- 仿真原则。

想要获得针对特定主题的帮助，可单击大多数对话框上都提供的“帮助”图标或在功能区控件上按〈F1〉键。

2. 技术支持

在专业的支持工程师团队的协助下创建支持案例。

- 支持工程师深入了解 Autodesk CFD，并能提供指导以确保成功使用 Autodesk CFD。
- 登录到 Autodesk Subscription Center 可访问支持资源。

3. 应用程序专家

Autodesk 的应用程序专家团队在各种工程领域的 Autodesk CFD 应用方面都拥有高水平的专业技能。借助其经验和知识，这些工程师帮助推动产品方向，并致力于改善 Autodesk CFD 体验。

4. Subscription 服务

许多支持和知识资源可通过 Subscription 会员资格获得：

- 知识库。
- 在线社区用户论坛。

第 2 章　Autodesk CFD 三维模型准备

2.1　准备 CAD 模型

1. 应该准备怎样的 CAD 模型

在模型完整性和正确创建流体区域方面的 CAD 技能是有效模拟的基础。第一步是设计用户的 CAD 模型。这需要对几何体进行建模，并优化模型。

(1) 优化模型中的问题

- 产品级的几何体可包含间隙、干涉、紧固件和很小的特征。
- 这些特征在生产中经常是不可或缺的因素，但会给模拟增加不必要的复杂性。

(2) 解决方案

- 为了节省时间和计算机资源，如果这些特征小到不会影响模拟结果，则可除去这些特征。
- 对于大型装配体，考虑仅分析设计的关键部分，这样可以加速分析过程。
- 在某些情况下，创建更简化的新设计以关注分析的关键区域，速度会更快。

2. 准备几何体时务必采取的步骤

- 除去妨碍流体域填充的间隙，包括部件之间的空隙、钣金起伏区域和紧固件的孔。
- 除去不会影响流动或传热的紧固件。
- 减少非常大的装配体，以便仅包括关键组件。
- 消除干涉，包括压入配合和不当配合。

3. 有助于缩短分析时间的步骤

1) 除去不会影响分析结果的非常小的特征。

- 小尺寸圆角。
- 倒角。
- 极小部件。

2) 填充流体区域中不重要的小间隙。

4. 可以将其删除但并不影响模拟的示例特征

极小特征以及干涉、间隙和紧固件，通常可以从模型中删除，除非它们显著影响设备中的流动或热行为。此处有 3 个创建用于生产的几何示例以及适用于 CFD 模拟的相应简化，见表 2-1。

表 2-1　产品与模拟模型对比

产　品	模　拟
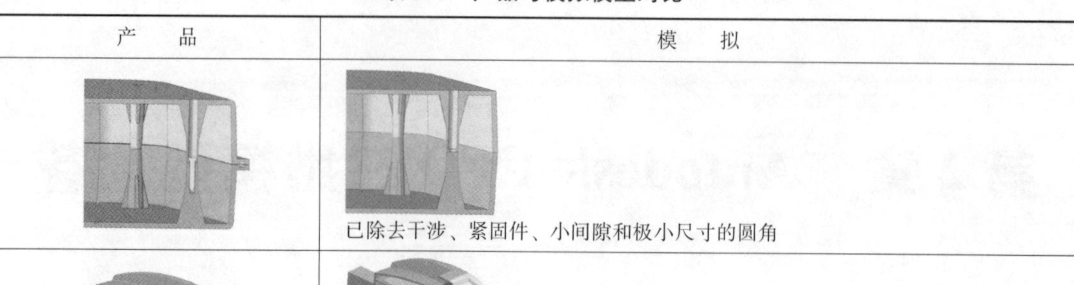	已除去干涉、紧固件、小间隙和极小尺寸的圆角
	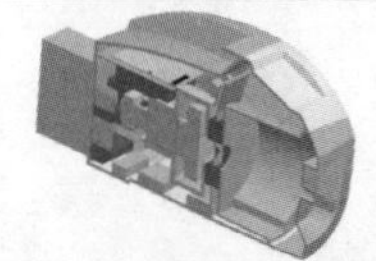 除了已经除去干涉、紧固件、小间隙和极小尺寸的圆角，有些对分析并不重要的组件也已除去
	 除了已经除去干涉、紧固件、小间隙和极小尺寸的圆角，有些对分析并不重要的组件也已除去

5. 可用于评估模型的工具

由于很多几何问题非常小，因此很难找到它们，尤其是在复杂的模型中。模型评估工具包用于询问几何图元，以确定一系列在 CAD 模型中经常发生的已知几何问题，如图 2-1 所示。

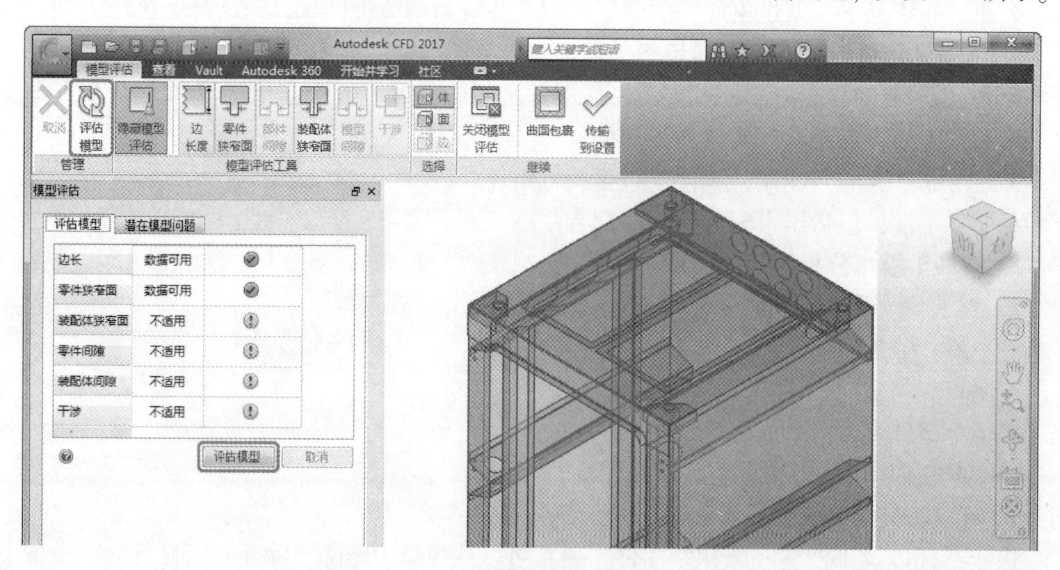

图 2-1　模型评估工具包

1）对于每个零件，模型评估工具包将查找以下这些问题。

- 短边长度。
- 曲面裂痕。
- 零件间隙。

2）对于每个部件，模型评估工具包查找以下这些问题。

- 模型裂痕。
- 模型间隙。
- 干涉。

模型评估工具包可识别问题，但不提供工具来修复问题。通常最好在 CAD 软件或 Autodesk Sim Studio 中解决问题。在某些情况下，若问题并不重要，则可以忽略。在其他情况下，它们应予以解决，以减少网格划分错误的概率，缩短可能会较长的分析时间。通常需要工程判断来确定应解决哪些问题。

用户可以通过选择 Autodesk CFD 启动命令中的“活动模型评估工具”选项，在从 CAD 系统启动时启动模型评估工具。打开几何文件时，可检查“新建设计分析”对话框中名为“导入到模型诊断”的框。

6. 流体域几何体建模

为了使用 Autodesk CFD 在设计中分析流体，必须建立流体域的模型。在默认情况下，大多数 CAD 模型不包括流体区域，但是可以通过一些方法创建这种流体区域模型。了解哪一种方法最适合用户的分析将会影响 CAD 模型准备工作。

7. 在用户的 CAD 系统中生成流模型

在用户的 CAD 系统中，可以选择创建显示流体区域的一个或多个部件。

对于内部流（如管道、阀门和电子设备外壳），通常意味着要创建流体，如图 2-2 所示。

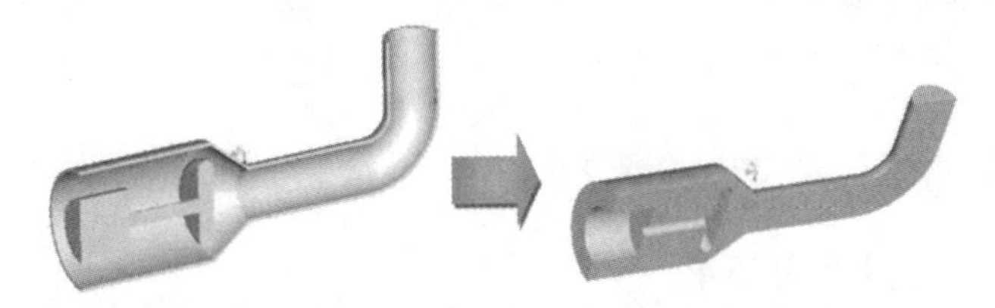

图 2-2　内部流体区域

对于外部流（如车辆上方、暴露的模型周围），通常意味着创建环绕整个模型的盒子，如图 2-3 所示。

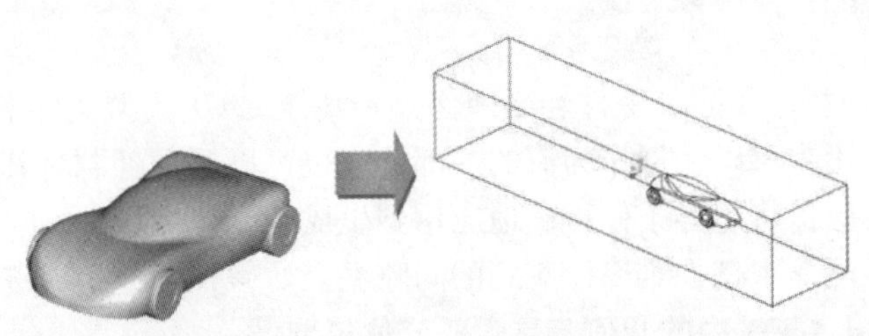

图 2-3　外部流体区域

1）优势：

- 流几何体是 CAD 模型的一部分。
- 用户可以控制流体的尺寸和位置。

2）劣势：

- 复杂模型中的流几何体创建难度较大。
- 需要删除流体和其他部件之间的所有干涉。

8. 确保流体域是密闭的，Autodesk CFD 才能创建流体部件

Autodesk CFD 可以自动创建部件以填充模型中的任何流体空隙。这些部件仅包含在设计分析中，而不在 CAD 模型中。

对于内部流（如管道、阀门和电子设备外壳），创建“盖子”可盖住开口，以确保流体域是“密闭”的，这样 Autodesk CFD 就可以创建流体，如图 2-4 所示。

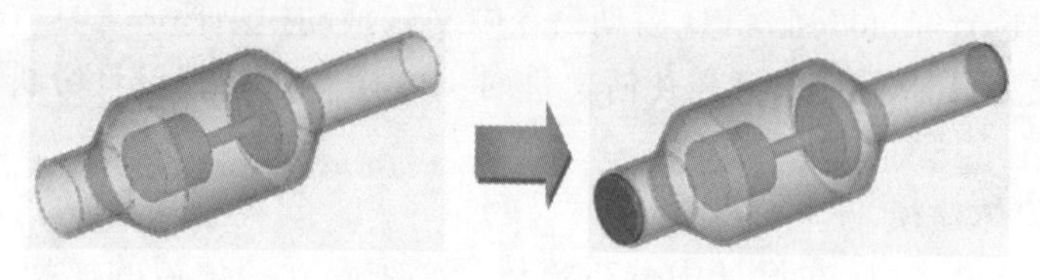

图 2-4　创建内部流体区域

对于外部流（如车辆上方或暴露的模型周边），可以将模型封装在盒子里，这能让 Autodesk CFD 在盒子与模型间创建流体，如图 2-5 所示。

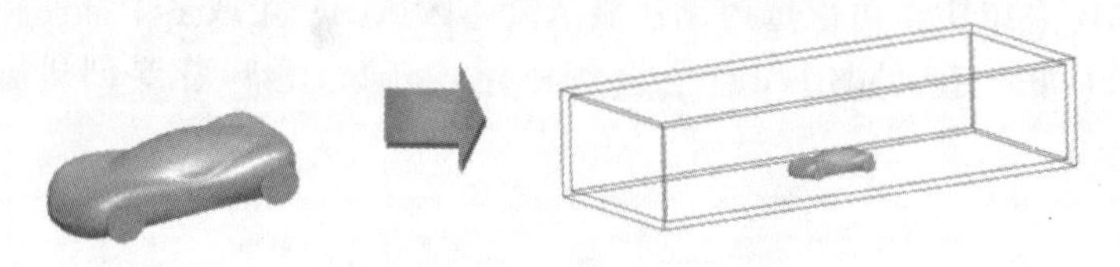

图 2-5　创建外部流体区域

1）优势：

- 此方法通常操作起来十分简单。
- 获取流几何体的准确形状，干涉不再是问题。
- CAD 中创建的盖子体用作流动区域中的部件。用户可以通过更改盖子的厚度来控制边界条件的位置。创建较厚的盖子会使边界条件向远离对象的上游移动；使用较薄的盖子则将边界条件移近。

2）劣势：

- 盖子在 CAD 模型中是附加部件，必须保存到其他 CAD 模型文件中。
- 对于外部流，用户可以将框作为流的一部分，也可以通过抑制将其排除在外。如果抑制框，那么要确保将边界条件正确地应用到生成的流体区域。
- 有些较大的装配体中存在难以探测到的间隙，会妨碍正确地生成流体。

9. 使用 Autodesk CFD 中的几何工具生成流体模型

用户可以将流体直接添加到模拟模型中。

对于内部流（如管道、阀门和电子设备外壳），可使用“流体域填充”构建关闭平面开口的面。在所有开口都被关闭，整个空间处于“密闭”状态时，创建填充流体域的内部体，如图 2-6 所示。

对于外部流（如车辆上方或暴露模型的周边），可使用“外部体创建”在用户的模型周围创建流体区域，如图 2-7 所示。

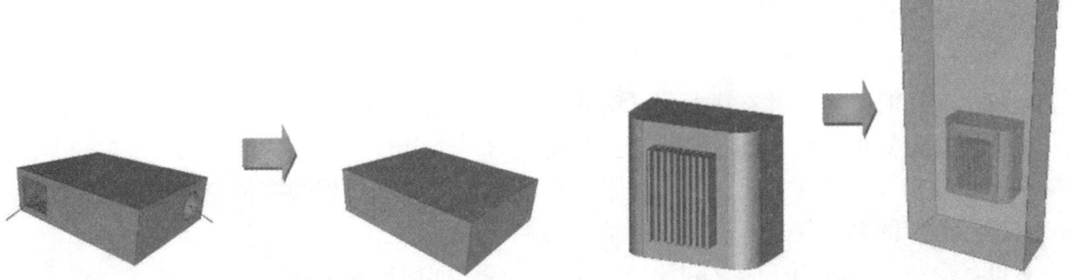

图 2-6 Autodesk CFD 生成内部流体区域

图 2-7 Autodesk CFD 生成外部流体区域

1）优势：

- Autodesk CFD 为用户处理复杂作业。
- 获取准确的流几何体形状，设备和区域之间没有干涉。
- CAD 模型中不需要附加的部件。

2）劣势：

- “流体域填充”操作中的面盖子只能为平面。
- 由于盖子也可作为流体的一部分，因此边界条件直接应用于流体区域。在有些分析中，这可能会太过靠近流体区域。
- 外部体无法准确地对比模型调整大小和位置。这适合有些分析，但并不是全部。

10. 使用“曲面包裹”创建外部流体

创建外部流体的另一方法是使用“曲面包裹”。其工作原理是创建一个包围模型外部曲面的流体。模型的各个部分将有效地合并在一起，因此，此方法适用于其中内部部件未参与仿真的外部流体仿真。

若要激活“曲面包裹”，可启动 Autodesk CFD，然后单击“新建”按钮，浏览 CAD 或几何文件，然后选择“曲面包裹”选项。此时，将在 CFD 中打开“曲面包裹”环境。用户可以定义外部流体的大小，完成流体，然后继续设置环境。仿真模型的行为类似于将包裹好的实体部件一起包裹到新创建的外部流体的单个部件内。

2.2 CAD 连接和基本模型交互

在本章中，将讨论 Autodesk CFD 如何管理文件，以及如何与 CAD 系统连接。另外，还将介绍模型导航和实体选择的基本知识。

2.2.1 设计分析简介

在启动 Autodesk CFD 之前，务必了解设计分析的概念。

设计分析是一个 Autodesk CFD 的文件结构，可以对单个 Autodesk CFD 会话中的多个分析进行分组。设计分析的主要优点是便于比较结果。设计分析中包含的需要分析的几何体可以不同，每个独有的几何体均称为“设计”。分析也可以采用不同的材料和工作条件。每种不同的设置组合均称为"工况"。设计分析层次有助于跟踪和整理这些工况。

设计分析是设计分析自动化的核心。设计分析具有层次分明的结构，可将过程划分为以下3个基础层级。

1. 设计分析

- 每次使用时，用户都在进行设计分析。
- 即使在最简单的模式下，设计分析也会包含一个分析。
- 设计分析是一种文件系统，汇合了对设计过程起关键作用的多种变量。
- 设计分析的名称仅显示在用户界面顶部栏中。
- 设计分析是一种用于定义和比较多层次工程设计项目的架构。
- 设计分析包括设计和场景。

……

2. 设计

- 每个几何模型都是一项设计。
- 用户可以使用设计来了解在CAD系统中所做几何修改的效果。
- 用户还可以为CAD系统中的每个几何变体创建新的设计。
- 每个设计都可以被一个或多个不同的工况所参考。

……

3. 工况

- 工况是设计中包含的独立分析。
- 设计中的所有工况都参考同一个几何图形。
- 若要了解各种设置（如边界条件或材料）的效果，可针对各个不同的设置场景创建新的工况。

2.2.2 从CAD启动

Autodesk CFD包括适用于Autodesk Inventor、Autodesk SimStudio Tools、Autodesk Revit、SpaceClaim、Pro/Engineer、UGNX和Solid Works的直接启动器。

如果Autodesk CFD不支持从CAD系统直接启动，用户通常可以从Autodesk CFD直接读取文件或从Autodesk Sim Studio Tools打开模型，以及从Autodesk CFD启动。

1. 通过从CAD启动创建新设计分析的步骤

"设计分析管理器"是用于实时协调CAD模型和设计分析的一种互动工具。

该工具在管理设计分析、设计和工况方面具有强大的功能。借助该工具，用户无须退出即可轻松地从CAD工具更新这些内容。

当用户从CAD启动时，"设计分析管理器"会自动开启，如图2-8所示。它非常强大，包含若干功能：

- 若要使用模型评估工具包检查几何体问题，可单击命令以启动活动模型评估工具。完成评估后，设计分析管理器打开。若要从设计分析管理器中直接启动，可单击CFD启动按钮或相应菜单项。
- 在"分析名称"字段中指定设计分析的名称。默认名称是顶层组合或部件的名称。
- 用户还可以将设计和场景的名称从默认值更改为其他名称。

- 设计分析的默认位置与 CAD 模型的路径相同。若要更改设计分析的位置，可单击“设置路径…”按钮，并选择（必要时可以创建）需要的路径。
- 单击“启动”按钮，Autodesk CFD 将启动，并创建设计分析。设计分析栏会显示第一个设计和场景。

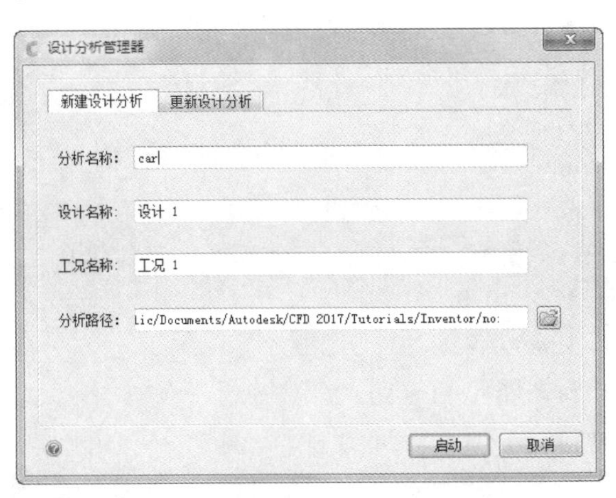

图 2-8　设计分析管理器

此外，使用“设计分析管理器”可执行以下任务。

- 向设计分析添加几何模型。
- 打开现有的设计分析。
- 向设计分析添加新设计。

2. 从 CAD 或几何文件启动

用户可以通过直接打开几何图形或 CAD 文件，将几何图形转换为模拟。如果 CAD 系统不可用或使用 Vault 中的几何图形，可使用此方法。此方法通常比从 CAD 启动更加快速。但是，它并不适合用于研究几何图形变化，因为指定的设置无法始终可靠地从现有设计传输到新设计中。如果需要几何图形关联，那么最好从 CAD 系统启动。

（1）新建设计分析的步骤

- 从桌面或“开始”菜单启动 Autodesk CFD。
- 单击“开始并学习”→“新建”按钮。
- 在“新建设计分析”对话框中，单击“浏览…”按钮。
- 在“创建新的设计分析”对话框中，浏览并选择文件，然后单击“打开”按钮。
- 在“新建设计分析”对话框中，输入“设计分析”的“名称”。
- 可选：若要使用模型评估工具包检查几何体问题，可勾选“导入到模型诊断”复选框。
- 单击“创建新的设计分析”按钮。

注：设计分析、设计和工况的名称不得包含“<”“>”“?”“:”“/”“]”“[”“\”“.”“,”“'”等标点或符号。

（2）支持的文件类型

- Inventor 文件（*.iam、*.ipt）：2016 版及更早版本。

- PTC 零件与装配体文件（*.asm、*prt）：Wildfire 5.0 ~ Creo 3.0。
- ACIS（.sat）：7.0 版及更早版本。
- Parasolid（.x_t）：一直到 v26 版本。
- SolidWorks（.sldasm、.sldprt）：2001 Plus ~ 2015 版。
- CATIA V5 文件（*.CatProduct、*.CatPart）R23 版本。
- 多边形文件格式/斯坦福三角形格式文件（*.ply）。
- UG NX（.prt）：V13 ~ 9.0。
- CAD 网格文件（.unv、.nas、.dat）。
- STEP 文件（*.stp、*.step）：AP214 和 AP203。
- IGES 文件（*.igs）：所有。
- Siemens PLM（*.jt）：10.0。
- RHINO 文件（*.3dm）：V5。
- Simulation CAD 诊断文件（*.sdy）。
- ASM 文件（*.smt）。
- Autodesk Alias 文件（*.wire）。
- Autodesk DWF 文件（*.dwf）。
- Autodesk Filmbox 文件（*fbx）。
- Autodesk TPF 格式文件（*.tpf）。
- SketchUp 文件（*.skp）。
- Lightwave 文件（*.lwo）。
- 对象格式文件（*.off）。
- Stereolithography 文件（*.stl）。
- 富文件（*.rstl）。
- Wavefront 文件（*.obj）。

这样可以执行与快速编辑工具栏中的“新建”图标相同的功能。

3. 从 Autodesk SimStudio Tools 启动

如果 Autodesk CFD 不支持从 CAD 系统直接启动或不直接读取 CAD 格式，则可以使用 Autodesk SimStudio Tools 来准备模型并启动进入 Autodesk CFD。

- 直接在 Autodesk SimStudio 中打开 CAD 模型。
- 使用各种几何工具准备模拟模型。
- 若要启动模型，可单击“插件”列表中的 Autodesk CFD 图标，如图 2-9 所示。

图 2-9　Autodesk CFD 启动器

此时，可见模型启动，设计分析管理器打开。

2.3　模型基本操作

1. 默认鼠标导航（旋转/缩放/平移）

旋转、缩放和平移是使用鼠标对模型进行操作的基本方法。

1）若要旋转，可按住〈Shift〉键和鼠标中键，同时移动鼠标，如图 2-10 所示。

2）若要缩放，可滚动鼠标滚轮，如图 2-11 所示。

3）若要平移（移动），可按住鼠标中键并移动鼠标，如图 2-12 所示。

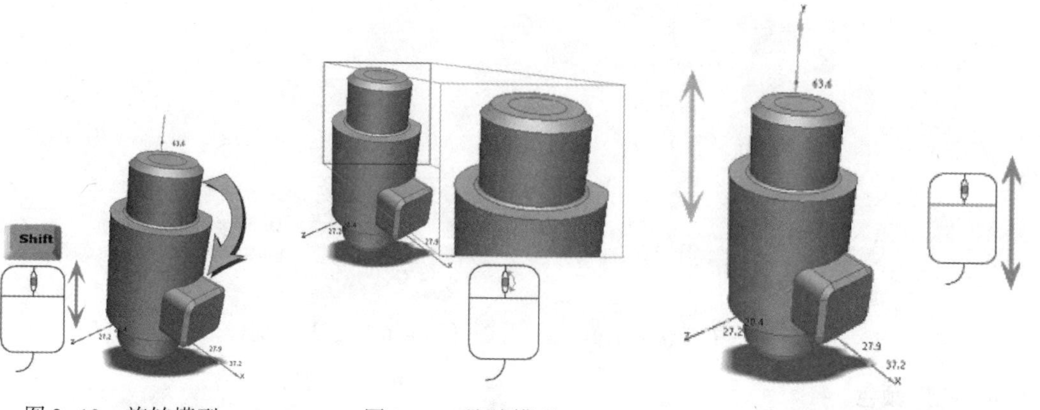

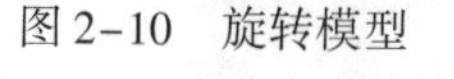

图 2-10 旋转模型　　图 2-11 缩放模型　　图 2-12 平移模型

2. 使用导航工具导航

用户也可以使用直接嵌入在用户界面的导航工具移动模型。

1）ViewCube，如图 2-13 所示。若要旋转模型，可将鼠标悬停在 ViewCube 上，按住鼠标左键的同时拖动鼠标。若要更改模型的方向，可单击 ViewCube 的任意面、边或角。

2）导航工具栏，如图 2-14 所示。导航工具栏是方向工具的集合。它位于图形窗口的右侧。用户可以使用这些工具来平移、缩放和旋转模型。

图 2-13 ViewCube

图 2-14 导航工具栏

3）鼠标导航模式。Autodesk CFD 提供了多种使用鼠标进行模型导航的导航模式。除了默认模式外，还可使用多种模式在支持的 CAD 工具中进行模拟导航。

若要更改导航模式，可执行以下操作。

- 打开“应用程序”菜单，然后单击“选项”按钮，接着单击“导航”选项卡。
- 从导航模式菜单中选择所需的 CAD 工具。
- 重新启动 Autodesk CFD 以激活更改。

3. 选择对象

可通过多种方法将选择模式设置为体、面或边。

- 利用图形窗口的右键快捷菜单，如图 2-15 所示。

• 利用“选择”面板，如图 2-16 所示。

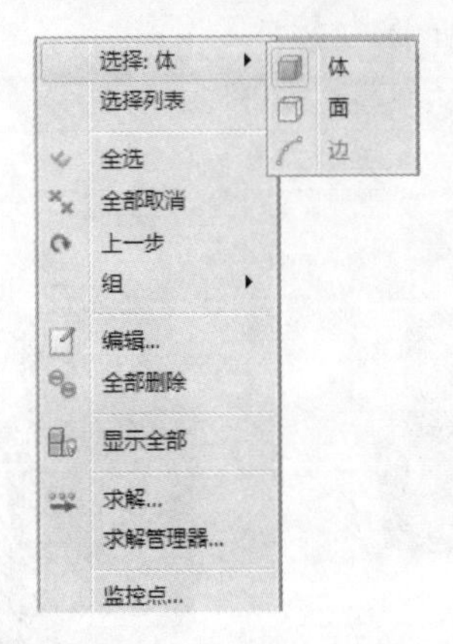

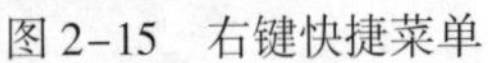
图 2-15　右键快捷菜单

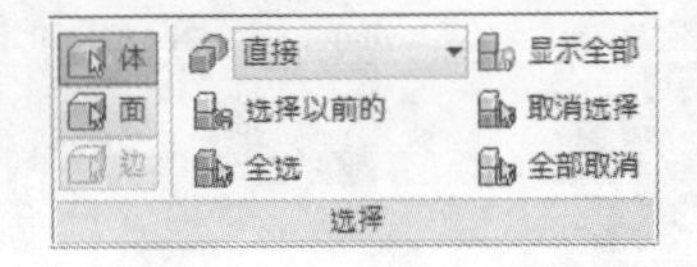

图 2-16　“选择”面板

4. 选择颜色

不同的颜色用于指示实体的选择状态。

• 当鼠标悬停在实体上时，将变为绿色。

• 当实体被选中时，将变为红色。

• 当鼠标悬停在选定的实体上时，将变为黄色。

选中项目后，其标签会显示在“选择列表”中。若要从“设计分析”栏选择实体，只需在相应分支中左键单击该实体的标签即可。

注：实体只有在未被其他实体遮挡时，才能选择。如果其他实体遮蔽所需的实体，则应隐藏阻挡实体。

5.“选择”图标

使用“选择”面板中的图标选择和取消选择多个条目，如图 2-17 所示，相应操作说明见表 2-2。

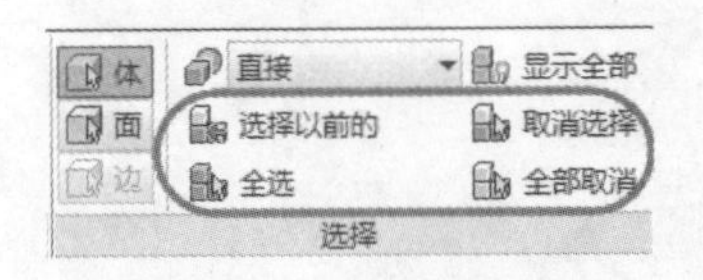

图 2-17　“选择”图标

表 2-2　“选择”图标操作列表

若要选择当前选择模式中的所有实体，可单击此图标	全选
若要取消选择某个项目，可在选择列表中突出显示项目，并单击此图标	取消选择
若要取消选择所有选中项目，可单击此图标	全部取消
若要选择以前选中的实体，可单击此图标	选择以前的

注：“全选”“全部取消”“上一步”也可以从快捷菜单中调用。

6. 选择方法

若要选择与另一个项目（便于选择的项目）相关的多个实体，可从“转向”菜单中进行选择。

将鼠标移动到选定类型的实体上时，该实体会亮显。若要选择与选定类型相关的所有项目，可单击任一亮显的项目。

例如，如果有10个部件指定了相同的材料，可从此列表中选择“材料”。将鼠标移动到模型上时，就会看到全部10个部件同时亮显，因为它们具有相同的材料。若要选择全部10个部件，只需单击其中一个即可。

每个可选择实体的选择方法，见表2-3。

表2-3 选择方法列表

实体	选择方法
体	直接——突出显示并选中体
	材料——突出显示并选中使用相同材料的体
面	直接——突出显示并选中面
	体——突出显示体，并选中与选取的体接触的所有面
边	直接——突出显示并选中边
	面——突出显示面，并选中与选取的面接触的所有边
	体——突出显示体，并选中与选取的体接触的所有边

7. 隐藏对象

隐藏对象可以访问位于其后的对象。

1）隐藏对象的方法：

- 单击该对象，然后单击上下文工具栏中的“隐藏”按钮。
- 右键单击该对象，然后选择“隐藏”命令。
- 按住〈Ctrl〉键并单击该对象。

2）显示隐藏的对象方法：

- 左键单击模型外的区域，然后单击上下文工具栏中的“显示全部”图标。
- 右键单击，然后选择“显示全部”命令。
- 依次单击“设置”（选项卡）→“选择”（面板）→“显示全部”图标。
- 按住〈Ctrl〉键，同时在图形窗口中模型以外的区域内单击鼠标中键。

3）若要撤销和重做隐藏和显示对象操作，按住〈Ctrl〉键并滚动鼠标滚轮。

注：若要设置隐藏对象的类型，可使用“选择类型”工具栏或快捷菜单将选择类型设置为“体”或“面”。

第 3 章 Autodesk CFD 仿真前处理

3.1 用户界面

在本章中，我们将介绍用户界面的主要组成部分，以及有关使用 Autodesk CFD 的基础知识。

Autodesk CFD 用户界面的默认布局如图 3-1 所示。

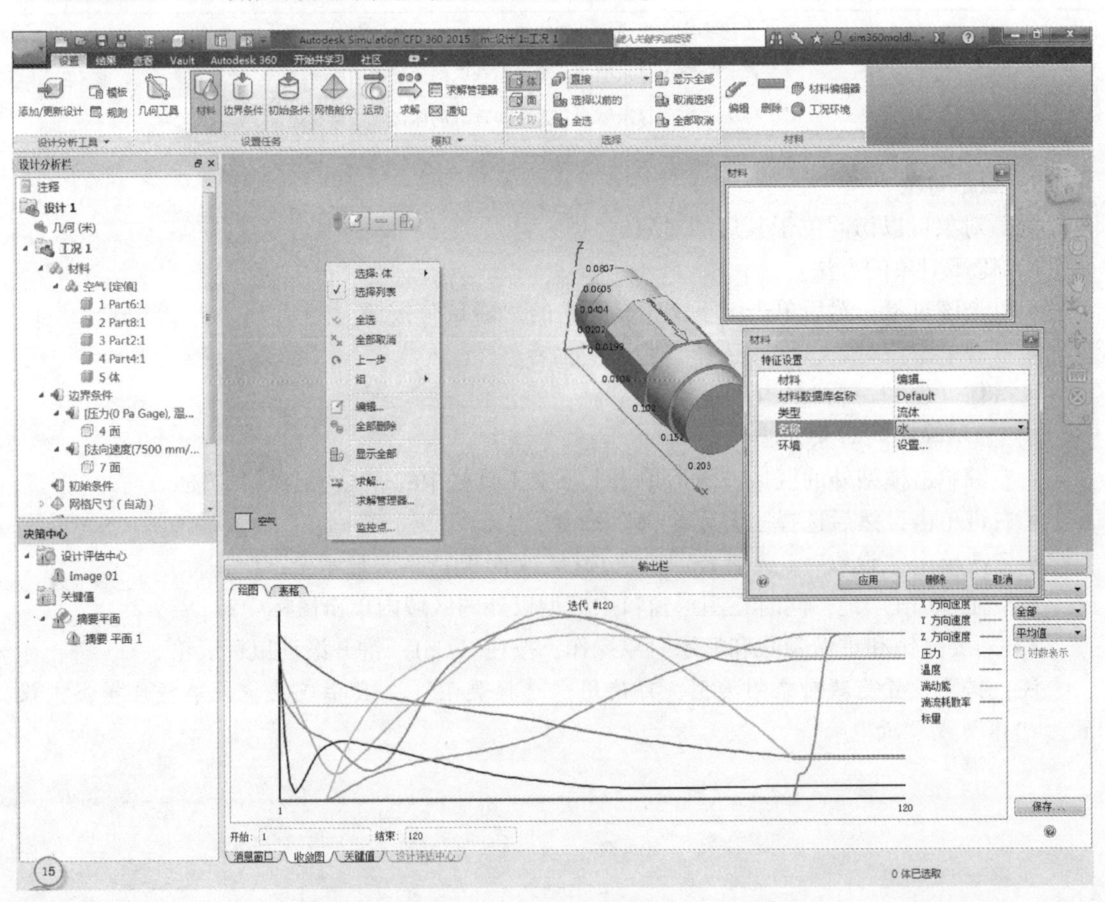

图 3-1 用户界面

1. 图形窗口：查看模型

Autodesk CFD 图形窗口中的背景颜色由 CAD 工具中的背景颜色设置。

若要覆盖此设置，可打开应用程序菜单，单击“选项”图标，并将“背景颜色”设置

更改为“用户定义”。

2. 功能区：基本组成

功能区横跨在用户界面的顶部边缘，可在模拟的所有阶段使用它们与模型交互。

每个功能区都具有如下的简单层次结构，如图 3-2 所示。

图 3-2　功能区

- 选项卡：功能区的顶层组织级别。一个选项卡中的所有命令具有共同的用途，要么支持模拟过程中的特定阶段（“设置” 和 “结果”），要么帮助完成特定目标（“视图” 和 “入门”）。
- 面板：包含密切相关的命令的组。
- 命令：功能区上的各个命令。命令以按钮和菜单等多种形式呈现。

从功能区浏览 Autodesk CFD 帮助主题、引用特定命令的步骤。为确保清晰起见，每次引用都会包含选项卡名称，后跟面板名称，然后是命令名称（“选项卡” → “面板” → “命令”）。

例如，以下是对 “设置” 选项卡的 “模拟” 面板中 “求解管理器” 命令的引用。

“设置”（选项卡）→ “模拟”（面板）→ “求解管理器”。

3. 下拉菜单

在某些面板的标题栏中，小箭头表示有其他控件位于面板的下拉菜单中。若要查看这些控件，可单击面板标题栏上的向下箭头，如图 3-3 所示。

默认情况下，在移走鼠标后，菜单会消失。若要锁定下拉菜单，可单击 “固定” 图标，如图 3-4 所示。

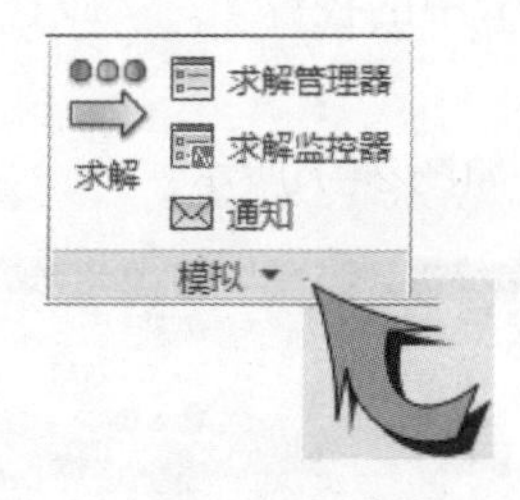

图 3-3　下拉菜单

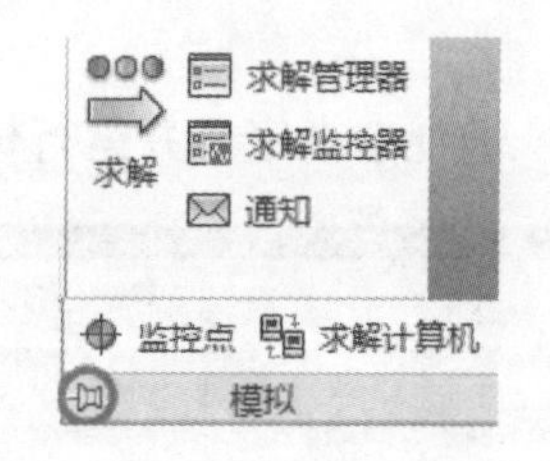

图 3-4　固定图标

若要隐藏下拉菜单，可再次单击 “固定” 图标。

4. 自定义功能区

可以修改功能区外观以满足个人喜好。

(1) 更改面板位置的步骤

- 将鼠标置于面板标题上。
- 单击并按住鼠标左键。
- 拖动到所需的位置。

注：可以将面板移到功能区内的其他位置，或者完全移出功能区。

（2）使面板回到其默认位置的方法

- 将面板拖动到它在功能区中原来的位置。
- 或者将光标悬停在面板上，直到边界出现，然后单击“使面板回到功能区”图标，如图 3-5 所示。

（3）隐藏面板的步骤

- 在面板标题上单击鼠标右键。
- 展开“显示面板”列表。
- 取消选中面板的名称。

（4）功能区最小化的模式

共有 3 种功能区最小化模式：表格、面板标题和面板按钮，如图 3-6 所示。

图 3-5 “使面板回到功能区”图标

图 3-6 功能区最小化的模式

- 若要选择模式，可单击选项卡标签右侧的向下菜单箭头（图 3 -6 中 1 所示），然后在列表中进行选择。
- 若要将功能区最小化为选定的模式，可单击向上箭头按钮（图 3-6 中 2 所示）。若要将功能区恢复为标准配置，可再次单击向上箭头按钮。

注：若要使用箭头按钮逐一切换每个模式，请选择“Cycle through All”按钮。

5. 功能区：选项卡

功能区中有 8 个单独的选项卡，每个选项卡都用于一个特定的目的，在整个学习和模拟过程中都非常有用。下面简要描述每个功能区选项卡中的控件。

（1）设置

利用“设置”选项卡来定义并运行模拟模型，如图 3-7 所示。

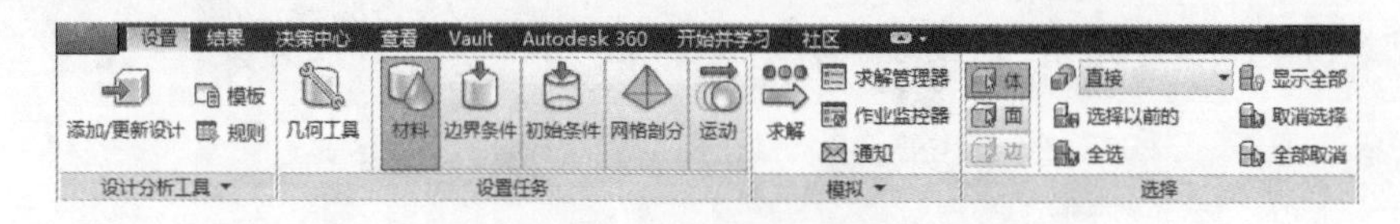

图 3-7 “设置”选项卡

- 利用“设计分析工具”面板可以更新设计分析并管理设计分析自动化工具。
- 从左到右依次选择各个“设置任务”，以定义模拟。（注意：每个任务都额外有一个上下文面板，但几何工具除外。）
- 利用“模拟”面板可以运行和管理一个或多个模拟。
- 利用“选择”面板可以控制实体选择。

注：“设置任务”和“模拟”面板中包含用于设置和运行模拟的主要控件。

（2）结果

利用“结果”选项卡可视化并提取结果数据，如图 3-8 所示。

图 3-8 “结果”选项卡

- 利用“图像”面板创建并共享图像以供设计协作和设计比较。
- 可选择“结果任务”面板中的活动结果工具。（注意：每个任务都会额外产生一个上下文面板。）
- 利用“报告”面板以传递模拟结果。
- 利用“分析评估”面板提取有关当前工况的信息。
- 如果工况已继续多次，或中间迭代已保存，可从“迭代步”面板选择迭代进行查看。

注：“结果任务”面板包含用于提取和解释模拟结果的主要工具。

（3）查看

使用“查看”选项卡来控制模型外观并自定义用户界面，如图 3-9 所示。

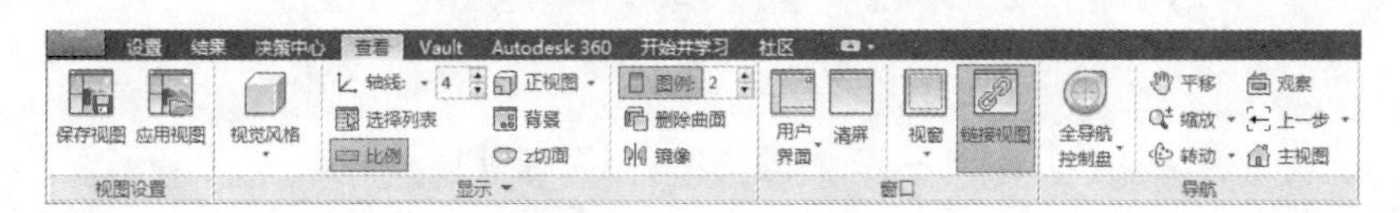

图 3-9 “查看”选项卡

- 保存视图，并使用“视图设置”面板将其应用于其他模型。
- 利用“显示”面板控制模型的显示。
- 利用“窗口”面板配置用户界面和图形窗口。
- 利用“导航”面板控制模型位置、方向及缩放。

（4）Vault

使用“Vault”选项卡可在 Autodesk Vault 中存储和管理 Autodesk CFD 数据，如图 3-10 所示。

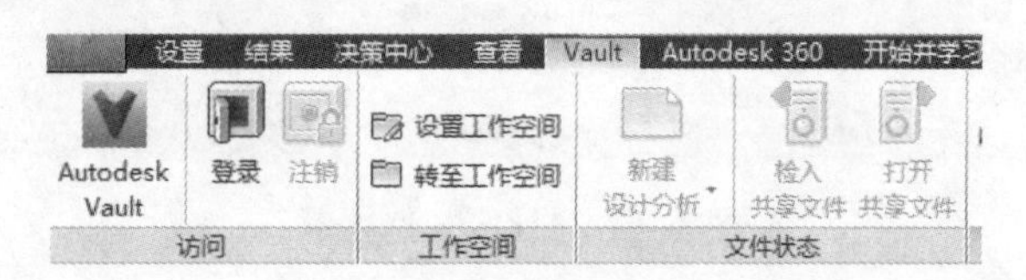

图 3-10 “Vault”选项卡

- 利用“访问”面板从 Autodesk CFD 中输入 Vault。
- 利用“工作空间”面板来管理和访问从 Vault 中检出时存储数据的本地文件夹。
- 利用“文件状态”面板来创建和修改使用 Vault 中存储的几何体的模拟。还可以检入和检出模拟文件。

（5）Autodesk 360

可利用“Autodesk 360”选项卡将 Autodesk CFD 结果图像和设置文件同步到 Autodesk 360 文档文件夹，如图 3-11 所示。

图 3-11 “Autodesk 360”选项卡

- 利用“文件”面板将数据手动同步到 Autodesk 360 账户。
- 利用“访问”面板管理本地缓存和 Autodesk 360 文件夹。
- 利用“模拟同步”面板配置模拟数据自动上传到 Autodesk 360 的方式。

（6）开始并学习

利用“开始并学习”选项卡来创建或打开设计分析并浏览帮助资源，如图 3-12 所示。

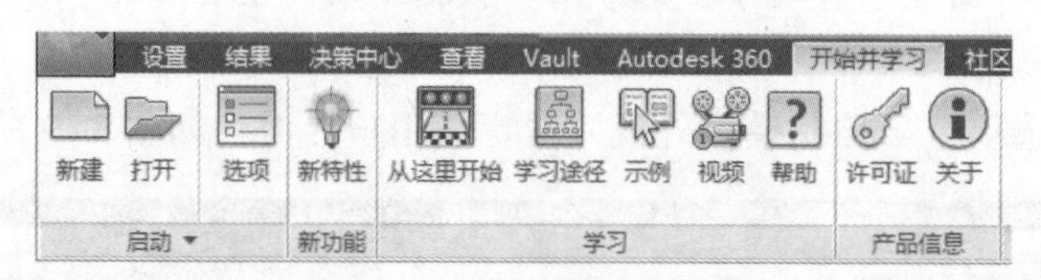

图 3-12 “开始并学习”选项卡

- 利用“启动”面板创建或打开设计分析（这是可替代从 CAD 启动的一种方式）。此外，在打开设计分析之前，先访问“设计分析自动化”工具，并规定用户界面设置。
- 利用“新功能”面板了解新功能。
- 利用“学习”面板浏览帮助和学习资源。
- 利用“产品信息”面板查看产品和许可信息。

（7）社区

利用“社区”选项卡与其他 Autodesk CFD 用户互动，如图 3-13 所示。

图 3-13 “社区”选项卡

- 利用“连接”面板可查看其他 Autodesk CFD 用户。你可以共享知识、与其他用户进行协作，以及分享你对增强功能请求的想法。
- 利用“扩展您的体验”面板获得来自 Autodesk 的最新技术和创新功能。
- 利用“参加”面板为 Autodesk CFD 的发展做出贡献。

6. 上下文面板

“设置”→“设置任务”和“结果”→“结果任务”中的控件可调用特定的任务模式，

这些任务模式是 Autodesk CFD 流程中的基本步骤。一些与活动任务相关的常用控件显示在一个额外附加的上下文相关面板中，该面板位于功能区右侧。

例如，当“设置”选项卡中的“材料”任务处于活动状态时，“材料”上下文面板将显示，如图 3-14 所示。

图 3-14 “材料”任务

当“结果”选项卡中的“全局”任务处于活动状态时，“全局”上下文面板将显示，如图 3-15 所示。

图 3-15 “全局”任务

当“查看”选项卡被选中时，可以访问活动的上下文面板。这样即使离开“设置”或“结果”选项卡，用户仍可以不间断地访问主要控件。

注：大多数上下文面板控件也可通过右键单击菜单和左键单击上下文工具栏调出。

7. 上下文工具栏

通过上下文工具栏可以方便地调用当前任务常用的功能。若要打开上下文工具栏，可单击鼠标左键。

(1) 设置任务（“网格剖分”除外）

- 要定义或修改设置，单击“编辑”按钮（图 3-16 中①）。
- 要取消选择实体，单击“删除”按钮（图 3-16 中②）。
- 若要隐藏选定实体或显示所有实体，可单击“隐藏”或“显示全部”按钮（图 3-16 中③）。

(2) 网格剖分任务

- 要定义或修改设置，单击“编辑”按钮（图 3-17 中①）。
- 若要应用“自动网格剖分”（图 3-17 中②），可构建“加密区域”（图 3-17 中③）、运行“诊断”（图 3-17 中④），以及“抑制”（图 3-17 中⑤）或“恢复”（图 3-17 中⑥）部件。
- 若要隐藏选定实体或显示所有实体，可单击“隐藏”或“显示全部”（图 3-17 中⑦）。

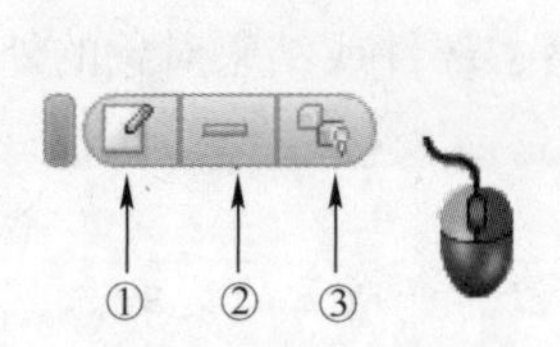

图 3-16 设置任务

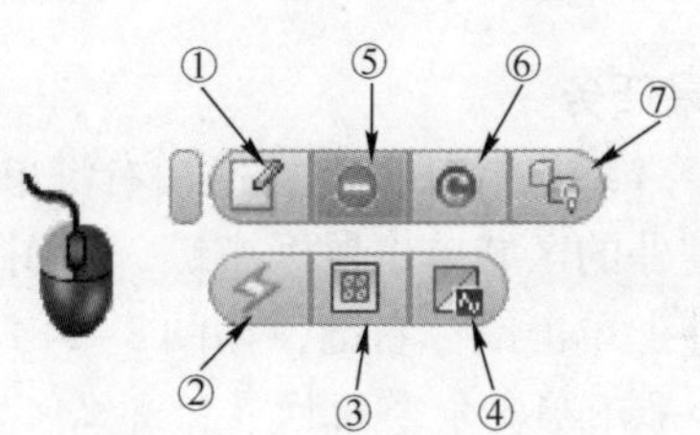

图 3-17 网格剖分任务

（3）平面任务（在“结果”选项卡中）

• 左键单击活动结果平面。

• 调整平面方位（图 3-18 中①）。

• 修改外观（图 3-18 中②）。

• 打开“平面”工具：矢量设置、XY 曲线图和统计（图 3-18中③）。

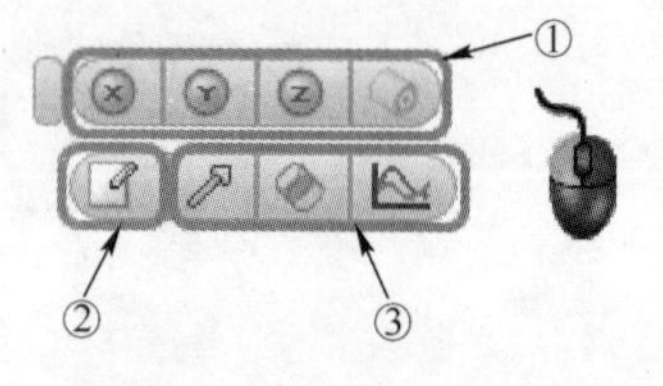

图 3-18　平面任务

8. 快捷菜单

右键快捷菜单包含与当前任务有关的常用控件。通过它们可以方便地调用命令，同时让焦点恰好保持在模型上。

在每个“设置”任务中，使用快捷菜单可以更改选择类型、选择和取消选择条目，或打开相应的快速编辑对话框。此外，还可以访问当前任务特有的命令。

在模型外的区域中单击鼠标右键，如图 3-19 所示。

在部件上单击鼠标右键（“材料”任务），如图 3-20 所示。

在部件上单击鼠标右键（“边界条件”任务），如图 3-21 所示。

在部件上单击鼠标右键（“网格”任务），如图 3-22 所示。

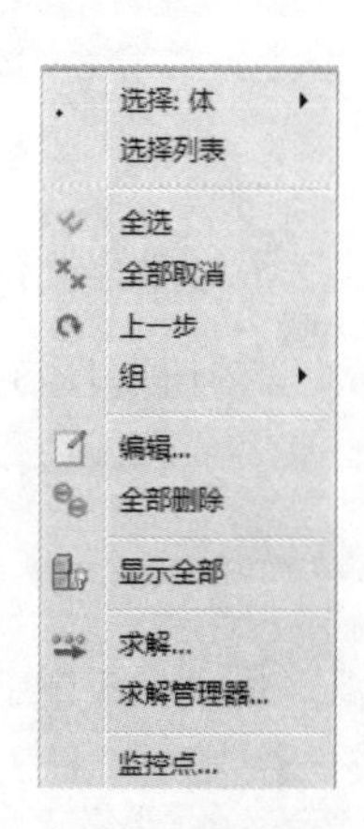

图 3-19　在模型外单击右键

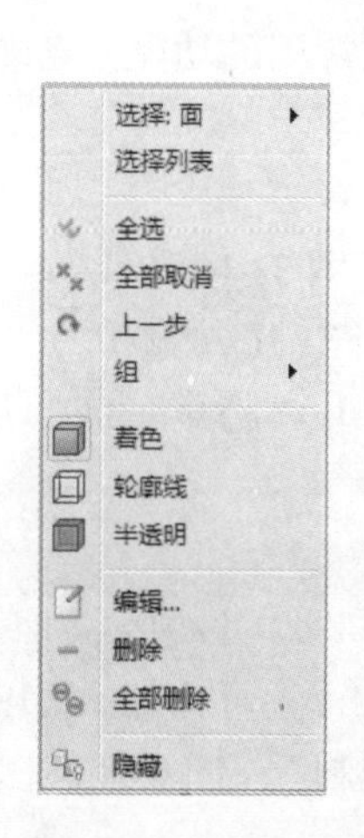

图 3-20　“材料”任务右键快捷菜单

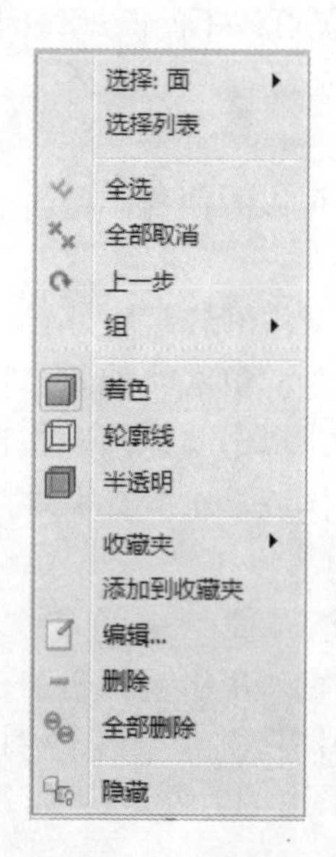

图 3-21　“边界条件”任务右键快捷菜单

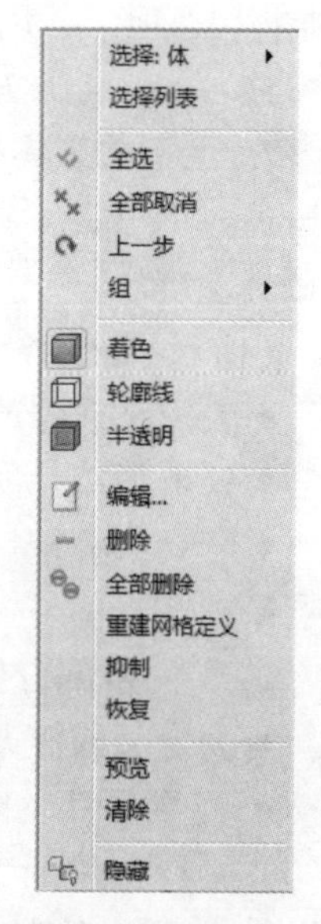

图 3-22　“网格”任务右键快捷菜单

9. 结果任务

在每个“结果”任务上，使用右键单击菜单修改模型、部件或结果对象的外观。

在模型外的区域单击鼠标右键，如图 3-23 所示。

在部件上单击鼠标右键，如图 3-24 所示。

注：如果不确定命令的位置，那么可以右键单击对象以打开所需的菜单。

10. 快速编辑对话框

快速编辑对话框是在模型设置和结果提取过程中用来指定参数和值的主要工具。每个任务都有一个独特的快速编辑对话框，其中包含用于任务特定设置的字段。它们是基本工作流元素，如图 3-25 所示。

图 3-23 在模型外单击右键产生的快捷菜单

图 3-24 在部件上单击右键产生的快捷菜单

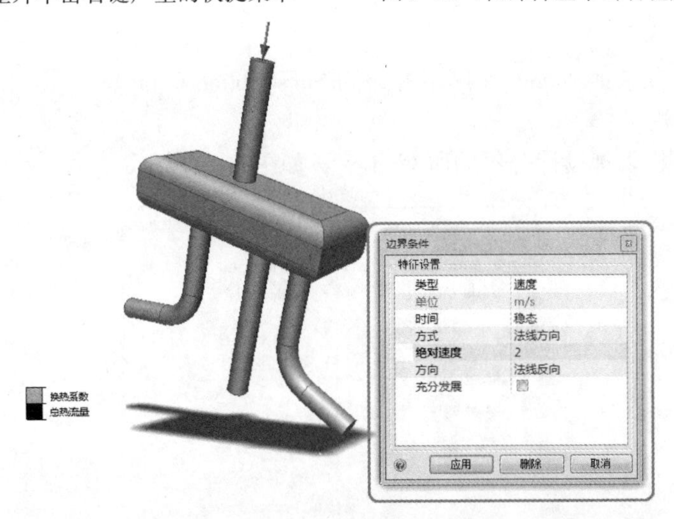

图 3-25 边界条件快速编辑对话框

打开快速编辑对话框的方法有多种：

- 在实体上单击鼠标左键，然后在上下文工具栏上单击“编辑”图标。
- 右键单击实体，并选择“编辑...”命令。
- 在设计分析栏上，右键单击设置或实体，然后选择“编辑...”命令。
- 在设计分析栏上，双击设置或任务分支。
- 在功能区上下文面板中单击“编辑”按钮。

11. 应用程序菜单

使用应用程序菜单管理文件、设置首选项并且调用最近保存的设计分析。单击左上角的圆形图标可以打开应用程序菜单，如图 3-26 所示。

12. 快速访问工具栏

快速访问工具栏与应用程序菜单相邻（靠近左上角）。用于常用功能的便捷调用。以下汇总了快速访问工具栏中的默认工具，如图 3-27 所示。

图 3-26 应用程序菜单打开图标

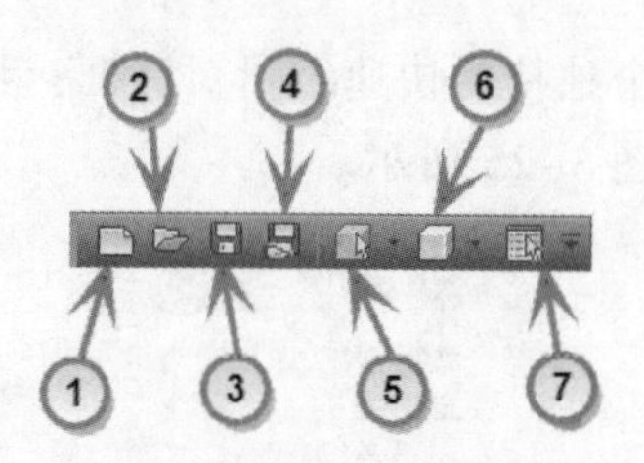

图 3-27 快速访问工具栏

① 新建：创建新的设计分析。

② 打开：打开设计分析或共享文件。

③ 保存：将所有工况和设计保存到设计分析中。

④ 保存共享文件：保存设计分析文件的缩减版本。

⑤ 选择模式：指定可选择的实体的类型。相应的选项包括“体”“面”“边”。

⑥ 视觉样式：控制模型的外观。

⑦ 选择列表：切换是否显示“选择列表”。

13. 信息中心

利用信息中心登录到 Autodesk 网络并访问 Subscription Center。

14. 设计分析栏

使用设计分析栏管理设计分析的所有内容 ，如图 3-28 所示。

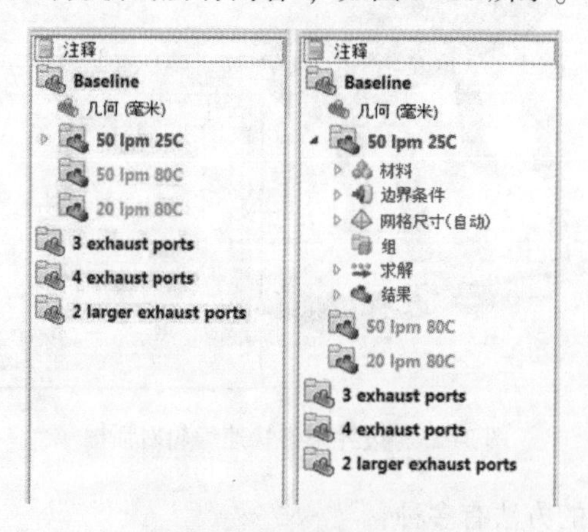

图 3-28 设计分析栏

设计分析栏是一种完全交互式的树形结构工具，用于定义和管理 Autodesk CFD 流程的所有方面。设计分析栏工具采用了一种层次结构，将 Autodesk CFD 流程分为 3 个基础层级：设计分析、设计和工况。

每个设计分析包含至少一个设计（具体的 CAD 几何体），每个设计包含至少一个工况（材料、边界条件和网格设置集合，以及相关的分析结果）。设计使用粗体黑色字符列出，工况显示为粗体蓝色字符。设置指定和结果使用细蓝色字符列出于每个工况中。在此窗口中管理分析。

15. 决策中心

决策中心提供了一个用于比较设计方案的简单而功能强大的环境。它用于确定满足设计目标的设计。决策中心是结果可视化过程的重要部分。

16. 输出栏

查看分析状态信息和重要结果数据。

- 分析启动和结论信息存储在消息窗口选项卡中。
- 通过收敛图监控分析进度。
- 通过关键值选项卡比较摘要结果。
- 通过设计评估中心选项卡比较可视结果。

根据需要折叠“输出栏”，如图3-29所示。

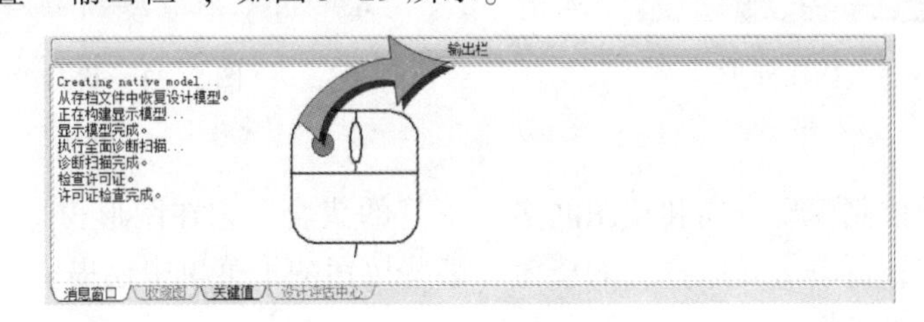

图3-29 折叠“输出栏”

展开输出栏的步骤，如图3-30所示。

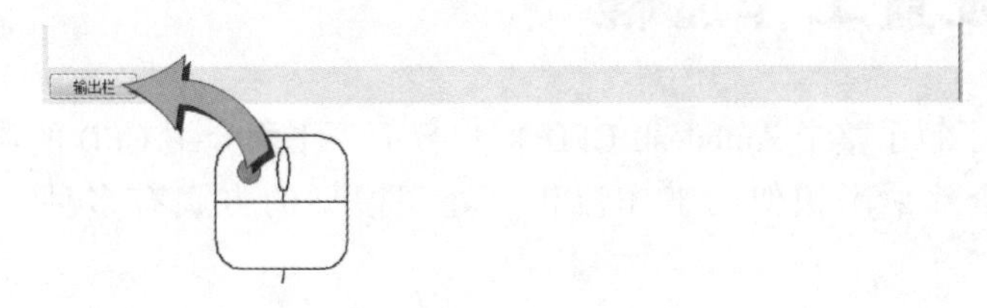

图3-30 展开“输出栏”

17. ViewCube

Autodesk ViewCube是一个高度互动的永久工具，用于控制模型的方向。它提供了一种简单的方法来选择模型的标准（笛卡儿对齐）和等轴测视图。ViewCube工具可在视图发生更改时提供有关当前视点的可视反馈。

可以使用ViewCube快速调整到26个预设方向之一，围绕笛卡儿坐标轴旋转模型，以及将模型重置到其默认方向，如图3-31所示。

图3-31 调整预设方向

默认情况下，ViewCube显示在图形窗口的一角，且处于不活动状态。当光标放置在ViewCube工具上时，它将变成活动状态。

若要调整模型方向，可切换到某个可用的预设视图，滚动当前视图，或者选择模型的主视图。

也可以根据自己的偏好自定义ViewCube的外观和行为。

18. 选择列表

选择列表显示已在“设置”任务中选择的项目。这对于准确知道选择了哪些项目尤其有用。

在“平面”和“等值面”结果任务中，选择列表分别显示现有平面或等值面的列表。在“壁面计算器”“部件”“点”结果任务中，使用选择列表与当前任务的控件交互。

要控制选择列表的显示与否，可单击快速访问工具栏中的切换按钮，如图3-32所示。

19. 状态栏：查看结果值

- 若要查看从模型面得出的数值结果，按住〈Shift + Ctrl〉组合键，并将光标悬停在所需的位置。
- 若要查看从平面切面得出的数值结果，按住〈Shift〉键，并将光标悬停在结果平面上。

这些值显示在左下角的状态栏上，如图 3-33 所示。

图 3-32　选择列表

在面435 (721.838,504.033,-2346.63)-值35.2717 Celsius

图 3-33　状态栏

20. 导航栏

导航栏是用于控制模型方向和视图的多个工具的集合。它在图形窗口一侧或上方浮动。若要激活导航操作，可单击导航栏上的按钮。某些按钮的子菜单中还提供了更多工具。若要访问这些工具，可单击按钮下方的小箭头。

3.2　模型设置工作流程

现在我们已经了解了整个 Autodesk CFD 用户界面，下面介绍 CFD 的典型工作流程。

“设置”任务全部采用相似的工作流程。处理模型的方式有多种，应选择最适合的方法。

首先从“设置”选项卡（图 3-34 中①所示）或设计分析栏（图 3-34 中②所示）中选择所需的任务。

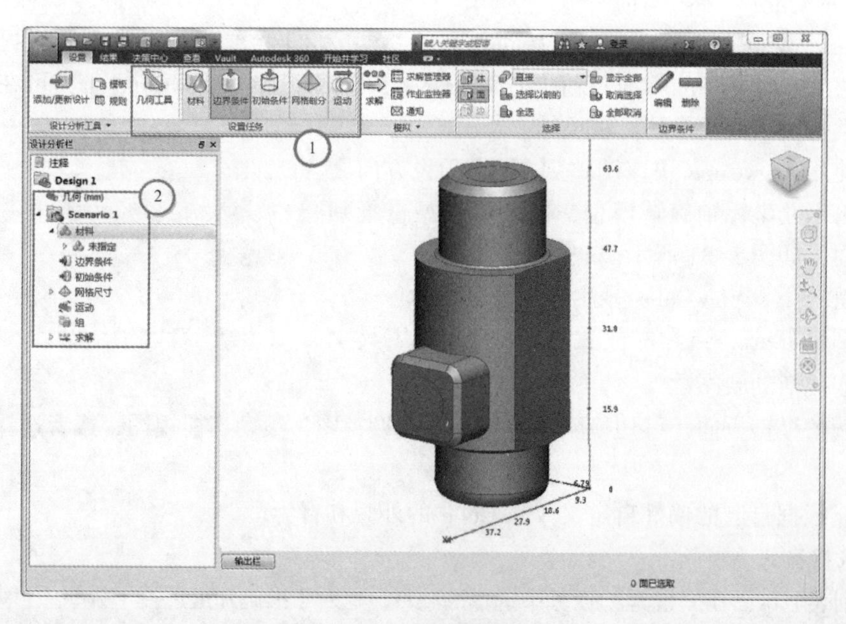

图 3-34　选择所需任务

1. 利用功能区选择和定义设置的步骤

- 在模型实体（面或部件）上单击鼠标左键。

- 单击上下文面板中的“编辑”按钮。
- 在快速编辑对话框中指定设置，如图 3-35 所示。

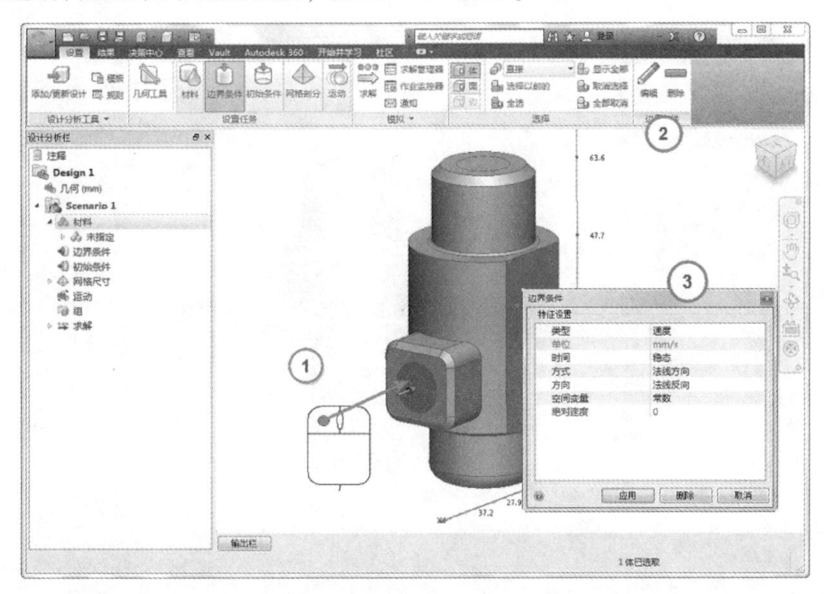

图 3-35　利用功能区选择和修改

2. 在模型附近进行选择和定义的步骤

- 在模型实体（面或部件）上单击鼠标左键。
- 单击上下文工具栏或上下文面板上的“编辑”图标或按钮。
- 在快速编辑对话框中指定设置，如图 3-36 所示。

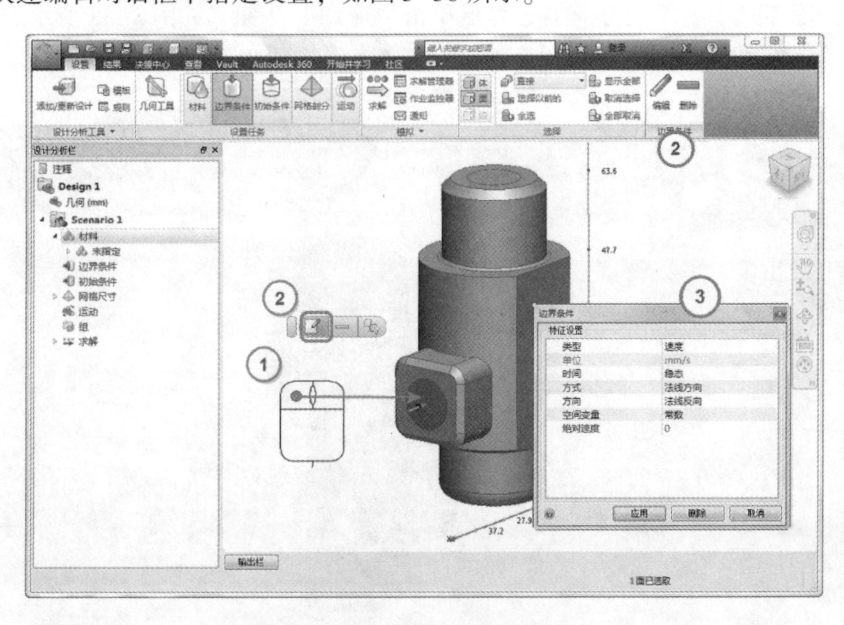

图 3-36　在模型附近选择和修改

3. 在设计分析栏中进行选择和修改的步骤

- 在设计分析栏中的模型实体或现有设置上单击鼠标右键。

- 在弹出的快捷菜单中单击“编辑...”按钮。
- 在快速编辑对话框中指定设置，如图 3-37 所示。

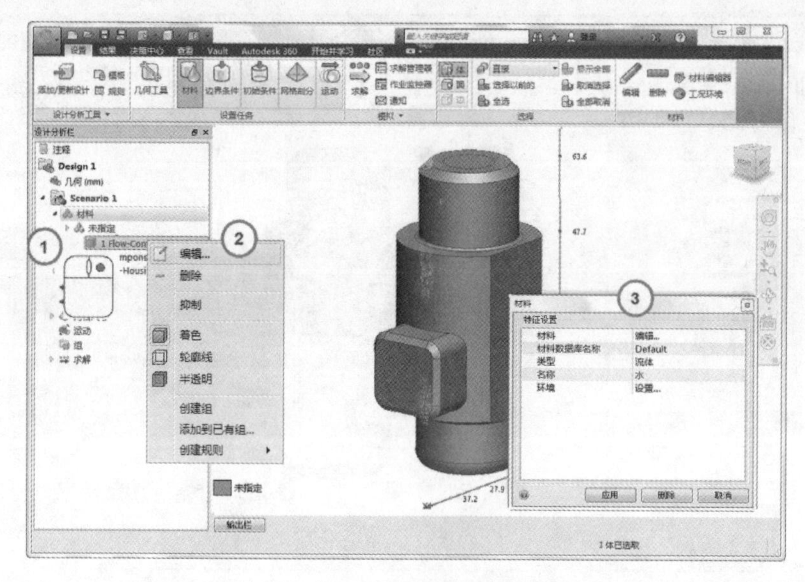

图 3-37 在设计分析栏选择和修改

4. 定义和指定的步骤

- 打开快速编辑对话框（单击鼠标左键并从上下文工具栏中选择“编辑”图标）。或者，在设计分析栏中的“材料”或“边界条件”上单击鼠标右键，然后在弹出的快捷菜单中单击“新材料...”或“新建边界条件...”按钮。
- 在快速编辑对话框中指定设置，然后单击“应用”按钮，如图 3-38 所示。
- 将未分配的设置从设计分析栏拖到模型实体上，如图 3-39 所示。

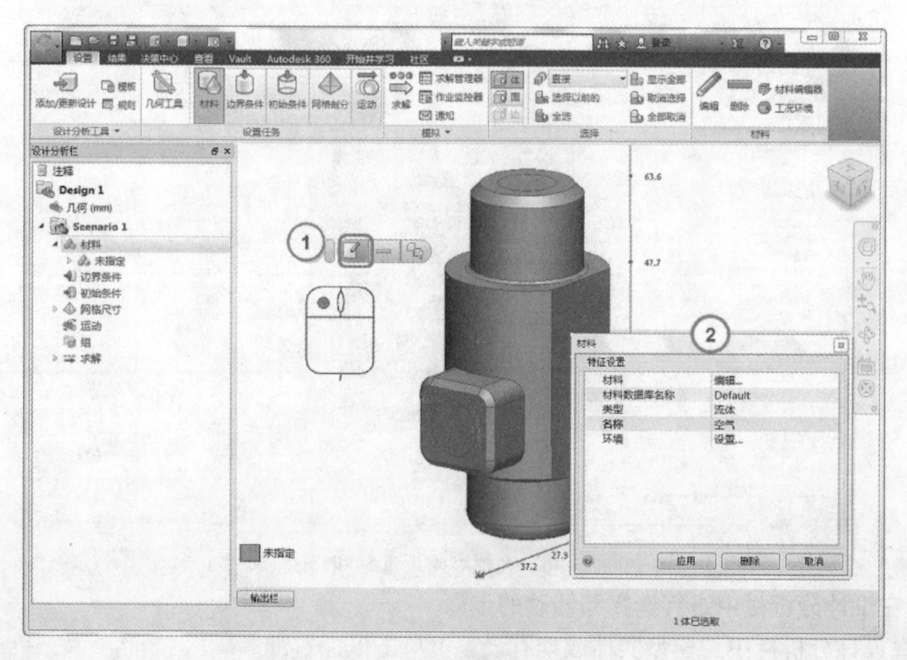

图 3-38 新建材料

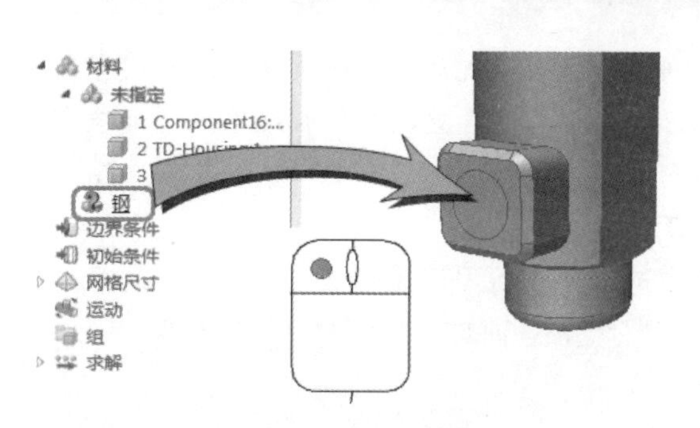

图 3-39　拖拽材料到模型

注：若要应用当前已指定给其他实体的设置，可将该设置从设计分析栏拖到目标实体上。

3.3　几何分支和工具

使用“几何”分支执行以下 3 项主要功能。

1. 设置分析长度单位

对设计进行的几何设置适用于该设计中的所有工况。

若要为设计设置单位，可选择相应长度单位，如图 3-40 所示。

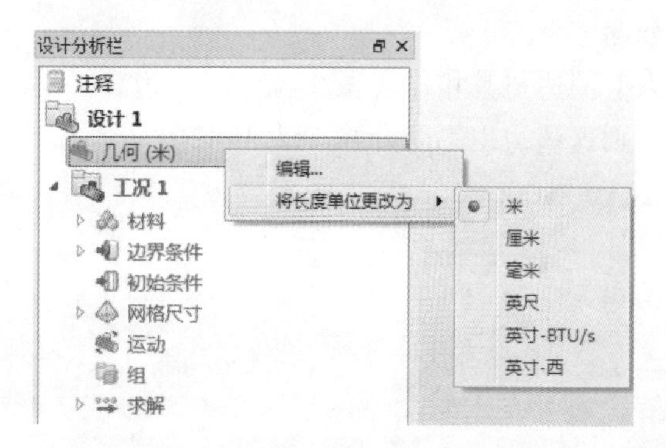

图 3-40　更改单位

- 默认单位为米，除非在“用户首选项”对话框中或在从 CAD 启动时更改默认设置。
- 对于来源于大部分 CAD 系统的几何图形，更改单位制会将模型尺寸更改为新单位。例如，对象长为 1 m，单位更改为“毫米”后，长度将为 1000 mm（物理长度相同，单位不同）。
- 对于 Pro/Engineer 模型，更改单位制只会改变分析的长度单位，而不会改变模型中的任何尺寸。

注：设计分析中的所有设计都必须使用相同的长度单位。

- 添加到设计分析的每个新设计的长度单位自动设置为分析中的其他设计的同种长度单位。
- 更改单独设计的长度单位也会更改每种设计的长度单位。

• 如果分析中的任何设计已有工况运行，则无法更改长度单位。

注：在工况开始运行后，将无法再更改分析长度单位。如果需要更改长度单位，则必须在首次开始模拟之前进行。

2. 为二维（2D）模型设置坐标系

• 从右键快捷菜单中选择“坐标系”命令。

• 选择“笛卡儿坐标”“沿 X 轴对称”“沿 Y 轴对称”。

3. 几何工具

通过几何工具，可以在 Autodesk CFD 界面中修改和创建几何体。用户可以使用“边合并”和“删除小部件”之类的工具降低某些几何特征的复杂性，从而提高分析速度。“流体域填充创建”和“外部体创建”使用户能够在设计分析中创建流几何体，并与原来的 CAD 几何体分离。

若要访问几何工具，可依次选择“设置”→“设置任务”→“几何工具”命令。或者，在设计分析栏中的“几何”分支上单击鼠标右键，然后在弹出的快捷菜单中单击“编辑...”按钮。

若要合并以低于指定偏转角度的夹角相交的边，可使用“边合并”命令。

“边合并”可在偏角小于指定公差的情况下，合并有共同顶点的边。这种工具可减少边的数目（尤其是短边），从而降低总体网格密度并加快分析完成速度。

拐点由其正切夹角决定，该值在“边合并”对话框中的上限为 15°。

关于“边合并”，如图 3-41 所示。

如果某顶点有两条以上的边与其相连（图 3-42a），“边合并”工具将会失效。类似的，如果夹角大于指定角度，则这些边也不能合并（图 3-42b）。

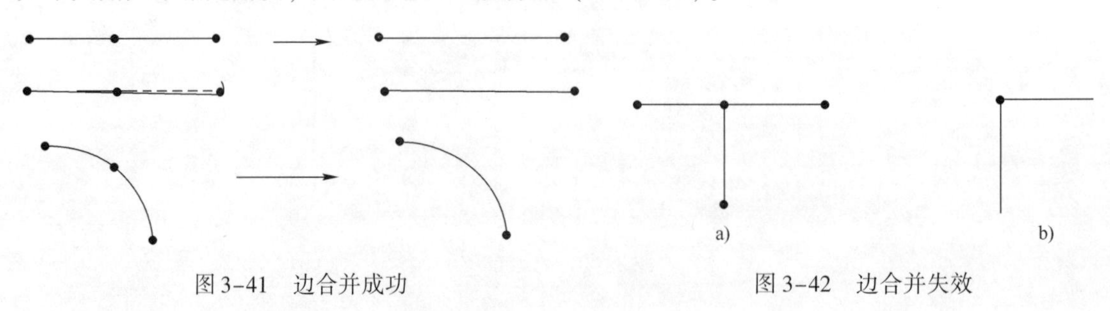

图 3-41 边合并成功　　　图 3-42 边合并失效

若要删除太小而无法显示出来的面和边，则可使用“删除小部件”工具。

“删除小部件”是一个几何图形修复工具，而非部件压缩工具。要抑制部件，最好还是在 CAD 工具中进行。此工具主要用于删除一些小到难以察觉的面和边。

面碎片常常会妨碍网格成功生成，或导致网格密度过高，如图 3-43 所示。

图 3-43 左边箱子的顶面中间位置有一个细小的条形回路。此回路使得这一区域附近的网格密度极高。而图 3-43 右边的箱子则显示了使用“删除小部件”删除该回路后的效果。可以看到，网格的密度明显降低。

若要在物理固体中创建内部流体，则可使用“流体域填充”工具。

典型的 CAD 模型一般是由固体部件组成，而非流体部件。流体区域通常位于各固体的内部或外围，但在大多数情况下，它们都不会显示为几何图形模型的一部分而进行构建。

仅由固体部件构成的几何体，往往都有供工作流体（空气、水等）进出的开口，如图3-44所示。

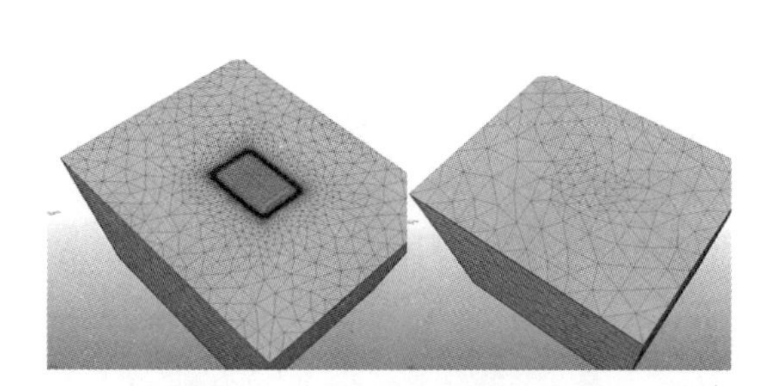

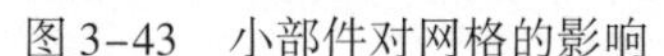

图3-43 小部件对网格的影响

图3-44 仅由固体部件构成的几何体

在此状态下，由于此类模型中没有流部件，因而并不适合用于进行流分析。

“流体域填充”工具可创建一个顶盖面，用于密封内部流体域。创建的面和体是实际的几何图形，它们也具有边界条件、材料等，并可作为模拟模型的一部分划分网格。

注：流体域填充体不得与任何其他体重叠（即使该体可能完全围绕其他部件）。

若要创建围绕流体部件，则可使用“外部体创建”工具。

许多设备浸入在流体（如空气或水）中。设计此类部件时，一个关键因素是流体如何围绕设备流动。示例包括：

- 摩托车和自行车。
- 航空器。
- 汽车。
- 受外部自然对流影响的电子设备。

在以上所有示例中，设备周围的流体域几乎都没有纳入到生产CAD模型中。若要分析流动，则需要向模型中添加外流体域。

通过“外部流体域”工具，周围的空气（或流体）可直接在Autodesk CFD内的模拟模型上构建，无须向CAD几何图形添加部件，如图3-45所示。

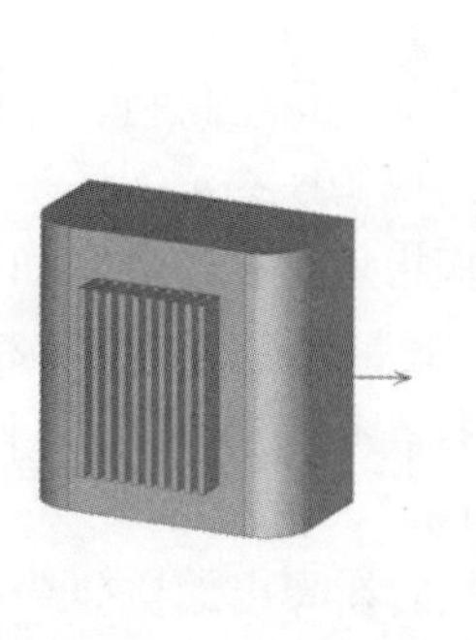

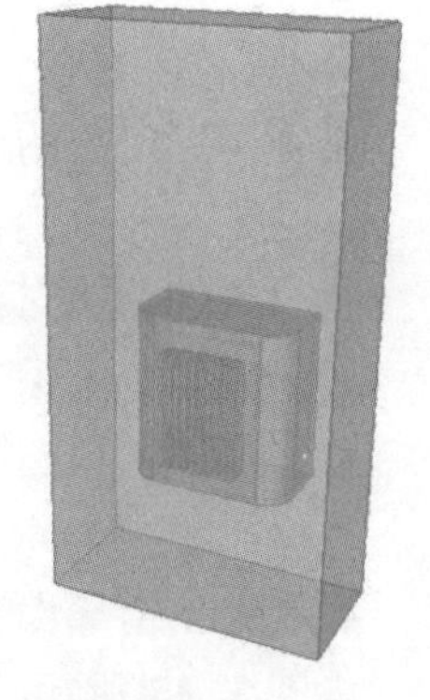

图3-45 添加外部流域

注：几何工具应在执行其他设置任务之前使用。由于几何模型变化，因此在应用几何工具之前指定的条件可能会丢失。

下面介绍何时使用几何工具。

选项卡按照推荐的使用顺序排列：

“边合并”→“删除小部件”→“流体域填充”→“外部流体域”。

注意，以其他顺序使用这些工具可能会造成意外后果，甚至出现错误。

要在指定任何其他模型设置（边界条件、网格尺寸等）之前应用几何工具，这是因为几何工具要向模型添加几何实体或从中删除几何实体，可能会删除现有的设置。

记住，几何工具是可选工具。用户可以选择在CAD工具中使用这些工具合并边、清除小对象，以及创建内部或外部流体。优势和劣势同时存在：在 Autodesk CFD 中使用几何工具可以方便地修改模型和创建流体，而不必向 CAD 模型添加几何结构或从中删除几何结构。但是，在 CAD 模型中进行更改能够更有效地控制添加或删除的特征。

3.4 指定材料和设备

在所有 Autodesk CFD 设计分析中，第一个必要步骤是定义设计中组件的材料。本节主要介绍以下内容。

- 如何指定材料。
- 如何定义材料属性及创建新材料。
- 如何指定材料属性更改的方式和时间。
- 如何以及何时使用材料设备。
- 如何使用已安装的材料数据库及管理自定义材料数据库。

材料是指实际物质，是 Autodesk CFD 分析的基础。分析中有两种不同的材料类型：液体和固体。

设备是指物理设备模型，包括内部风扇、离心风机、阻尼部件、止回阀、旋转区域、印制电路板、LED、简化热模型、热电制冷器、热交换器和散热器。

材料和设备通过相同的流程和对话框指定和创建。

1. 使用材料

默认材料设置：“未指定”。

新工况中每个部件的默认材料设置均为“未指定”。对于分析来说，这不是有效的材料设置，因此在运行前必须为所有部件指定材料。

这样的目的在于在更新设计中的几何体以后，若有材料指定缺失的情况，则将其凸现出来。此外，这也使为带有规则的部件指定材料得以简化，因为很容易知道哪些部件指定了材料，哪些部件未指定。

必须为工况中的所有部件指定材料，才能运行工况。如果启动分析时，没有为一个或多个部件指定材料，则会出现错误提示。

通过快速编辑对话框指定材料的步骤如下。

1）打开“材料”快速编辑对话框（4 种方法）。

- 在部件上单击鼠标左键，然后在上下文工具栏中单击“编辑”图标，如图 3-46 所示。
- 右键单击部件，然后在弹出的快捷菜单中单击“编辑…”按钮，如图 3-47 所示。

图 3-46 上下文工具栏

- 右键单击设计分析栏“材料”分支下的部件名称，然后在弹出的快捷菜单中单击“编辑…”按钮，如图 3-48 所示。
- 单击“材料”上下文面板中的“编辑”按钮，如图 3-49 所示。

2）选择一个或多个部件。

3）从“材料数据库名称”菜单中选择数据库。

4）从“类型”菜单中选择类型。

5）从“名称”菜单中选择材料。

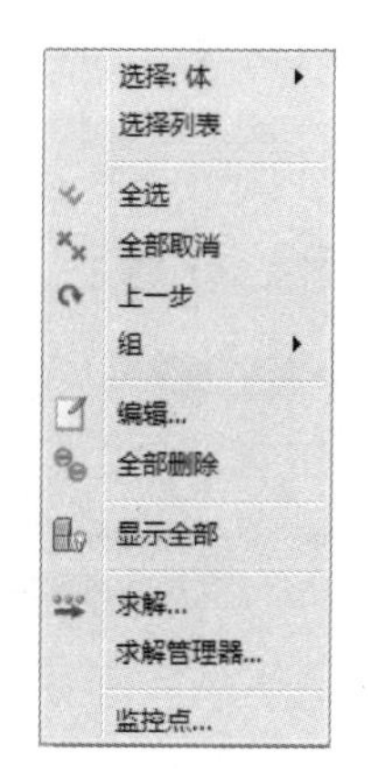

图 3-47 右键单击部件后的快捷菜单

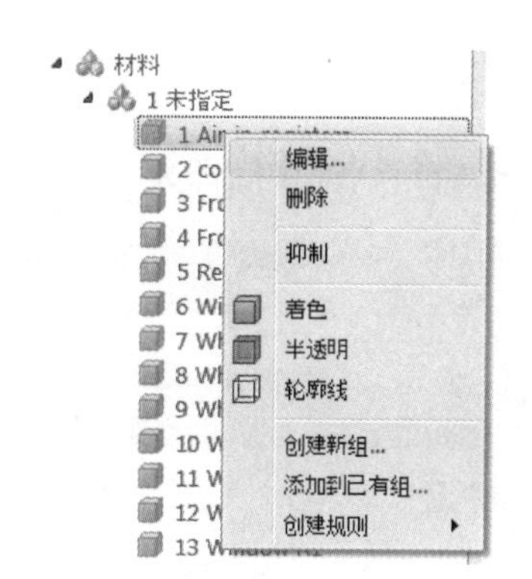

图 3-48 右键单击部件名称后的快捷菜单

图 3-49 材料面板中的“编辑”

6）单击“应用”按钮，如图 3-50 所示。

注：指出属性是否会变化，并指定环境条件（可选）。

收藏夹经常使用大多数（或全部）工况包含的材料。从快捷菜单即可轻松访问收藏夹，无须从“材料”快速编辑对话框访问。

下面介绍如何创建收藏项。

如果材料已指定给部件，只需在该部件上单击鼠标右键，然后在弹出的快捷菜单中单击“添加到收藏夹”按钮，即可将其收藏。

图 3-50 材料选择

将未指定的材料添加到收藏夹的步骤：

- 打开“材料编辑器”（在“材料”上下文面板中单击“材料编辑器”按钮）。
- 单击“列表”按钮。
- 在材料上单击鼠标右键，然后在弹出的快捷菜单中选择“添加到收藏夹”选项。

此符号⚠出现在材料列表的收藏夹上。

分配收藏夹方法如下。

- 右键单击部件。
- 在弹出的快捷菜单中单击“收藏夹”按钮，然后选择材料。

注：对于需要输入其他内容的材料（如内部风扇），“材料”快速编辑对话框将打开。

2. 从现有的材料创建材料

在“默认”材料数据库中，每种材料类型至少包含一个实例。举例来说，可以使用“默认”材料方便地创建新材料。由于这些材料都是只读文件，因此可使用材料编辑器将原有材料复制到自定义数据库，然后修改复制的材料。

- 若要打开材料编辑器，可单击快速编辑对话框“材料”行上的“编辑...”按钮（或者，单击“材料”上下文面板中的“材料编辑器”按钮）。

- 单击“列表”按钮。
- 在列表中找到材料，并用左键单击。
- 在“属性”选项卡上，从“保存到数据库”下拉列表框中选择数据库。
- 根据需要修改属性，或者指定新名称。
- 单击“保存”按钮。
- 单击“确定”按钮。快速编辑对话框中随即显示出该材料，如图 3-51 所示。

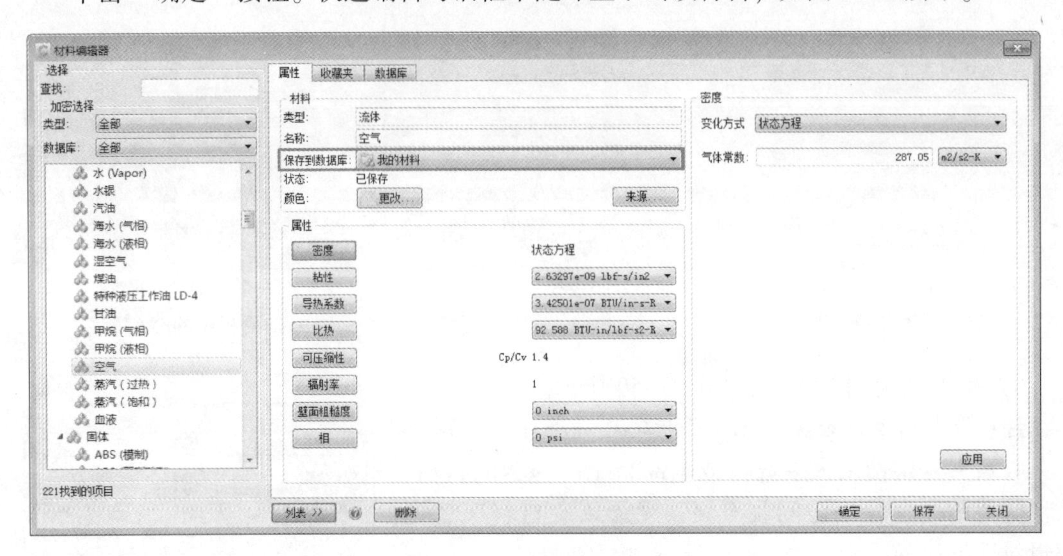

图 3-51 材料编辑器

3. 设置材料环境条件或改变属性值（自然对流和可压缩等）

在“默认”材料数据库中，每种材料只包含一种类型。大部分定义为可变属性。

应用材料时，指定该材料为固定还是可变，并定义工况的工作条件。计算这些条件下的材料属性，然后保持恒定，或作为最初使用的值并随后变化。

注：环境设置只适用于流体和固体。

下面介绍如何指定“定值”或“变量”。

“默认”材料数据库中的许多材料都是使用可变属性进行定义的。指定这些材料在工况中为恒定还是可变。

1）在“快速编辑”对话框的“环境”行中单击“设置...”按钮（或者，在设计分析栏中的“材料”上单击鼠标右键，在弹出的快捷菜单中选择“编辑材料环境参考...”）选项。

2）选择“定值”以在指定的环境中计算属性，并使其保持恒定。

要为定义为可变的属性值指定具体的值，可将材料复制到自定义数据库，然后将属性变量更改为恒定，并指定具体的值。

3）选择“变量”以使材料中定义的属性发生变化。对自然对流和可压缩分析执行此操作。

- 只有定义为“变量”的属性才会变化。
- 对于仅使用恒定属性定义的材料，此对话框不可用。

在设计分析栏中，材料条件（“定值”或“变量”）显示在材料名称旁边，这样便于了解是否为分析类型选择了正确的可变性。注意，“定值”是默认设置。

注：必须在更改属性时选择“可变”。示例包括自然对流和可压缩分析。

4. 关于设备的详细信息

通过设备，可使用几何特性简单的对象表示复杂部件或装配体。它对流体的影响方式与物理组件相同，但网格尺寸很小，也不复杂。这样能使分析过程更加快速高效。

在大多数应用中，使用流体和固体材料的时机一目了然。由于材料设备是对物理对象的近似，因此我们认为根据应用类型在 Autodesk CFD 材料设备与物理对象之间进行“映射”将非常有用。

电子和照明应用，见表 3-1。

表 3-1 电子和照明应用

使用此设备类型…	…代表这些物理对象：
面部件	钣金挡板、导热层和接触热阻
分布式阻尼	多孔板和过滤器介质
内部风扇	系统中的轴向风扇
离心泵/风机	系统中的离心风扇或风机
简化热模型	集成电路
印制电路板	自定义印制电路板
热电设备	珀尔帖模块、电子“热泵”
LED	照明应用中的 LED
热交换器	电子柜的空气调节器或 CRAC 单元、电子模块的冷板
散热片	各种散热器设备类型（包括针鳍和直鳍）

涡轮机械应用，见表 3-2。

表 3-2 涡轮机械应用

使用此设备类型…	…代表这些物理对象：
旋转区域	旋转设备，如泵、压缩机和涡轮

内部流动应用，见表 3-3。

表 3-3 内部流动应用

使用此设备类型…	…代表这些物理对象：
面部件	钣金挡板、导热层和接触热阻
分布式阻尼	多孔板和过滤器介质
内部风扇	系统中的轴向风扇
离心泵/风机	系统中的离心风扇或风机

5. 关于材料数据库

通过材料数据库能够有效地组织和搜索材料数据。这种有用的工具可在项目内和多个用户之间组织、共享、保留和标准化材料数据。

(1) 安装的材料数据库

- 安装的材料数据库称为“默认”数据库。
- 它包含齐全的流体、固体、风扇和 LED 设备库，以及其他类型的至少一个示例（包括 CTM、TEC、PCB 和阻尼部件）。
- 此数据库中的材料无法更改，但可复制到自定义数据库中并进行修改。

(2) 自定义材料数据库

- 自定义数据库可用于有效地按项目组织材料或进行快速访问。
- 自定义数据库称为“我的材料”，包含在安装中。
- 创建其他数据库非常方便。

注：在版本更新及重大更新发布期间，偶尔也会更新材料或向“默认”材料数据库添加材料。只有“默认”数据库中的材料会受到影响。版本更新及重大更新不会影响自定义材料数据库的材料。

(3) 创建和管理数据库

若要打开材料编辑器，可单击“材料”上下文面板中的“材料编辑器”按钮。

单击“数据库”选项卡后可执行以下操作。

- 若要创建新数据库，单击“新建...”按钮。
- 若要从其他用户导入数据库，单击“添加...”按钮。
- 若要复制数据库，将其选中并单击“克隆”按钮。

(4) 选择数据库

在指定和创建材料时，经常需要选择数据库。在“材料编辑器”中可通过以下 3 种方法实现此操作。

- 从“材料数据库名称”菜单中选择。
- 打开列表区域，然后从列表中选择。若要在数据库中创建新材料，右键单击并在弹出的快捷菜单中选择“新材料”选项。
- 在“属性”选项卡中，从“保存到数据库”列表中进行选择，这样将把该材料复制到所选的数据库中。

应用材料时，直接从材料数据库名称行的“材料”快速编辑对话框中选择数据库。

3.5 指定边界条件

在前面的小节中，我们讨论了如何在设计分析中指定、创建和管理材料。在本节中，我们着重探讨设计如何与其周围环境互动。通过向开口或其他特定位置指定流速、压强和温度之类的边界条件，可以有效地“连接”设计与现实世界。此外，还可通过边界条件指定内部热负荷，如在电子设备热管理中常见的散热。

边界条件可以定义模拟模型的输入。有些条件，如速度和体积流速，定义流体如何进入或离开模型。其他条件，如换热系数和热流量，定义模型与周围环境的能量交换。

边界条件可以将模拟模型与其周围对象联系起来。如果没有边界条件，将无法定义模拟，且在大多数情况下，模拟无法继续。大多数边界条件可以定义为稳态或瞬态。稳态边界条件将保留在整个模拟过程中。瞬态边界条件随时间而变，通常用于模拟事件或周期性现象。

注： 流体和热量在指定的位置进出模型。没有边界条件的外部面被当做绝热壁面（没有流动，也没有传热）。

1. 指定边界条件

首先从“设置”（选项卡）→“设置任务”（面板）（图3-52中①）或设计分析栏（图3-52中②）启用“边界条件”任务，如图3-52所示。

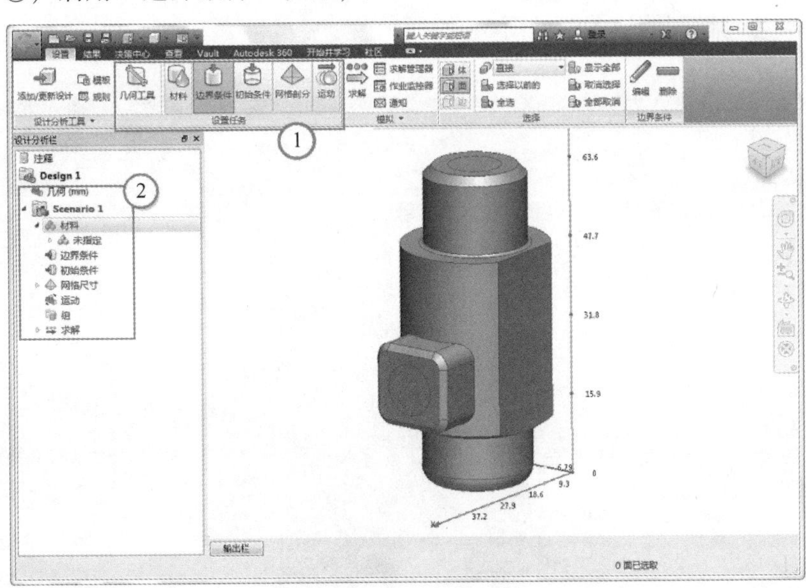

图3-52 指定边界条件

有以下两种操作模型的方法。

1）近距离操作模型的步骤，如图3-53所示。

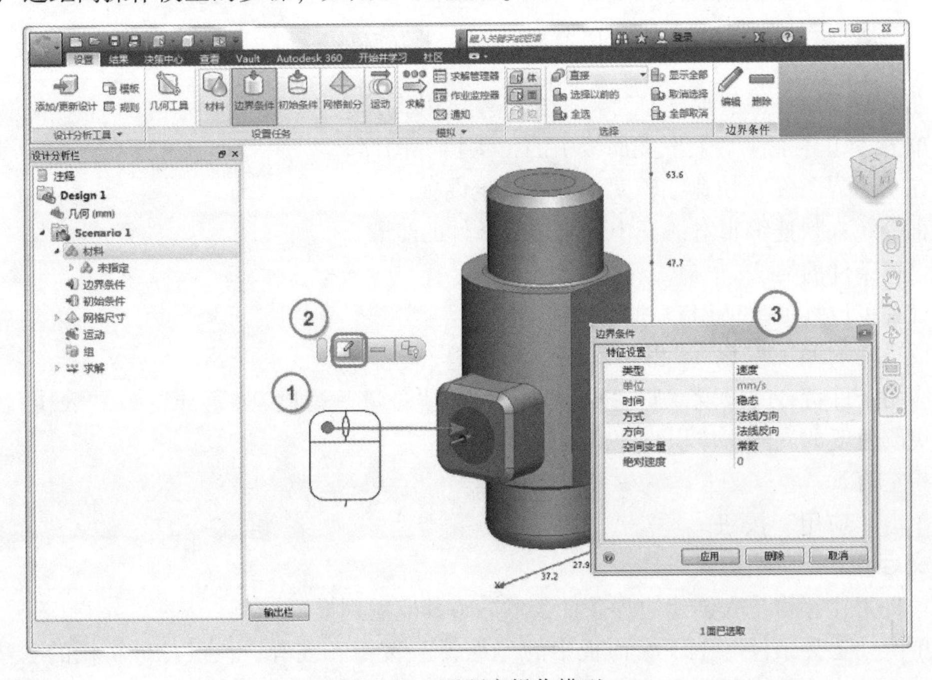

图3-53 近距离操作模型

- 在模型实体（面或部件）上单击鼠标左键。
- 单击上下文工具栏中的“编辑”图标。
- 在“边界条件”快速编辑对话框中指定设置。

或者，在模型实体或设计分析栏中的分支上单击鼠标右键，然后在弹出的快捷菜单中单击“编辑...”按钮。

2）远距离操作模型的步骤，如图 3-54 所示。

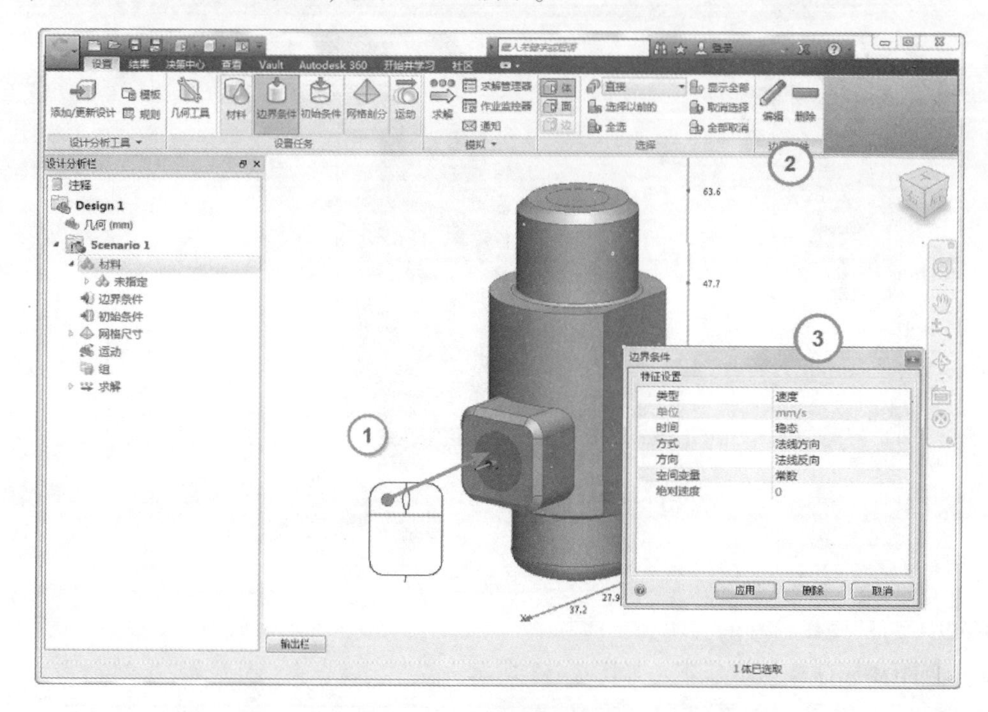

图 3-54　远距离操作模型

- 在模型实体（面或部件）上单击鼠标左键以将其选中。
- 单击“边界条件”上下文面板中的“编辑”图标。
- 在“边界条件”快速编辑对话框中指定设置。

下面介绍在快速编辑对话框中定义边界条件的步骤。

- 设置条件的类型。
- 设置单位（如果适用）。
- 设置“时间”变化（“稳态”或“瞬态”）。
- 应用条件特有的设置，如“法线方向”或“分量”速度，“静压”或“表压”压力，更改速度的流向、体积流速或质量流速。
- 指定值。
- 单击“应用”按钮。

定义后可立即应用边界条件。

另一种工作流程是先创建边界条件，然后将其应用到模型。

- 单击“边界条件”上下文面板中的“编辑”按钮。或者，在设计分析栏的“边界条件”分支上单击鼠标右键，然后在弹出的快捷菜单中单击“新建边界条件...”按钮。

- 在“边界条件”快速编辑对话框中定义边界条件，然后单击“应用”按钮。
- 将未指定的设置从设计分析栏拖到模型实体上，如图3-55所示。

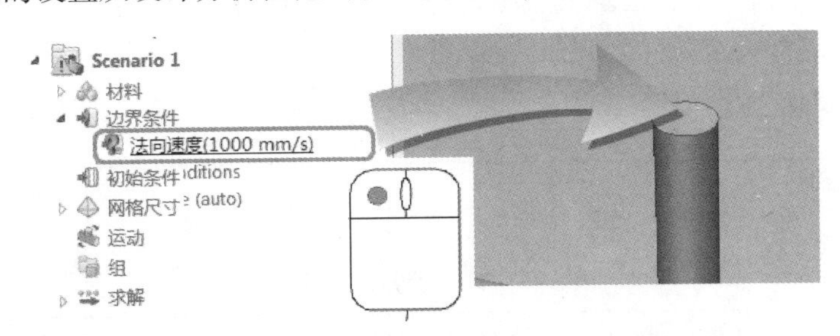

图3-55 拖拽边界条件到模型

注：若要指定当前已指定给对象的设置，可将其从设计分析栏拖到模型实体上。

下面介绍如何清除边界条件。

1）从特定实体删除边界条件的方法（几种方法）如下。

- 在实体上单击鼠标左键，然后单击上下文工具栏中的“删除”图标（这将按照应用时的顺序删除条件）。
- 展开设计分析栏中的“边界条件”分支，在指定的条件上单击鼠标右键，然后在弹出的快捷菜单中单击“删除”按钮。
- 选择实体，然后单击“边界条件”上下文面板中的“编辑”按钮。在快速编辑对话框中，将“类型”设置为要删除的条件所属的类型，然后单击“删除”按钮。

2）从多个实体删除单个边界条件的步骤如下。

- 展开设计分析栏中的“边界条件”分支。
- 在要删除的条件上单击鼠标右键。
- 在弹出的快捷菜单中单击“删除”按钮。

3）删除所有边界条件的步骤如下。

- 在设计分析栏中的“边界条件”分支上单击鼠标右键。
- 在弹出的快捷菜单中单击“全部删除”按钮。

2. 流量边界条件

1）流量边界条件可解答以下问题。

- 有没有流量？
- 流量的推动因素有哪些？
- 流体从哪里进入和流出模型？
- 值是多少？

2）流量可由若干方式推动。

- 指定流速。
- 速度。
- 压强。
- 内部风扇或泵。
- 由于自然对流而产生的浮力。

3）流量边界条件应用于外部面时，见表3-4。

表 3-4 外部流量边界条件

入　口	出　口	入　口	出　口
流速	静压 =0	外部风扇（送风）	静压 =0
静压 =0	流速	静压 =0	外部风扇（抽风）
静压 >0	静压 =0	Pstatic =0（内部风扇）	静压 =0

4）常用的流量边界条件，见表 3-5。

表 3-5 常用流量边界条件

速度	• 速度通常用作入口边界条件 • 指定为垂直于所选的面或沿直角坐标系分量 • 如果方向定义为向模型外部，速度可应用于出口 • 若要为速度条件定义充分发展的流动曲线，可选中“充分发展”
体积流量	• 应用于平面入口（有时也应用于出口） • 这在密度恒定时最为有用 • 若要为体积流量条件定义充分发展的流动曲线，可选中“充分发展”
质量流量	• 主要应用于入口（仅平面） • 如果流动方向为向模型外部，则质量流速可应用于出口
压力	• 压强边界条件通常用作出口条件 • 推荐（最方便的）出口条件是静态表压值为 0 • 在出口无须应用其他条件 • 如果设备中的压降已知，可指定入口处的压降（静态表压），并将出口处的静态表压值指定为 0
滑移/对称	• 滑移条件使流体沿壁面流动，而不会像壁面上经常出现的那样，停止在壁面上 • 可以防止流体穿过壁面 • 滑移壁面对定义对称平面非常有用 • 对称面不必与坐标轴平行

Autodesk CFD 中还提供了更多的流量边界条件。上面列出的条件是较常用的条件。

3. 传热边界条件

热量来源包括已知温度、热负荷（如电子芯片）、辐射或电阻。传热边界条件解答以下问题。

- 设计中是否涉及热量?
- 位置?
- 数值?
- 热量从哪个位置离开设计?
- 参考环境温度是多少?

注： 必须在模型中指定温度，Autodesk CFD 才能进行传热求解。指定的可以是温度，也可以是换热系数边界条件。

较常用的传热边界条件，见表 3-6。

表 3-6 常用传热边界条件

温度	• 运行传热分析时，应在所有入口指定温度边界条件 • 在大部分传热分析中，建议使用静态温度条件 • 在可压缩传热分析中，建议使用总温度

（续）

总热通量	• 总热通量是将热量直接传到应用面的面条件 • 直接应用总热通量条件（不要划分面区域） • 这非常有用，即使应用面的面积变化，也无须再重新计算这些值 • 总热通量只能应用于外部壁面
换热系数	• 也称为对流条件，经常用于模拟制冷效果 • 为外部面指定换热系数，以模拟设备外部环境的效应 • 只能应用于外部面
辐射	• "辐射"边界条件模拟所选面和模型外的源之间的辐射传热 • 它相当于特定源温度和面条件的热负荷体对暴露面的"辐射换热系数"
总热量	• "总产热量"条件是未按部件体划分的热负荷 • 这是大部分热负荷应用的推荐条件，因为即使部件体变化，此值也无须调整

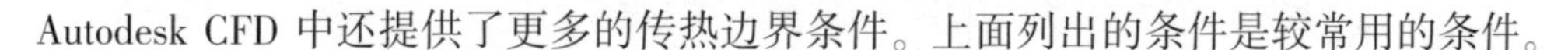

Autodesk CFD 中还提供了更多的传热边界条件。上面列出的条件是较常用的条件。

3.6 指定网格

在运行 Autodesk CFD 分析之前，几何模型被分解为小块，这些小块称为单元。每个单元的角是一个节点。计算就在节点处执行。这些单元和节点构成网格。

在三维模型中，大多数单元都是四面体：一种6条边、4个面的单元。在二维模型中，大多数单元都是三角形，如图3-56所示。

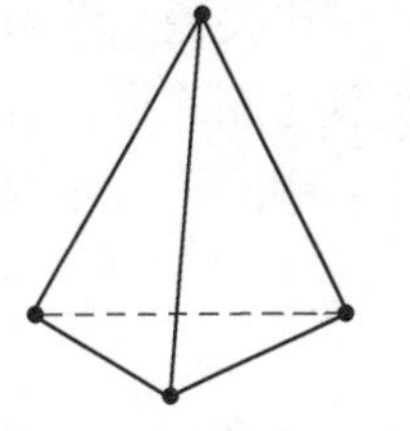

图3-56 四面体单元与三角形单元

1. 自动调整网格大小的优势

对分析几何模型执行全面的拓扑询问，确定模型中的每个边、面和体上的网格大小和分布。在指定单元尺寸和网格分布时，需要通盘考虑几何曲率、梯度以及与相邻几何的靠近程度。

- 显著简化了分析模型的设置，节约了用于指定网格大小的时间。
- 更加高效的网格分布——网格在需要的位置细密，在不需要的地方粗糙。
- 由于网格质量和网格过渡更好，解决方案精度得以提高。
- 解决方案鲁棒性提高——良好的网格过渡有助于获得计算稳定的数字模型。

单击"自动剖分"按钮时，不会受当前激活的选择模式（体、面或边）影响。

此过程速度较快，但对于包含3000多个边的模型来说，可能需要几分钟的时间才能完成。

2. 网格工作流程

有以下几种方法可以应用"自动网格剖分"。

1）在上下文面板中，确认"类型"设置为"自动"，然后单击"自动剖分"按钮，如图3-57所示。

2）左键单击模型或其附近区域，并在上下文工具栏上单击"自动"图标，如图3-58所示。

3）在图形窗口或设计分析栏的"网格尺寸"分支中单击鼠标右键，然后在弹出的快捷菜单中单击"编辑..."按钮，接着单击"网格尺寸"快速编辑对话框中的"自动网格剖分"按钮。

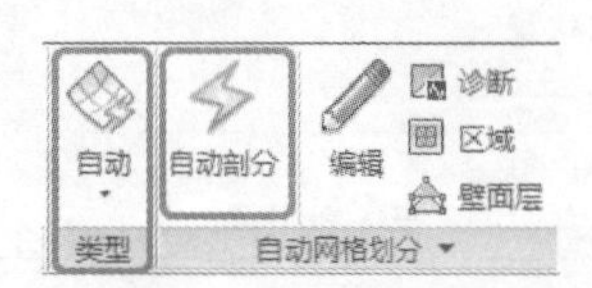

图 3-57　上下文面板

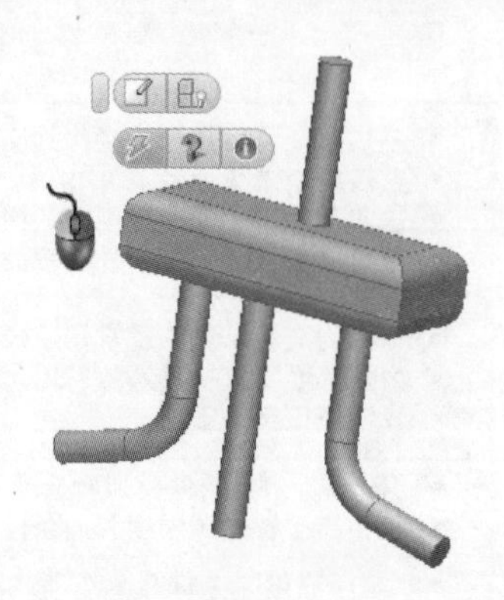

图 3-58　单击模型附近区域

3. 网格工具

使用“网格”工具自定义网格分布。所有工具都可以从“网格尺寸”快速编辑对话框中获取。为了简化工作流程，许多工具也可在上下文工具栏和上下文面板中获取。

1）左键单击模型或模型附近的区域，出现如图 3-59 所示的上下文工具栏 。

① 打开“网格尺寸”快速编辑对话框。

② 调用自动网格剖分。

③ 创建网格加密区（在关键位置聚焦网格）。

④ 通过诊断检查模型（删除可能有问题的功能）。

⑤ 抑制所选的部件（删除不太重要的部件，并减少分析时间）。

⑥ 恢复所选的部件。

⑦ 隐藏所选部件。

2）功能区中的上下文面板 ，如图 3-60 所示。

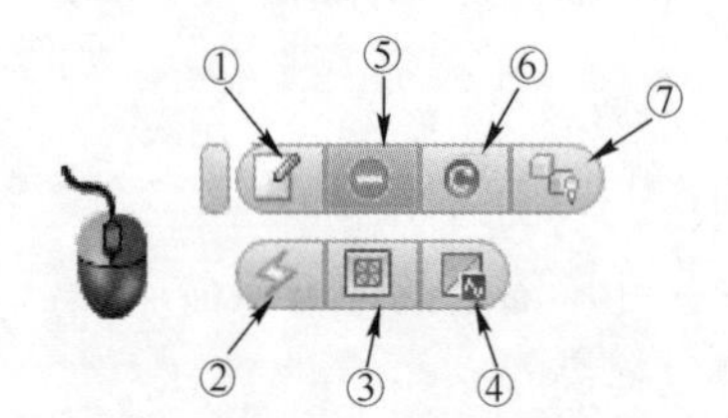

图 3-59　网格上下文工具

图 3-60　功能区上下文面板

① 在“自动”网格剖分和“手动”网格剖分之间切换。

② 调用自动网格剖分。

③ 打开“网格尺寸”快速编辑对话框。

④ 通过诊断检查模型（删除可能有问题的功能）。

⑤ 创建网格加密区（在关键位置聚集网格）。

⑥ 修改或禁用网格增强。

⑦ 在上下文面板的扩展面板中通过修改“高级”网格控件自定义网格分布。

4. 模型中的网格修改

在某些情况下，需要修改网格的分布，步骤如下。

- 选择部件。

- 打开“网格尺寸”快速编辑对话框。
- 进行适当的优化或调用“自动优化”功能，如图3-61所示。

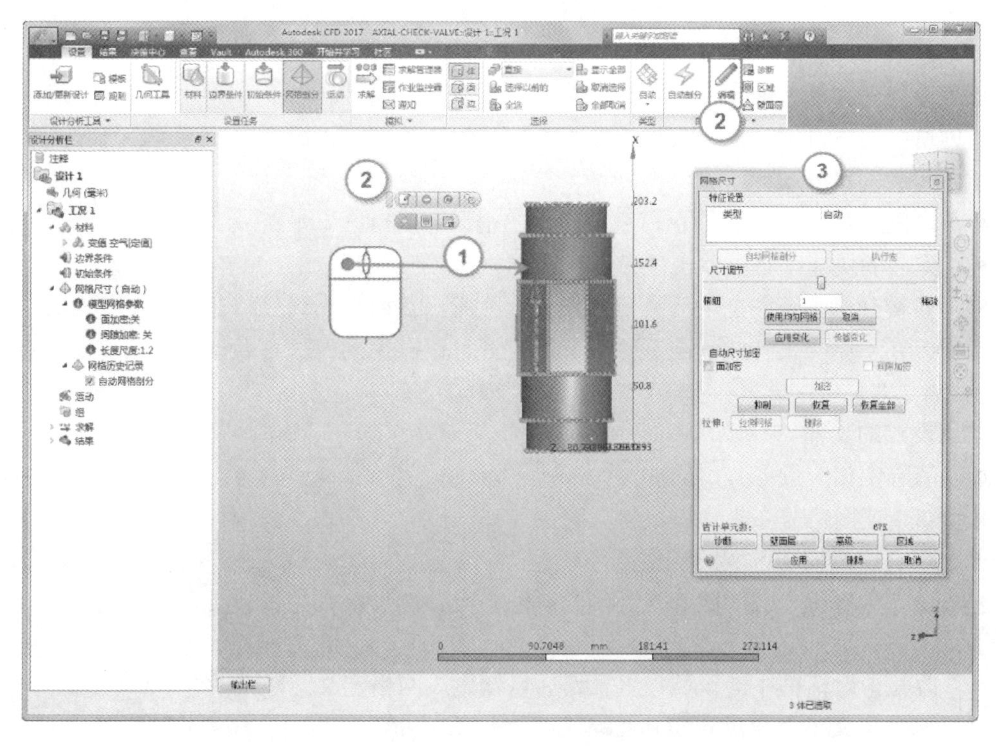

图3-61　网格修改

5. 网格历史记录

当用户在用“自动网格剖分”定义网格时，首先要定义一个网格生成器用来生成网格的流程。与材料和边界条件不同的是，网格定义是按照特定顺序发出的一组命令。在更改这些命令的顺序时，通常会改变生成的网格。

设计分析栏的网格尺寸分支列出网格定义历史记录中的每个步骤，其中包括在调用自动剖分功能以及应用“传播变化”时出现的尺寸调整。每个步骤都作为单独的分支列出，可以修改、禁用或者从网格定义中删除。

历史记录中的所有步骤构成了网格定义。一些网格定义命令会启动与重新设立现有的调整设置或者删除现有网格尺寸有关的问题对话框。这些问题的答复影响当前网格定义，但它们不删除历史记录中较早的步骤。添加到定义中的新步骤可能会更改网格分布，甚至可能“撤销”前面步骤的效果。

网格历史记录的主要优点如下。

- 用户可以完整地看到定义网格的每个步骤。这样，在不同模型上或者在以后重新创建同一网格就更加容易。
- 可以通过禁用或者删除一个或多个步骤“回滚”网格定义。因而，可以方便地看到更改的效果或者纠正错误。

6. 更改网格分布中现有设置

模型上大多数复杂的网格分布是通过一系列的命令和优化定义的。因为每个设置都可以在“历史记录”中找到，所以可以很容易地修改网格定义中的某个特定设置，步骤如下。

- 在设置上单击鼠标右键，然后在弹出的快捷菜单中选择“编辑”选项。
- 修改相应对话框中的值。

如果设置已被修改或删除，那么会在“网格尺寸”分支上显示一个“警告”⚠图标，这意味着网格分布已过期，需要重新生成。

重新生成网格分布的步骤：

- 在“网格尺寸”分支或在模型窗口中单击鼠标右键。
- 在弹出的快捷菜单中单击“重新生成网格定义”按钮。

注： 网格种子点会在重新生成网格定义后更新，且网格直到模拟开始后才会生成。

有时，在不删除设置的情况下暂时禁用设置是很有用的，这有助于确定某项设置对网格分布的影响。

禁用设置的步骤：

- 取消选中相应设置旁边的框。
- 重新生成网格分布。

修改现有网格加密区域的步骤：

- 在设计分析栏中的区域分支上单击鼠标右键，然后在弹出的快捷菜单中选择“编辑”选项。
- 修改相应对话框中的区域设置，然后重新生成网格定义。

注： 拉伸定义不会出现在“网格定义历史记录”中。

7. 用于改进网格的工具

足够的网格对于获取流量和传热梯度非常重要。同时，务必保留计算机资源以确保分析快速运行。Autodesk CFD 提供的工具可帮助用户修改默认网格以匹配设计，并优化性能和可靠性。

- 局部调节网格尺寸以适应需要更细密网格的流动细节。
- 拉伸截面均匀的线性部件。
- 创建加密区域以使局部网格更加细密。
- 修改最小加密长度以调节将能够影响相邻特征中的网格的阈值边尺寸。这是用于改善网格的最强大的工具之一。

若要查找 CAD 几何结构中的问题区域，可单击“诊断”按钮。这套工具询问几何结构以确定可能存在问题的区域的位置。这些区域可能会妨碍网格尺寸的确定、网格生成，以及降低分析中的求解稳定性。

使用抑制工具可以在一个或多个部件中不划分网格。“部件抑制”可将部件从分析中排除，但这些部件仍将出现（未划分网格）在结果中。

注： 一百万个单元使用大约 2 GB RAM。利用“网格选择”窗口中的“单元估算器”估算分析将要使用的系统资源。

8. 显示网格

在网格任务中，预览需要划分网格的体上将要出现的所有点。这些点指示生成网格后边上的节点位置，如图 3-62 所示。

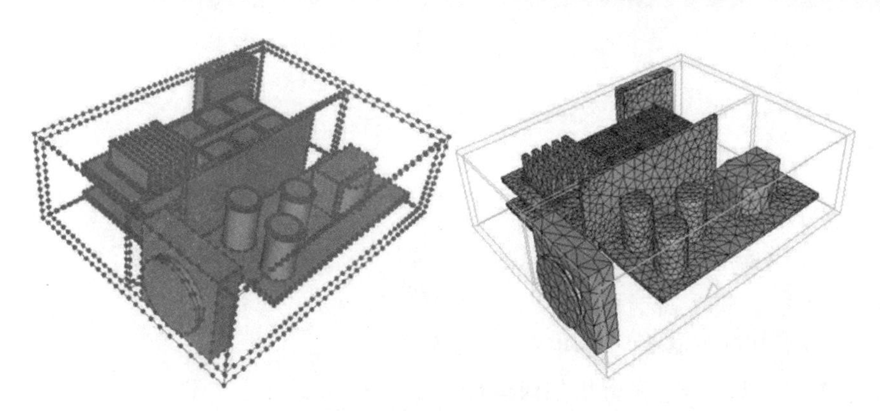

图 3-62　显示几何体上的网格

若要在生成整个三维网格前查看网格，可执行以下操作。

- 选择面或体。
- 单击鼠标右键，然后在弹出的快捷菜单中选择“预览”选项。

网格面显示在选定的面上。注意，如果选择的是体，那么单元面仅绘制在选定的体的面上。

若要删除预览的单元面，可执行以下操作。

- 选择与预览的网格一起显示的面或体。
- 单击鼠标右键，然后在弹出的快捷菜单中选择“清空”选项。

9. 生成网格

若要生成网格，可单击“求解”对话框中的“求解”按钮。网格是根据预定的单元分布建造的。如果网格已经存在（用户只是继续进行分析），则不创建新网格。

在运行分析前查看网格：

- 在设计分析栏中，在“工况”分支或“网格尺寸”分支上单击鼠标右键。
- 在弹出的快捷菜单中单击“生成网格”按钮。

此时，可以检查网格以确保对几何进行了合适的网格剖分。

3.7　求解

使用“求解”任务指定要运行的分析类型。

有以下几种方法打开“求解”对话框。

- 在模型外的区域单击鼠标右键，然后在弹出的快捷菜单中选择“求解”选项。
- 依次选择“设置”（选项卡）→“模拟”（面板）→“求解”。
- 右键单击设计分析栏的求解分支，然后在弹出的快捷菜单中单击“编辑...”按钮。

在“物理模型”选项卡上定义条件和求解参数，如图 3-63 所示。

默认设置定义不可压缩且没有传热的湍流分析。相关工程参数列出如下。

- 流体。
- 可压缩性。
- 静水压力。

- 传热。
- 辐射。
- 重力。
- 湍流。
- 太阳辐射。
- 标量（在“高级”对话框中）。
- 空化（在“高级”对话框中）。

单击图 3-63 中的“求解”按钮可以启动分析。

使用“控制”选项卡定义分析如何运行，如图 3-64 所示。

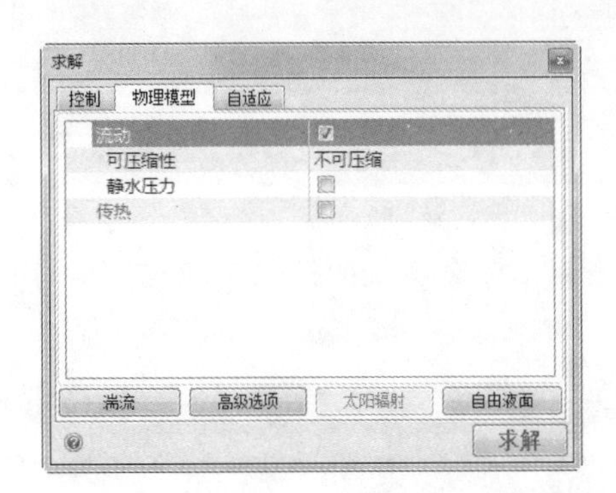

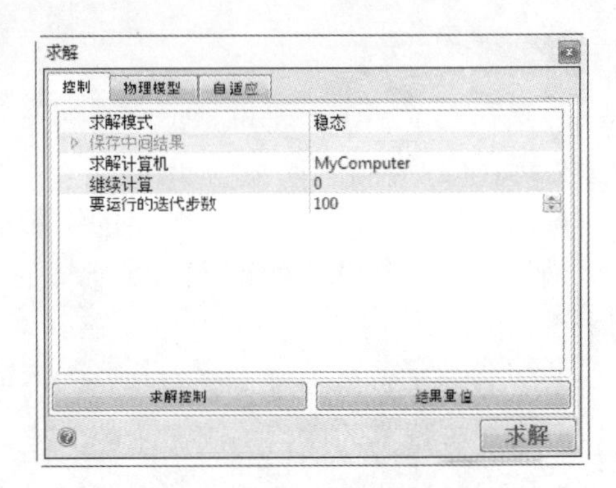

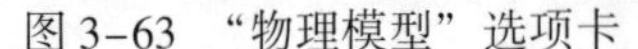
图 3-63 “物理模型”选项卡

图 3-64 “控制”选项卡

- 将“求解模式”设置为“稳态”或“瞬态”。
- 如果为“瞬态”，那么设置“瞬态参数”（时间步长等）。
- 设置结果和/或摘要的“保存间隔”。
- 选择“求解计算机”（默认设置为本地计算机）。
- 如果继续进行分析，那么选择从哪个“迭代”或“时间步”继续计算。
- 输入要运行的迭代步数（或“要运行的时间步数”）。
- 可选：选择附加的“结果量值”。
- 单击“求解“按钮可以启动分析。

注：*在大多数分析中，100 次迭代通常就足以达到收敛效果。在有些情况下，可能需要进行更多次迭代。*

3.8 结果收敛判断

每个 Autodesk CFD 分析都由多个迭代组成。迭代是对整个模型的数字扫描。每个自由度（量值）的收敛都描绘在“收敛图”中，如图 3-65 所示。

在分析早期，相邻迭代之间的结果变化非常大。收敛线可能会上下波动。水平收敛线表示结果停止变化、求解“收敛”的时间。

需要进行多次迭代才能达到完全收敛。次数根据应用和物理特性而变化。收敛可以自动确定，也可以手动确定。自动收敛检测评估求解的进度，当满足特定数值标准后将会停止分析，这可以是在达到指定的迭代次数之前。

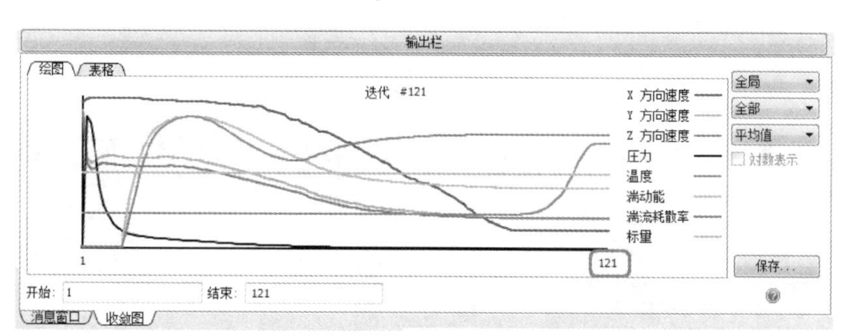

图 3-65 收敛图

必须达到收敛后才能定量评估结果。在分析中更早的阶段（即达到收敛之前），可以定性评估趋势。

1. 自动收敛评估

Autodesk CFD 将持续检查整个求解区域中的大小频率变化，并评估每个自由度的局部和全局波动。自动收敛检测确定求解何时收敛，并自动停止分析（收敛 = 求解结果停止变化）。其标志是在达到用户指定的迭代次数之前得出的分析结论。同时，“输出”栏中还会出现一条消息，提示已经检测到平线。

2. 手动收敛评估

自然回流之类的流动现象会导致某些数量波动，得出的曲线可能不平坦，无法实现自动收敛，此时可利用手动确定收敛。

- 在“收敛图”中检查曲线。
- 评估收敛曲线的关键量值，如压强、温度和主要速度分量。
- 平线表示收敛。

第4章 Autodesk CFD 仿真后处理

4.1 控制全局结果

Autodesk CFD 提供了一组强大的结果可视化工具，可以帮助用户快速、方便而高效地查看、提取和呈现分析结果。通过一组高度图形化的类似 CAD 的工具以及多种输出图形数据和图像的方法与设计分析链中的其他成员方便地交流分析结果。

在运行工况期间以及完成后，可使用全套可视化工具对分析提供稳定的图形反馈。这种强大的运行时环境非常有助于了解求解的进度，如图 4-1 所示。

图 4-1 “结果”选项卡

“结果”选项卡中的“结果任务”面板下提供了以下几项主要功能。

- 使用“全局”控件调节整个模型中的结果显示。
- “平面”是使数据在三维模型上形象化的主要工具。
- 使用“轨迹”以通过模型创建三维流动路径线。
- “等值面”是值为常量的面。
- “ISO 体积”类似于等值面，但会显示模型中一系列值之间的位置。
- 使用“壁面计算器”计算固体和壁面上的流体诱发力。
- 使用“部件”对话框评估所选部件的结果。
- 使用“点”对话框描绘模型中特定位置的时间或迭代历史记录。

若要在“设置”任务中访问“结果”任务，可单击“结果”选项卡。

1. 全局控件

“全局”控件在“结果任务”面板的位置如图 4-2 所示。

注意：当“全局结果”模式激活时，无法修改结果实体。但是，在任何“结果”任务中，若要控制整个模型的结果显示，右键单击模型外或者模型上的区域，然后从“全局结果”和“全局矢量”控件中选择适当的选项。

图 4-2 “全局”控件

2. 全局结果

若要指定模型面上显示的结果量值，单击右键，然后在弹出的快捷菜单中选择“全局结果”选项，如图 4-3 所示。

或者，从“全局”上下文面板的“全局结果”下拉列表框中选择，如图 4-4 所示。

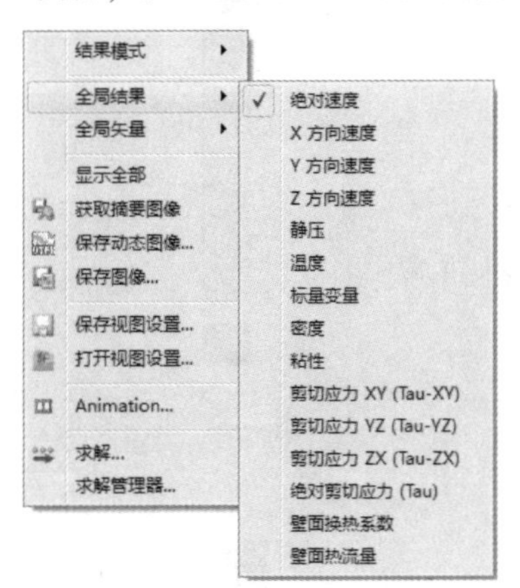

图 4-3 全局结果

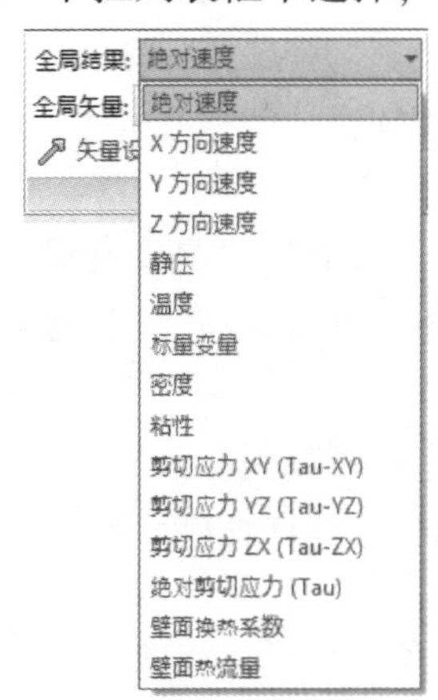

图 4-4 从“全局结果”下拉列表框中选择“绝对速度”

全局结果反映在图形窗口的图例中。更改图例单位将会改变探测时的输出单位。

此操作还可设置使用鼠标探测时状态栏上显示的结果量值（若要进行探测，可将鼠标悬停在所需位置上）。

3. 全局矢量

若要显示所有流体面（入口、出口和流体区域之间的内部面）上的矢量，单击右键，然后选择“全局矢量”选项。从展开的菜单列表中选择所需的数量，如图 4-5 所示。

使用“设置…”对话框控制矢量属性，例如长度和箭头尺寸。

或者，从“全局”上下文面板的“全局矢量”下拉列表框中选择。

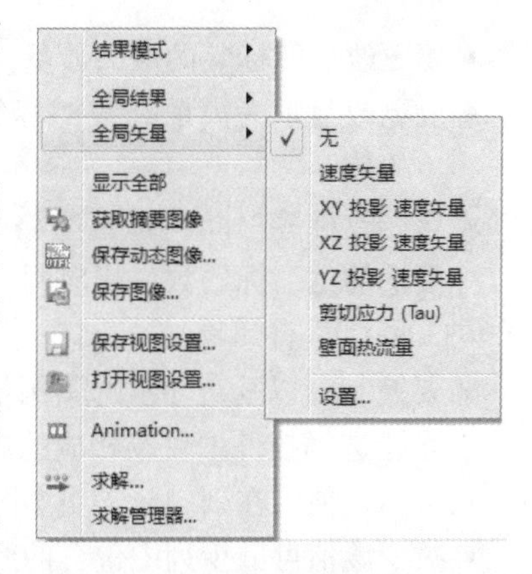

图 4-5 全局矢量

4. 附加控件

（1）图例

更改图例的步骤见表 4-1。

表 4-1 更改图例

更改单位的步骤	更改外观、范围和设置的步骤

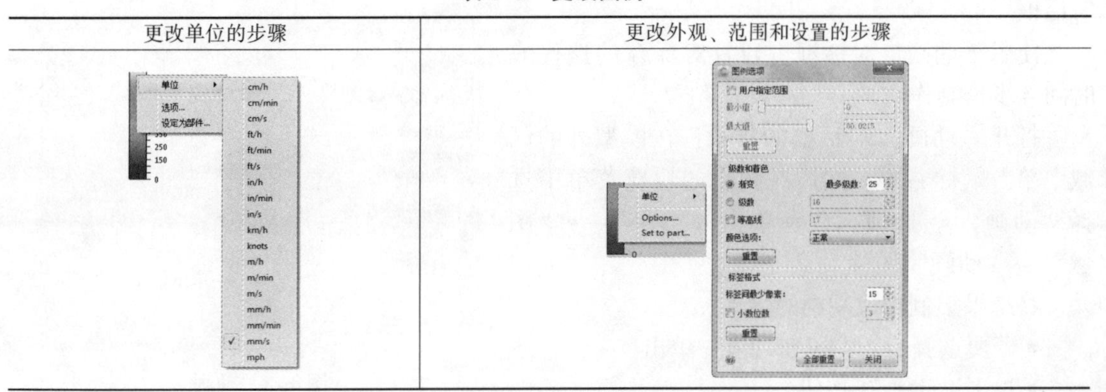

1）更改显示单位的步骤：右键单击图例，然后在弹出的快捷菜单中选择单位。

2）修改图例外观的步骤：在图例上单击鼠标右键，然后在弹出的快捷菜单中单击“选项...”命令。

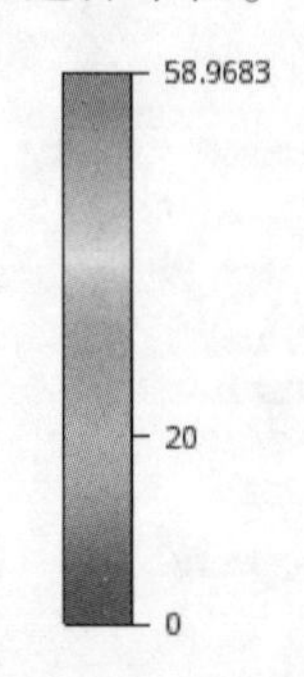

图 4-6　平滑变化

3）更改范围的步骤：

- 选中用户指定范围。
- 使用最小值与最大值滑块调整范围。

注：要增大范围，可在相应滑块旁边的字段中输入所需的值。

4）级数选择和着色调整方法：

- 要显示平滑变化，选择连续，如图 4-6 所示。
- 要显示不连续变化，选择级数，如图 4-7 所示。
- 要更改图像着色，从颜色选项菜单中进行相应选择。

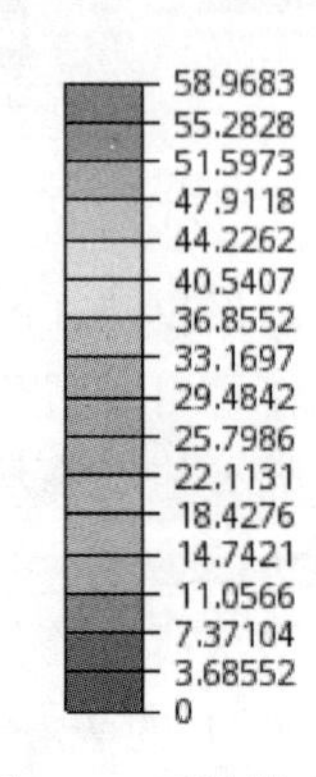

图 4-7　不连续变化

（2）标签间隔和格式

- 自动添加或删除文本标签以确保最佳间隔并防止过于拥挤。
- 要更改连续标签的最大数量，修改标签最大值。
- 要更改显示为离散等级的标签的最大数量，更改级数旁边的值。
- 要更改标签之间的垂直空格数量，修改标签间最大像素数量的值。标签数量相应调整以保持此值。

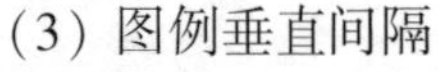

（3）图例垂直间隔

若要控制可以垂直显示的图例最大数量，可依次选择“视图”→“外观”→“图例”命令，在轮选框控件中更改相应的数值。

- 增加该值可在列中包含更多图例，这会减小每个图例的尺寸。
- 减少该值可减少列中包含的图例，这会加大每个图例的尺寸。

（4）动画

从瞬态分析中显示结果的一种非常有效的方法是保存特定时间步的结果，然后将其制成动画查看它们随时间的变化，如图 4-8 所示。

或者，单击“结果”（选项卡）→“图像”（面板）→“动画”图标，以打开“动画”对话框。

使用“动画”对话框可以针对保存的迭代或时间 - 步长制作动画。

打开“动画”对话框的步骤：在模型外的区域中单击鼠标右键，然后在弹出的快捷菜单中选择“动画...”选项，或者单击“结果”→“图像”→“动画”图标。

将结果集制作成动画的步骤：

- 若要选择步长，可在列表中单击。
- 单击“动画”按钮。

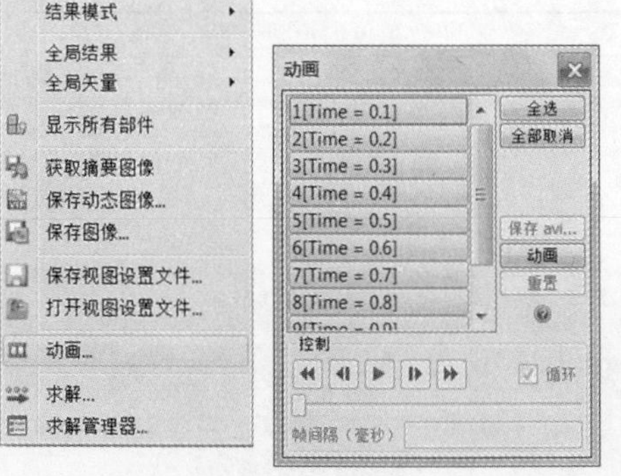

图 4-8　动画

- 使用“VCR”控件控制动画。
- 单击“重置”按钮以完成动画制作。

保存动画的步骤：选择“保存 avi...”选项以导出 AVI 格式动画文件。

注：依次单击“结果”→“图像”→“静态图像”→“设置分辨率”图标，设置 AVI 文件的分辨率。

4.2 使用平面理解结果

“结果平面”是在三维模型中显示数据的主要工具。这些切面在 Autodesk CFD 结果可视化中扮演多重角色，如图 4-9 所示。

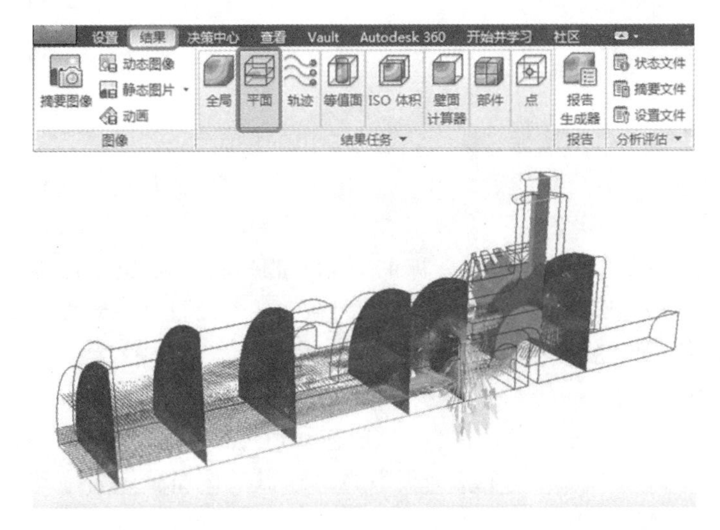

图 4-9 结果平面

1. 创建和管理平面

(1) 创建平面的方法

- 模型上：在模型或其附近区域（不在现有的平面上）单击鼠标右键，然后在弹出的快捷菜单中选择“添加平面”选项。
- 模型外：单击“平面”上下文面板中的“添加”按钮。或者，在设计分析栏中的“平面”分支上单击鼠标右键，然后在弹出的快捷菜单中选择“添加平面”选项，如图 4-10 所示。

(2) 重命名平面的步骤

在设计分析栏中的平面 ID 上单击鼠标右键，然后在弹出的快捷菜单中选择“重命名”选项。

(3) 选择平面的方法

- 模型上：直接左键单击平面。
- 在模型外：从设计分析栏中选择其名称。

注：修改之前选中平面。

(4) 禁用活动平面的突出显示的步骤

取消选中“平面”上下文下拉菜单中的“显示轮廓”选项。

(5) 隐藏平面的步骤

取消选中与设计分析栏中的 ID 相邻的可见性框，如图 4-11 所示。

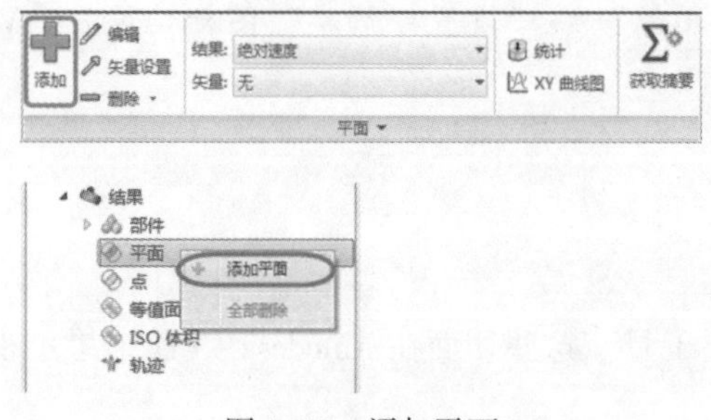

图 4-10　添加平面

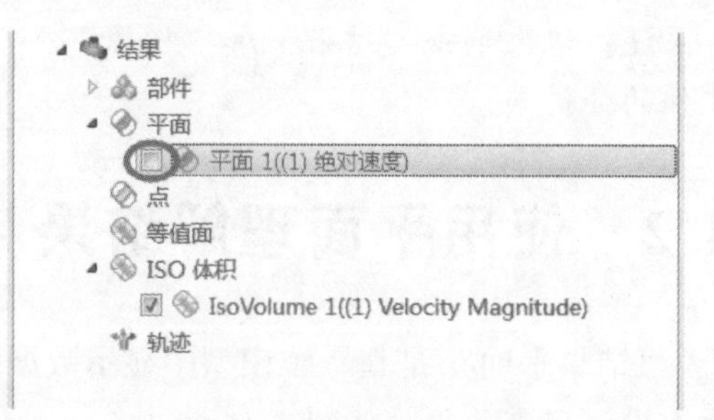

图 4-11　隐藏平面

注：禁用的平面不再显示，也无法修改。隐藏平面在获取某个特定平面的图像时很有用。

(6) 删除平面的方法

- 模型上：在平面上单击鼠标右键，然后在弹出的快捷菜单中选择“删除”选项。
- 在模型外：在设计分析栏的平面 ID 上单击鼠标右键，然后在弹出的快捷菜单中选择“删除”选项。

注：使用“摘要平面”计算设计分析中所有工况的统计结果并将其保存到“决策中心”。这种方法可高效地比较流速、压强和其他对做出明智的设计决定至关重要的数据。

2. 定位和控制平面外观

(1) 移动平面的方法

- 在模型上：左键单击三重轴上的轴，然后拖动到所需位置，如图 4-12 所示。
- 在模型外：单击“平面”上下文面板中的“编辑”按钮，然后拖动“平面控制”对话框中的“移动”滑块。

注：平面只能在垂直于自身的方向上移动。

(2) 旋转平面的方法

- 在模型上：拖动三重轴上的弧线，如图 4-13 所示。

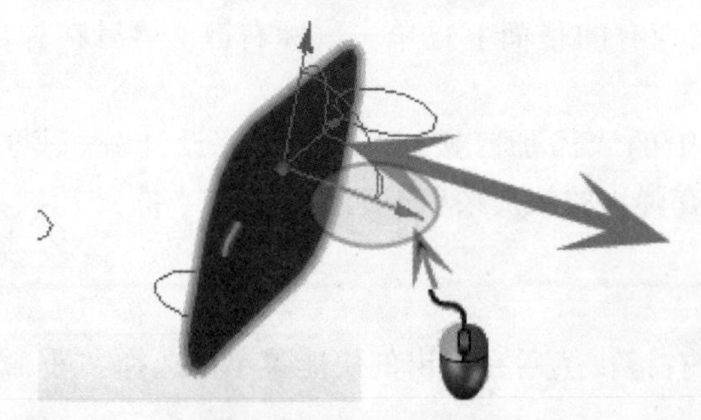

图 4-12　移动平面

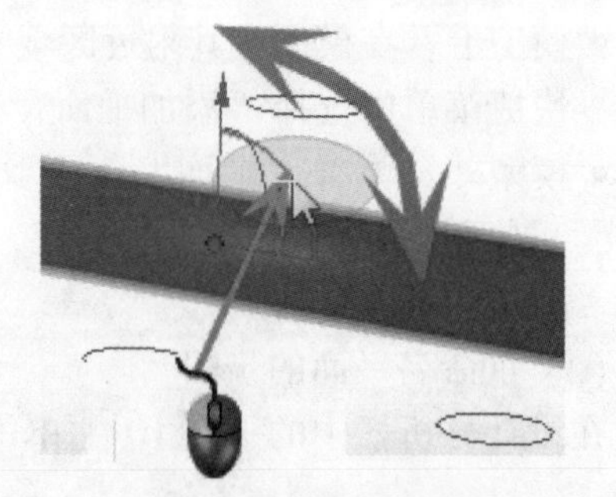

图 4-13　旋转平面

注：若要更改旋转中心，可在平面内拖动三重轴。旋转中心就是三重轴原点。

- 在平面上：左键单击，然后选择对齐平面的轴，如图 4-14 所示。
- 在模型外：单击“平面”上下文面板中的“编辑”按钮，然后拖动“平面控制”对话框中的“旋转”滑块。

(3) 对齐模型表面的方法

● 在平面上：左键单击，然后单击“对齐曲面”按钮，如图4-15所示。

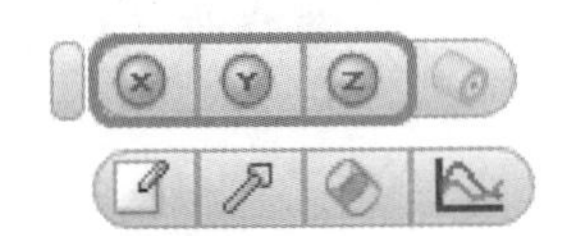

图4-14　对齐平面的轴

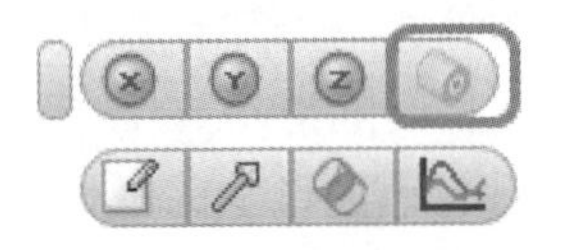

图4-15　对齐曲面

● 在平面上：单击鼠标右键，然后在弹出的快捷菜单中选择“对齐曲面”选项。

在调用“对齐曲面”命令后，单击所需的模型曲面。平面将移动到选定的曲面，并与之平行。如果选定的曲面不是平面，则平面将移动到与曲面上选择点最接近的单元面。

(4) 更改外观的方法

● 在平面上：单击鼠标右键，然后在弹出的快捷菜单中选择所需的选项。

● 在模型外：单击“平面”上下文面板中的“编辑”按钮，然后从“外观”菜单中选择，如图4-16所示。

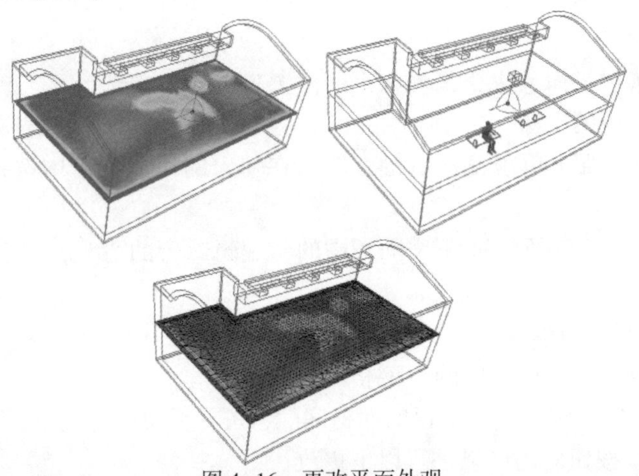

图4-16　更改平面外观

(5) 更改显示的结果数量的方法

● 在平面上：单击鼠标右键，然后在弹出的快捷菜单中选择“结果”选项，并从列表中进行选择。

● 在模型外：从“平面”上下文面板的“结果”菜单中选择，如图4-17所示。

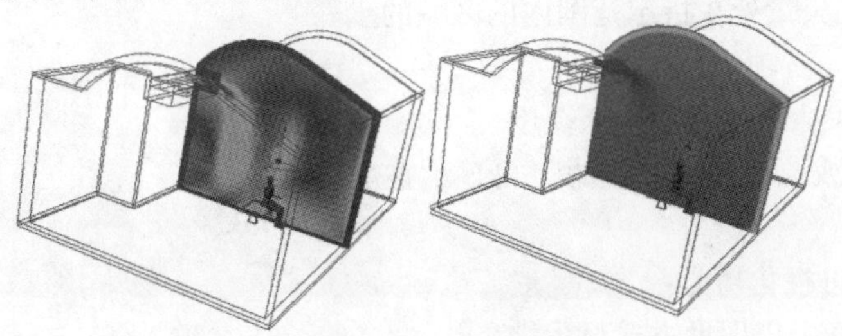

图4-17　速度结果与温度结果

(6) 保存平面上的结果的方法

• 在平面上：单击鼠标右键，然后在弹出的快捷菜单中选择“保存表格...”选项。
• 在模型外：单击“控件”对话框中的“保存表格...”按钮。要修改结果分辨率，可拖动网格间隔滑块。

(7) 查看着色模型上的平面的步骤

修剪可改善特定模型区域的显示效果，并能在模型着色时有效地显示矢量。

• 若要启用修剪，可在结果平面上单击鼠标右键，然后在弹出的快捷菜单中选择“修剪”选项。
• 如果显示的是模型的“另一面”，再次右键单击该平面，然后在弹出的快捷菜单中选择反向修剪。
• 若要禁用修剪，可在结果平面上单击鼠标右键，然后在弹出的快捷菜单中取消选中“修剪”选项。

(8) 启用矢量或更改矢量数量的方法

• 在平面上：在平面上单击鼠标右键，然后在弹出的快捷菜单中选择“矢量”选项，接着选择数量。
• 在模型外：从“平面”上下文面板上的“矢量”菜单中选择。

(9) 更改矢量外观的方法

• 在平面上：在平面上单击鼠标右键，然后在弹出的快捷菜单中选择“矢量”→“设置...”选项。
• 在模型外：单击“平面”上下文面板中的“编辑”旁的箭头，然后选择“矢量设置”选项。

(10) 控制矢量密度的步骤

• 拖动“矢量设置”对话框中的“网格间隔”滑块。
• 若要指定比滑块范围更细或更粗的网格间隙，可在滑块旁边的字段中输入所需的值。

单击“更多...”按钮后还可以进行以下更改。

(11) 控制箭头的显示的步骤

• 若要禁用箭头，可取消选中“显示箭头”选项。
• 若要更改矢量箭头，指定箭头尺寸值（默认尺寸 1 根据矢量长度缩放箭头尺寸）。
• 若要将所有矢量缩放同样的量，可修改“比例因子”值。

(12) 显示活动矢量处在指定范围内的区域的步骤

• 选中“过滤”选项。
• 在最小值和最大值字段中输入范围。

单击“重置”或取消选中“过滤”可显示整个模型。

3. 平面功能

平面提供多种可视化功能：

• 平面在横截面上以图形方式显示结果。
• 使用平面可通过平面横截面提取统计数据。
• 平面是 XY 曲线图的基础。

(1) 访问平面功能

注： 确保选中“结果任务”面板中的“平面”选项。

- 模型上方法1：左键单击“平面”，并单击上下文工具栏图标，见表4-2。

表4-2 “平面”上下文工具栏

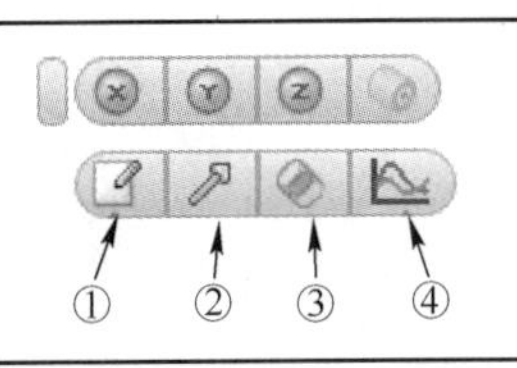 	① 编辑（控件） ② 矢量设置 ③ 统计 ④ XY曲线图

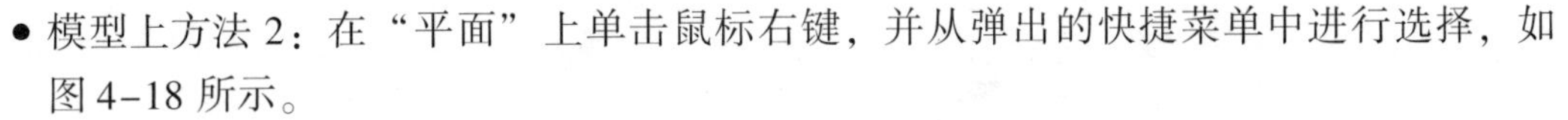

- 模型上方法2：在“平面”上单击鼠标右键，并从弹出的快捷菜单中进行选择，如图4-18所示。

- 模型外方法1：单击“平面”上下文面板中的相应图标，如图4-19所示。

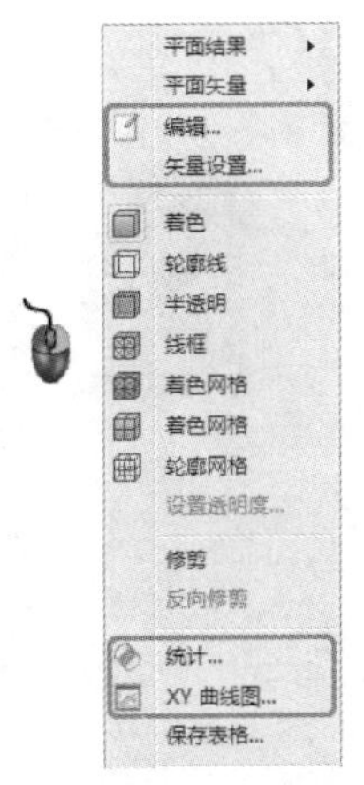

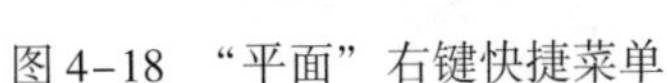

图4-18 “平面”右键快捷菜单

图4-19 “平面”上下文面板

- 模型外方法2：在设计分析栏的“平面”分支的相应平面上单击鼠标右键，然后在弹出的快捷菜单中进行相应选择，如图4-20所示。

(2) 在平面上测量和打印数据

除了对流动和热行为的可视反馈，结果平面还可用于评估定量结果。实时测量结果的方法有3种。

1）使用鼠标探测。

- 将鼠标悬停在结果平面的所需位置上。
- 查看界面左下角状态栏上的结果。

2）创建XY曲线图，如图4-21所示。

在切面上选择点、输入点坐标或从以前的曲线图中获取保存的点，以创建XY曲线图。任何XY曲线图中的最大点数量均为500。

步骤1： 创建结果平面，并打开“XY曲线图”对话框。

步骤2： 选择点选择的方法：

- 点击添加。
  - 单击“添加点”按钮。

■ 在切面上单击曲线图将通过的位置。“点列表” 区域将显示点。
■ 需要最少两个点。

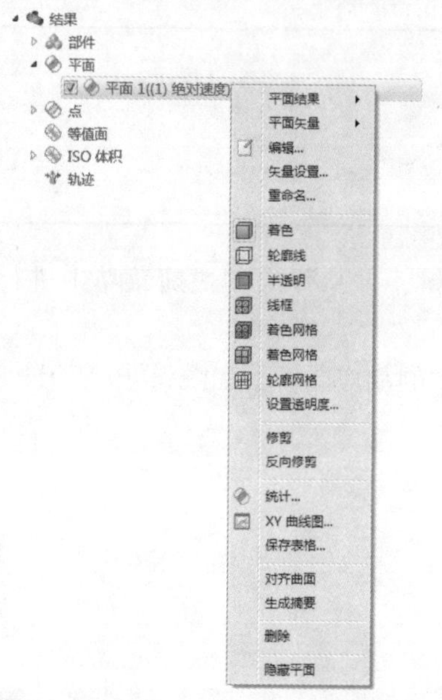

图 4-20 “平面” 分支右键快捷菜单

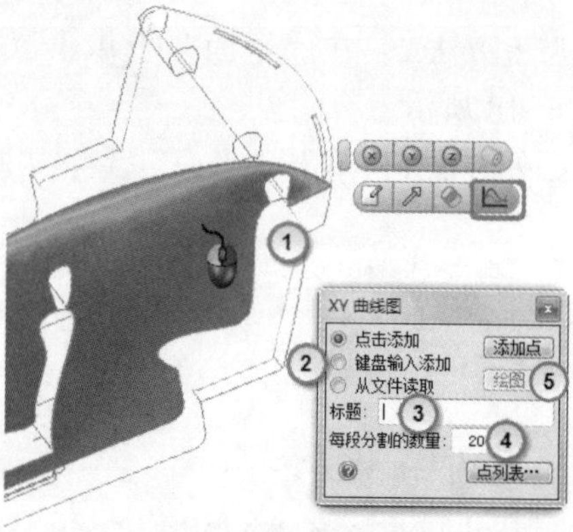

图 4-21 XY 曲线图

- 键盘输入添加。
  ■ 在字段中指定 X、Y 和 Z 坐标，其间以逗号隔开（请勿使用方括号或圆括号）。
  ■ 单击 “添加” 按钮。
- 从文件读取。
  ■ 若要将 XY 曲线图点位置保存到文件中，可单击 “保存点” 按钮。
  ■ 若要使用保存的点位置创建新 XY 曲线图，可选择从文件读取。单击 “浏览” 按钮，然后选择所需的 xyp 文件。

注： 可以使用已保存的点位置，在不同的工况中创建曲线图。

步骤 3： 输入标题。

为曲线图指定 “标题”。这是可选操作。如果不输入标题，则曲线图将标为 “无标题”。

步骤 4： 更改分割数量。

- 两点之间的默认分割数量为 20。
- 修改此值以更改曲线图的分辨率。

注： 分割数量必须在 2 ~ 500 之间。

步骤 5： 创建曲线图。

若要创建曲线图，可单击 “绘图” 按钮。

3）保存表格。

此命令保存有关平面中点的均匀分布的逗号分隔变量（“. csv”）文件。

在平面上：单击鼠标右键，然后在弹出的快捷菜单中单击 “保存表格...” 图标。

若要更改表格中保存的点数，可在 “矢量设置” 选项卡中修改网格间隔，如图 4-22 所示。

4. 使用平面测量统计值

“统计计算器”可快速计算和显示结果平面的统计加权结果。当前活动的平面移动时，统计（质量加权）结果自动更新。

其工作流程如图4-23所示。

- 首先在所需位置定位结果平面。
- 单击“统计”图标打开“统计结果”对话框（图4-23中①所示）。
- 选择相应的统计计算变量（图4-23中②所示）。
- 通过相邻的菜单列表更改输出数量的单位（图4-23中③所示）。
- 单击“计算”按钮（图4-23中④所示）。
- 统计结果将写入“输出”选项卡。

图4-22　网格间隔

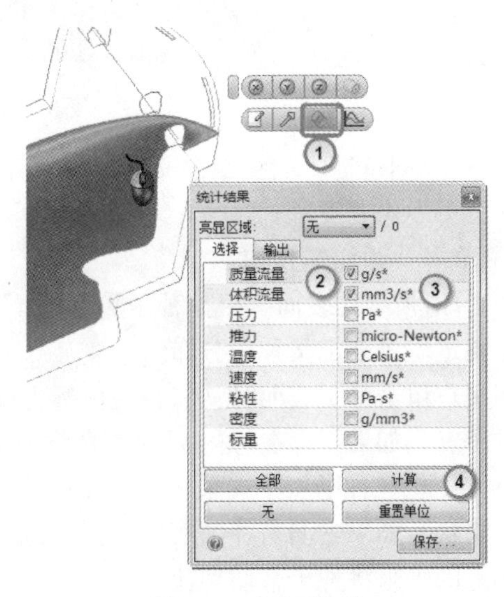

图4-23　平面统计

若要在对瞬态分析进行动画演示时保存统计数据，可单击“保存...”按钮。从活动时间步中获得的结果将保存在Excel的CSV格式文件中。

相关术语解释如下。

- 压强是静态表压。
- 体积流速是速度和面积的乘积。
- 压力是面积上的压强积分（这是面积加权值。压强是质量加权的值）。
- 速度部件在选择“速度”时显示出来。

4.3 迹线

从概念角度来讲，“迹线”与在流体中注射的染色剂流相似。通过这种方法，能够非常有效地显示流体运动，如图4-24所示。

1. 创建迹线的步骤

1）单击“结果”（选项卡）→“结果任务”（面板）→“迹线”图标。

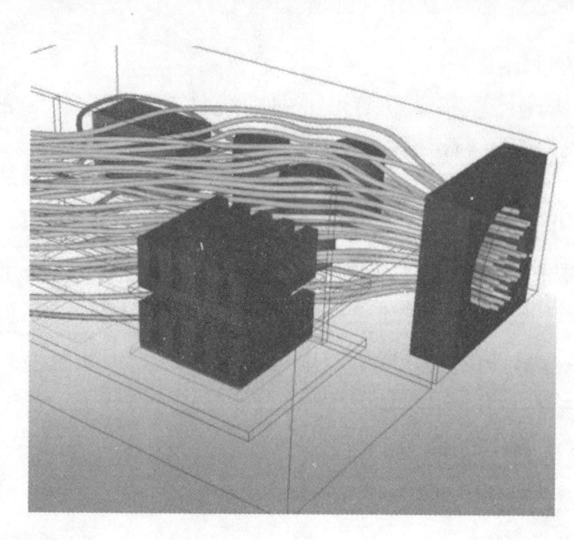

图 4-24 迹线

2）从“创建集”面板中定义“种子类型”“阵列”和“密度”（用户可以使用默认设置或从菜单中修改设置）。

3）单击“添加”按钮。

4）单击模型的表面。根据种子类型的不同，用户可能需要单击并拖放、单击多次或只需单击特定位置来定义种子分布。

当用户单击某个表面时，将在与鼠标光标成一直线的第一个着色几何表面或结果平面上创建种子点。如果不存在与鼠标成一直线的着色表面，将在第一个可见的表面（可以显示为轮廓）上创建种子点。如果表面是流动开口（或两个流动区域之间的内部表面），迹线将从种子增长。如果表面是外部实体表面，将不会从种子绘制迹线。但是，用户可以通过拖动三重轴上的轴来将种子移动到流场中。

5）若要移动种子集，在三重轴中的轴上单击，然后拖动到模型中任何所需的位置。通过拖动三重轴上的弧线来旋转迹线集。

若要隐藏迹线集，可在该集上单击鼠标右键，然后选择“隐藏迹线集”。用户还可以取消选中设计分析栏的“结果”分支中的“迹线集”分支。

若要恢复隐藏的迹线集，可稍稍拖动轴或选中设计分析栏的“结果”分支中的“迹线集”分支。

2. 种子类型

使用“种子类型”菜单选项，可控制种子的排列方式。其中一些选项对于创建大量种子非常有用，而另一些则非常适用于在特定位置创建少量种子。

（1）点

使用“点”可在模型表面上创建单个迹线种子。

在图像中，需留意位于出口处的种子是否有轨迹。外壁和着色阀芯上的种子没有迹线，因为它们所在的实体表面上的流体不移动，如图 4-25 所示。

（2）直线

使用“直线”可创建单行迹线种子。在直线的一端单击一次，拖动到所需长度，然后再次单击即可完成直线的创建，如图 4-26 所示。

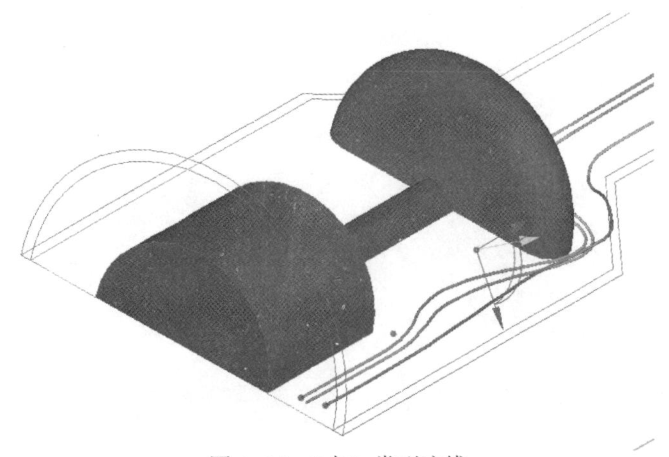

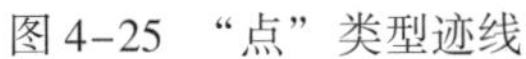

图 4-25 “点”类型迹线

(3) 环

使用“环”可创建未填充的环形迹线种子。在环形的中心处单击一次，拖动到所需长度，然后单击即可完成环形的创建，如图 4-27 所示。

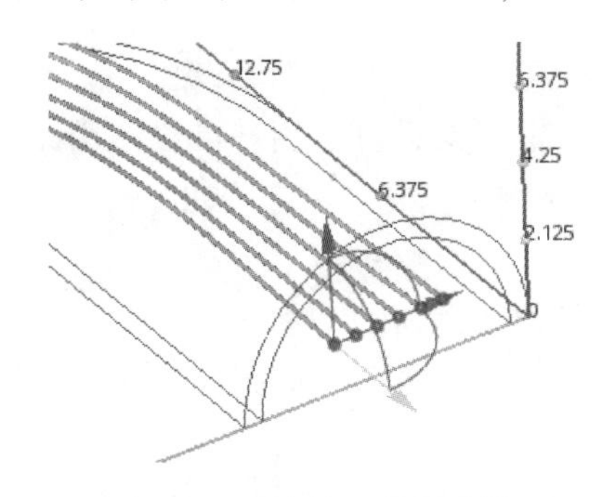

图 4-26 “直线”类型迹线

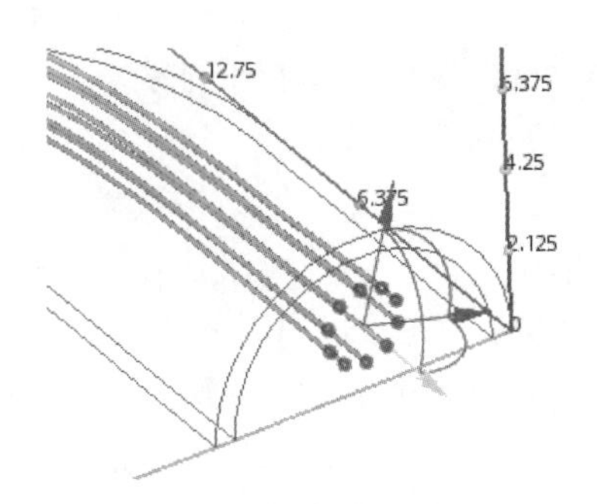

图 4-27 “环”类型迹线

(4) 圆形

使用“圆形”可创建填充的圆形迹线种子。在环形的中心处单击一次，拖动到所需长度，然后单击即可完成圆形的创建，如图 4-28 所示。

(5) 矩形

使用“矩形”可创建序列栅格。单击一次以定义第一个角，拖动到所需宽度，然后再次单击，拖动到所需高度，然后进行第三次单击即可完成矩形的创建，如图 4-29 所示。

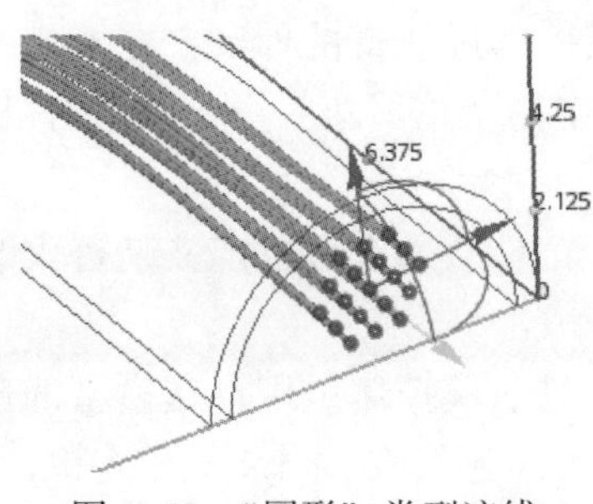

图 4-28 “圆形”类型迹线

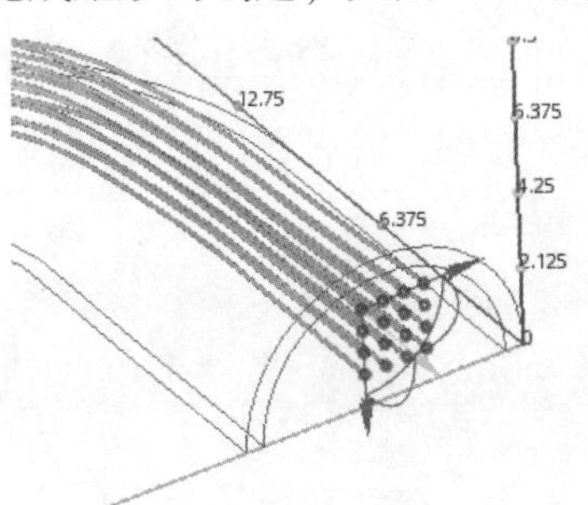

图 4-29 “矩形”类型迹线

(6) 区域

“区域”选项将迹线种子分布直接应用于几何体平面或结果平面，如图 4-30 所示。使用此选项可实现迹线在整个结果平面上的均匀分布。这种方法可在计算空蚀时使用。

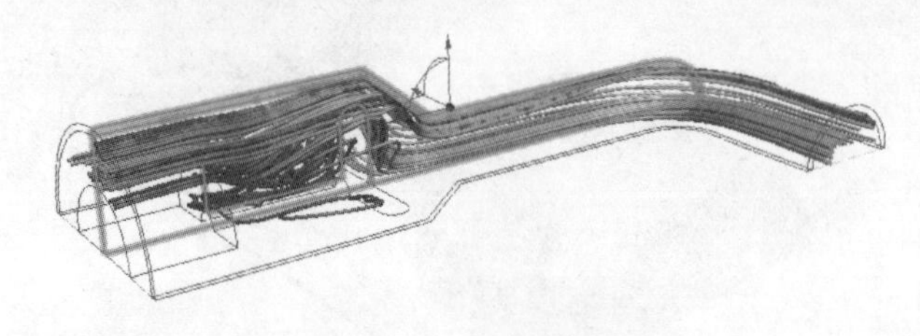

图 4-30 “区域”类型迹线

(7) 键盘输入

输入准确的 X、Y 和 Z 坐标。坐标以逗号分隔（不要使用方括号或圆括号括住坐标）。

3. 种子阵列

可以使用“种子阵列”来控制定义栅格上的种子点间的间距。注意，不能为特定的种子类型（如“直线”或“点”）选择种子阵列。

下面介绍如何编辑粒子迹线。

从“修改集”中单击“编辑”以打开“编辑迹线集”对话框。用户可以使用此方法删除个别迹线、更改显示的结果数量或将迹线显示为实体颜色，并修改迹线的特性。

- 默认情况下，迹线按其迹线 ID 在表中排序。
- 若要按 ID 或停留时间为迹线排序，可单击相应的列标题。
- 若要删除个别迹线，可从列表中选择它，然后单击“删除”按钮。若要删除所有迹线，可展开“删除”按钮，然后单击“全部删除”按钮。
- 若要删除整个迹线集，可从“修改集”面板中单击“删除”按钮。

注： 迹线横穿模型所需的时间即为其停留时间，按每个迹线列出。停留时间可能会有变化，这取决于流动、几何体以及迹线粒子是否存在质量。与其他迹线相比，停留时间较长的迹线将会影响动画。此类迹线的动画速度非常慢，而此后其他迹线的动画速度很快。

4. 结果/颜色

通过从“结果”菜单中进行选择，来更改所显示的结果数量。如果要使用统一颜色来显示迹线，可选择“纯色”选项，然后单击颜色选择器来更改颜色。

(1) 显示

用户可以通过以下方式从“编辑迹线集”对话框控制迹线集的外观：在模型的迹线集上单击鼠标右键，或者在设计分析栏的“结果”分支中的“迹线集”分支上单击鼠标右键。

(2) 范围

使用“范围”可定义是否绘制完整轨迹（“整个范围”），也可以定义是否仅绘制种子点的长度上游（“向后”）或下游（“向前”）。

注意，用户可以通过以下方式从“编辑迹线集”对话框控制范围：在模型的迹线集上单击鼠标右键，或者在设计分析栏的“结果”分支中的“迹线集”分支上单击鼠标右键。

(3) 迹线宽度

使用宽度设置控制迹线的尺寸。增加圆柱、球体和点的宽度可使其直径增大。增加直线的宽度可使其变为条带。

(4) 计算步数

使用最大步数设置控制迹线的长度。默认值为 5000，足以适应大多数迹线。如果迹线在网格极细的模型内部中断，升高此值。

(5) 质量

在默认情况下，粒子迹线没有质量，因此它们的运动只受流动影响。若要使迹线的行为更类似于流动系统中的实际物质，可启用“质量”。

(6) 投影迹线种子

“投影种子点”面板中的命令允许迹线定位到特定表面或种子平面上。如果要将迹线定位到模型上或模型外的特定位置，以便直观显示非常接近于实体对象的流动，这些命令将非常有用。

(7) 向下投影到着色面

这对于集中刚好超出实体之外的迹线非常有用，并且非常适用于空气动力分析或人员舒适度模拟中，特别关注流动非常接近于实体形状的情形。若要将种子投影到特定表面，可执行以下操作。

1) 在所需的对象附近创建迹线集。最好使用超出对象尺寸的种子分布。注意，用户可能需要在实体之外创建种子栅格，然后（使用空间坐标轴）将其移动到该对象附近的位置，如图 4-31 所示。

2) 由于此命令用于在图 4-32 中粗箭头所示轴的负方向上投影种子迹线，因此，可通过旋转空间坐标轴（如果需要）以确保方向正确。

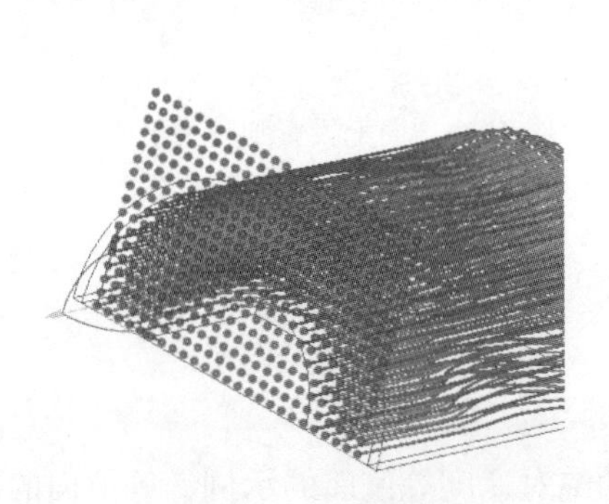

图 4-31 创建迹线集

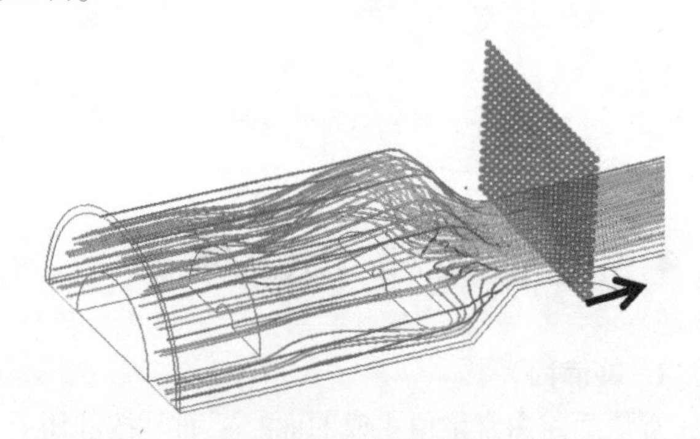

图 4-32 确保方向正确

3) 更改要着色的对象的外观。用户可以通过在部件上单击鼠标右键并在弹出的快捷菜单中选择“着色”选项，或从设计分析栏的“部件”分支执行此操作。着色部件后，需确保从“结果任务”面板中选择“迹线”，如图 4-33 所示。

4) 从“投影种子点”面板单击“向下投影到着色面”按钮。然后，种子点将投影到与图 4-34 中粗箭头所示轴成一条直线的第一个着色面。

5) 若要查看非常接近于表面的流动，可拖动空间坐标轴以使其与实体部件之间留有一小段距离，如图 4-35 所示。

如果没有迹线可以投影到表面上，那么迹线分布将保持不变。

6) 若要将分布在曲面上的迹线种子投影到平面上，可单击“向上投影到种子平面”，这会将种子点移动到由空间坐标轴的两条轴定义的平面上，如图 4-36 所示。

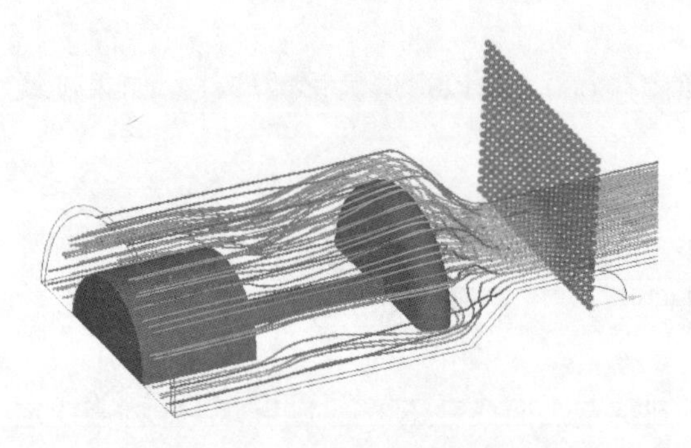

图 4-33　更改要着色的对象的外观

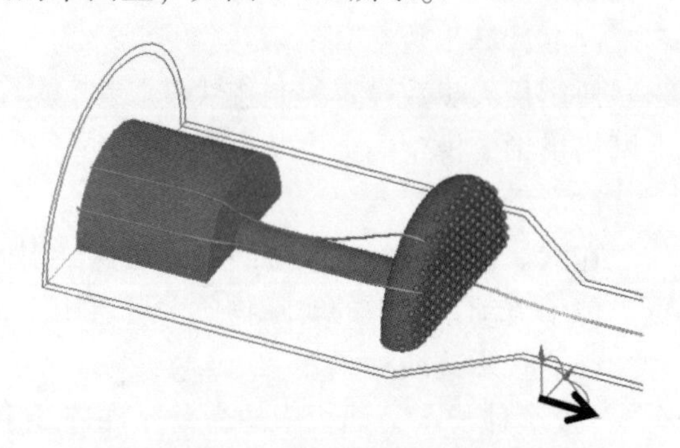

图 4-34　向下投影到着色面

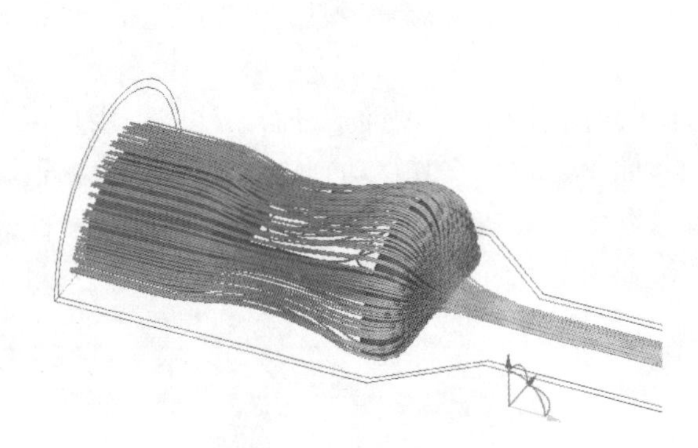

图 4-35　拖动空间坐标轴

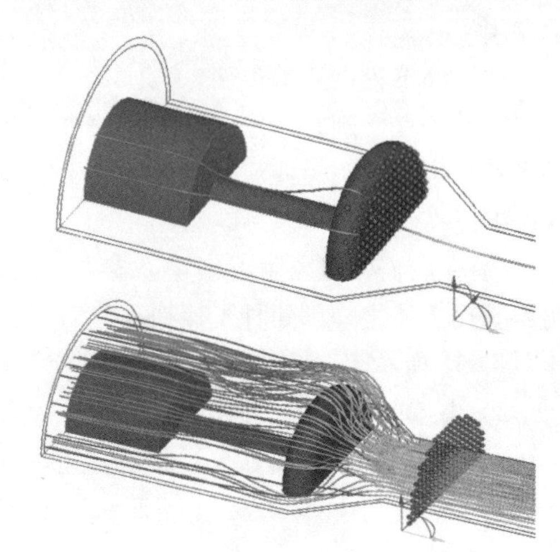

图 4-36　向上投影到种子平面

4.4　等值面和 ISO 体积

1. 等值面

等值面是由常量值组成的面。下面是按静压着色的绝对速度等值面的示例，等值面的形状表示整个模型中具有特定绝对速度的位置，颜色表示这些位置处的静压，如图 4-37 所示。

等值面是一种三维可视化工具，可显示气流的值及物理形状。这种工具可以有效地显示复杂流动路径中的速度分布及热模拟中的温度分布。还可以使用等值面来确定最大和最小数量值的位置。

(1) 使用等值面

执行大多数“等值面”任务的方法有多种。

- 在模型上：直接单击模型或“等值面”，这有助于将焦点保持在模型上，如图 4-38 所示。
- 在模型外：使用设计分析栏的“等值面”分支或“等值面”上下文面板，这对于复

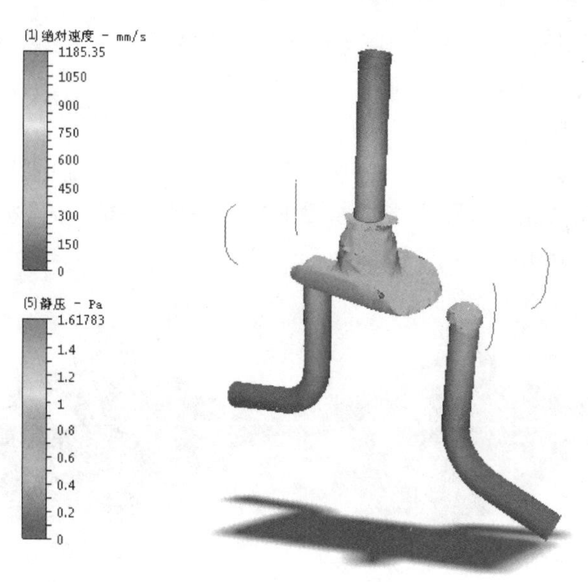

图 4-37　等值面

杂模型非常有用，在处理时能够避开几何体，如图 4-39 所示。

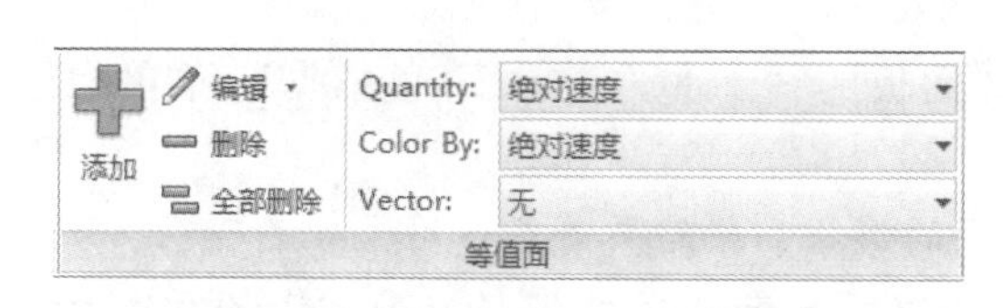

图 4-38　“等值面”任务栏

图 4-39　“等值面”分支

(2) 创建等值面的方法

- 在模型上：在模型上或其附近区域（不在现有的等值面上）单击鼠标右键，然后单击快捷菜单相应选项添加等值面。
- 在模型外：单击“等值面”上下文面板中的“添加”按钮。

(3) 重命名等值面的步骤

在设计分析栏中，在所需等值面上单击鼠标右键，然后在弹出的快捷菜单中单击“重命名”图标。

(4) 选择等值面的方法

- 在模型上：直接在等值面上单击鼠标左键。
- 在模型外：在设计分析栏中单击其名称。

(5) 隐藏等值面的步骤

在设计分析栏中取消选中“等值面”复选框。用户还可以在名称上单击鼠标右键，然后在弹出的快捷菜单中单击“隐藏等值面”图标。

注：隐藏的等值面不再显示，也无法修改。采集图像时，隐藏一个或多个平面通常很有用。

(6) 删除等值面的方法

- 在面上：单击鼠标右键，然后在弹出的快捷菜单中单击“删除”图标。

- 在模型外：在设计分析栏中，在所需的等值面上单击鼠标右键，然后在弹出的快捷菜单中单击“删除”图标。

(7) 更改等值面外观的方法

- 在面上：单击鼠标右键，然后在弹出的快捷菜单中选择所需的选项。
- 在模型外：单击“等值面”上下文面板中的“编辑”按钮，然后在“外观”菜单中进行选择，如图 4-40 所示。

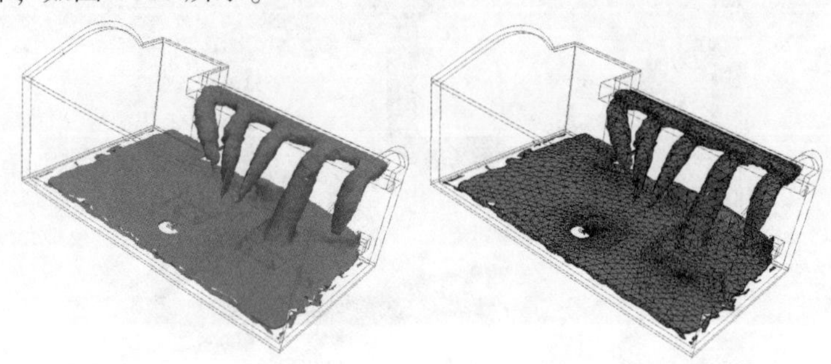

图 4-40 “等值面”的不同外观

(8) 更改等值量和按结果着色量的方法

- 在面上：单击鼠标右键，然后在弹出的快捷菜单中单击“等值量”或“按结果着色”按钮，然后从列表中进行选择。
- 在模型外：分别在“等值面”上下文面板的“数量”和“着色依据”菜单中进行选择。

注：等值量是标量结果，用于确定等值面的形状。按结果着色量用于确定颜色。默认情况下，两者是相同的。选择不同的标量结果会同时显示两个结果。例如，将温度作为“等值量”，绝对速度作为“按结果着色”，这会显示模型中所有具有相同绝对速度的位置处的温度，如图 4-41 所示。

(9) 更改等值量的值的方法

拖动控件对话框中的滑块。

(10) 更改矢量长度的方法

- 在默认情况下，所有矢量都显示为相同长度。若要更改矢量长度，可拖动长度滑块。
- 若要将矢量显示为不同的长度，单击长度范围，拖动最小值和最大值滑块改变范围。

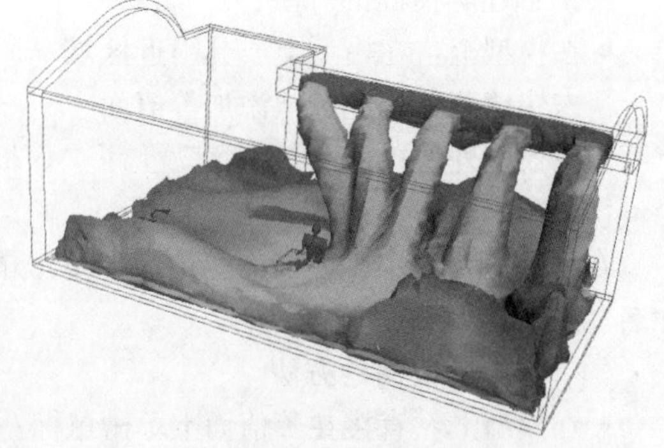

图 4-41 相同绝对速度的位置处的温度

- 若要将所有矢量缩放同样的量，可修改属性区中的比例系数值。

2. ISO 体积

ISO 体积是模型在结果量值的指定范围内的体积。与在具有单个指定值模型的任何位置显示的等值面不同，ISO 体积可在一系列结果值中的任何地方显示。

图 4-42 显示了绝对速度 ISO 体积（温度由颜色表示）。ISO 体积的形状表示模型在绝对速度的指定范围中的任何位置，颜色表示温度。

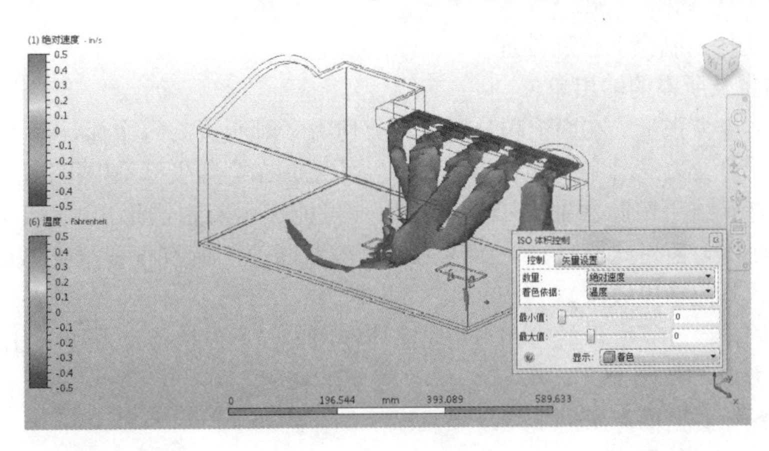

图 4-42　ISO 体积

用户可以通过单击功能区的“ISO 体积”命令来创建 ISO 体积并与之交互。使用 ISO 体积的工作流与等值面的工作流非常类似。

4.5　壁面结果

结果任务中的“壁面计算器”计算固体和壁面上的流体的诱发力。此类力在很多情形下非常有用，例如：

- 评估内部阀门组件上的液压力以确定弹簧刚度。
- 计算气动实体上的升力和阻力。

此外，“壁面”对话框还可计算：

- 壁面温度。
- 压强。
- 热流量。
- 换热系数。
- 绕某个轴力矩和受力中心。

“壁面结果”选项卡又分成两个子选项卡：

- “选择和结果”：选择要计算的面和定量。
- “输出”：显示结果。

使用壁面计算器的方法：

单击“结果”（选项卡）→“结果任务”（面板）→“壁面计算器”图标以打开壁面计算器。

此对话框打开后，当光标悬停在模型的面上时，这些面将会突出显示。

1. 选择面

选择要在其上评估壁面结果的面。有效的面是任何壁面及开口（入口和出口）。

当“选择模式”为“体”时，光标悬停在体上时该体突出显示，并可选择。实际上，选择的是属于所选体的面，而不是体本身。所选面的 ID 显示在列表区域。

使用“组操作”按钮选择面组。在运行最后一组迭代前，组必须退出。如果未退出，只需运行 0 次迭代强制模型重新处理。

2. 选择数量及所需的输出单位

力是指总体应为张量。在面上积分压力和剪切力。对所选的每个面计算力分量和量值。选中的所有面的总受力（总和）也将计算出来。注意，在全局坐标系中报告力。

若要从力计算结果中除去非常低的壁压力（可能表示有空洞形成），可选中截断压力框，并指定最小压力值。此值将指定到压力低于该截断值的所有位置（此截断值不会影响显示结果边缘或其他输出数量）。

对于移动固体，计算所得的力和力矩是流体作用力，不包括指定力和阻力的影响或运动定义中所含的力矩。

压强是指流体对壁面产生的平均压强。

温度是指壁面上的平均温度。注意，在“壁面”对话框中无法获取来自保存的中间迭代或时间步的温度值。

在分析运行期间，无法获取壁面上的温度值。这些将在分析停止后计算。

热通量是基于传热求解的热残差。注意，在“壁面”对话框中无法获取来自保存的中间迭代或时间步的热通量值。另外，来自运动对象的热通量值也不可用。

换热系数可通过以下两种方法计算。

- 输入“参考温度”的值。换热系数的计算基于热通量以及指定参数温度和壁面温度之间的温差。
- 使用每个壁面节点处的近壁面温度作为局部参考温度。选中使用近壁面温度框。换热系数将基于壁面温度和距壁面上的每个节点最近的非壁面（流动）节点处的温度之间的温差。

若要计算绕特定轴的力矩，在轴上的点组中输入旋转轴上的一个点的坐标，然后输入定义轴所在方向的单位矢量。选中“力”后，将计算壁面力、绕每个全局轴的受力中心和绕所选轴的力矩，并显示在“输出”选项卡上。

3. 显示结果

- 单击“壁面结果”对话框或“壁面”上下文面板中的“计算”按钮。
- 单击“输出”选项卡以查看计算所得的壁面结果。在选中的每个面的此对话框中，显示从“选择和结果”选项卡请求的值。
- “摘要”部分列出所有已选中面的量值。
- 单击“写入文件”将这些数据保存为 CSV 文件。输出文件的格式为 Excel 的 CSV 格式。
- 单击“查看文件”打开保存的壁面结果文件。文件中的内容显示在“输出”区域。

4.6 测量部件温度

使用“结果部件”评估所选部件的结果。“结果部件”还可指定为“摘要部件”，并在决策中心中用于评估“关键值”，如图 4-43 所示。

使用“结果部件”的示例是电子电源逆变器。有些组件的温度值可能超过 60℃。在工况运行到收敛后，使用“部件”对话框获取每个组件上的温度。

图 4-43　部件结果

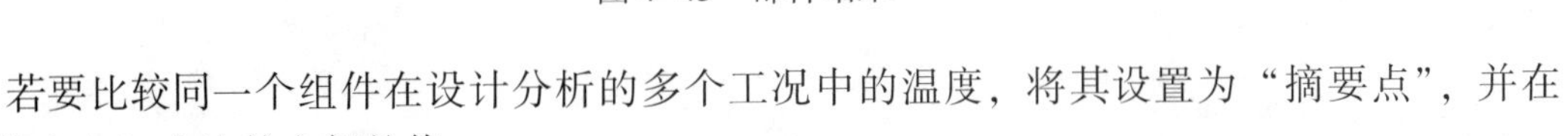

若要比较同一个组件在设计分析的多个工况中的温度，将其设置为“摘要点”，并在“决策中心”中比较它们的值。

提取以下结果。

- 流体。
- 固体。
- 内部风扇。
- 简化热模型。
- 热交换器。

1. 查看结果的步骤

- 单击“结果”（选项卡）→“结果任务”（面板）→“部件”图标，以打开“部件”对话框。
- 从模型中选择所需的部件。
- 单击“部件”对话框或“部件”快捷菜单中的“计算”按钮。

注：若要更改单位，可将该部件设置为“摘要部件”，然后在“摘要值”表中修改单位。

注：使用平均体积温度计算基于零件的温度。

2. 将部件指定为“摘要部件”的步骤

- 单击“部件”上下文面板中的“生成摘要”按钮，或勾选“部件”对话框中部件名称旁边的复选框。
- 然后，该部件在“决策中心”中作为“摘要部件”列出。
- 每个工况的部件结果在输出栏的“关键值”选项卡中列出。

注：如果将部件指定为“摘要部件”，则不能再使用“删除”按钮删除该部件。若要删除摘要部件，可打开“决策中心”，右键单击该部件，然后在弹出的快捷菜单中单击“删除”图标。

3. 查看结果时控制部件可见性

查看结果时，控制部件外观非常重要。Autodesk CFD 可提供控制部件显示方式的工具，从而让用户能够创建最能体现设计行为的图像和视图。显示结果的同时在模型上单击鼠标右键，或在设计分析栏的“结果”→“材料”分支中的部件名称上单击鼠标右键，即可调用这些命令，如图 4-44 所示。

（1）着色、轮廓线、半透明、线框和着色网格

- 控制所选部件的显示，不影响其他部件。
- 例如，固体部件可全部着色，而流体部件处于轮廓模式。

（2）显示结果

显示所选部件，此部件显示由当前“全局结果”设置确定的值。

（3）显示颜色

从自定义调色板中选择所选部件的显示颜色，如图 4-45 所示。

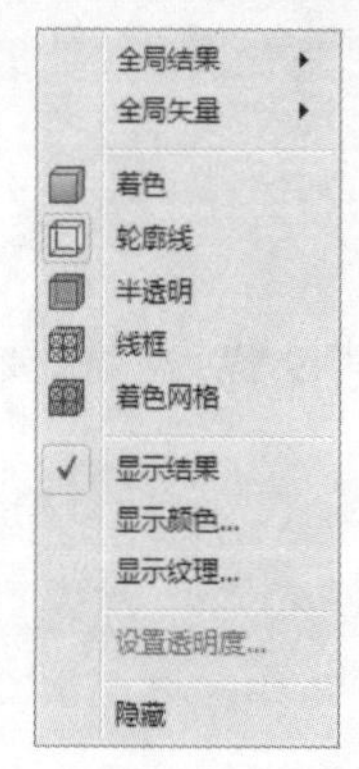

图 4-44　显示结果

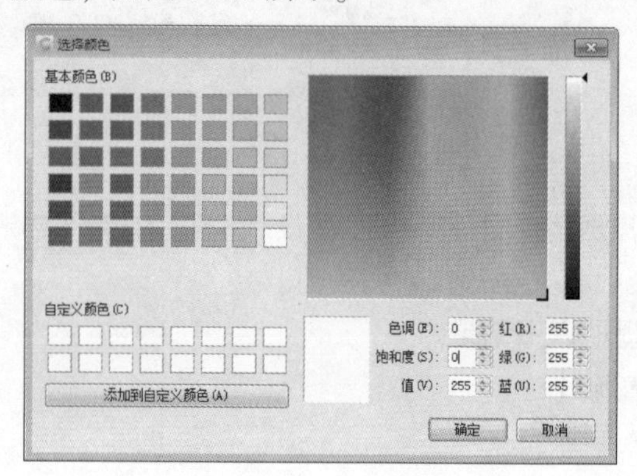

图 4-45　显示颜色

（4）显示纹理

纹理是可以指定到部件上的表面图像。纹理与简单颜色不同，纹理用于更改部件外观，使其更像真实的物体或物质。它们对于为模型赋予真实外观并产生鲜明的视觉印象非常有用。

若要应用纹理，可右键单击部件，然后从弹出的快捷菜单中选择“显示纹理”选项。此时，会出现一个文件浏览对话框，其中包含 Autodesk CFD 提供的多种纹理。

为外部部件指定铬纹理图，如图 4-46 所示。

（5）设置透明度

- 仅在模型或部件显示透明度时激活。
- 向 100% 方向移动滑块使模型更加透明（视线更容易穿过）。

（6）显示抑制的部件

在默认情况下，查看结果时抑制的部件不可见。若要显示这些部件，打开设计分析栏，然后展开“结果”分支的“材料”分支，选中要显示的每个部件旁边的框，如图 4-47 所示。

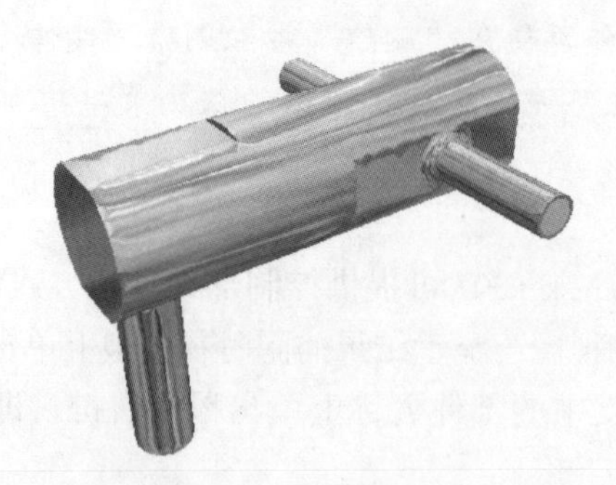

图 4-46　显示纹理

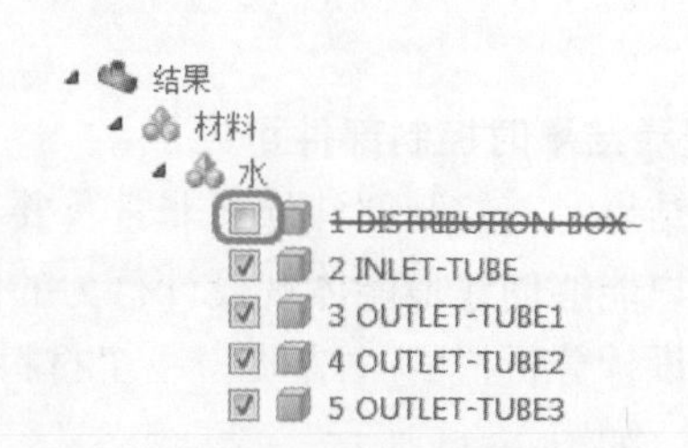

图 4-47　显示抑制的部件

4.7　结果点

使用“点”对话框通过“结果点”描绘模型中特定位置的时间或迭代历史记录。将

“结果点”指定为“摘要点”以评估“关键值”，并比较从“决策中心”的多个工况得出的结果。

例如，使用“结果点”评估减压阀随时间的变化情况。利用瞬态设计分析模拟阀门随时间产生的累积压力及随后的排气情况。若要了解是否达到设计目标，必须描绘阀门关键位置的压力随时间的变化情况。

启动工况之前，可在“求解”对话框中指定“结果保存间隔”，这将使 Autodesk CFD 在计算过程中保存中间时间步。

若要描绘关键位置压力随时间的变化情况，可创建“结果点”，然后单击“查看曲线图”。获得的结果是保存的每个时间步的结果 XY 曲线图。

1. 创建结果点

创建结果点并采用图形表示数据：

1）单击“结果”（选项卡）→“结果任务”（面板）→“点”图标。如果“点”对话框未出现，可单击“视图”（选项卡）→“外观”（面板）→“选择列表”图标。

2）有多种方法可定义结果点的位置。

① 在三维坐标的原点创建点。

- 拖动三维坐标使原点处于所需位置。
- 左键单击三维坐标外的区域，然后单击上下文工具栏中的“添加”图标，如图 4-48 所示。

② 在几何面、等值面或结果平面上创建点。

- 左键单击模型外的区域，然后单击“对齐面”图标。
- 在面上的所需位置处单击，如图 4-49 所示。

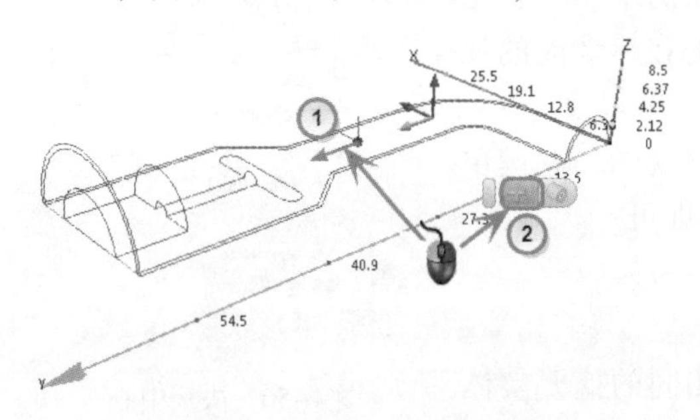

图 4-48　在三维坐标的原点创建点

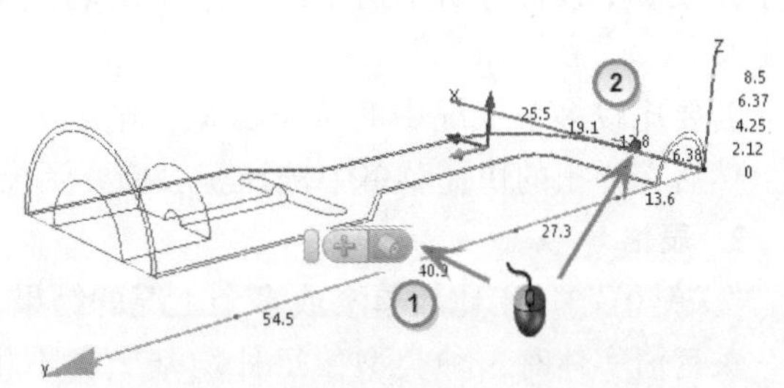

图 4-49　在几何面、等值面或结果平面上创建点

注意，选择工具会优先选择着色面。要在带轮廓的面上确定监控点的位置，注意单击位置不要距离着色面过近。

③ 使用“点”对话框上的 X、Y 和 Z 滑块在模型上定位点。

④ 在“点”对话框中输入特定坐标。

3）在名称字段中指定点的名称。

4）若要创建点，可单击“点”对话框或上下文面板上的“添加”图标。

5）通过单击“查看视图”按钮采用图形表示结果。

注：至少存在两个时间步或迭代后，才能描绘点的数据。在“设置”对话框中设置“结果保存间隔”，以保存中间时间步或迭代的结果。

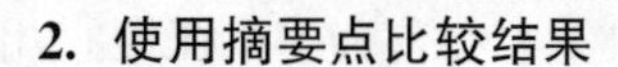

2. 使用摘要点比较结果

若要比较多个工况的结果或与关键值进行比较，选中所需点相邻的摘要栏中的框将“结果点”指定为“摘要点”。

- 在“决策中心”中，该点作为“摘要部件”列出。
- 每个工况中点位置的结果均在输出栏的“关键值”表格中列出。

注：如果将点指定为摘要点，则不能再使用“删除”按钮删除该点。若要删除该点，可打开“决策中心”，右键单击该点，然后在弹出的快捷菜单中选择“删除”选项。

4.8 使用决策中心得出结论

决策中心是比较设计方案的环境。它用于通过执行以下任务确定满足设计目标的设计：

- 提取指定的结果值。
- 比较多个工况的结果。

诸如结果部件、结果平面、结果点和 XY 曲线图等可视化对象构成了决策中心的基础。在一个场景中创建一个对象，将其指定为“摘要”对象，“决策中心”即会计算该设计分析中每个场景中的结果。

若要打开决策中心，可单击“决策中心”选项卡。

使用决策中心来管理所有摘要项，如图 4-50 所示。

“决策中心”有以下 3 个主要的组件。

1. 可视

“设计评估中心”用于直观地比较多个工况的结果。它是用于比较一个设计分析中两个或多个工况的流动和热性能的强大工具。

若要比较多个工况中的可视数据，则需创建视图，右键单击，然后在弹出的快捷菜单中选择获取摘要图像即可。

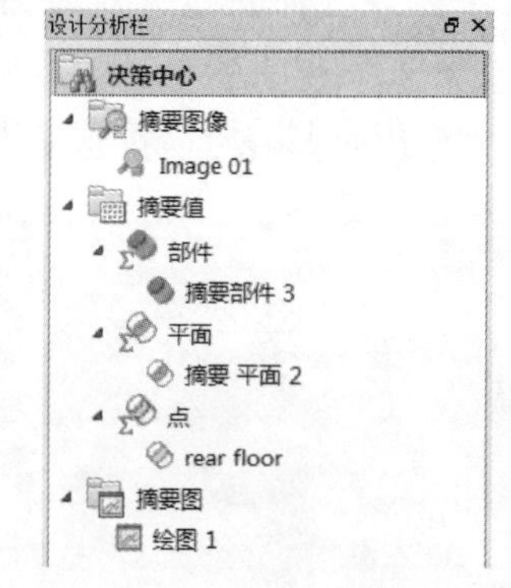

图 4-50 决策中心

2. 表格

“关键值”用于比较单个或多个工况的结果。

关键值实体有 3 种类型，每种均基于各不相同的摘要实体类型。每种类型分别解答类似于“最高温度是多少”“哪种设计的压降最小”“关键组件附近的点处的速度是否超出设计限制”等问题。

3. 图形

通过在一个图中重叠显示多个工况的 XY 曲线图数据来比较结果。

使用“摘要图”解答下列类似问题。

- 当设计变化时，流道各处的压力如何变化？
- 修改设计后，对温度梯度有何影响？

下面介绍如何在设计分析中映射决策中心数据。

使用“决策中心”比较设计分析中不同工况的关键性能标准和图像。

“决策中心”中存储的项目可在设计分析中的所有工况中映射。

- 若要确保某个项目是最新的，可在该项目上单击鼠标右键并在弹出的快捷菜单中选择

“更新”选项。未与当前结果同步的项目将会标出警告符号，表示需要更新。

- 若要更新“决策中心”中的所有项目，可右键单击“决策中心”栏，然后在弹出的快捷菜单中选择“更新全部”选项。

4.9 克隆设计和工况

运行单个分析通常无法实现最大限度的时间和资金节约。Upfront CFD 最切实的优点源于运行多个分析来比较不同的设计和不同的工作条件。Autodesk CFD 能让用户利用第一个分析以及制作易于更新的备份（称为“克隆”），轻松快速地实现上述目标。

记住，分析至少有一个与其关联的设计，即独有的几何体。每个设计都至少有一个与之关联的工况（一组工作条件、材料等）。用户可以克隆这些或利用用户已经完成的工作。

1. 克隆工况

克隆工况以研究更改分析设置或参数对同种几何配置的影响。设置的示例包括：

- 材料。
- 边界条件。
- 网格设置。
- 环境设置。

操作步骤如下。

- 右键单击“设计分析栏”中的工况。
- 选择克隆体并为其指定名称。

根据需要修改设置，并运行分析。

2. 克隆设计

克隆设计以研究不同几何配置的影响：

- 在“设计分析栏”中右键单击设计名称，然后在弹出的快捷菜单中选择“克隆”选项，并指定名称。
- 返回 CAD 系统修改设计。
- 启动 Autodesk CFD。
- 在“设计分析管理器”中，选择想要更新的设计（通常是新增的克隆体）。
- 在 Autodesk CFD 中，确认未丢失任何设置，然后运行分析。

在对所分析进行求解后，在“决策中心”中对它们进行相互比较。

第5章 软件高级设置

5.1 基本文件夹结构和常用文件类型

每个 Autodesk CFD 的设计分析均可保存在预定义的目录结构中。

1）几何文件夹：包括几何体文件并且对每个设计分析自动生成 support 文件。该文件夹不是由 Autodesk CFD 创建，其名称由用户定义。

2）设计分析文件夹：包含特定的设计分析文件，而且对于每个设计有子文件夹。

3）设计文件夹：包含每个工况的特定设计文件和一个子文件夹。

4）工况文件夹：包含工况中的文件及其子文件夹，用于存放日志文件。

5）日志文件夹：包含每个工况的日志文件。常用于定位问题，技术支持可能会需要查看这些文件以便获得更多信息。

除几何文件夹外的所有文件夹的命名会在其对应的设计分析、设计或工况之后。

表5-1列出了 Autodesk CFD 中常用的文件类型。

表5-1 常用文件类型

文件扩展名	文件名	位置
“. cfdst”	设计分析文件	设计分析文件夹
“. cfz”	共享文档	用户定义（默认为设计分析文件夹）
“. vtfx”	动态图	用户定义（默认为设计分析文件夹）
“_support. cfz”	support 文件，在每次工况运行时生成	几何文件夹（与设计分析文件夹同样的层级）
“. sum”	摘要文档	工况文件夹
“. st”	状态文档	工况文件夹
“_torque. csv”	旋转区域扭矩	工况文件夹
“_motion. csv”	运动时间历史记录	工况文件夹
“. cts”	元件热摘要	工况文件夹

另外，还有很多“. csv”文件可以被 Autodesk CFD 读入（如定义材料功能的数据）或输出（如保存 XY 图的坐标点数据）。这些内容可以在帮助文件中找到。

5.2 有限元与有限体积

偏微分方程必须先离散化成一组代数方程才能进行数字化求解。有不同的方法可以用于这种离散，比较流行的是以下 3 种（基于商用计算流体力学代码）。

- 有限差分。
- 有限体积。
- 有限元。

在有限差分法中，用级数代替偏导数——通常是泰勒级数。通常在级数的 1、2 扩展项后被截断。项数越多越精确。但是，扩展项越多，求解的离散点或节点的个数和复杂程度就会剧增。利用此方法对于规则几何直截了当，但是用于不规则几何，就要在做泰勒级数前进行转化。这个转化过程会引入很多额外的问题，如交叉耦合方程、网格生成和收敛问题。

有限体积法，控制方程整合了体积或单元内假设为分段线性变化的独立变量（u，v，w，p，T）。分段线性变量决定精度和复杂程度。使用这种整合方式，要使穿过单个体边界的通量达到基本平衡。通量在域内离散节点之间的中点计算。因此，用户必须计算所有相邻离散节点间的通量。在拓扑规则的网格（每个方向的划分数量相同）中，通量的计算就很直接。在不规则的网格（自动生成的四面体网格）中，通量的计算就比较麻烦了，会产生很多记录工作以保证所有的通量被合理计算。

在有限元法中，通常采用 Galerkin 的加权残差法。在这种方法中，控制偏微分方程乘以加权函数后整合在一个单元或体上。因变量由形状函数表示一个单元，与加权函数形式相同。形状函数可能有不同形式。Autodesk CFD 有线性的 2D 三角单元、双线性的 2D 四边形单元、线性的 3D 四面体单元、三线性的 3D 六面体单元和混合的 3D 五六面单元。有限元法的最大缺点是很难把所有物理量都用代数方程做出。在有限体积法中，经常需要处理通量，而有限元则不必。而且，有限元在任意几何外形中的使用都是相同的。作为离散方程的一部分，有限体积法也必须添加边界条件。

表 5-2 列出了不同方法的优缺点总结。

表 5-2　不同离散方法的优缺点

方　法	优　点	缺　点
有限元	1）更多地采用数学方法 2）自然边界条件（相对于额外增加的“通量”来说） 3）控制单元公式 4）任何外形的几何都用同样的精力建模	更多采用数学方法，也就是更少物理现象反映
有限体积和有限差分	通量可表示更多物理现象	不规则几何需要花费更多精力

对简单几何来说，3 种方法可以得出完全相同的求解矩阵或数字表示。3 种方法都对流动和传热的控制方程产生相同的离散方程。可以用类似的速度 - 压力代数方程（分离式、耦合式、SIMPLE、SIMPLE - R……）加上任意离散化方法。Autodesk CFD 已经成功地将 SIMPLE 变形式用于有限元和有限体积代码。

Autodesk CFD 主要采用有限元法是因为这种方法能灵活地对各种几何体建模。

对于液体流动，需要有特殊的考虑，如前所述，有 5 个未知的量（u，v，w，p，T）。然而，有两个问题是对于计算流体力学所要特别面对的。

首先，控制方程不仅要耦合，还要非线性项，称为对流或惯性项。关于这些内容的研究过去 40 年内一直在持续进行。Autodesk CFD 也在不断更新我们用于离散这些对流项的方法。

如果这些项的模型不是足够精确的话，就会产生我们所知的“数值发散”的错误。顾名思义，也就是陷于物理扩散到无法代表真实问题的解算值的错误。如果用户要用通常的方式建模对流项以便获得高精度（中心差分，标准 Galerkin 方法），就会引入数值散布误差，即数值解围绕真实解波动。这些散布差很容易导致求解发散，尤其是在湍流计算的时候。很多商业有限体积和有限元方法用一些特殊的方法来离散这些项，也就是在精度和稳定之间做出妥协。有限体积法通常用的技术是非对称迎风和 QUICK 方法。成功的有限元法使用某种流线迎风单元的方法。当然，也存在某些有限元 CFD 方法不是用的这种方法，不过比较少见。Autodesk CFD 用一些采用流线迎风离散化方法的变量来对对流项进行建模。

其次，就是控制偏微分方程对于不可压缩流的压力是非显式方程。举例来说，如果我们用 Navier - Stokes 或动量方程来求解速度，那么只有连续性方程可以求解压力。然而，连续性方程里不出现压力。这个问题被用手动设置方程组的方式避开了。主流的（即商业的）解决这个压力方程缺失问题的方式是用一种称为 SIMPLE 的有限体积法或其变型方式。这种方法在 Suhas V. Patankar 的《Numerical Heat Transfer》（Hemisphere Publishing，1980）中有详细的介绍。几乎所有的商业有限体积 CFD 代码用的都是这种方法，还有两个很流行的有限元 CFD 代码用的也是这种方法，尽管在有限元中这种应用比较特殊。Autodesk CFD 用的是基于 Patankar 书中介绍的 SIMPLE - R 技术的“猜想 - 修正”压力 - 速度算法的变型方法。

确实，早期的有限元 CFD 方法“挣扎”于高速流动的建模问题上，Autodesk CFD 借鉴了有限体积法技术到有限元离散方法中，成功得到了高强壮性的预测方法，不仅可以用于高速湍流，还可用于压缩流。所有这些都用最严格的 Galerkin 方法的加权残差完成。

Autodesk CFD 的更多理论讨论可参考相关文档。[⊖]

5.3 标志

5.3.1 标志管理器

“标志”在 Autodesk CFD 中是一种很有用的配置选项。

选择、调用管理标志的方式是使用“标志管理器”。

- “标志管理器”组织和提供标志的可视性。
- 在“标志管理器”可以清楚地看到工况中用到了哪些标志。
- “标志管理器”能确保使用标志的共享设计分析的一致性。

1. 访问“标志管理器”

要打开“标志管理器”，可单击“设置”→“设计分析工具”→“标志”图标。

此外，还可以在“设计分析栏”的“求解”分支上单击右键，然后在弹出的快捷菜单中选择“标志管理器...”选项。

“标志管理器”包含两个主要窗格，如图 5-1 所示。

⊖ A Streamline Upwind Finite Element Method For Laminar And Turbulent Flow by Rita J Schnipke, Ph. D. Dissertation, University of Virginia, 1986 (available through University Microfilms in Ann Arbor, Michigan, www. umi. com)。

图 5-1 标志管理器

- 左侧的“标志参数”框显示了哪些标志是默认标志，哪些是在工况中激活的标志。
- 右侧的“标志列表”框为标志的完整列表。

2. 管理标志

（1）集合

在很多情况下，某个标志用于特殊的应用或仿真类型。用集合就免去了单独开启或禁用标志的麻烦。推荐针对专门的仿真类型创建集合。在开始这种仿真前启用集合。

把标志加入集合的方法如下。

- 首先查看完整的标志列表，即在“标志参数”中单击“默认标志参数”图标。
- 如果不存在集合，那么单击“新建集合...”按钮，创建一个。
- 在“标志列表”中，右击标志名，然后在弹出的快捷菜单中单击“添加到集合”图标，接着从列表中选择集合。

（2）查找

标志按功能类别和区域分类。有几种方式可以找到一个专门的标志：

- 如果用户知道标志名中的一两个单词，那么可以在“查找”栏输入。
- 从“类别”菜单中选择功能类型以缩小查找范围。
- 如果有标志被启用，那么可以从“已启用”菜单中选择“已启用”来显示它们。
- 如果有集合，那么可以在“集合”菜单中选择。这里仅列出被选集合中的标志。

（3）默认标志

使用“标志参数”框中的默认标志以定义每个工况中自动启用的标志。

要选择一个标志被默认开启：

- 查看标志的完整列表，即在“标志参数”中单击“默认标志参数”图标。
- 要激活一个标志，勾选“标志列表”框中标志左边的复选框。
- 在“值”栏中设置数值。

• 单击“应用”按钮。

当一个新的工况创建后，所有默认的标志在默认标志参数中列出。

默认求解器和网格标志也会在每个工况下列出，因为它们会影响工况的运行。要针对个别工况修改默认的求解器或网格标志，修改工况条目而不是默认条目。

(4) 工况标志

使用工况标志来修改工况行为。与默认标志不同，它不会自动用于所有新工况。

添加一个工况标志：

• 从“标志参数”框选择一个工况。
• 右击“标志列表”框，并在弹出的快捷菜单中单击“添加”图标。
• 输入标志名前面的几个字母，然后在列表中选择。
• 设置“值”，然后单击“应用”按钮。

(5) 修改或删除工况专用标志

• 右击该标志。
• 在弹出的快捷菜单中单击“编辑...”或“删除”图标。

(6) 重置标志

1）重置与工况相关的标志：

• 右击“标志参数”框中的工况名称。
• 然后在弹出的快捷菜单中单击“重置目前工况的标志”图标。

2）重置一个设计分析中所有的工况的标志：

• 右击“标志参数”框中的设计分析名称。
• 然后在弹出的快捷菜单中单击“重置设计中所有的标志”图标。

注意，如果工况等级的标志在工况运行后被更改，那么设计分析栏中的结果分支会被标记为“过时”。

(7) 当工况被克隆

当工况或设计被克隆（从“设计分析栏”中），所有与原工况相关的标志也会被克隆。它们会在标志管理器中的被克隆的工况名下列出。

注意，用于新克隆出来的工况的网格和求解器标志使用源工况的值。如果网格和求解器标志也在“默认标志参数”列表中，那么只有在工况列表中赋值的会被克隆。

(8) 远程运行

当工况远程运行时，为工况所规定的标志自动被调用。如果工况专用标志与默认标志冲突，会使用工况标志。

本地设置的默认标志（不影响求解器和网格生成器）会被用于远程运行工况，因为这种标志只会影响用户界面而不会影响求解。

(9) 当设计分析被共享

网格和求解器标志保存在设计分析中，因为这些标志会影响结果。

本地定义的默认标志（不是求解器或网格标志）会被用于导入的设计分析，因为这些标志不影响结果。

例如：

• 用户 A 发送一个设计分析到用户 B。

- 当用户 B 运行它时，它必须与在用户 A 处运行时一模一样。为了确保这一点，必须在设计分析中包含求解器和网格生成器标志。
- 用户 B 的其他默认标志（如用户界面）会被使用。此时，应用的是用户 B 的工作流程参数。

5.3.2 标志列表

下面列出了通常用到的标志。注意，会不断有新标志加入到产品中。如果用户在这个列表中没能找到一个特定的标志，就需要打开搜索工具在帮助文档中查找。

每个标志有个简短的描述，单击链接可打开标志的详细说明。

1. 默认级别标志

- AsmCoinTol：将几何体转入 Autodesk CFD 进行布尔运算时的几何公差。
- AsmHealing：开启几何修复操作。在偶尔会遇到拓扑错误时使用。
- auto_corner_redock：强制选项/列表停靠在角落。
- avi_bpp：控制输出 AVI 文件的二进制像素。
- avi_fps：控制输出 AVI 文件每秒的帧数。
- delay_transparency：鼠标离开之后马上淡化对话框。
- display_model_tolerance：控制模型显示得更精细。
- fieldview_flag：导出当前结果设置到场视图 - 兼容文件中。
- post_legend_continuous：将默认色标显示由连续改为色带。
- quick_attach：控制快速编辑对话框是否能够贴附到选择/列表对话框（仅用于经典视图）。
- resid_bdry_force_calc：计算壁面力并将其适当地从节点到逻辑 CAD 表面分布，以便在壁面计算器中得到结果。
- snap_corner_dock：控制当选择对话框靠近角落时是否会发生吸附。
- software_rendering：开启软件渲染以便改进不佳的图形性能或者避免显示所导致的崩溃。
- transparency_fadein：控制对话框如何改变透明度——渐渐消失或突然消失。
- transparent_off_model：控制对话框的透明度移动到一个单独显示器上。
- transparent_widgets：当鼠标移开时阻止对话框变成透明。
- unv_mesh_flag：以 I - deas 文件格式输出当前网格。
- use_dropshadow：控制投影的默认显示。
- use_local_help：使用本地帮助文档。
- use_optimized_model：控制 Glview3 模型渲染方式。
- write_trace_bounce_data：输出带质量粒子轨迹的碰撞信息。

2. 场景级别标志

- AutomaticInnerIteration：修改变化标准以便优化下一个时间步。
- BousOn：开启布辛涅克近似用于自然对流分析。
- cav_difu_orders：使空化求解稳定化。
- cavitation_value_check：在空化模型中限制气泡的尺寸。

- Check_Velocity_Distribution：平滑速度不稳定区域。
- ClusterFaces：改进辐射角系数计算性能。
- dens - check - orders：改变最大可用密度差（在计算项的阶数变化中）。
- DR_DIFFUSION_RATIO：修改阻尼区域对附近流体的扩散特性。
- DRSmoothing：在靠近阻尼的地方求解意外的流动结果。
- dump_cfd2_file：选择仿真类型为使用 CFD2 求解器。
- FORCED_EXTRA：在运行分阶段强制对流时更改只计算热的默认迭代步数（默认为 250 步）。
- FrozenRotor：使用冻结转子求解旋转分析。
- ICS_Degrees_Per_Step：修改旋转机械分析中的单位时间步的最大旋转数。
- ICS_RAD_NUMERATOR：控制旋转分析中的温度变化速率。
- load_xfer_all_res：从每个保存的迭代或时间步传输结果到 FEA 载荷集。
- max_electrical_resistance_ratio：设置焦耳热的最大电阻率。
- Max_Pseudo_Time_Step_Size：控制辐射分析的求解稳定性。
- mesh_adapt_BLAspect：减小边界层高度以确保层厚度与横向长度的比率不会超过 1。
- mesh_BLSimplex：确保边界层中使用单一网格（四面体网格）。CFD2 求解器要求如此。
- mesh_boundarylayer_blend：在几何凸起角开启“圆形”以便在相邻表面混合网格层。
- mesh_enhance_layers：设置网格增强层的默认数值。
- mesh_enhance_off：自动关闭网格增强。
- mesh_enhance_thick：自动控制网格增强层的厚度。
- mesh_enhance_gradation：控制增强层的增长速率。
- mesh_multicore：开启网格生成的多核计算功能。
- mesh_volume_autosize：开启基于体的自动网格划分，允许外部流动模拟时更好地进行网格控制。
- mesh_volume_autosize_growth：控制基于体的网格自动划分时网格是如何增长的。
- MotionMaskingAlgorithm：在运动过程中恢复旧的遮罩算法。
- nodal_aspect_ratio：诊断工具定位高度扭曲网格。
- nodal_out_flag：导出一个包含所有节点结果量值的“csv”文件。
- no_difu_tensors：控制用于辐射分布阻尼区域和 PCB 材料设备不按照笛卡儿坐标的公式。
- phase_change_convergence_factor：设置相变迭代中温度的收敛公差，用于相变仿真中的焓方程。
- phase_change_iteration_count：相变仿真中内部求解器迭代的最大数。
- PressureMapWettedSurfaces：修改运动和固定物体内表面力的计算方式。
- rad_heat_flux_freq：修改辐射和热流密度求解更新的频率。
- rad_model_1：开启近似（基于通量的）辐射模型。
- RadFluxRelax：修改辐射热流密度的数值松弛因数。
- restart_from_gbi：减少从云端下载结果所需的时间。

- RotorStatorLinkAlgorithm：对旋转区域求解时回到旧的链接算法。
- send_intermediate_res_file：阻止中间结果文件从云端下载到本地。
- send_res_files：阻止所有结果文件从云端下载到本地。
- send_rvq_file：阻止辐射文件上传到云端和从云端下载。
- SkipRotorExpansion：排除对不接触静态零件的转子表面的检查。
- SolarFluxConstant：设置日照热流密度。
- Split_Energy：开启分割能量公式，采用 CFD2 计算流动/热仿真且带有流体和固体时必须开启。
- sst_new_iwf：使用 SST 湍流模型求解无滑动壁面的压力、速度和温度时启用更精确的方法。
- TURB_SCALAR：使用施密特数时开启标量扩散模型。
- use_bl_stabilization：旋转和可压缩求解的稳定性。
- use_property_ref_temp：为自然对流分析进行属性初始化。
- use_sst_rc：帮助用户在计算类似旋风和螺旋桨这种带有吹和吸的设备时，能够得到更精确的压力和速度结果。
- viewfactorupdate：更改运动分析中角系数再次计算的频率。

5.4 网格划分

在运行 Autodesk CFD 分析之前，几何体需要离散成很小的部分，称为单元。每个单元的拐角处都有一个节点。计算就在节点处发生。这些单元和节点组成了网格。

在三维模型中，很多单元为四面体：4 个面，三角形的面单元，而在二维模型中大多数单元为三角形，如图 5-2 所示。

求解的精确性取决于好的网格，Autodesk CFD 可自动生成很好的网格来帮助用户求解模型。

图 5-2 四面体单元与三角形单元

- 自动网格尺寸：对几何体进行全面的拓扑检查分析以确定每个模型实体的网格尺寸和分布。
- 自适应网格：基于求解结果改善网格的技术。
- 拉伸网格：以多层楔形（棱柱）单元来划分统一网格。
- 手动网格调整：用户自定义网格划分。
- 网格增强：自动沿流 - 壁和流 - 固方向增加单元边界层。
- 几何变化：网格如何根据设计迭代而变化。
- 单元描述：可用单元类型的技术概述。
- 多线程网格划分：改进网格划分性能的一种方法。

5.4.1 诊断

诊断的功能是查找模型中非常薄的表面和非常小的边。在很多例子中，这些实体产生的原因可能是建模不规范、设计意图不确定或者经过了多次格式转换。

打开诊断的方式是单击“自动尺寸”中的“诊断”按钮（或“网格尺寸”快速编辑对话框中的）。

表面和边界模式的控制用于不同的操作，是为了帮助用户检查问题和/或简化分析模型而设计的。

1. 边模式诊断

边模式诊断几何体上特别小的边。几何体的边长发生几个数量级的变化时经常会引起网格划分方面的问题。整个模型边长值的分布也会被计算，然后用于确定网格划分时的“最小加密长度”。

最小加密长度是边长的临界值，而且会影响相邻特征的网格。边长小于这个尺寸的也有网格，但只有两端会有一个节点。这么短的边也会有一个小单元，但这种小单元尺寸不会向模型中其他特征传导。

边模式对话框提供了两种机制处理极小的边：小边识别和调整最小加密长度。

2. 小边识别

当模型第一次打开时，所有的边分 3 个数量级，或者模型中的大小边会被识别，同时滑块用于调整高亮显示的尺寸。

默认的最小加密长度基于整个模型中边的相对长度自动确定。该值在最小加密长度的对话框中显示。当滑块在此位置时，所有小于此值的边会加亮，而且只划分两个节点。

如果大量的边小于最小加密长度，就需要降低此值。在这种情况下，“网格任务”对话框将直接打开“边诊断”面板，有很多边会被箭头标记出来。减小最小加密网格长度将有助于提高网格生成成功率。

5.4.2 调整网格尺寸

自动网格剖分是由底层的几何体驱动的。网格会自动集中于高曲率和速度变化大的地方。在某种情况下，简单几何体内明显的流动梯度可能会需要比自动网格剖分更精细的网格。

例如，空气动力研究中的尾迹空间。该空间外形很简单，因此，网格进行自动剖分时就会比较粗糙。但是，因为此处的流动非常强烈并且变化梯度很高，所以需要更精细的网格，如图 5-3 所示。

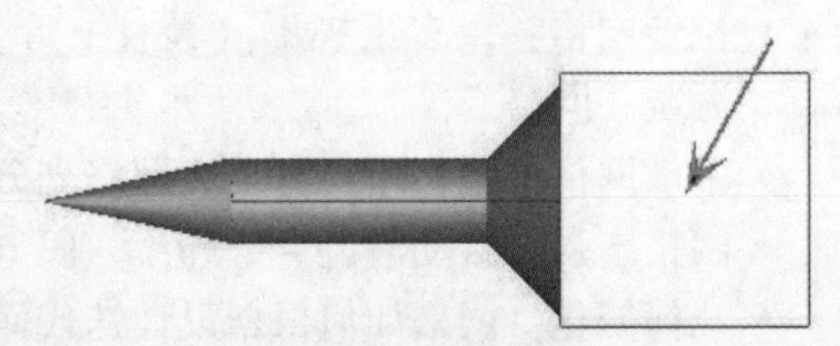

图 5-3 尾迹空间

1. 局部自动网格剖分调整工作流

(1) 用尺寸调整滑块调整尺寸

设置选择模式（“体”“面”“边”），然后选择想要的对象。

滑块的缩放范围为0.2～5，默认位置为1.0。允许网格尺寸减到1/5或增大5倍。要想超过此范围值（小于0.2或大于5），可以直接输入缩放值。

滑块移动的时候，会动态更新网格分布。在决定了滑块位置后，单击“应用变化”按钮，这样可以确保设置能被重播放宏文件（用于重建网格分布并且在几何体被修改后可以被应用）所记录。

“取消”按钮会把滑块位置恢复到1——可以很快撤销任何对实体的调整，无论是在自动网格划分之后，还是对前一次的“传播变化”命令之后。

注意，系统内嵌的网格质量约束在调整的网格过于稀疏时会覆盖掉这些调整，这样做是为了避免低质量的网格或网格划分失败。

(2) 用“传播变化”按钮让网格更平滑

当按下“传播变化”按钮时，所有的修改设置会影响到周围的设置，以便确保网格间有合适的过渡。滑块位置在每次调整后重置为1——恢复到中间位置。这样意味着新调整的网格尺寸会成为之后调整尺寸时的默认值。注意，当按下应用更改按钮后滑块不会被重置。

总的来说，“传播变化”按钮应该尽量少用，因为按下后会对整个网格进行完全重新划分。如果在离开网格对话框之前没有按下“传播变化”按钮，当分析开始或保存分析时会自动唤起此功能。

(3) 可选项：用“均匀”按钮应用均匀网格尺寸

均匀网格的划分通过先选择一个实体，然后单击“均匀”按钮。该命令以最小长度标准把整个实体按相同方法划分，基于对象中的最小长度尺度。

不必非要坚持用这种方式，后续有相邻的实体也会引起网格再度发生变化。鉴于此，建议统一网格的应用是在做出其他调整之后。

单击“均匀”按钮之后，滑块会重设为1。后续的更改会基于此时存在的网格。

如果在单击“传播变化”按钮之前，通过选择现有网格然后单击“取消”按钮可以去除均匀性。在单击“传播变化”按钮之后，均匀性网格无法直接从模型移除。

原始网格划分如图5-4所示；加密到0.4尺寸的网格如图5-5所示。

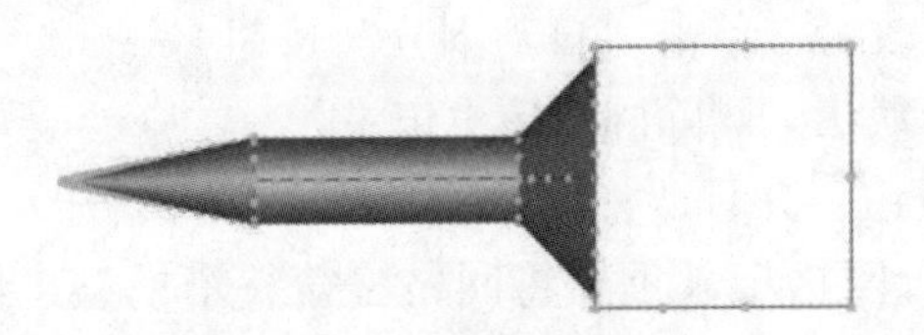

图5-4 原始网格

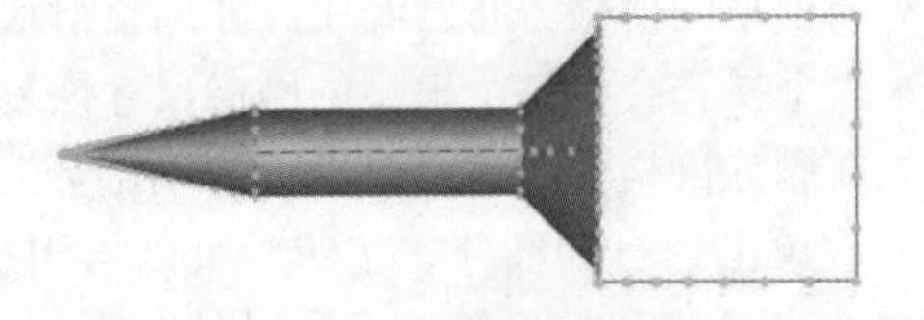

图5-5 加密到0.4尺寸的网格

2. 通用指南

这里给出一些建议来使用手动加密的区域。

(1) 分布阻力区域

通常，分布阻力区推荐宽度方向有3个网格以便更加精确。对于非常薄的几何体，可能不适用。

(2) 内部风扇

内部风扇的网格分布应该进行调整，至少要在风扇流动方向有两个网格。

(3) 尾迹区域

几何体形成的高速或高梯度变化区域应该被加密以保证其反映出流动现象。在某些模型中，均匀的网格分布很有用，尤其是当默认网格分布有大量变化时。使用“均匀”按钮应用均匀网格。

(4) 运动路径

运动物体路径的网格分布应当被加密，这样可以使速度和压力的分布得到正确的计算并且防止网格“渗漏”。均匀网格经常被建议用在运动路径上。

(5) 旋转区域

在旋转区域中可用均匀网格时，就应当使用。这样建议是因为在旋转区域叶片的初始位置通常会在默认的自动划分网格时对网格产生影响，当叶片旋转时很可能产生问题。在此区域使用均匀网格，不会由于网格问题导致结果出现偏差。

3. 网格剖分历史记录

调整已有网格与按下“传播变化”按钮后重新计算相邻网格尺度这两者结合起来是十分复杂的。如果在一个复杂模型中做出大量这样的网格调整，会引起重生成网格的潜在困难。

为了让这个过程容易一些，当发生自动网格划分时，会有一个日志文件自动记录所有尺寸调整的命令。每次尺寸的调整和传播变化都会被记录，而且可以重新播放以便对给出的模型精确再生出网格分布。

该文件在调整完网格并单击“应用变化”按钮之后首次生成，每次命令随着发生时间自动添加，当在“网格尺寸”节点上选择右键菜单中的“全部删除”命令后，网格分布会从模型上移除，在“网格尺寸”节点上选择右键菜单中的“生成网格”命令就可以在模型上再次划分网格布局。

该菜单选项在网格划分包含有修改但被删除时可用。网格被删除后、“自动剖分”按钮被按下后也可用，并且会覆盖已保存的默认网格。

这样可以精确地保存之前的网格划分。

网格历史记录可以通过 Autodesk CFD 界面删除，有以下 3 种方式。

- 当模型的网格分布已经用尺寸调整滑块修改后，单击“自动剖分”按钮。
- 这个操作会将整个模型的网格尺寸恢复到默认，删除网格历史记录。
- 在删除网格分布后，单击“自动剖分”按钮，并且调整尺寸。

首次单击“自动剖分”按钮后可以再用运行网格记录重新将网格覆盖整个模型。如果在单击“自动剖分”按钮之后，同时在单击“生成网格”按钮之前，又对网格尺寸做了调整，网格历史记录就会被删除，因为已经假定了新的调整方式。

在删除网格之后，单击“自动剖分”按钮两次。

上面已经提到过，首次单击“自动剖分”按钮后可以再用网格历史记录重新将网格覆盖整个模型。如果再次单击“自动剖分”按钮，网格历史记录就会被删除。

5.4.3 自动加密

使用自动加密工具执行下列任务。

- 控制面、体和边界层网格。
- 控制关键缝隙和薄实体的网格。
- 控制体网格的增长率。

这些工具是网格自动划分的延伸，在一些关键区域改善网格。

1. 控制体、面和边界层网格

由于默认自动剖分基于在边和表面弯曲的网格分布，通常在平坦的表面上生成的网格会过于粗糙，因此，自动划分通常在一个区域划分的网格比较粗糙，不能很好地贴合几何体。自动加密通过控制从壁面到大的开放区域的单元增长来消除这些问题。最终网格数可能会比较多，而求解精度通常会有所提高。

- 自动加密能够让带有小的弯曲或小边的表面生成更好的网格。
- 自动加密基于局部网格变化和网格边界层的厚度。

自动加密只有基于3D Acis－（包括Inventor）、Parasolid和Granite（Pro/Engineer）的模型时可用。

标准自动划分与自动加密对比，见表5-3。

表5-3 标准自动划分与自动加密对比

标准自动划分	自动加密
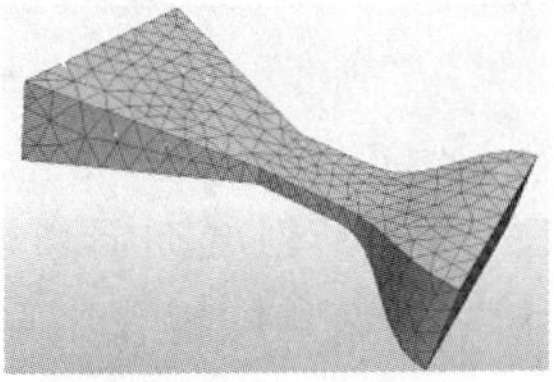	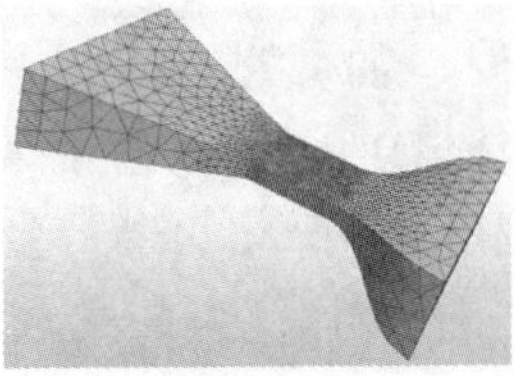
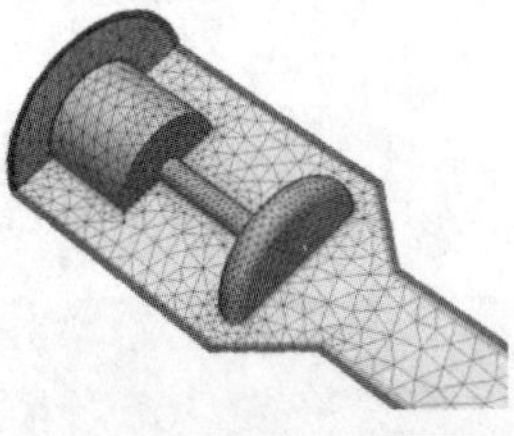	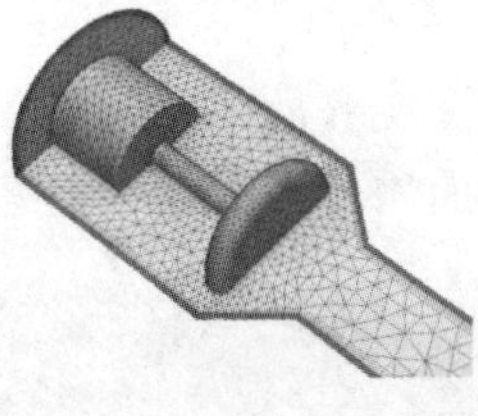
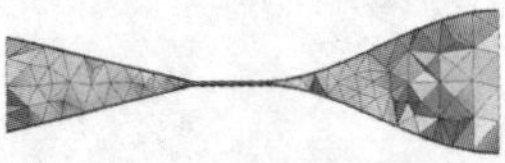	

(1) 工作流

- 应用“自动划分”(单击“自动划分”面板上的“自动划分”按钮)。
- 勾选“表面加密”复选框。
- 单击“加密”按钮。
- 要对外部流动仿真进行更多的控制，开启“基于体的自动划分”。需要在标记管理器中把“体网格自动划分”的值改为1。
- 默认设置能够对大多数模型生成高质量且有效率的网格。基于分析需要，可能还需要对网格进行微调。单击对话框底部的“高级”按钮，调整“表面增长率”和“增强增长率”。
- 关闭“高级”对话框，再次单击“加密”按钮。

要去除自动加密，就不勾选“表面加密”复选框。

(2) 一些标记可以控制体网格的行为

- “体网格自动划分”：强迫不靠近几何体的区域使用更精细的网格，如很多外部流动仿真，开启基于体的自动划分。这个附加项可以更好地控制单元格从壁面向大的开放域增长。最终网格数可能会比较多，而求解精度通常会有所提高。要开启基于体的自动划分，可在标记管理器中将该标记值改为1。
- “体网格自动划分增长”：从规定的表面和边开始，画出的基于体的自动划分的网格增长率不超过35%。要改变这个值，需要在这里设置增长率（指定为整数百分比）。默认为135（如1.35）。
- “体网格错误工具”：通常来说，体自动划分的结果会对面网格做很少加密而把体网格过渡得很好，小的误差会使表面自动划分网格的表面加密程度加倍。推荐的范围是5~15，默认值为12。数值越小，代表表面/边的长度缩放角度越大。

(3)“高级”对话框设置

- 要控制表面单元的增长率，可修改表面增长率。默认值为1.2，即表明单元按20%增长，如图5-6所示。
- 增加表面增长率以减小最终网格密度。表面增长率改成1.4后的结果如图5-7所示。

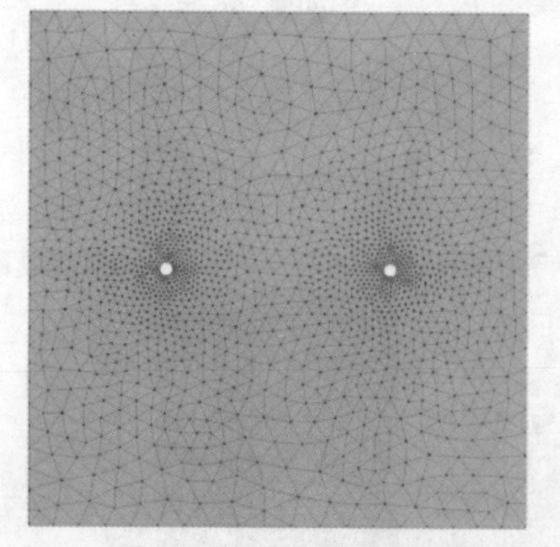

图5-6 表面增长率为1.2

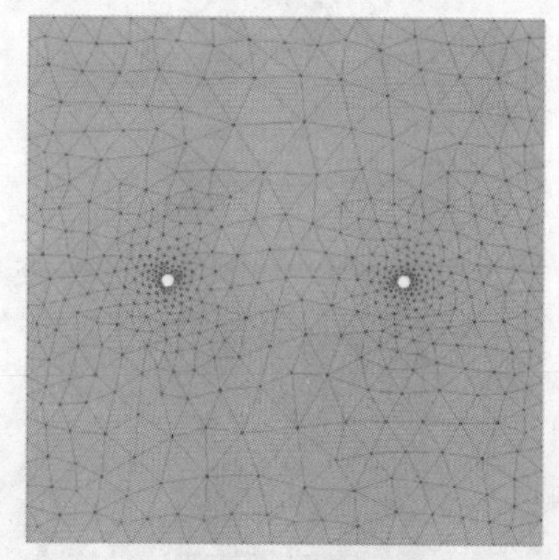

图5-7 表面增长率为1.4

- 要在网格增强层中控制单元增长率，需要修改增强增长率。默认值为1.1，即每层增长10%。

(4) 联动性更改

在做出下列修改后需要单击“加密”按钮更新网格分布。

- “高级”对话框设置。
- 材料分配。
- 网格分布。
- 加密区域。
- 边或表面诊断。

当需要单击时“加密”按钮上会显示警告图标，如图5-8所示。

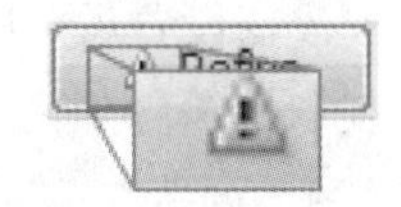

图5-8　警告图标

(5) 警告图标

在“高级”对话框中做出修改设定后，必须再验算网格分布。此时，警告图标会出现在需要单击的按钮上。

- 在尺寸加密中改变设置后，单击“自动划分”按钮。
- 在表面加密处改变设置后，单击“加密”按钮。

如果两处都有修改，那么两个按钮都要单击，因为都会显示警告图标。

(6) 预览自动尺寸加密的效果

在网格尺寸快速边界对话框中开启表面加密才能进行以下操作。

- 按住键盘上的〈Shift〉键不放。
- 将鼠标悬停在表面并靠近缝隙。

一个小棱柱表示出单元尺寸，如图5-9所示。

2. 缝隙和薄固体

缝隙加密控制的是相邻表面间的缝隙，包括不同零件之间的表面间缝隙。

- 它在关键缝隙处画精细网格，小的、不重要的缝隙画粗糙网格。
- 改进小间隙和薄固体热传递的精度。
- 通过关注主要的缝隙网格，改进求解精度和性能。
- 缝隙加密忽略流动开口（压力、速度等）。如果在两个开口之间有条缝隙，缝隙加密不会修改缝隙的单元。网格自适应可以在这种情况下起到帮助作用。

缝隙加密网格划分仅用于基于3D Acis-、Parasolid和Granite（Pro/Engineer）的模型。缝隙加密举例如图5-10所示。

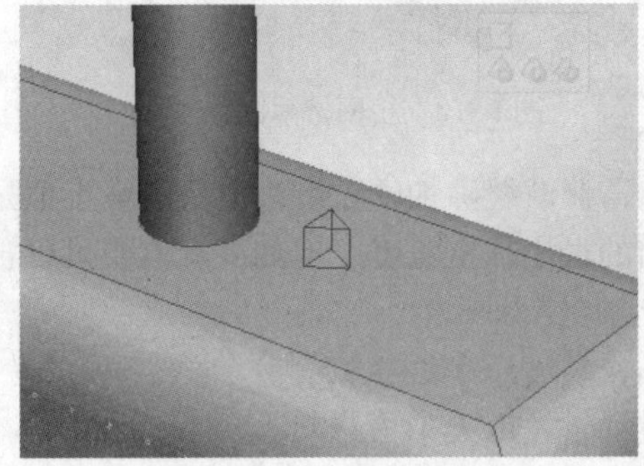

图5-9　表示单元尺寸的棱柱

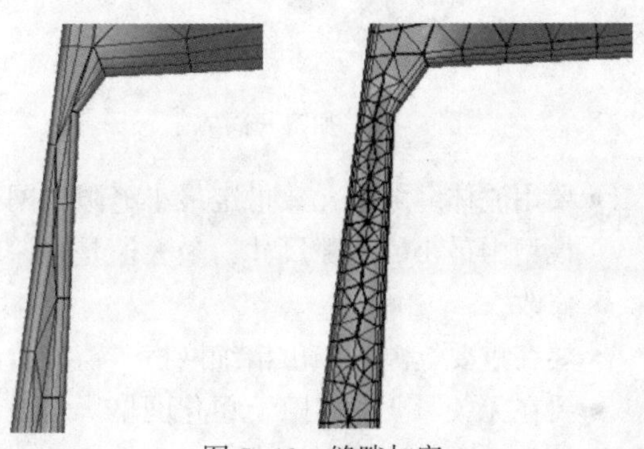

图5-10　缝隙加密

(1) 工作流

- 应用“自动划分”(单击“自动划分”工具栏的“自动划分”按钮)。
- 在“自动尺寸加密”中，勾选“表面加密”复选框。
- 勾选“缝隙加密”复选框。
- 单击“加密”按钮。
- 默认设置能够对大多数模型生成高质量有效率的网格。但基于分析需要，可能还需要对网格进行微调。可单击对话框底部的“高级”按钮。
- 改变设置后关闭“高级”对话框，再次单击“加密”按钮。

要取消缝隙加密，就不勾选“缝隙加密”复选框。

(2)“高级”对话框设置

- 要控制缝隙的大致单元数(不包括网格增强层)，可以输入流体缝隙单元的数值，见表5-4。

表5-4 流体缝隙单元对比

流体缝隙单元=4	流体缝隙单元=1
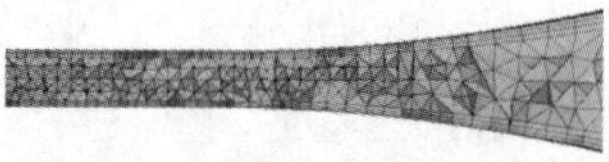	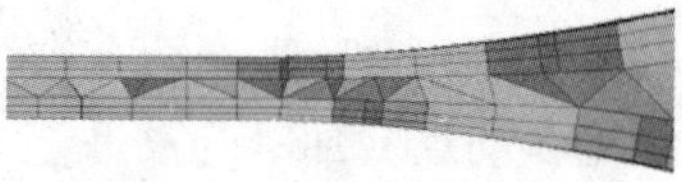

- 要控制薄板网格，输入薄固体单元的值。
- 要规定薄固体上单元超过一个时，就设置值为2或更高。为了对温度精确预测，必须对所有固体零件设置至少两个单元，如图5-11所示。
- 想使薄固体的网格变粗，可设置小于1的值。表面增长会以倒数方式关联体单元(值为0.2时，表面的面网格增长有四面体单元5倍大小)，如图5-12所示。

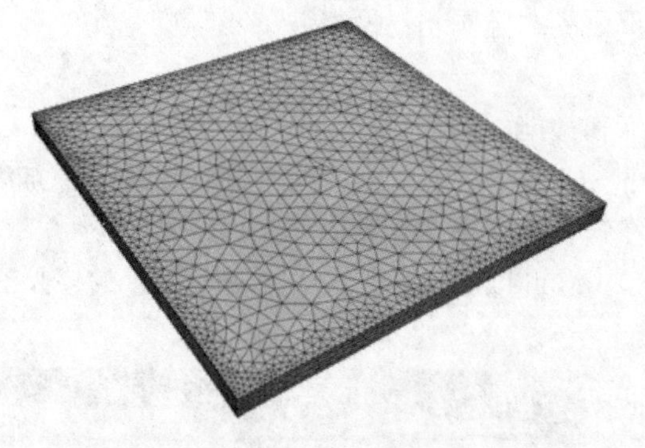

图5-11 加密薄固体

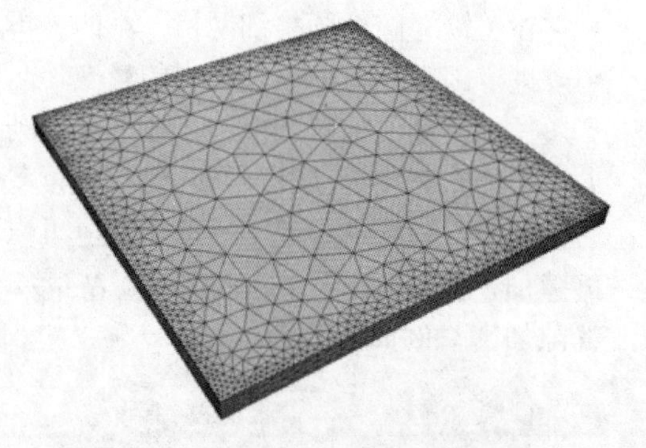

图5-12 粗网格薄固体

- 要用流体缝隙单元数指定最小缝隙的网格数，需修改缝隙加密长度。滑块的最小值是模型中最小的缝隙尺寸，最大值是边诊断得出的最小加密长度，但如果有需要可以被修改。
- 要在重要缝隙上画出精细网格，需设置缝隙加密长度小于该缝隙。
- 要在无关紧要的缝隙上粗化网格，需设置缝隙加密长度大于该缝隙。
- 缝隙加密长度应用于模型中所有缝隙。不可能对单独的缝隙加密。

3. 体网格增长率

体网格增长率是备用的体网格划分器，用大致长度范围计算出网格。基于体的自动划分，在上面已经提到过，提供了对体的网格增长率的更好控制。

当大区域内包含稀疏的几何细节时，需调整体网格增长率。在这种区域形成的高流动梯度变化，通常需要比默认网格更精细的网格。

控制体网格增长率时，会唤醒替代网格方案。最终的网格数经常会大于默认网格设置，但是会对分析结果有改善。

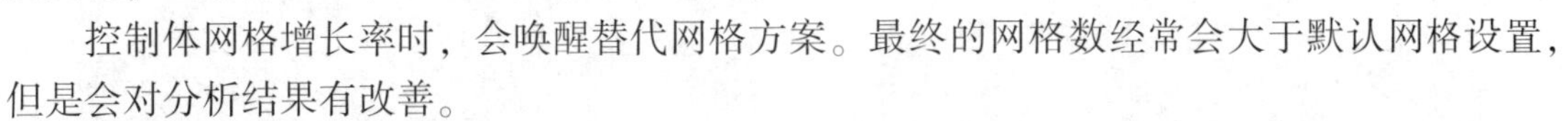

举例如下。

默认体网格增长率，如图 5-13 所示。

图 5-13　默认体网格增长率

修改后的体网格增长率，如图 5-14 所示。

图 5-14　修改后的体网格增长率

体网格增长率改变后，在开放空间内的单元增长会更平缓。对于计算旋涡和其他流动以及温度渐变都是比较理想的。

- 应用自动划分（单击“自动划分”工具栏中的“自动划分”）。
- 单击“高级”按钮。
- 勾选“体网格增长率”复选框。
- 指定 1.01 ~2.0 之间的数值来定义体单元增长。

例如，值为 1.1 表示单元增长率为 10%，如图 5-15 所示。

值为 1.4 表示单元增长率为 40%，如图 5-16 所示。

图 5-15 值为 1.1 的单元增长率

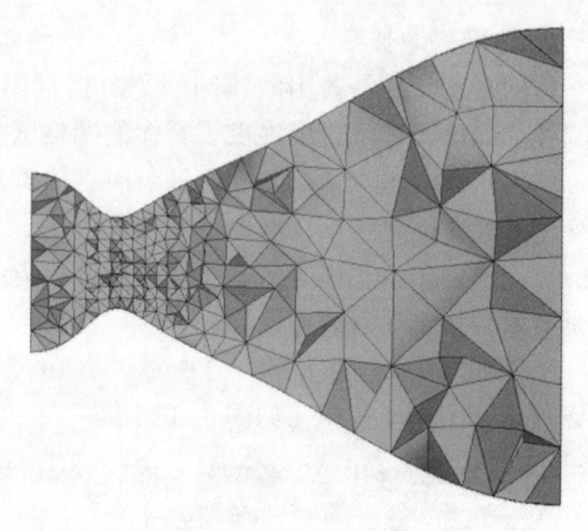

图 5-16 值为 1.4 的单元增长率

4. 案例研究

下面的液压阀门中带有极其细小的缝隙，用默认设置无法画出网格，如图 5-17 所示。

在尝试并发生错误后，发现如果关闭网格增强就能成功地生成网格。但网格明显不理想，因为没有流动能够通过这些细小的缝隙，如图 5-18 所示。

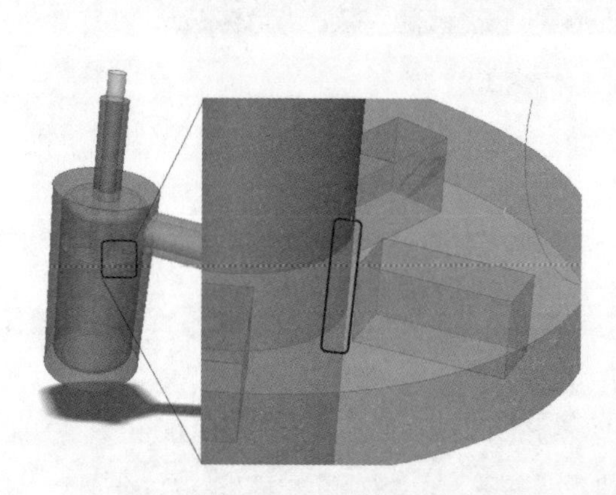

图 5-17 液压阀门

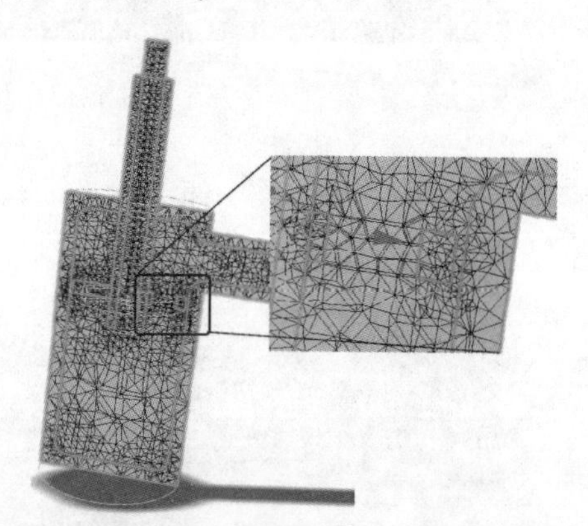

图 5-18 关闭网格增强生成的网格

体网格增长率修改后，启用了表面加密和缝隙加密（都用默认值）。网格增强也同时打开，如图 5-19 所示。

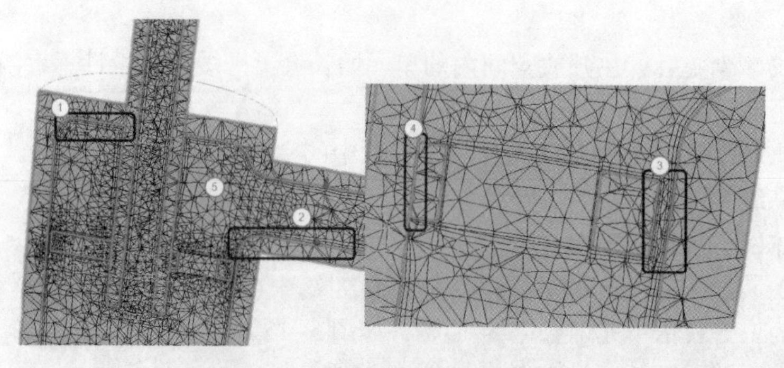

图 5-19 启用网格增强生成的网格

重要的结论：

① 处网格在带有网格增强层时成功生成（由于打开了基于表面的加密）。

② 处网格增强层的厚度调整到设备的尺寸。需要在缝隙中有很精细的网格，而且在模型的较大零件处较粗（由于打开了基于表面的加密）。

③ 处网格在重要缝隙，即挡板和壁面间，进行了加密（由于打开了缝隙加密）。

④ 处空隙包含网格但没有被加密，因为它不是很重要，所以这么做是可以接受的，有很小的流动能够穿过（由于打开了缝隙加密）。

⑤ 处旋涡区域的网格比默认网格划分出的更密集（由于控制了体网格增长率）。

5.4.4 加密区域

高质量的模型分析的基本思路是网格划分必须能够充分反映出流动和温度的变化。在流动向一个方向流动变化不大的区域，粗糙的网格就足够了。在有流动发生循环或产生大梯度变化（如尾迹、旋涡和分离区域）时，就需要更精细的网格了。

如果几何特征在高梯度流动中局部加密网格并不困难，可以简单地加密体或表面网格。如果在没有几何体的特殊区域，可以新建一个网格加密域。该区域提供对网格分布的控制，而不必在 CAD 模型中新建额外的几何体。

网格加密域可以是长方体、圆柱体和球体，且只用于进行局部的网格加密。

需要注意的是，加密域不是真正的几何体，不能加载其他设定（如材料和边界条件）。

加密域可用于所有的 CAD 类型和加载方式。

新建网格加密域的过程分为以下 3 步。

1. 第一步：添加域

在这个模型中，汽车尾迹下游需要进行局部网格加密。而此区域没有几何体可以指定网格分布，因此，此处的网格就会因为过于稀疏而无法精确分析尾迹，如图 5-20 所示。

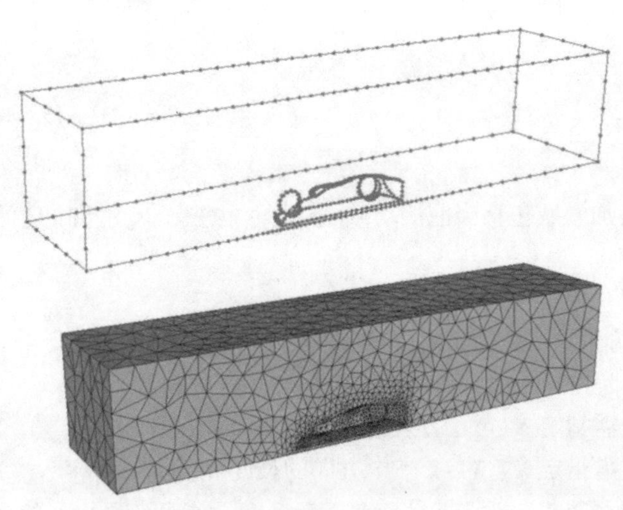

图 5-20　模型稀疏网格

新建加密域预测汽车尾迹下游区域：

1）指定模型网格分布（单击“自动划分尺寸”面板中的“自动划分”按钮）。

2）单击“自动划分尺寸”面板中的“区域”按钮。

3）在“网格加密域”对话框中单击“添加”按钮。

2. 第二步：定义一个域

在“域类型”中选择一个形状（方形、圆柱或球体），如图 5-21 所示。

有两种方法定义尺寸、位置和方向：图形方式或输入值。

（1）图形方式

使用拖柄和坐标轴定位域。

1）调整域：

- 单击并左键按住拖柄。
- 拖拽鼠标，如图 5-22 所示。

2）移动或旋转域：

- 单击并按住三维坐标的轴或弧。
- 拖拽鼠标，如图 5-23 所示。

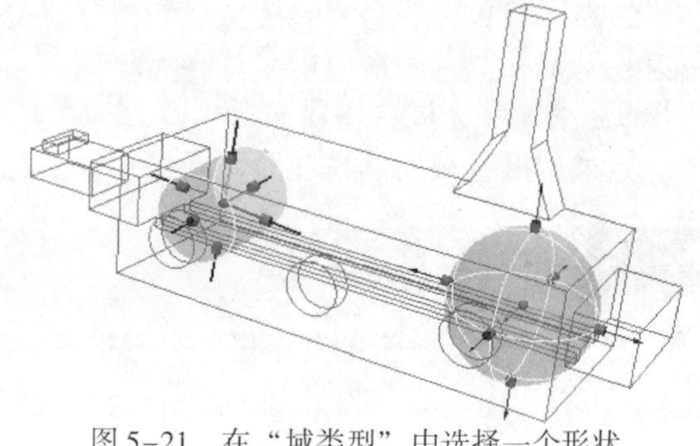

图 5-21　在“域类型”中选择一个形状（图中为球形）

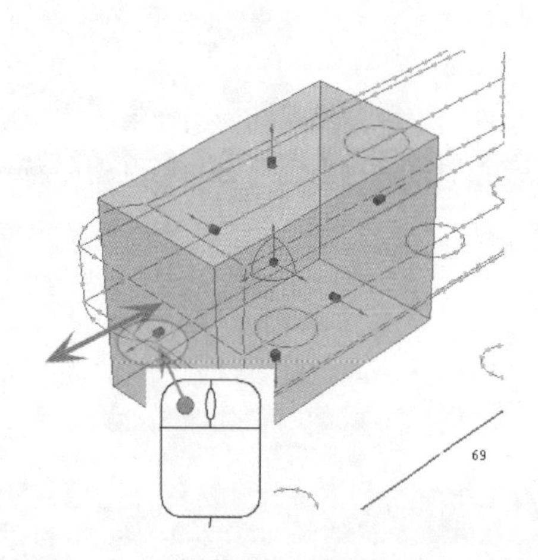

图 5-22　调整域

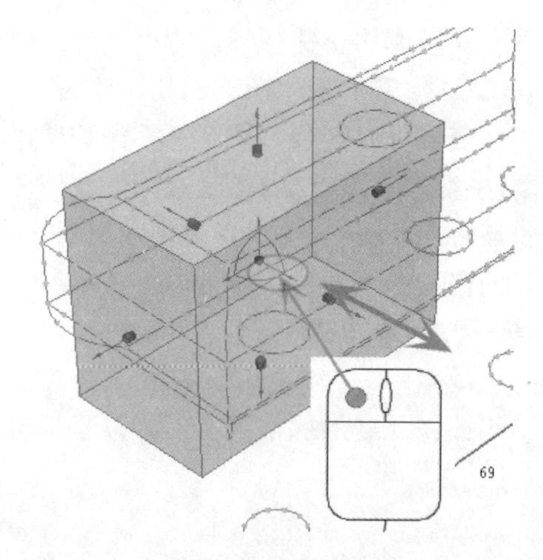

图 5-23　移动域

（2）输入值

本步骤中的网格加密域包括当前活动域的外形、位置、尺寸和方向的输入表格。

1）定义形状：

- 单击右边栏的“域类型”行。
- 选择外形：“方形”“圆柱”或“球体”。

2）定义位置和尺寸：

- 要定义位置，需指定 X、Y、Z 三个方向的偏移量。
- 要定义尺寸，需指定 X、Y、Z 三个方向的长度。

注意：使用域拖柄图形化设置尺寸、位置和方向，使用表格输入精确值。

3）定义方向：

通过“角度”定义域的旋转。

- 要沿 Z 轴旋转，修改“+Z 角度”。

- 要沿 Y 轴旋转，修改“ +Y 角度”。
- 要沿 X 轴旋转，修改“ +X 角度”。

多重旋转仅针对域的局部坐标而不是全局坐标轴。

注意：如果几何体带有小特征，而域很大，总网格数就会很大。为了允许生成更有效率的网格，可以禁用“均匀网格”。

3. 第三步：定义变化网格

- 取消“均匀网格”。
- 单击“获取局部网格尺寸”按钮。

最终网格使用域内从最小长到最大的尺寸，如图 5-24 所示。

定义均匀网格：

- 勾选“均匀网格”复选框。
- 单击“获取局部网格尺寸”按钮。

最终网格使用域内的最小尺寸，如图 5-25 所示。

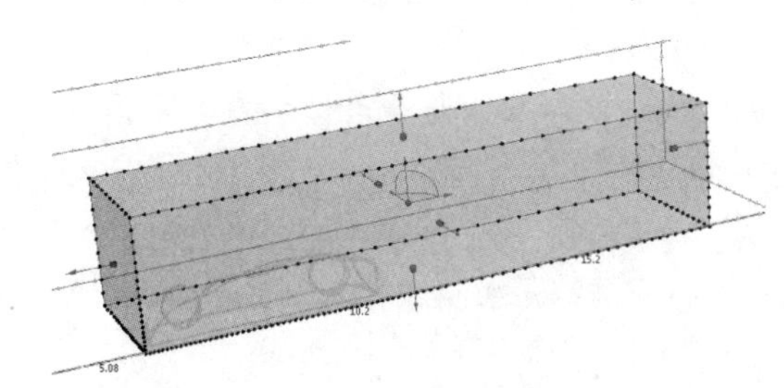

图 5-24 定义网格

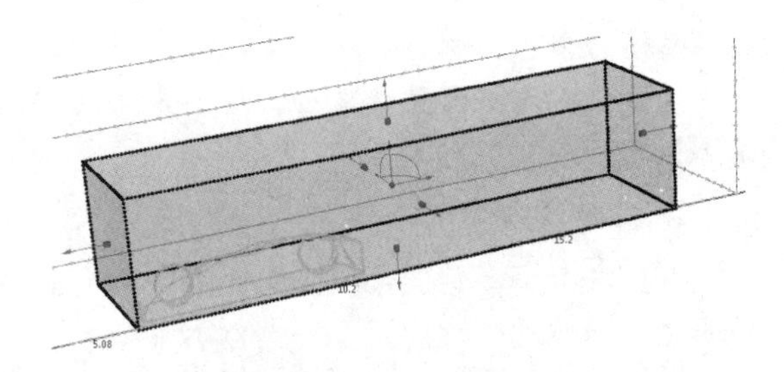

图 5-25 定义均匀网格

完成网格定义：

- 用滑块调整网格密度。
- 单击“传播变化”传播域内网格效果。

注意：如果采用手动网格尺寸，那么输入单元尺寸，单击键盘上的〈Enter〉键。

如果加密域被移动或改变大小，网格尺寸会被移除，网格分布也不再显示在域上。这样可以确保相关的网格尺寸（在域和周围之间）保持一致。

注意：一个模型中可存在多个区域，而且它们可以重叠并延伸到原始模型外部（虽然原始模型外部不创建单元）。

修改已有网格加密域：

- 右击“设计研究工具栏”中的实体（在模型网格设置下面），选择“编辑”选项。
- 在修改了域之后，重建网格定义。

举例：

在这个外部空气动力仿真中，加密域位于汽车的尾部区域，目的在于更好地反映尾迹区剧烈的湍流变化，如图 5-26 所示。

加密域生成的网格，如图 5-27 所示。

在结果中，汽车下游空气分离区有很好的网格划分。网格的密度可以使汽车的阻力分析更加精确。

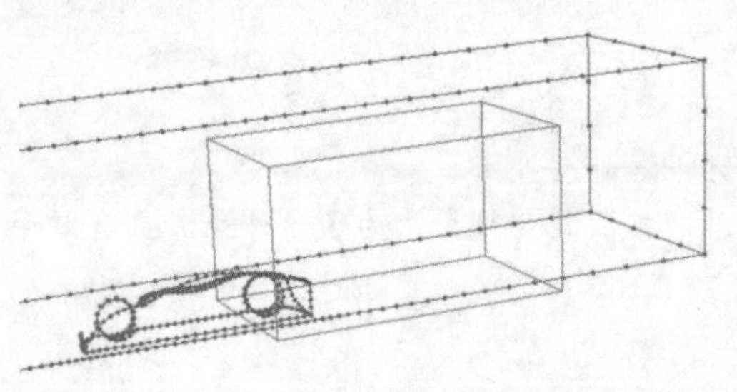

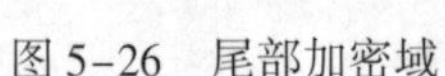

图 5-26 尾部加密域

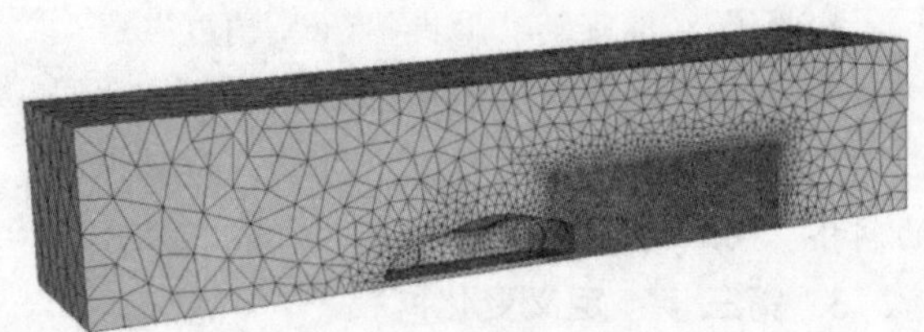

图 5-27 加密域生成的网格

5.4.5 高级参数

有些参数会在“高级网格控制”对话框中提供，单击“自动划分”面板中的“高级”按钮可打开它们。

这些定义约束了自动网格划分工具在全局的效果。这些参数应慎重使用，因为它们会对最终网格有很大影响。

注意： *在这些设置修改后，要单击“自动划分”按钮。如果“基于表面加密”被激活，还要单击“计算”按钮。*

1. 分辨率因子

分辨率因子控制模型实体曲面上网格的密度。虽然该参数是全局范围的，但效果集中在高曲率的区域。

数值越小，模型中曲面的网格越精细。没有曲面的区域不受此参数影响。

默认值为 1.0，可变动范围在 0.1 ~ 3.0 之间，不接受此范围之外的值。

2. 边增长率

控制自动网格划分的网格分布质量。约束的比率用于设定边上的网格分布是扩张还是收缩。

- 曲率从大到小的区域网格分布，值越小，网格分布的变化越慢。
- 值为 1.1 表示从临近的单元到模型边上网格分布的增长率为 10%。
- 值为 1.5 表示增长率为 50%。

该参数对单独边网格分布的影响如同对边之间的网格分布影响。网状效果基于模型实体的布局。

默认局部拉伸值为 1.1，可变动的范围是 1.01 ~ 2.0。

3. 边上最少节点数

对于缺少曲率的实体，最小分辨率是由此参数决定的。这个值增加，边上的最少节点数就会增加。这个值只是个约束而不能指示出要用的计算资源。

如果小边与很大的曲面靠近，那么这些小的长度会拉高小边上的分辨率，使之大于下限值。

4. 最长边的节点数

这个参数控制模型中最长边的最少节点数。与几何体中没有弧度的边相关，如箱体周围的外部流动。

当网格相互耦合时，这个设置可以被模型中其他边上设置的更小尺度的约束替代。

这样在长边可能会生成比“最长边的节点数”更多的节点。

5. 表面限制的长宽比

在使用自动划分时，该值会影响高长宽比表面的边的网格分布。

在自动划分时，通过诊断工具识别表面信息以保证边上生成的网格分布能够反映出那些小于需要计算分离距离和表面限制长宽比的尺寸。

限制长度范围可能小于本身的局部曲率，如果如此，网格分布会基于此约束。

使用该参数进行更多的长度范围的约束，可以确保其不会大于表面尺寸的特定因数。这样做可以增强网格运行的稳健性。

可以设置任何大于或等于 1 的值。

6. 体增长率

参见 5.4.3 节。

7. 面增长率和增强增长率

参见 5.4.3 节。

8. 缝隙加密

参见 5.4.3 节。

5.4.6 自适应网格

1. 自适应网格特点

引进伊始，自动网格划分就能极大地简化建模流程。自动网格划分定义的网格根据模型进行优化并且能够准确地反映出每个几何细节。

能很好地表示出几何体的唯一需要就是高保真度。例如，在简单模型上的流动，用一致性网格可以反映显著的梯度变化。稀疏的网格可能不能获得高精度，但是可以反映出流动趋势。这些趋势可以用于找出哪里的网格需要加密以便提高求解精度。

网格自适应采用求解结果来逐渐改进网格定义。需要进行多次仿真。每次可以用前一个周期来改进下一个周期时的网格。可以得到特定仿真的最佳网格划分方式。网格会在高变化区域加密而在其他地方稀疏。

（1）打开自适应网格后会发生的情况

1）运算基本工况直到完成。

2）网格基于速度、压力和温度（如果可用）而改变（通常是更精细）。完成仿真计算。

3）该过程在每个自适应循环中重复。

会根据流动和温度结果智能化地调整网格密度。

（2）局限性

自适应网格不支持下列仿真类型或设置。

- 瞬态仿真（包含运动或旋转）。
- 二维模型。
- 面零件。
- 挤压网格。
- 用机械方式从 Pro/Engineer 加载的模型。

（3）网格独立性

当使用网格自适应时，很重要的一点是知道什么时候计算结果已经与网格无关了。网格独立性是指计算结果已经与是否再加密网格无关了。在每次自适应阶段，Autodesk CFD 会评估压力、速度和温度场来确定求解的网格独立性。在每个阶段后，Autodesk CFD 会在输出栏中报告网格独立性状态，如下所示。

网格独立性：“压力：85%、速度：98%、温度：97%”。

这些值表示在数量上用户的仿真有多么接近收敛。值越高，表示对网格的敏感性越低，也就代表求解过程更接近网格独立。

如果迭代数值小的话，就不容易接近收敛，网格独立性的判断就会不准确。

注： 自适应网格在第一次模拟后不提供网格独立性报告。

(4) 附加说明

- 根据网格最佳实践定义初始网格。这样有助于更有效地达到网格独立性。
- 由于自适应网格要在运行几个循环后才达到最终网格，因此完成分析需要比不开启自适应网格花费更长的时间。此外，总单元数有可能比原始网格多很多。注意，复杂的模型开始就会比较大，因此就需要更多时间来进行计算。最后的收益就是结果会具有网格独立性。
- 当用户在“求解”对话框中单击“停止”按钮时，当前的循环停止，而且不再进行更多的自适应循环。在仿真结束后，如果要运行附加的自适应循环，那么单击自适应标签中的“开启自适应”。求解器会按照运行循环中的数值来进行计算。

注意： 自适应网格在自动网格划分和手动网格划分下都可以运行。

- 包括工况的文件夹必须在设计研究文件夹结构中。结果必须存在于工况文件夹中以便对运行过的工况使用网格自适应。
- 当仿真从 0 迭代步继续时，所有已保存的结果会被删除而且自适应不可用。要适应当前设计的网格，先在自适应不可用的状态下运行当前工况。接近完成时开启自适应，并继续仿真。已完成的工况会成为后学网格自适应循环中的基准线。
- 每个循环运行到指定迭代数或被自动收敛评估确定为收敛为止。因为越密的网格通常需要越多的迭代才能收敛，所以比较好的经验是设置至少 300 步迭代，保证每种网格都能收敛。

2. 使用自适应网格

(1) 启用自适应网格

打开“求解”对话框，单击“自适应”选项卡。

“自适应”对话框包括一系列网格自适应控制选项。下面的项目是比较常用的，定义了基本的行为，包括自适应的循环数和是否保存中间循环的结果。

- 开启“自适应”。
- 勾选“打开自适应”复选框。
- 运行循环数。

默认“自适应循环数”为 3。注意，工况的总数包括基线模型加上指定循环数。

如果在仿真前开启自适应，那么初始的基线模型是在指定循环数之外的。

$$总循环 = 运行循环数 + 1$$

如果在仿真后开启自适应，那么只有设置的“运行循环数”会运行。现有的工况作为基线模型。

（2）保存循环

要保存每个中间循环的网格，开启“保存循环”。每次工况结束后，都会自动“克隆”，并且循环次数会加在工况名称后。例如：

- 在流程开始时，默认场景名称为“工况 1”。
- “工况 1”完成并被克隆，克隆的工况称为“工况 1 – Mesh1”。
- 应用“工况 1”的网格，完成计算。
- “工况 1”再次被克隆，克隆后的工况名称为“工况 2 – Mesh2”。
- 继续运行指定的循环数。
- 最后，工况 1 包含最终的网格，中间循环保存于“工况 1 – Mesh1”“工况1 – Mesh2”“工况 1 – Mesh3”等里面。

注意：在整个流程中，工况 1 永远是被激活的工况。到了最后，工况 1 包含最终的网格。中间循环的网格被包含在带有“Mesh”扩展名的工况中。

由于每个网格循环都被保存成唯一的工况，因此可以很容易地用决策中心来研究网格敏感性和确定网格独立性。

如果禁用“保存循环”，那么只有最后一步的网格和结果存入设计研究模型中，中间的自适应循环会被删除。

（3）允许稀疏

默认自适应网格只会加密网格。要允许网格变少（因为要避免网格数增长太多），可以开启“允许稀疏”。

3. 其他自适应网格参数

其他自适应控制对定义网格自适应的主要选项起到补充作用。

这些控制设置在“求解”对话框的“自适应”标签中可以找到。

（1）流动偏转

默认情况下，网格自适应基于场变量（速度、压力和温度）调节网格。为了改善包括大量流动分离和/或循环流动的区域，可开启“流动偏转”。

（2）自由剪切层

自由剪切层发生在自由气流速度和慢速流动的交界处，如尾迹或分离区。其特征是有明显的速度梯度，且此处的粘性剪切力很重要。

与靠近固体边界的边界层内的剪切层不同，自由剪切层发生在流体内。为了精确预测流动，需要把网格划分得足够精细才能捕捉到自由剪切层内部的种种速度变化。

如果用户预估在流动内部会有很大的速度变化，就开启自由剪切层。在弯管的流动中，流动分离区会在管道的内半径，自由流动的核心会被推向外半径。

如图 5–28 所示，网格不适应自由剪切层，在此区域的流动边界就没有清楚定义。

在图 5–29 中，网格适应自由剪切层。注意，在自由气流和分离区域的速度梯度变化被很明显地区分出来，如图 5–29 所示。

（3）外部流动

当用户预估自由剪切层会发生在靠近壁面处或其他结构时，开启“外部流动”。外部流动选项会调整网格自适应来加密粘性的和大的、没有边界的自由流动区域之间发生的高速度梯度变化区域，如用于航空动力学的仿真。

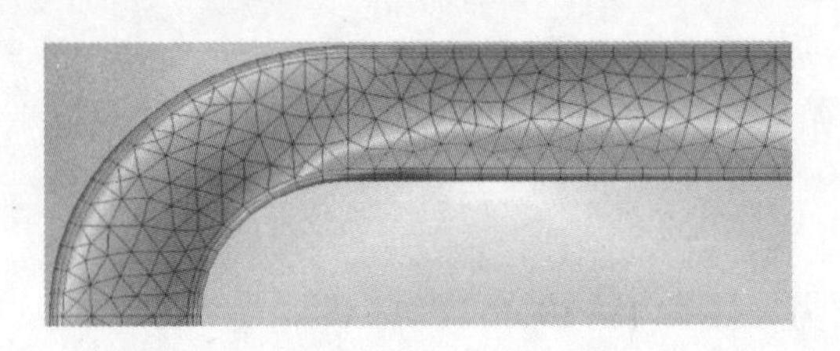

图 5-28 稀疏网格下的自由剪切层

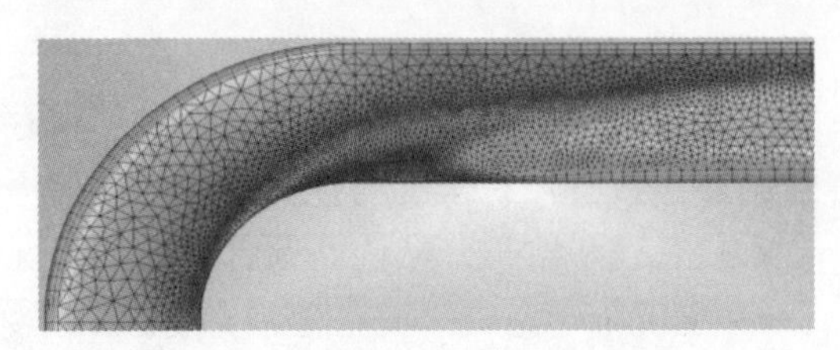

图 5-29 加密网格下的自由剪切层

(4) 冲击

要关注可压缩流的位置和冲击波的变化梯度的网格，需开启“冲击”选项。在图 5-30 中，我们能看到冲击在物体上游形成，但是由于冲击选项是关闭的，因此网格不能适应冲击，而且梯度变化被散开了。

开启“冲击”时，网格自适应会基于冲击的形成，而且发生位置清晰可见，如图 5-31 所示。

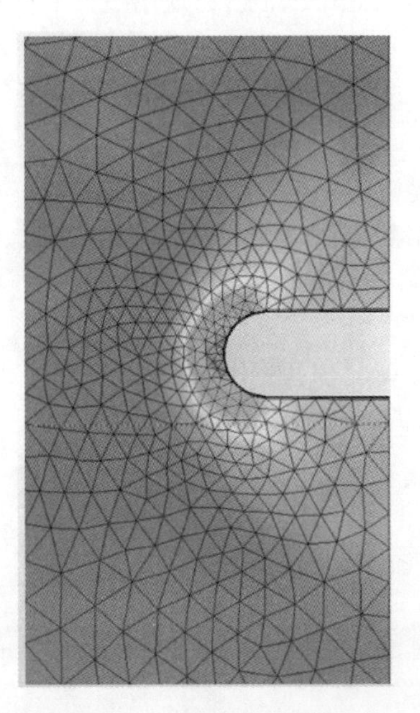

图 5-30 稀疏网格下的冲击

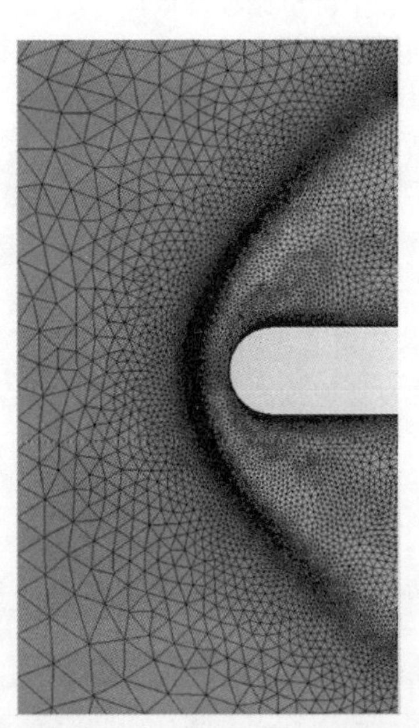

图 5-31 加密网格下的冲击

(5) 瞬态特征

如果流动是“动态的”区域，如有重新附着或漩涡脱落，开启“瞬态特征”。

在继续下一个（更严格）标准之前，每个误差标准会执行 3 个自适应循环。结果保证静态流不会过适应，而瞬态特征会被更好地求解。

注意：总自适应循环数为运行循环数的 3 倍。

(6)“Y +”自适应

在很多湍流中，尤其是包括外部或空气动力学流动中，对边界层网格的厚度是很敏感的。有个特征参数称为“Y +”，它表示壁面节点及其对应相邻节点之间的无量纲距离。这是壁面湍流定律中的一个参数。

要允许边界层网格厚度在自适应循环中发生变化，需开启“Y + 自适应”。网格生成器会评估整个模型的“Y+”值，并在该值过高的地方减小边界层网格的厚度。

如果在仿真前不开启“Y+自适应”，边界层厚度在第一次自适应循环结束后不会改变。

如果希望在初次仿真时不开启自适应，而接下来的一系列自适应循环包含“Y+自适应”，可以采用如下方法开始初次仿真。

- 打开“求解”对话框，单击“自适应”选项卡。
- 勾选“打开自适应”复选框。
- 勾选“Y+自适应”复选框。
- 取消勾选“打开自适应”复选框。

这个操作能够确保所需的边界层厚度数据被保存下来，而且会在第一次循环结束时修正边界层厚度。

注意： 这个自适应的形式在概念上类似于在壁面层中开启边界层自适应。然而，与边界层自适应不同的是，“Y+自适应”会在每个自适应循环周期而不是每个迭代步之后更新边界网格的厚度。这两个选项不应同时开启。

(7)“Y+”的最大值

根据壁面湍流定律和数值研究，理想的“Y+”范围在35~350之间。默认的“Y+自适应”的上限是300。在一些比较严苛的案例中，如非常高速的空气动力学案例，可能需要减小“Y+”的最大值来确保所需精度。

4. 高级网格自适应控制

高级网格自适应控制提供了网格如何生成的详细控制。这些参数的默认值基于大多数情况下的严格的测试。用户可以根据需要调整它们。

要查看这些选项，可展开“自适应”选项卡中的“高级选项”，见表5-5。

表5-5 高级选项列表

增长率	调整体网格的平滑度。与网格自动划分执行相同功能
边界层增长	调整边界层网格的平滑度。约束壁面层厚度的变化
加密限制	当壁面层被禁用时，可以使用加密限制来避免过度细化网格。其临界值依据最小模型边界框尺寸和加密限制。当壁面层启用时，边界层规定了自适应中的最小允许长度范围，本参数就不再起作用了
分辨率	与高级网格控制对话框中的分辨率有相似的功能，用于优化相对网格，但与高级网格控制对话框中的参数不同，它不链接到几何体。自适应算法自动计算网格加密的误差阈值。对于很高的加密，设置一个小于1.0的值，这样会减小指定因子的误差阈值，得到更好的网格

5. 网格自适应举例

为了说明自适应网格的效果，我们以一个工业水阀的流动为例，如图5-32所示。

阀门中有些区域没有被几何体约束。我们假设流动的行为是由于水的动能。我们会看到流动的循环、加速和突然变向。因为几何体没有包含大量曲面，所以网格捕捉的流体不如希望的那么好。

(1) 初始化网格

在第一个网格循环中，自动网格划分仅根据几何曲面

图5-32 工业水阀

定义了默认网格分布。注意，网格在提升阀上下游都比较粗糙，因为这些地方的几何特征影响不到网格识别效果（网格会识别曲面并在附近加密），如图 5-33 所示。

流动结果显示出锯齿状，因为网格分布较少。提升阀的上游没有被很好地加密，从喉环区的喷流在提升阀下游区还未接近出口壁就已经迅速分散，如图 5-34 所示。

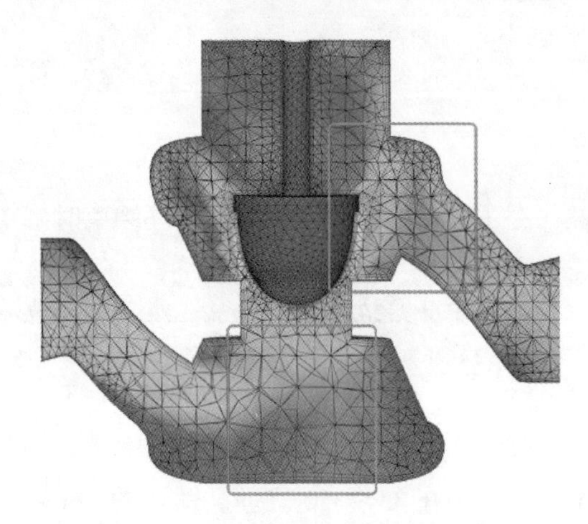

图 5-33　粗糙网格

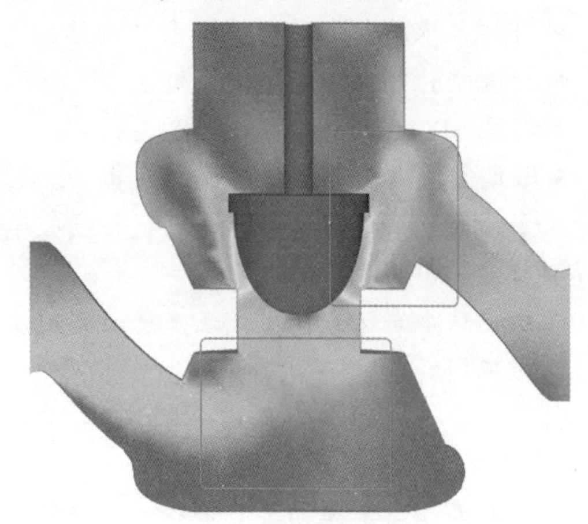

图 5-34　粗糙网格结果

（2）自适应的网格

在进行了几次自适应循环后，网格的加密足以捕捉到保真度更高的流动特征，如图 5-35 所示。

最终的结果更清晰和真实地反映出水流穿过阀门时的流动状态，如图 5-36 所示。

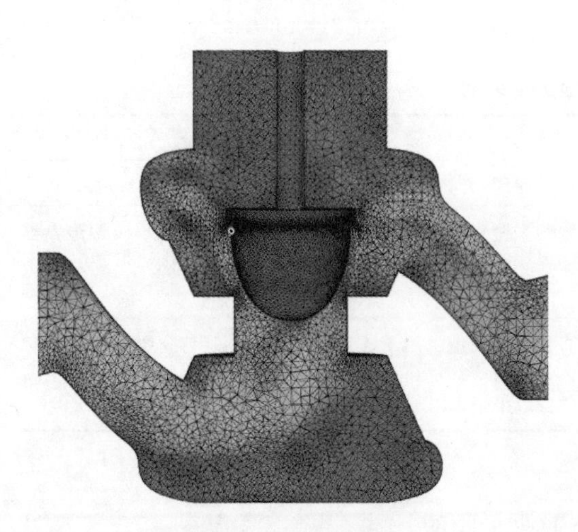

图 5-35　加密网格

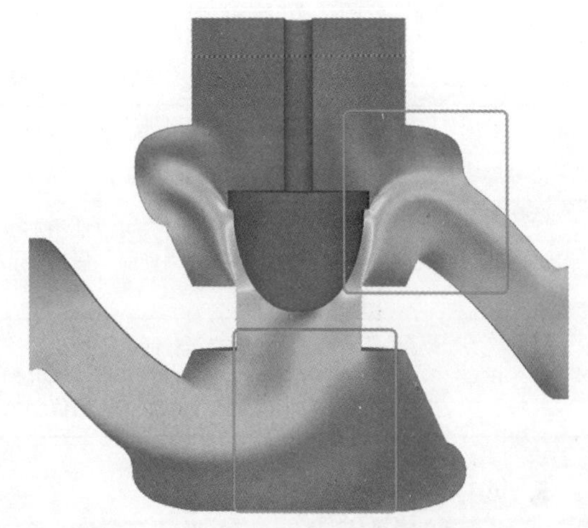

图 5-36　加密网格结果

注意：提升阀上游的分离点和循环被清晰地显示出来。环状喷流十分明显，在接触到出口壁时仍然清晰可见。

5.4.7 拉伸

1. 拉伸基础

拉伸网格把楔形单元的三角形面向 3 个方向以统一的截面延伸。拉伸网格能够极大地减少高长宽比部分的网格数，并且通过模型的表面摩擦力控制流动精度的改进，如管内流动。

拉伸网格是结构化网格，但是不能接触或陷入非结构化的四面体网格区域中。在这种不连续网格的状态下，拉伸界面内的节点不会自动与周围网格线性排列。Autodesk CFD 会自动发现和处理这种情况。

在已经保存的分析中，无法改变包含拉伸区域和模型并且继续计算。但网格更改后，必须重新计算。

假设遇到几何约束，拉伸网格可以用于移动对象，并且用于旋转区域中的固体（如风扇叶片），但是不能用于旋转区域本身。

注意：拉伸网格不能用于带辐射的模型。

注意：使用拉伸网格时建议使用默认的对流格式。

拉伸网格自动生成时，拉伸功能能够基于几何外形计算模型两端的网格和分层增长。手动控制时，也可以控制层数增长、顶端偏移和拉伸层。

调用自动网格剖分后可用，选择一个或多个要拉伸的体，然后在“网格划分”快速编辑对话框上单击“拉伸网格”按钮。

注意：“拉伸网格”按钮只在至少一个体有资格被拉伸时才是激活状态的。

(1) 自动激活（被勾选）

“自动”复选框控制着该对话框的操作：当被勾选时，自动剖分控制层数和端面层的尺寸；当未被勾选，其他控制变得可用。

在自动模式下，自动剖分的特征符合层尺寸，从零件的两端起源，然后：

- 选择“拉伸方向”(如果可用)。
- 当该对话框打开时，交互式拉伸预览线会显示在模型中。如图 5-37 红圈中带节点的预览线所示。
- 单击“确定”按钮关闭对话框并对所选零件设置拉伸。

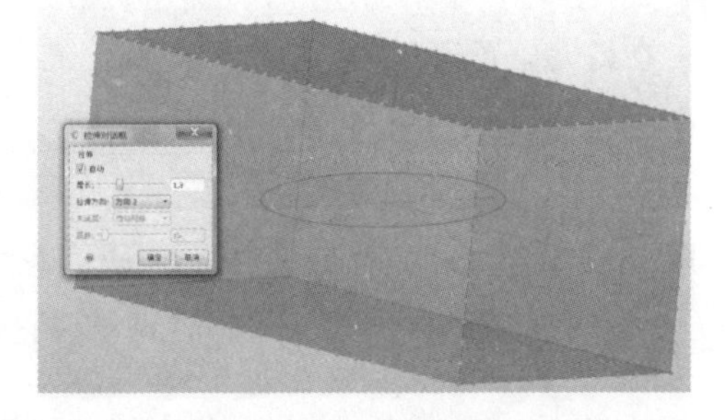

图 5-37 模型中的拉伸预览线

注意：在应用拉伸到多个相同零件时，选择每个通道的端面，并且单击“使用均匀网格”按钮。这样有助于确保通路（如散热器的通道或者管道组）的网格相同。

(2) 关闭自动（不勾选）

当关闭自动时，可以对拉伸层的数量和尺寸使用更多的控制。

- 用增长滑块根据希望的层长短修改增长率。默认为“1.3”。
- 选择“拉伸方向”(如果可用)。
- 选择“末端层”的类型。
- 选择“层数”。

注意，滑块的最小范围是 10。要设置更新的层数，在旁边的文本框中直接输入数值。

- 当该对话框打开时，交互式拉伸预览线会显示在模型中。
- 单击“确定”按钮关闭对话框并对所选零件设置拉伸。

（3）拉伸预览

预览线沿零件显示出层。随着拉伸对话框设置的变化会更新。当该对话框打开时，按住〈Ctrl〉键不放，单击鼠标中键隐藏激活零件的表面，可以看到预览线。下面的预览线显示了增长设置为 1 时的情况，如图 5-38 所示。

（4）增长

“增长”滑块控制层沿零件延伸的程度。当勾选“自动”复选框时，会确定层数为一个可接受的增长值。该增长值约束着网格层从一个网格到下一个网格所能增长的最大速率。滑块的范围是 1.0～2，默认值为 1.3。在最小设置（1.0）时，层的尺寸几乎一样，如图 5-39 所示。

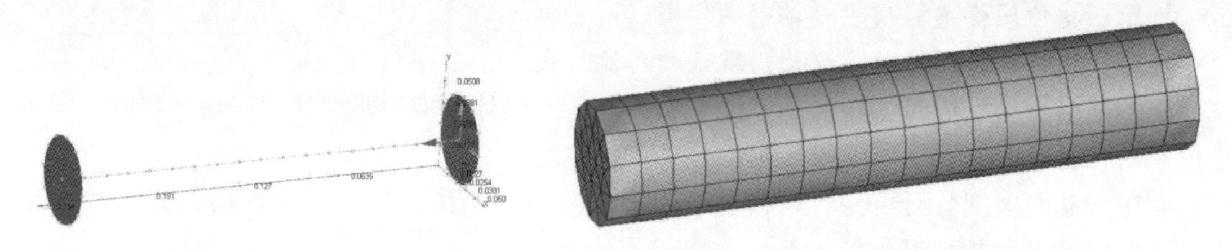

图 5-38　拉伸预览线　　图 5-39　增长为 1.0 时的网格层

在默认的增长（1.3）时，层会在零件中心有大约 30% 的增大，如图 5-40 所示。

当前层到下一层的增长数可以用式（5-1）描述：

$$(\Delta y) \leqslant (g) x (\Delta x) \tag{5-1}$$

式（5-1）中，下层（y）的增长数小于或等于增长参数（g）与当前层增长数的乘积。

在最大设置为 2 时，层的相对变化最大，如图 5-41 所示。

图 5-40　增长为 1.3 时的网格层　　图 5-41　增长为 2.0 时的网格层

当不勾选“自动”复选框时，使用层滑块控制层数。增长参数的行为与勾选“自动”复选框时不同，而且不代表约束。在很多案例中，增长值的范围在 20～50 之间都不为过。

（5）拉伸方向

拉伸方向在以下情况下是可选的：

- 单个零件被选中，而且有多个可以被拉伸的方向，如一个盒体。
- 多个零件的超过一个的潜在拉伸方向被选中时，Autodesk CFD 会自动选择最接近边界框中的最长尺寸作为拉伸方向。如果零件边界框尺寸的变化最小，会使用与装配体边界框中最长的尺寸接近的方向。

拉伸方向菜单列出每个可用方向，并且预览线会根据所需方向更新。图 5-42a 为方向 1，图 5-42b 为方向 2。

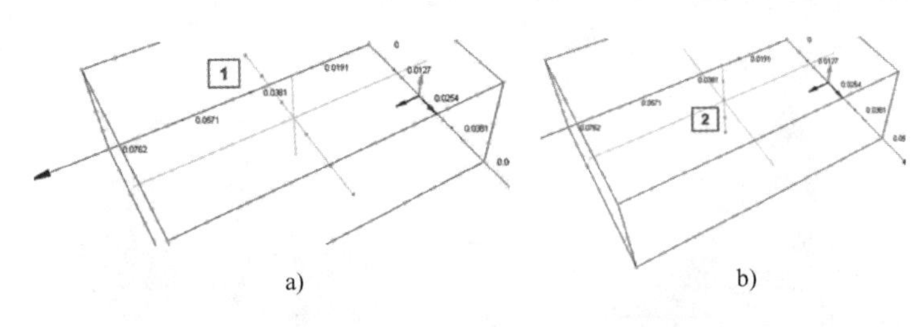

a) b)

图 5-42 两个拉伸方向

(6) 末端层

末端层仅在“自动”复选框没有被勾选时可用，末端层菜单控制层沿拉伸路径的“偏移”。当一个零件被选中时，选项有：

- “均匀网格”。
- “起始端小”。
- “结束端小”。
- “两端小”。
- “中间小”。

零件的起始端和结束端取决于零件的内部拓扑方向，不由用户控制。预览线可以图形化显示出哪一端的层会更小。

当选中多个零件时，只有两端小和两端大关系可用。

(7) 层数

层数仅在“自动”复选框没有被勾选时可用，层数滑块控制拉伸的层数。滑块的范围在 10 ~ 100 之间。要设定此范围之外的值，可以直接输入数值。

2. 拉伸指南

在“网格任务”对话框中的“拉伸”按钮仅在以下条件满足时被激活。

- 自动剖分被调用。
- 一个或多个可拉伸零件被选中。

(1) 一个可拉伸的零件包括的属性

1) 一个一致的横截面。

在拉伸方向的零件拓扑必须不变。对于一个可拉伸零件，它必须至少在一个方向有相同的截面。如果一个零件在拉伸区域连接到另一个区域，而后一个区域截面不同，那么这个零件不能被拉伸，如图 5-43 所示。

在这个例子中，由于 3 个区域在一个零件中，因此这个零件不能被拉伸。如果凸出盒体的管道和通道是彼此分离的，就可以拉伸。

2) 线性拉伸路径。

仅在零件有直线拉伸路径时是有资格被拉伸的。弯曲的零件，甚至如果截面不一致，就不能被拉伸，如图 5-44 所示。

3) 三维。

只有三维的零件支持拉伸，二维的面分析必须用自由网格。

至少在一个拉伸方向有一致的面。

如果有边垂直于面的方向，则不能在那个方向进行拉伸，如图 5-45 所示。

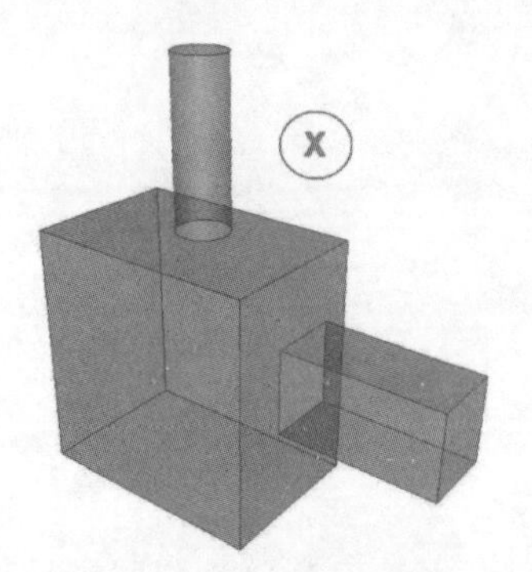

图 5-43　不一致的横截面

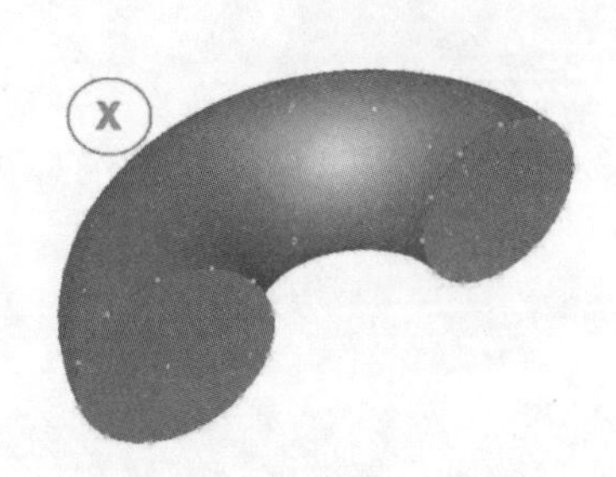

图 5-44　截面不一致

此盒体上表面的一条边阻止了标记为“×”的两个方向的拉伸，而另外一个方向是可以拉伸的。

4）两个端面相互平行。

可拉伸零件的端面必须相互平行，这是一致性截面规则的延伸。图 5-46 所示的这个体就明显不满足。

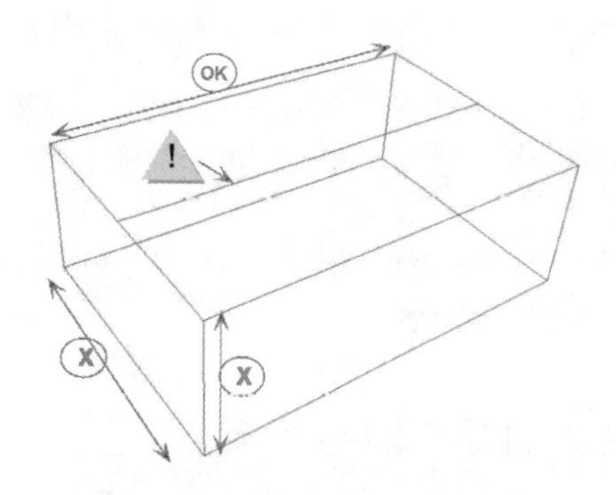

图 5-45　有边垂直于面的方向

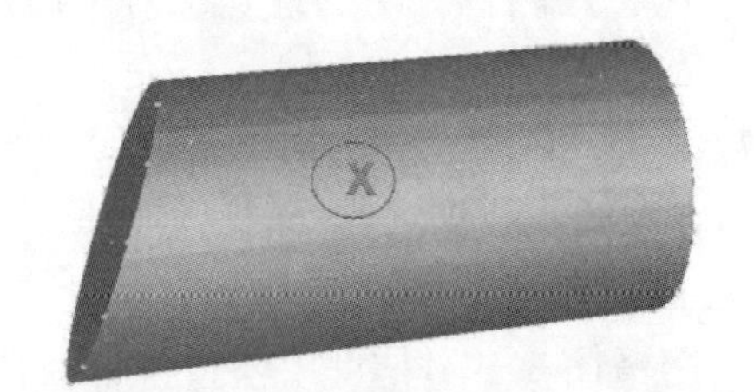

图 5-46　两个端面不平行

零件两端必须拓扑一致。必须在两个表面有相同数目和方向的边界边线。

（2）有些分析类型不能使用拉伸

1）旋转区域。

带有旋转区域的对象有一致性截面可以满足网格拉伸的要求。然而，旋转区域内部的网格不能被拉伸，因为旋转区域与相邻的定子的交界面必须有连续性（匹配）网格。

2）辐射。

拉伸网格不兼容辐射计算。如果对象同时使用拉伸网格和辐射，就会出错。

3）相变。

拉伸网格不兼容相变（两相混合）计算。如果对象同时使用拉伸网格和相变，就会出错。

4）面零件。

面零件无法使用拉伸网格。这个限制应用于把面零件作为固体、接触热阻及阻尼体。

5）材料模型（内部风扇、鼓风机等）。

使用嵌入式物理材料的零件，如内部风扇、离心风扇和止回阀，不能使用拉伸网格。

3. 拉伸网格实例

表 5-6 中给出了不同的拉伸网格实例。

表 5-6　拉伸网格实例

一个带拉伸网格的管道连接四面体网格块。与块相连的管道圆环端的网格面向下拉伸，长度为管道长度	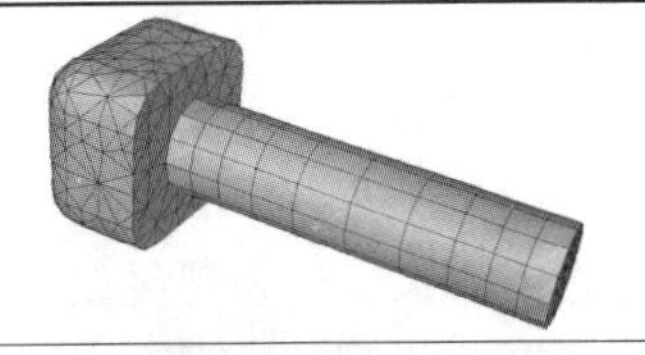
散热器用的是拉伸网格	散热器陷入空气中，空气是四面体网格。节点不沿直线排列，但是两个零件自动连接 
矩形盒体用了拉伸网格。有 3 个拉伸方向，在拉伸对话框中可以选择其中的一个	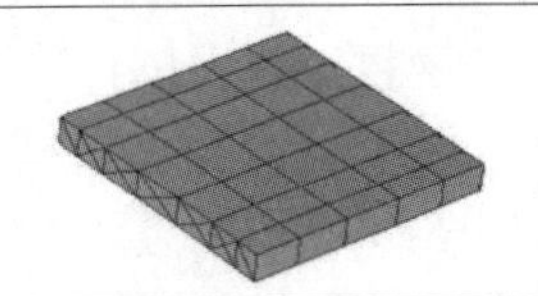

5.4.8 手动网格剖分

Autodesk CFD 中有强大的网格自动划分工具，可以基于几何体确定网格分布。但是为了更灵活，网格的分布也可以手动定义。本章主要对手动剖分网格的策略和技巧进行说明。

1. 手动剖分网格的基本原则

学习如何创建“好”网格有时是分析过程中最“令人生畏”的部分。其实不用担心。在对所有模型划分网格时，有以下两个基本原则。

1）第一个原则是几何外形必须被适当地表达。

在划分网格时，非常重要的一点是要保证网格的尺寸不会导致几何特征被错误表达。例如，划分圆管时，网格太少（网格尺寸太大）会导致圆管近似于方管，如图 5-47 所示。

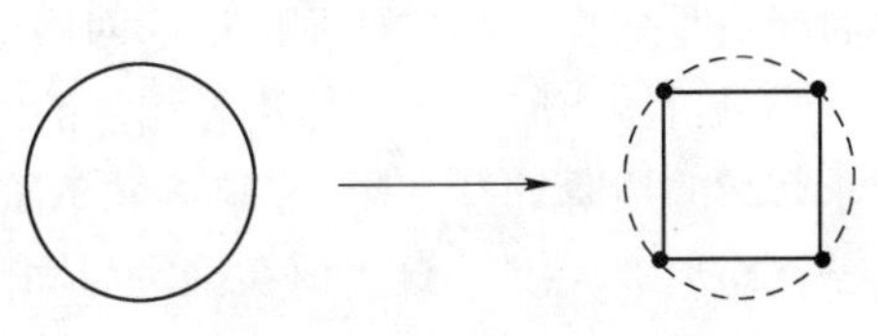

图 5-47　网格太少

2）第二个原则是要在流动发生变化的地方加密网格。

在流体运动剧烈的地方，需要加密网格，而在不剧烈的地方，网格可以稀疏一些（如所有流体运动方向一致）。

2. 手动剖分网格的基本策略

要确保网格划分足够好但又不会因为过密而浪费计算资源，建议对于所有 CFD 分析采用以下步骤。

- 首先，确定模型是否是对称的，并且将几何体在 CAD 系统中按照具体情况剖分。在几何体对称的情况下，也要确定流动也是对称的。
- 确定分析是否可以用二维建模或者是对称几何。有时从二维近似开始可能会更好，尤其是如果你不确定如何求解特殊类型的流动问题。

- 检查几何体，找出所有变量可能发生较大和较小变化的区域。
- 找出固体材料区域和流体区域，并且将各自的几何实体或零件保持分离。
- 如果在一个区域中有小而重复的几何特征（如多孔板），那么可以将这些区域用“阻尼”模型代替，而不必对这些细节划分网格。
- 设置模型中所有网格的尺寸，然后对需要面和边加密，这样可以捕捉到流动剧烈变化的地方或者很好地表现复杂的几何特征。
- 在粗网格（不超过5万节点）下运行分析，以便定性地评估流动特征，并且可以在不花费大量时间的情况下找出需要加密网格的较高变化发生的区域。
- 查看粗网格下的结果，在高变化区域加密网格。
- 要确保最终的求解不是“网格依赖性”的，需要对比粗细两种网格的求解结果。如果它们相差较大，建议在较好网格的基础上再增加至少10%的节点，得到结果后再对比。当网格数变化等于或大于10%而结果相同时，就认为求解具有了“网格独立性”。

在所有有限元分析中，求解变量变化较大的地方需要更多网格。在CFD中，有个额外的物理现象称为速度-压力耦合，该现象必须被网格精确表示，以保证在整个求解域中流动的质量连续性。

这个差别引出了下面两条要求。

- 在求解域中比一般的结构分析需要更多的网格。
- 必须要使网格尺寸过渡相当平滑，以避免相邻区域或体积上的网格变化幅度过大。

3. 局部手动网格加密

应该关注哪里的网格——网格的密度应该足以捕捉流动的变化。结果中梯度变化的产生可能是由于几何特征、边界条件或者阻力分布的区域。

（1）固体边界

空间中速度、压力、湍动能和湍动能耗散在固体边缘附近通常是最高的，典型例子如水下物体的壁面或表面。尤其是在很狭窄的缝隙中的流体，被迫转过尖角或突然在滞留点停住的时候更是这样。相应的，这里的网格密度应该是区域中最高的。

当分析湍流时，与固体边界相邻的网格对于精确预测剪切力非常重要。这会最终影响整个求解域的压降计算。K-epsilon和RNG湍流模型会在与固体边界相邻的节点计算无量纲的壁面距离“y+”。这个值在确定与固体边界相邻的网格尺寸是否足够时非常有用。

“y+”值可以以结果量值查看。这个值通常的范围为35<“y+”<350。没有必要也不可能让所有的“y+”值都在此范围内，但是这是个很好的通用准则。这个值对于要计算由于剪切而产生的压降非常关键。例如，当流动经过一个长管道和空气动力学物体时。强烈推荐使用壁面层和边界网格自适应以确保靠近所有壁面的网格的质量。

（2）进/出口通道

通常进口的网格应该加密以便求解流动发展段的变化。在某些情况下（如可压缩流），出口附近的区域也要加密网格。如果出口离求解域足够远，就不必加密了。我们的目的是不要让出口对求解有较大的影响。

（3）热边界

与进口通道类似，应该在靠近有热边界条件的壁面加密网格。通常在这里边界传热率

（温度变化）是最大的。应该在这些边界的边上加密，以便精确捕捉不连续的传热。

（4）边界条件突变

在两种边界条件类型的分界区域应该加密网格，以便充分解析不连续性。例如，在对流分析中，设置了绝热的壁面和热流密度边界面的交界点。

（5）靠近阻尼/多孔介质的网格

由于穿过阻尼/多孔介质的网格会有额外的压降，因此应该在这些区域内外加密网格以便解析速度和压力的变化。

（6）旋转区域

在旋转区域和旋转区域内的固体上加密网格是个很好的经验。在旋转区域内的流动变化非常剧烈，而且几何形状通常也非常复杂。

（7）移动固体

移动固体周围的流体区域的网格需要密切关注。当固体运动时，产生的流动变化可能非常剧烈，网格必须有足够的密度才能捕捉到这些变化。

4. 手动应用网格尺寸

（1）体网格和面网格尺寸

- 设置选择模式，选择“面”或“体”以应用相应网格。
- 输入“网格尺寸”（在分析时的长度单位）。
- 在几何体上应用网格尺寸后，会显示大概的网格生成数。当添加、删除和修改网格时，会自动更新。
- 单击“应用”按钮。

注意：对模型中所有体设置体网格是一个很好的经验。在需要的时候对面和边加密。

其他命令：单击“删除”按钮可删除所选实体的网格尺寸设置。

在面上设置网格的程序与在体上设置网格是一样的。没有必要对一个模型上所有的面都应用单独的网格尺寸。

注意：如果在自动网格划分后使用手动网格剖分，那么网格的尺寸会保存在设计研究栏中。

（2）边网格尺寸

- 设置“边”作为选择类型，然后选择模型中的边。
- 选择输入“网格尺寸”或“网格数”。
- 如果输入网格数，就会沿边设置网格偏置。输入偏置因子（大于1.0）。在偏置时，网格可以在开始端、终端、中间或边的两端加密。
- 单击“应用”按钮。

（3）冲突时会用哪种尺寸

因为边可以有不同的网格尺寸（来自体、面和边的网格尺寸都有），网格生成器会采用实体中最小的尺寸。

5. 图形化显示手动网格剖分

当手动定义网格时，网格节点会基于所选模式显示。

- 当网格尺寸应用于体，参考点会在体的所有边上显示。
- 如果最小尺寸应用于几个面或边，当选择模式设置为面或边时，只有在定义了网格的面或边上会显示参考点。

所有应用的网格尺寸都会在设计分析栏的网格分支中列出。

5.4.9 壁面层

壁面层是沿所有流体-壁面和流体-固体交界面生成的网格。在原始网格基础上沿所有壁面增加了平滑的网格，这对于准确地分析流动和温度很关键。壁面层确保小缝隙也会有适当的网格，而这些网格手工划分是非常困难的。

壁面层在三维网格划分前先创建层。特征算法会自动检查和避免网格在小缝隙处冲突。每个面的网格层高度是一致的，并且基于表面最小长度尺寸。表面之间的逐渐过渡会确保贯穿模型的网格高度平缓地进行变化，如图5-48所示。

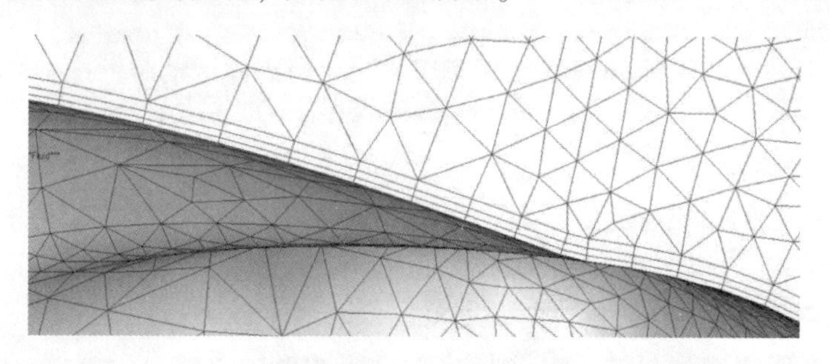

图5-48 壁面层

对于某些分析的精度来说，层的均匀性是非常重要的。例如，流动在靠近壁面时和在细长通道中时的湍流是十分敏感的。在后者中，网格增加后可以看到靠近壁面的流动混乱度明显比没有增加网格时小，通道中的结果也由于均匀网格而有所改善。

注意：由于壁面层是在网格划分前生成的，因此不能添加层网格到导入的“nas”或“unv”格式的网格中。

(1) 使用壁面层

要打开壁面层对话框，可以在“网格尺寸”快速编辑对话框或“自动网格划分”面板中单击“壁面层”按钮。

(2) 开启壁面层

勾选“启用壁面层”复选框（默认开启）。

(3) 开启壁面层混合

默认情况下，壁面层区域和相邻网格是从高度的各向异性突然转换到各向同性的。用户可以使用“启用壁面层混合”选项产生更多渐变过渡。

在某些仿真中会改善稳定性和精度，尤其是用在一些新的湍流模型中。

(4) 层数

控制棱柱网格的“层数”。

注意：在某些旋转区域的分析中，用户可以通过减少“层数”到1以便改进求解稳定性。

(5) 层因子

层因子可以控制“层厚度”。层高由表面各向同性的长度尺寸乘以该因子所确定。减小此因子可以使层变薄并减少总厚度。

(6) 层渐变

使用“层渐变”控制壁面层的增长率。当壁面层数增加时，层厚度通常趋于一致。渐变允许靠近壁面的层小于靠近相邻非结构化网格的层，如图 5-49 所示。

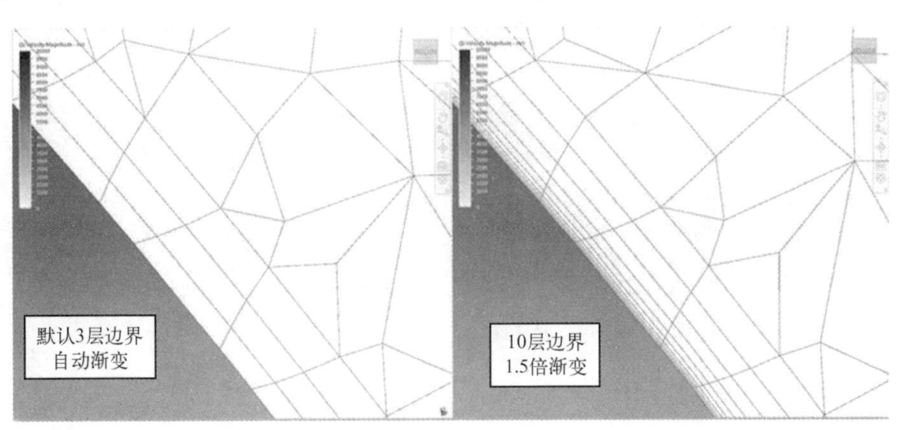

图 5-49 层渐变对比

使用该设置可提高壁面热流密度的精度，也可用于“SST k - omega”湍流模型。

当层数大于 5 时，应当将层渐变的值从自动改为一个具体数值，这样会有效地减小靠近壁面的网格厚度和湍流“y +”值（通常在 35 ~ 350 之间）。当使用 SST k - omega 湍流方程进行外气动仿真时，较低的“y +”值对流动的精确性预测是很重要的。

也可以在标志管理器中的“mesh_enhance_gradation”上更改其数值。

(7) 重新开始时改变设置的效果

由于壁面层是在三维网格生成前划分的，因此在网格划分后改变某个分析的设置需要重新生成网格。如果分析是在已经保存的迭代或时间步上继续求解，则结果会映射到新的网格。

改变分析设置会引起的网格重新生成包括：

- 改变材料类型，如将固体改成流体。更改材料但不更改类型（如把空气改成水）则不会重新划分网格。
- 添加或删除流动边界条件（如速度、压力、体积流量、质量流量、外部风扇、滑移、未知和周期）。改变边界条件的数值不会重新划分网格。
- 添加或删除固体运动设置。
- 调整壁面层参数。

5.4.10 几何变更

当克隆和修改设计时，原模型和新设计之间的网格会发生下列行为以保证其一致性。

1）在新模型上自动划分网格。

2）对原模型的网格调整会应用到新模型中。

3）如果最小加密长度在原模型中有修改，那么在新模型中会有相应比例的自动修改。

自动划分网格根据尺寸的变化，并确保对新的零件分配网格。使用内部宏确保对网格分配的调整也被保存。

如果相对应的原表面能确定的话，那么挤出网格的数据也可以转入。

整个过程是自动的，并且确保网格的分配在模型修改后被尽可能多地进行保存。可能会生成的状态信息有以下3种。

1）模型实体映射完成。所有宏已进行。

表示完成了原来和修改后的几何体之间的一一对应。对于原模型的所有调整，都会传输到修改后的模型中。

2）模型实体映射部分完成。部分宏已进行。

表示完成了原来和修改后的几何体之间的一部分对应。网格分配的调整已经传输，但是仍有新元件使用默认网格分配或者有些元件被删除了。

3）模型实体映射失败。宏已删除。

表示在更新几何体后在模型中没有发现原来的元件。模型结果会自动划分网格尺寸，但是原模型的尺寸调整不会传输到新模型中。

5.4.11 网格单元说明

Autodesk CFD 中会用到以下网格单元。

（1）四边形单元

对于二维笛卡儿或轴对称几何模型，都可以使用4个节点的四边形单元。层流时每个节点有4个自由度：U，V，P，T，湍流时每个节点有6个自由度：U，V，P，T，K，ε。所有的元素都要在XY平面内定义。

（2）三角形单元

对于二维笛卡儿或轴对称几何模型，都可以使用3个节点的三角形单元。层流时每个节点有4个自由度：U，V，P，T，湍流时每个节点有6个自由度：U，V，P，T，K，ε。所有的元素都要在XY平面内定义。

（3）四面体单元

在三维几何模型中可以使用4个节点的四面体单元。层流时每个节点有5个自由度：U，V，W，P，T，湍流时每个节点有7个自由度：U，V，W，P，T，K，ε。

（4）六面体单元

在三维几何模型中可以使用8个节点的六面体单元。层流时每个节点有5个自由度：U，V，W，P，T，湍流时每个节点有7个自由度：U，V，W，P，T，K，ε。

（5）楔形单元

在三维几何模型中可以使用6个节点的三角柱或楔形单元。层流时每个节点有5个自由度：U，V，W，P，T，湍流时每个节点有7个自由度：U，V，W，P，T，K，ε。

（6）角锥形单元

在三维几何模型中可以使用5个节点的金字塔单元。层流时每个节点有5个自由度：U，V，W，P，T，湍流时每个节点有7个自由度：U，V，W，P，T，K，ε。

5.4.12 多线程网格划分

为了提高网格划分性能，Autodesk CFD 网格生成器使用多个计算核心。这样可以在生成大量网格时减少所需时间，并且可以更好地利用高性能的硬件计算资源。

要开启多线程网格划分，可在“标志管理器”中开启标志：

mesh_multicore

其中的 n 值就是网格生成器所用的核心数。

注意事项：

- Autodesk CFD 自动检测和使用计算机上可用的核心，上限是标志中设定的值。
- 多线程网格划分在从 Creo Mechanica 选项启动模型时不可用。
- 多线程网格划分不支持高级网格控制中的体增长率和边界层混合选项。
- 对于同时包含四面体和拉伸的网格，多核网格划分会生成四面体网格，而用单核生成拉伸网格。它们之间会自动且简单地进行过渡。

5.5 旋转区域

Autodesk CFD 可以进行在静态结构（非旋转）内部并以静态结构为参照的旋转设备的分析。通过这些设备的旋转及其周围区域的分析，可以对旋转设备进行灵活分析。例如，泵、风机、鼓风机、涡轮、离心、轴流和混合结构都可以计算，因为这些设备带有很多旋转零件（如汽车液压转矩变换器泵和涡轮）。

该功能提供了对旋转机械叶片流道内流动的分析，并且可以对旋转和非旋转几何体的相互作用进行研究。典型的例子是轴流压缩机或涡轮中转子和定子的相互影响。另一个例子是分析离心泵叶片外部流动的螺旋分水角（舌）的影响。

5.5.1 旋转区域几何学注意事项

Autodesk CFD 旋转机械功能分析旋转设备时采用局部旋转结构作为参考。该区域完全包裹旋转对象，并称为旋转区域。

模型中的非旋转区域分析时以静态结果作为参考。这些区域称为静态区域（流体在静态区域也可以流动，但是体积不变）。

在设置旋转分析时，要考虑以下几何学注意事项。

- 每个旋转对象必须完全浸入旋转区域中。旋转区域以自己的相关旋转结构作为参照。
- 旋转区域中生成的网格将随浸入的零件一起进行物理旋转。
- 浸入零件可以作为空腔或实体存在于旋转区域内。旋转区域内的实体对象的旋转速度与旋转区域相同。
- 旋转区域和静态区域的交界面称为边缘区。在边缘区，旋转区域外网格面与相邻的静态区域网格面一致。
- 旋转区域的尺寸和形状应当与旋转设备（大概）一致。旋转区域经常被简化为圆柱状。这样旋转区域与静态区域之间的边缘区网格面就可以配合起来。
- 旋转区域应该大致延伸到外部叶片顶点和周围非旋转壁面最近点的中点。
- 不要对边缘区施加任何边界条件。当做出流体几何体时，需要注意的是，这不是十分必要。

- 旋转区域不能重叠，带扰动转子的设备（如齿轮泵）不能用旋转机械功能建模，因为其旋转区域是重叠的，要使用角向运动。
- 旋转区域不能直接与非旋转固体域接触，甚至当固体不在旋转区域内部也不行。例如，旋转区域外围的固体环状外壳。在结果中，固体环状外壳（假设应该是静止的）也会旋转。
- 在旋转区域内的对象有统一的截面以适应网格的挤压要求。在旋转区域内的网格不能被挤压。

轴流风扇模型和涡轮模型中的不同区域，分别如图 5-50 和图 5-51 所示。

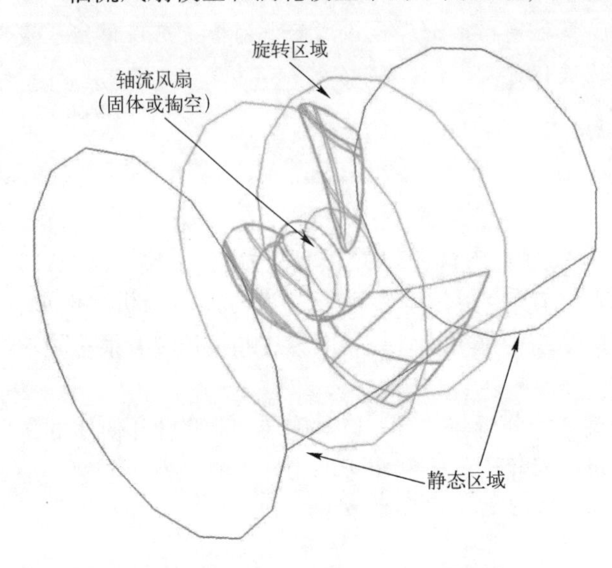

图 5-50　轴流风扇模型中的不同区域

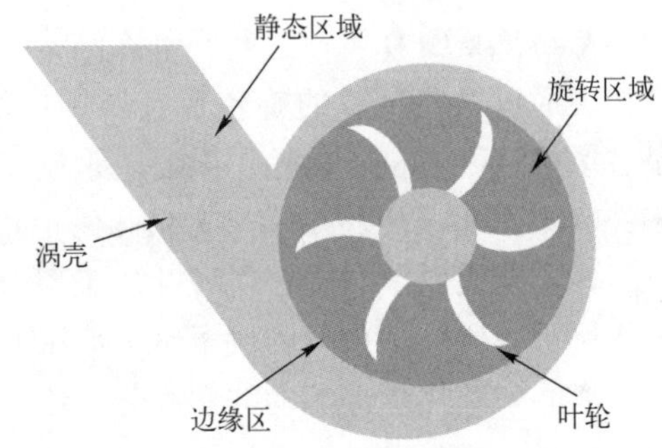

图 5-51　涡轮模型中的不同区域

- 如果叶梢间隙非常小（如密封很紧），周围的静态区域就会被去掉，如图 5-52 所示。

旋转区域不能直接与固体域接触。旋转区域的外边必须为流体或外边界。

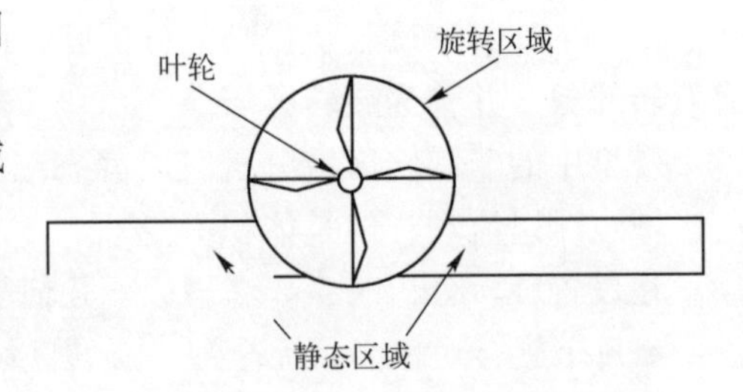

图 5-52　叶轮模型中的不同区域

5.5.2 旋转区域边界条件

如果转子旋转速度已知，那么通常设置压力边界条件。在很多情况下，分析的目的就在于确定给定压力下的流量。提高通过设备的压力，将影响阻力面（压头）。

我们建议对进出口加上相同的压力。当叶轮旋转带动流动后，压力会逐渐上升。这样的设置可以通过手动或随时间变化的边界条件来完成。

其他情况包括转速和流量知道，压降为要求的结果。对于这种模型，在进口指定压力为 0，出口指定流量。这样的模型通常比指定进出口压力的模型计算得快。

如果转子转速未知（在扭矩驱动或自由旋转的工况时），通常设置流速或流量。这时必须在至少一个出口设置压力，除非模型是完全封闭的。

可以加上适当的传热边界条件同时进行传热分析。

5.5.3 使用冻结转子求解旋转分析

冻结转子是旋转分析中的一个设置选项，可以节约仿真时间并得到近似的求解。与传统旋转分析不同，此旋转区域在仿真中不旋转。然而，旋转及其所带动的运动仍然会传递到流体。

冻结转子在快速仿真旋转设备时非常有用，不会考虑物理转子的复杂的数值旋转计算。注意，冻结转子不会预测旋转和非旋转物体之间的相互作用（如转子－定子或叶轮－涡壳）。

冻结转子分析通常更快，因为 Autodesk CFD 不会在每个时间步内更新旋转网格位置和转子－定子接触面的滑动。因为转子是静态的，可以使用很大的时间步，因此可以在较短时间内达到稳态。

设置考量：

- 用进行传统旋转区域分析同样的几何方法构建分析模型。
- 使用比传统旋转分析更大的时间步。事实上，能够使用可以保持稳定的最大时间步。
- 如同进行传统旋转分析，推荐逐渐增加旋转速度以避免冲击发生。
- 要开启冻结转子，需要在标志中开启“FrozenRotor”。

5.5.4 旋转区域输出文件

旋转区域输出文件包括旋转区域仿真的时间历史记录。该文件列出了每个旋转物体的水力扭矩、旋转速度和液压受力。

水力扭矩是叶片克服液体的推动产生的力矩。这个力矩与马达扭矩不同，马达扭矩是水力扭矩加上轴承摩擦力和轴损失。

液压受力是液体给叶轮的力。

此数据也会写入外部的“. csv”文件。文件名是在工况名后加上“torque”。例如，工况 1 的名字就是：“工况 1_torque. csv”。该文件的位置在该工况的设计研究子文件夹中。

5.5.5 旋转区域分析最佳实践

可以参考涡轮机械的最佳实践内容。另外，这里还有一些额外的建议：

- 使用 ADV5。
- 定义旋转区域的速度提升为 50 个初始时间步（在“求解”选项卡中计算叶片到叶片的时间）。
- 在进出口面使用均匀的表面网格。
- 在叶片的前后边缘使用均匀网格以确保能够准确捕捉到流动。
- 使用表面加密——对于大多数模型都比较好。
- 在 Autodesk CFD 2015 版本之后，可以开始时使用 3°增量作为时间步而不是使用叶片到叶片的方法。用 3°作为开始是个好办法，用户不必用 3°来重新分析。使用更小的时间步可以降低发散的概率。
- 将智能求解控制关闭。软件在计算瞬态时会默认这样设置。
- 新的 SST 模型对涡轮机械非常有用。建议用它替代 K－e 模型。

- 创建旋转区域时，需考虑到模型中可能会有很小的泄露路径。在这种情况下，建议修改模型以便使叶轮、外壳和旋转区域共用相同的表面。

另外，本部分内容也适用于流体驱动运动，关键在于对旋转区域加上正确的惯性。

5.6 瞬态流动

本部分内容中，“瞬态”意为随时间变化的流动和/或传热分析。

1. 初始条件

在瞬态分析中，必须定义初始条件。默认情况下，除温度外，所有变量为零。

设置非零初始条件：

- 如果初始条件在图形窗口的工具条中不可见，可单击“文件”→“首选项”→“显示”图标，并将显示“初始条件任务图标”的值改为“是”。
- 单击“初始条件”按钮，设置相应初始条件。

2. 瞬态边界条件

瞬态分析通常需要随时间变化的边界条件。在 Autodesk CFD 中的大多数边界条件可以随时间变化。对于模拟增加或减少的流动、压力和能量效果时非常有用。

要设置随时间变化的边界条件，打开“边界条件”编辑对话框（在“边界条件”面板上单击“编辑”按钮）：

- 将“边界条件”对话框中的“时间”改为“瞬态”。
- 选择“时间曲线”，在下拉列表框中设置参数，有 7 种随时间变化的方式可以选择。
- 单击“绘图”按钮检查变化方式，这样有助于确认变化是否是你想要的。

（1）常数

常数变化方式在整个分析中保持固定值，相当于稳态边界条件。

常数设置通常用于为之后的不同瞬态分析先保持一个值不变。

（2）阶梯变化

阶梯变化包括线性阶梯和斜坡功能，如图 5-53 所示。

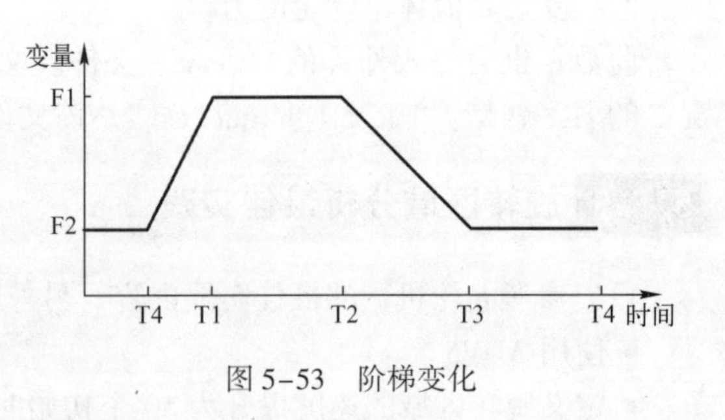

图 5-53 阶梯变化

在 Tx 的时刻发生变化。

Fx 值是变量的极值

- 设置最大值（F1）发生在第一个时刻 T1。
- 在 T2 时刻，数值开始变小。
- 在 T3 时刻，达到最小值（F2）。
- 在 T4 时刻，变量开始增加。

注意：从第一个 T4 到第二个 T4 为一个循环。

（3）周期性

周期性边界条件是随时间的指数变化，其方程形式为：

$$F(t) = A1 \times e^{(B1 \times t + C1)} + A2 \times e^{(B2 \times t + C2)} \tag{5-2}$$

可以仅设置一组数据："*A1*""*B1*"和"*C1*"或者"*A2*""*B2*"和"*C2*"。

通过将"*B1*"或"*B2*"设成负值可以使周期衰减。

注意：所有参数的默认值为0。

（4）谐波函数

谐波变化的方程形式为：

$$F(t) = A1 \times \cos(B1 \times t + C1) + A2 \times \sin(B2 \times t + C2) \tag{5-3}$$

谐波函数改变的量值随着时间按照正弦和余弦函数变化。

可以仅设置一组数据："*A1*""*B1*"和"*C1*"（正弦）或者"*A2*""*B2*"和"*C2*"（余弦）。

注意：正弦和余弦值可以改变正负符号，如果输入不恰当的参数，可能会得到负值。

（5）多项式和逆多项式

多项式函数根据指定阶数适配两点间的曲线。

- 在表格中输入"数值"和"时间"（时间是以秒为单位）。
- 设置曲线适配的"阶数"。
- 单击"绘图"按钮检查曲线适配结果。

注意：高阶函数会包含的拐点可能导致数据意外地改变正负值。

（6）幂次法则

幂次函数随时间指数变化的方程如式（5-4）所示：

$$F(t) = A0 + A1 \times t^{(X)} \tag{5-4}$$

需要输入系数$A0$、$A1$和指数X。

（7）分段线性

分段线性用分断线连接数据点。

- 在表格中输入"数值"和"时间"（时间是以秒为单位）。
- 单击"绘图"按钮检查曲线适配结果。

默认情况下，分段线性函数只在定义的时间内发生。在定义的时间过后，分析中的值会保持常数，如果希望在所有时间段内重复分段线性函数，那么可以勾选"重复"复选框。

3. 时间单位

瞬态分析的时间单位永远是秒（s）。即使整个时长以天计算，输入值依然以s为单位。

4. 内迭代

由于Autodesk CFD采用隐式方法离散瞬态流动方程，因此每个时间步都需要迭代。此内迭代类似于一个单独的稳态迭代所需要的工作。然而，瞬态分析的内迭代在数学上有更好的适应性，因此每个时间步所需的内迭代数（通常为10）会比稳态求解少很多。

对于旋转和运动分析，建议每个时间步的内迭代数为1。

在某些情况下，增加内迭代步数将有助于提高求解稳定性。

5. 发散

如果瞬态计算发散，就需要缩短时间步长。对于大多数情况来说，缩短时间步长的方式比调整收敛控制更好，因为这样会直接影响求解的时间精度。收敛控制会人为地减慢计算的时间历程。

6. 智能求解控制

如果打开智能求解控制，那么它调整的只是时间步长，不会影响任何收敛性设置。这样做只是阻止人为因素影响求解的时间精度（因为收敛控制会减慢计算进程，所以在非运动瞬态求解中作为默认设置一直比较好用）。

我们已经发现在某些情况下智能求解控制所采用的时间步会小于收敛所需要的值，从而导致求解时间明显变长。有鉴于此，智能求解控制默认不开启，建议对不包含高级物理功能的瞬态分析手动设置时间步。

7. 时间步长

对于瞬态流动求解，选择一个适当的时间步长很重要。时间步太长会丢失时间尺度上的流动细节，太短又会把时间浪费到捕捉无用细节上去。

设置“时间步长”的准则是以流体穿过设备所需时间的1/20为单位。例如，如果液体以6 m/s 的速度经过2 m 长的管道，所需时间为0.33 s，那么根据我们的准则，就是0.33 s 的1/20，也就是一个时间步长为0.0167 s，如图5-54 所示。

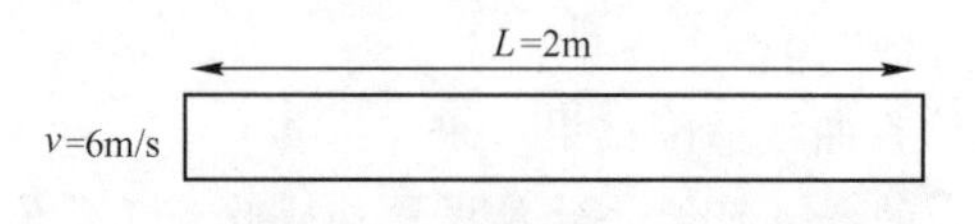

图5-54　流动距离与速度

总流经时长 $=L/v=2\ \mathrm{m}/6\ \mathrm{m/s}=0.33\ \mathrm{s}$。

8. 压力波

当以随时间变化的压力边界条件来运行瞬态分析时，需要将分析设置为可压缩流。压力方程的瞬态项只有在允许密度变化时才会被精确确定，即压力波需要通过可压缩流动现象来建模。

9. 可压缩液体

在水锤分析中，密度不发生变化，但可压缩流和瞬态分析仍需被考虑进去。

10. 动画

使用“动画”对话框生成迭代或时间步动画。

(1) 打开“动画”对话框方法

- 右键单击模型旁边，选择“动画...”。
- 或者单击“结果”→“图像”→“动画”按钮。

(2) 生成动画结果集

- 要选择“时间步”，可从列表中选择。
- 单击“动画”按钮。
- 使用“VCR”控制器来控制动画。
- 要结束动画，单击“复原”按钮。

(3) 保存动画

保存成AVI格式动画文件。

5.7 运动

Autodesk CFD 运动模块提供对固体对象之间在运动中和对周围流体的相互作用的分析。在流体中运动的效果和流体对对象的作用力一样可以高效快速地进行分析。

有 7 种运动类型:

- 直线运动。
- 角运动。
- 直线/角复合运动。
- 轨道/旋转复合运动。
- 章动运动。
- 滑片运动。
- 自由运动。

除了其中的两个（滑动叶片仅用用户定义，自由运动仅用流体驱动）之外，其余需要输入参数或流动来定义运动。

定义运动需对 6 个自由度设置合适的属性和方向。位移、速度或对象移动位置也需要设置或者根据周围流动来推动。可以定义外部作用的驱动力和阻力（如弹簧）来影响对象的运动。

被指定了运动的部件会标上颜色以便在窗口中区分。

1. 运动工作流

只有固体（在“材料”对话框中设置）对象才能设置运动。当运动任务激活后，固体会被着色。所有的非固体材料部件会以轮廓形式显示。基本运动工作流程概述如下。

开始时，单击“设置”（选项卡）→“设置任务”（面板）→“运动”按钮，或“设计研究栏”中的“运动”按钮。

(1) 近距离操作模型

- 左键单击模型实体（面或体）。
- 单击“编辑”按钮。
- 在快速编辑对话框中设置“运动”。

(2) 远距离操作模型

- 左键单击模型实体（面或体）。
- 单击“编辑”按钮。
- 在快速编辑对话框中设置“运动”。

(3) 在运动快速编辑对话框中进行设置

- 选择运动“类型”，选项包括“线性”“角运动”“线性/角运动结合”“轨道/转动结合”“章动”“滑动叶片”“自由运动”。
- 单击“编辑”按钮，打开“运动编辑器”。
- 设置所需的“轴”“方向”“旋转中心”（或“章动中心”）。在弹出的对话框中包含这些值的图形选项。
- 设置“初始位置”（如果需要的话）。

- 如果运动是被流动驱动的，勾选“流体驱动”选项，并选择必要的“边界”。
- 单击“预览”按钮可对运动进行预览。
- 单击“应用”按钮结束设置。

注意：一个运动固体不能穿过超过一种类型的流体。

(4) 预览运动

在对一个固体部件设置了运动之后，通过预览以确保预期的结果是个不错的办法。要打开“预览运动”对话框，可以在“运动面板”中单击“预览”按钮，或从运动工具栏中单击“预览”图标（如图 5-55 所示）。

- 要预览指定部件的运动，左键单击该部件，然后单击“预览”按钮打开“预览运动”对话框。
- 要预览所有运动部件的运动，打开“预览运动”对话框而不选择任何部件。

要预览运动，拖动“预览运动”对话框中的滑块。

时长是基于运动的定义计算得出的。用于设置流体驱动的运动。

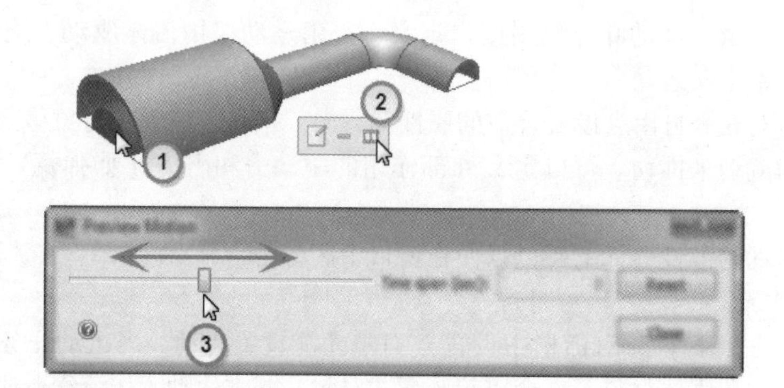

图 5-55 预览运动

2. 运动组（相链接的运动）

很多设备中，有两个或更多的对象以某种链接方式被流动驱动，它们的运动就是相关的。例如：

- 水锤，多个圆柱线性滑动到一起。
- 齿轮在齿轮组内以同一速度反向旋转。

由于对象间的机械链接，一个对象的运动取决于另一个的运动。

要链接两个或多个对象，使用组功能添加相互链接的部件。建立好组之后，在组创建对话框中选择运动类型。

组仅用于流体驱动的运动，这种运动可以有相同的运动类型。如果把一个线性和一个角向运动组在一起，这种链接是不可能的，因此会被忽略。

链接功能取决于相关部件的运动方向被完整定义。相链接的对象可以向不同方向移动甚至反向转动。例如，在齿轮泵中，两个齿轮的转动方向相反。对两个对象分配合适的方向，并在同一个组中添加两个运动。由于流动使之运动，它们会以相同的速度并以各自的方向运动。

注意：在 Autodesk CFD 分析中带有链接运动的对象必须有物理接触。

5.7.1 直线运动

直线运动即使物体沿直线进行运动。

直线运动的例子包括：

- 圆筒中的活塞运动。
- 液压油缸。
- 物体通过传送带的移动。
- 阀门开启和关闭。

1. 设置直线运动

- 选择一个或多个对象。
- 单击“运动”面板中的“编辑”按钮。
- 在“类型”中选择“直线运动”。
- 如果流动驱动运动，那么勾选“流体驱动”复选框。
- 单击“编辑运动”行的“编辑...”按钮，打开用户指定或流体驱动编辑器，定义运动属性。
- 设置直线运动参数：“方向”“初始位置”“上限”“下限”（仅对于流体驱动）。
- 单击“应用”按钮。

（1）方向

输入矢量或用弹出窗口设置对象运动方向。选择全局的 X 轴、Y 轴、Z 轴作为运动方向。

要在图形界面上设置方向，单击“选择曲面”按钮，然后选择表面，运动方向会垂直于所选表面。

单击“反向”按钮切换方向。

注意：*只有平面可以被选中。*

设置直线方向的例子，如图 5-56 所示。

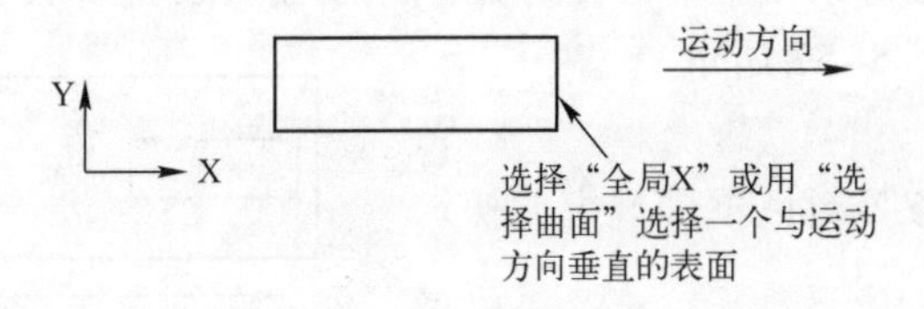

图 5-56　直线运动

设置的运动方向是参考方向，所有跟方向相关的参数都取决于它。设置正向位移会使物体沿正方向运动，设置负向位移会使物体沿反方向运动。

流体驱动参数中的驱动力和阻力也需要设置参考方向。正值为驱动力沿正方向，负值为反向。与之相反，正的阻力为沿反方向，负值与正方向同向。

（2）初始位置

可以输入值或使用滑块修改已有 CAD 模型对象的初始位置。在初始位置与 CAD 模型中对象位置不同时，微调起来十分方便。

调整的正向与正方向一致，可使用滑块向正反双向移动模型对象。

(3) 上限与下限

使用上限与下限值来设置流体驱动运动的边界（只在流体驱动运动中需要且可用）。边界可以通过输入边界位置或者使用滑块在图形中设置位置。默认状态是运动没有边界。

- 要输入位置，单击输入文本框，指定坐标系。例如，如果输入 1.5 英寸作为上限值，则模型对象的移动不能超过负方向的 1.5 英寸。这个值与模型对象的初始位置相关。
- 可以通过图形设置，即使用弹出对话框中的滑块来设定边界板的位置。边界板沿运动方向移动。所有的位置都是相对于初始位置而定的。

上限和下限的值可以使用不同方式设置。

注意：上限和下限的边界与初始位置滑块的初始位置相关。

2. 定义用户规定的直线运动

当对象根据规定的直线运动时，是不会受流动影响的。对象的运动方向和距离都是被明确设置好的。

(1) 打开“运动编辑器”

- 在“运动编辑”对话框中，设置“类型”为“直线运动”，不勾选“流体驱动”复选框。
- 单击“编辑运动”中的“编辑...”。

定义用户规定的直线运动只需要设置距离。

- 选择“变化方式”（往复或表格）。
- 输入相应值。
- 单击“应用”按钮。
- 单击“确定”按钮。

(2) 距离变化方式

1) 往复。

模型对象在指定时间内沿规定距离线性摆动。

半个周期时间是模型对象在一个行程内从起点到终点的运动时间。

行程的长度距离如图 5-57 所示。

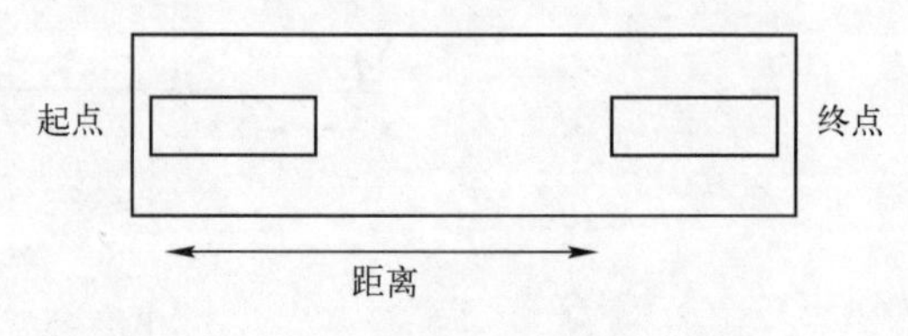

图 5-57 往复运动

2) 表格。

- 距离与“运动任务”对话框中规定的初始位置相关。
- 在表格中输入“距离”与“时间”数据。
- 勾选“周期循环”复选框，会朝一个方向重复表中距离行进。
- 勾选“往复”复选框，会交替正反方向按表中的距离行进。

3. 定义流体驱动直线运动

流体驱动的物体的运动受到流体的影响与用户设置的驱动和阻力一样。力的来源不用包含在分析模型中，只需要设置力作用在物体上的效果，如推动物体向前或者阻碍物体运动。

在本章的很多地方，会用到物体的参考方向。该方向在“运动任务”对话框中指定。

由于真正的流动驱动运动方向并不都能在分析前得知，因此该方向是参考方向的正方向。驱动方向和阻力方向都与这个方向相关。

流体驱动的物体开始时以已知速度运动，然后根据周围的流体（和受力）加速或减速。

(1) 打开“运动编辑器”

- 在“运动编辑”对话框中，设置“类型”为“直线运动”，勾选“流体驱动”复选框。
- 单击“编辑运动”行的“编辑...”按钮。

(2) 定义流体驱动直线运动

- 有3个属性可以设置：“初始速度”“驱动力”“阻力”，但不是都一定需要设置。
- 对于每个期望的属性，选择“变化方式”，并输入适当的值。变化方式在下面有描述。
- 单击“应用”按钮。
- 单击“确定”按钮。

(3) 变化方式

1) 初始速度。

如果运动中的物体在开始计算时不是从静止开始，那么应该设置初始速度。物体会按照这个速度开始计算，然后根据流体驱动力相应变化。

注意： *初始速度的变化方式是常数。*

2) 驱动力。

当在“运动任务”对话框中设置了运动方向后，驱动力会驱动正向运动，负驱动力会驱动反向运动。

驱动力包括电磁力和其他作用在物体上的体积力都可以不包含在分析几何体中。力的方向与在“运动任务”对话框中设置的运动方向相同，如图5-58所示。

驱动力可以用于表示物体重力。如果重力会影响行进方向，那么可以把物体重量考虑进去。

驱动力的变化方式：

- 常数变化方式。
- 输入不变的力的值，在整个分析中力不发生变化。
- 表格变化方式。如果驱动力随时间变化，那么在表格中输入随时间变化的驱动力和时间点。对于所有的表格，都可以保存或读取自Excel的“. csv”文件。

3) 阻力。

设置阻力可以影响物体运动，使之向指定方向的运动受到阻碍。阻力的正值会反向影响运动；负值会正向影响运动。

添加了常数和表格设定后，阻力可以被设置成弹簧的效果。这是个虚拟弹簧，在几何模型中是不存在的，如图5-59所示。

如果重力影响物体的运动，那么可以通过将物体的重量设置为阻力的办法来表示物体的重力。阻力的变化方式：

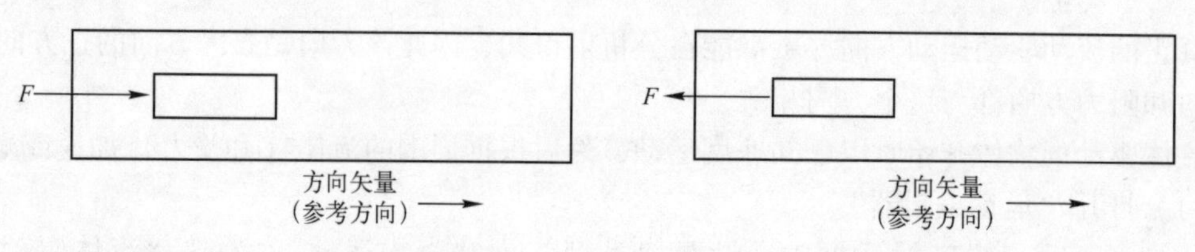

图 5-58 力的方向与运动方向相同　　图 5-59 力的方向与运动方向相反

① 常数。

输入不变的阻力的值，在整个分析中阻力不发生变化。

② 表格。

如果阻力随时间变化，那么在表格中输入随时间变化的阻力和时间点。对于所有的表格，都可以保存或读取自 Excel 的“. csv”文件。

③ 弹簧。

设置成弹簧需要以下 4 个参数。

- 约定位移：在接触弹簧前移动的距离。
- 压缩距离：在完全压缩弹簧前移动的距离（与起始点相关）。这是移动的极限，可以认为是停止点。
- 约定力：弹簧在达到约定位移时的力（这是弹簧的预加载荷。如果没有，就输入 0）。
- 压缩力：弹簧在达到压缩距离时的力。

可以回想一下：流动引起的运动的设置方向为参考方向正向。物体真正的方向可能会随流动改变。然而在“运动任务”对话框中设置的方向是力和位移应用时的参考方向。

弹簧是典型的阻力，正向弹力是物体运动参考方向的反方向；负向弹力沿参考方向的正向。

同样的，正位移沿参考方向，负位移与参考方向相反。

注意：所有弹簧位移都与初始位置相关，初始位置用“运动任务”对话框中的初始位置滑块定义。

图 5-60 和图 5-61 展示了弹簧工况的设置。如果对象在时间 =0 时不接触弹簧，设置会如图 5-60 所示。

注意：力和位移是正值。

如果对象在时间 =0 时接触弹簧，则约定位移为 0，如图 5-61 所示。

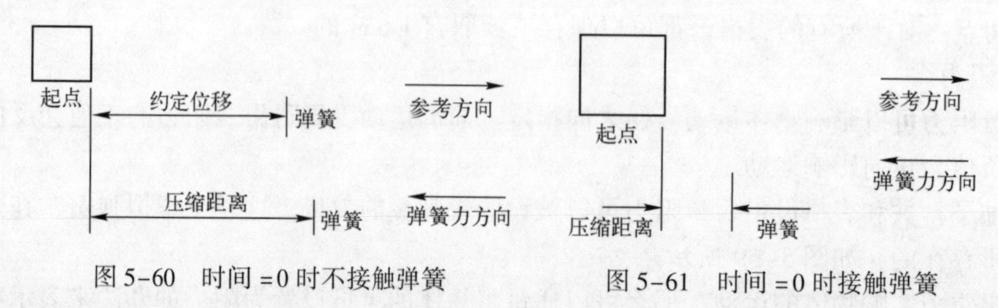

图 5-60 时间 =0 时不接触弹簧　　图 5-61 时间 =0 时接触弹簧

注意：时间和位移是正值。

如果时间 =0 时弹簧被物体完全压缩，则压缩距离为 0，约定位移是弹簧不再被压缩的距离，如图 5-62 所示。

注意：弹簧力是负值，因为它们作用于参考方向。

如果物体必须沿参考方向的反方向运动以接触弹簧，则位移应为负值，如图 5-63 所示。

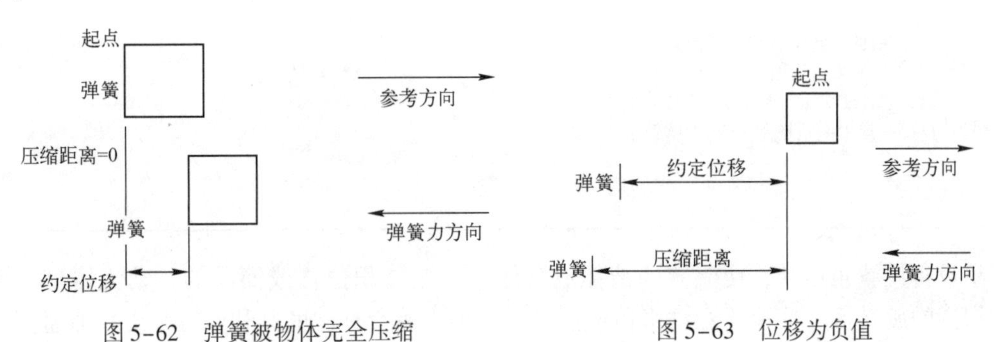

图 5-62　弹簧被物体完全压缩　　　　图 5-63　位移为负值

注意：位移应输入负值。

注意：弹簧力也应为负值，因为其作用与参考方向相反。

注意，在运动元件中只能有一个弹簧。有鉴于此，正向弹簧和反向弹簧不能用于同一个元件。

所需参数和弹簧常量之间的关系见式 5-5。

$$\frac{F_{压缩} - F_{约定}}{D_{压缩} - D_{约定}} = K \tag{5-5}$$

5.7.2 角运动

角运动是物体绕中心线的转动。

会使用到角运动的应用案例：

- 容积泵。
- 齿轮泵。
- 止回阀。
- 弹簧阀。

与旋转区域材料设备不同，带有角运动的物体在运动路径中可以有阻挡物体，如齿轮泵中的齿轮齿，或者打蛋器中的多重混合叶片。

角运动见表 5-7。

表 5-7　角运动

凸轮绕中心旋转。在周围的静态凸轮上带有凸起的网格。流动会改变流域内的容积，从而引起正向机械位移。使用角运动来定义这种运动	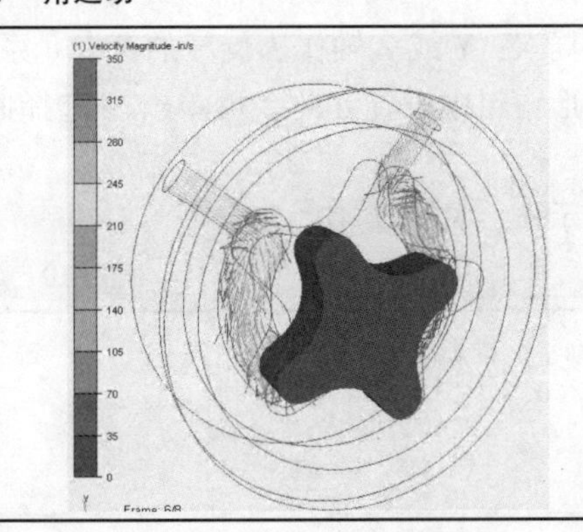

涡轮机械设备（离心、混流和轴流的泵及涡轮）应该使用旋转区域进行分析，见表 5-8。

表 5-8 旋转区域

这个离心压缩机的旋转中有叶片，但是不接触任何其他固体对象。通过将能量传输到液体产生流动（通过动量传输，是典型的涡轮机械场景）。使用旋转区域来定义这种运动	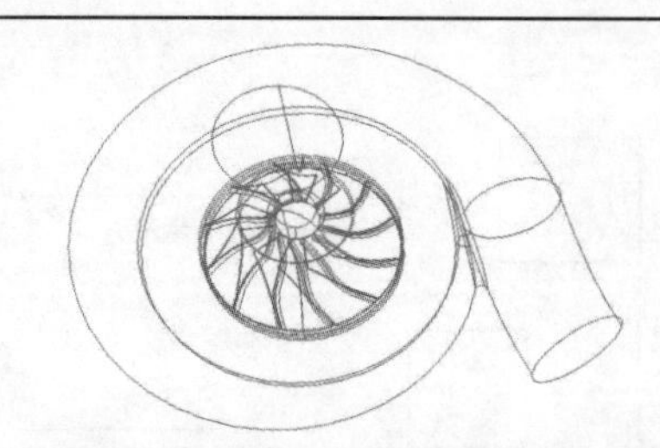

给设备设置角运动，使流体（液体或气体）产生体积位移或简单的移动流体。旋转机械用周围的旋转区域使流体运动来传递能量。这种机械会有科里奥利效应和离心加速度。

旋转区域会产生更精确的结果，而且通常需要更少的计算资源。运动固体（设置角运动）更加通用，可以用于更多样的应用场景。

旋转区域与角运动适用设备示例，见表 5-9。

表 5-9 旋转区域与角运动适用设备示例

旋转区域	叶轮泵、涡轮、压缩机、轴流风机、鼓风机
角运动	齿轮泵、容积泵、凸轮、打蛋器、止回阀

1. 设置角运动

- 选择一个或多个物体。
- 单击“运动”面板中的“编辑”，打开“运动编辑”对话框。
- 选择“类型”为“角运动”。
- 如果流体驱动运动，则勾选“流体驱动”复选框。
- 单击“编辑运动”行的“编辑...”按钮，会打开“用户定义”或“流体驱动”运动编辑器，可定义运动属性。
- 设置角运动的参数：“旋转轴”、“旋转中心”、“初始位置”、“上限”“下限”（“上限”和“下限”仅用于流体驱动）。
- 单击“应用”按钮。

（1）旋转轴

输入或使用弹出框设置旋转轴。旋转方向采用右手定则。

选择全局 X、Y 或 Z 轴作为旋转的笛卡儿系方向坐标轴。

要在图形窗口中设置方向，可单击“选择曲面”按钮，然后选择一个面。轴会正交于所选面。

旋转轴示例，见表 5-10。

表 5-10 旋转轴

期望的旋转轴是全局 Z 轴，旋转方向为正向。可以输入（0，0，1），或者打开弹出框，然后单击“Z”按钮，抑或选择与 Z 轴正交的面	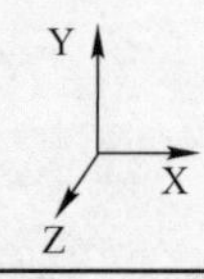 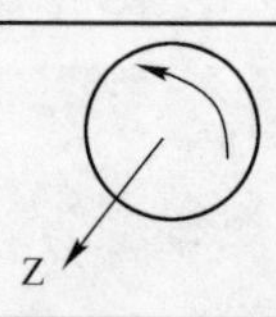

旋转方向是所有方向相关的参数的参考方向。对于用户指定的旋转，正数角度使物体旋转沿旋转方向正向，负数角度则相反。

流体驱动参数，如驱动扭矩和阻力扭矩会参考这个方向。驱动扭矩的正值是沿旋转轴方向，负值则为反向。阻力扭矩则正好相反。

（2）旋转中心

旋转中心是旋转轴穿过的点。有两种方式来设置它：

- 作为所选面的形心。
- 输入坐标。

要设置成一个面的形心，可单击“选择面”按钮，然后选择一个面，旋转轴会穿过所选面的形心，如图5-64所示。

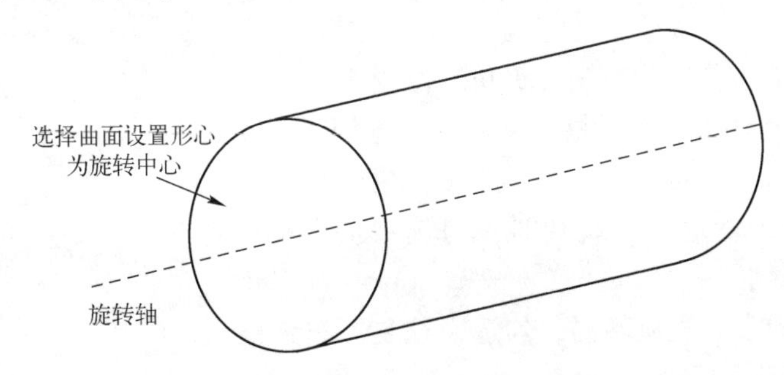

图5-64　旋转轴会穿过所选面的形心

（3）初始位置

初始位置用来修改物体的几何模型当前的初始角度位置，在模型初始位置不正确的时候进行微调十分有效。

调整的正方向是旋转轴定义的方向。输入角度值或者使用弹出框中的滑块都可以进行正反向的角度调整。

（4）上限和下限

使用文本框可填写流体驱动角运动的上下限（只在流体驱动旋转时需要且可用）。上下限可以通过输入角度位置或使用弹出框选择角度位置。默认状态是没有运动限制。

如果需要的话，上下限可以有不同设置。注意，上下限与初始位置滑块指定的初始位置相关。

2. 定义用户规定的角运动

当物体在进行规定的角运动时，不会受到流动影响。物体沿规定的方向以规定的角度旋转。

（1）打开运动编辑器

- 在“运动”编辑对话框中，设置“类型”为“角运动”，并且取消勾选“流体驱动”复选框。
- 在“编辑运动”行单击“编辑...”按钮。

（2）定义用户指定角运动

物体转过的角度仅限于用户指定的角运动范围。

- 选择“变化方式”。

- 输入相应值。
- 单击“应用”按钮。
- 单击“确定”按钮。

(3) 角运动变化方式

1) 常数。

输入分析中转动物体的“角速度”。从下拉菜单中可以选择单位是 RPM 或者 rad/s。

2) 振动。

- 在这种方式中物体可以在指定时间内以指定角度振动。
- 半周期时间是物体从开始位置到终点位置的角位移的时间。

角位移是运动的角度，如图 5-65 所示。

3) 表格。

- 在表格中可以按指定的时间设置角度位置。
- 角度与“运动任务”对话框中的初始位置相关。
- 在表格中输入“角度”和“时间”的数据。
- 在角度表中只重复正向旋转时，勾选“周期循环”复选框。
- 在角度表中重复往返旋转时，勾选“往复”复选框。

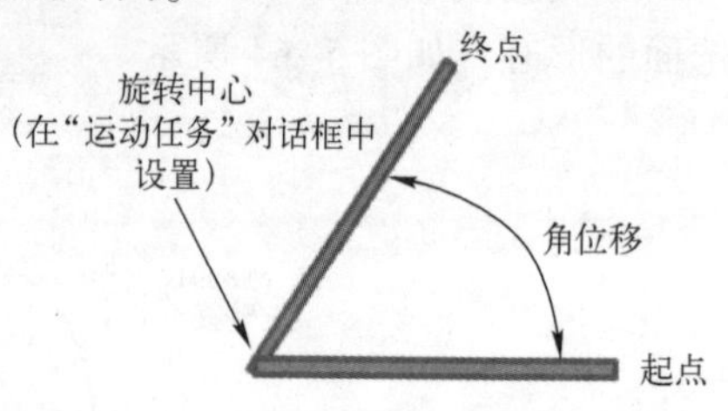

图 5-65 运动的角度

3. 定义流体驱动角运动

流体驱动的物体的角运动受到流动的影响与用户指定的驱动和阻力矩一样。

旋转的来源不必包含在分析中——它们对物体的作用就是通过用户指定的方式来对旋转进行加速或减速。

本节中，物体的旋转方向是参考方向。在“运动任务”对话框中的旋转轴就是旋转方向。因为被流体驱动运动的真正的旋转方向在分析之前并不总是已知的，所以以这个方向作为参考正方向。

注意：驱动力和阻力的方向与此方向相关。

流体驱动的物体可能以已知速度开始旋转，并根据周围流体作用加速或减速（并且受力）。

(1) 打开运动编辑器

- 在“运动”编辑对话框中，设置“类型”为“角运动”，并且勾选“流体驱动”复选框。
- 在“编辑运动”行单击“编辑...”。

(2) 定义流体驱动角运动

- 有 3 个属性可以设置：“初始角速度”、“驱动力矩”和“阻力矩”，但不是都必须设置。
- 对于每个属性，选择“变化方式”，并输入相应的值。相应变化方式描述见下文。
- 单击“应用”按钮。
- 输入所有信息后单击“确定”按钮关闭对话框。

(3) 变化方式

1) 初始角速度。

如果物体在开始计算前正在旋转（不是从静止开始），则可以设置初始速度。物体会以此速度为初始速度进行计算，并且根据流动相应变化。

2）驱动力矩。

当运动与参考方向一致时，驱动力矩为正值，方向不一致时为负值。

驱动力矩的例子包括电磁和其他体力矩，力矩的来源可以不包括在分析中。力矩的作用方向与在“运动任务”对话框中设置的运动方向相同，如图5-66所示。

如果重力会影响运动方向，那么驱动力矩也可用于表示重力的作用。设置重力驱动力矩时，要根据物体重量和形心到旋转中心的旋臂长度来计算。

驱动力矩变化方式：

- 常数，输入不变化的常数力矩值进行分析。
- 表格，如果驱动力矩随时间变化，那么以表格的方式输入驱动力矩和时间。所有的表格可以保存为或读取自一个“.csv”文件。

3）阻力矩。

使用阻力矩以旋转方向的反方向运动以阻碍物体转动。阻力矩的正值是沿旋转方向的反向，负值沿旋转方向的正向，如图5-67所示。

如果重力会影响运动方向，那么阻力力矩也可用于表示重力的作用。设置重力阻力矩时，要根据物体重量和形心到旋转中心的旋臂长度来计算。

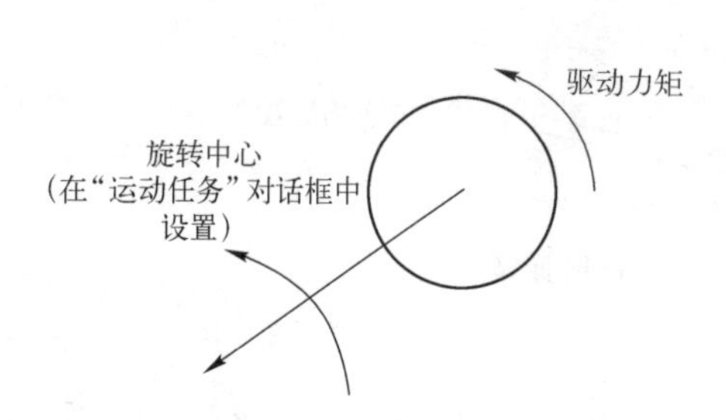

图5-66　力矩的作用方向与运动方向相同

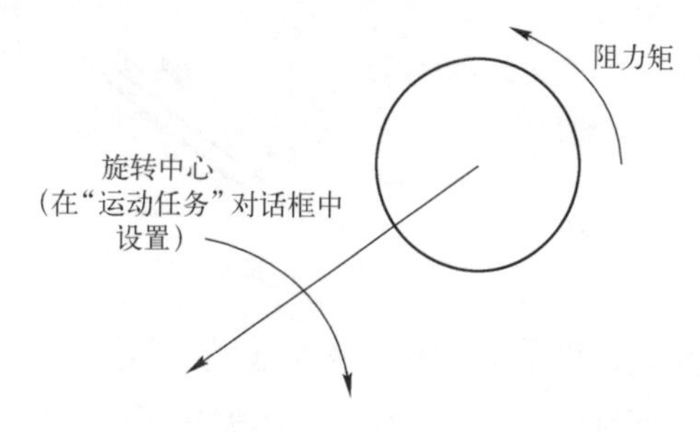

图5-67　力矩的作用方向与运动方向相反

阻力矩变化方式：

- 常数，输入不变化的常数力矩值进行分析。
- 表格，如果阻力矩随时间变化，那么以表格的方式输入阻力矩和时间。所有的表格可以保存为或读取自一个“.csv”文件。

4. 减振弹簧

除了常数和表格的方式，阻力矩还可以设置为减振弹簧。这个弹簧是虚拟弹簧，不需要几何模型，设置成弹簧需要以下4个参数。

- 约定角度：在接触弹簧前移动的角度。
- 压缩角度：在完全压缩弹簧前移动角度（与起始点相关）。这是移动的极限，可以认为是停止点。
- 约定力矩：弹簧在达到约定角度时的力矩（这是弹簧的预加载荷。如果没有，就输入0）。
- 压缩力矩：弹簧在达到压缩角度时的力矩。

可以回想一下：流动引起的运动的设置方向为参考方向正向。物体真正的方向可能会随流动改变。然而在“运动任务”对话框中设置的方向是力和位移应用时的参考方向。

因为弹簧是典型的阻力，所以正向弹力是物体运动参考方向的反方向，负向弹力沿参考方向的正向。

同样的，正位移沿参考方向，负位移与参考方向相反。

图 5-68 ~ 图 5-71 展示了力矩弹簧工况的设置。注意，所有弹簧位移都与初始位置相关，初始位置用“运动任务”对话框中的初始位置滑块定义。

如果对象在时间 =0 时不接触弹簧，设置会如图 5-68 这样显示。

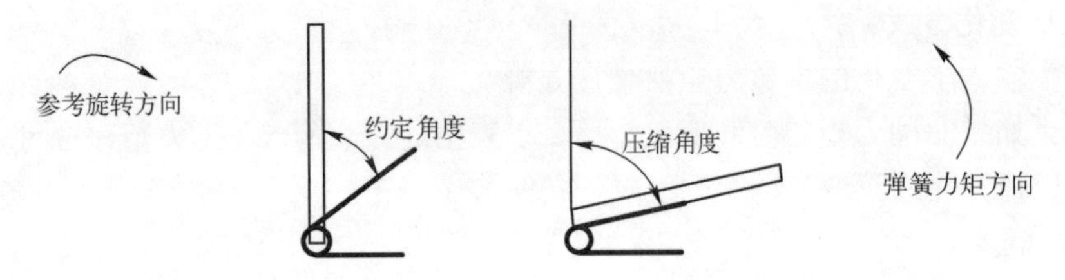

图 5-68　对象在时间 =0 时不接触弹簧

注意：弹簧力矩和角度是正值。

如果对象在时间 =0 时接触弹簧，则约定角度为 0，如图 5-69 所示。

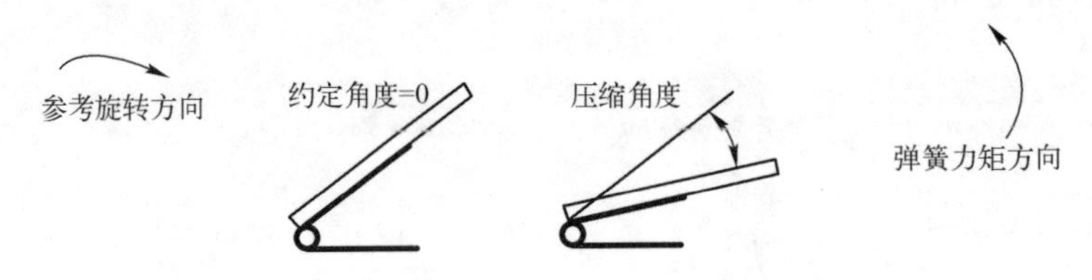

图 5-69　对象在时间 =0 时接触弹簧

注意：弹簧力矩和角度是正值。

如果时间 =0 时弹簧被物体完全压缩，则压缩角度为 0，约定角度是弹簧不再被压缩的角度，如图 5-70 所示。

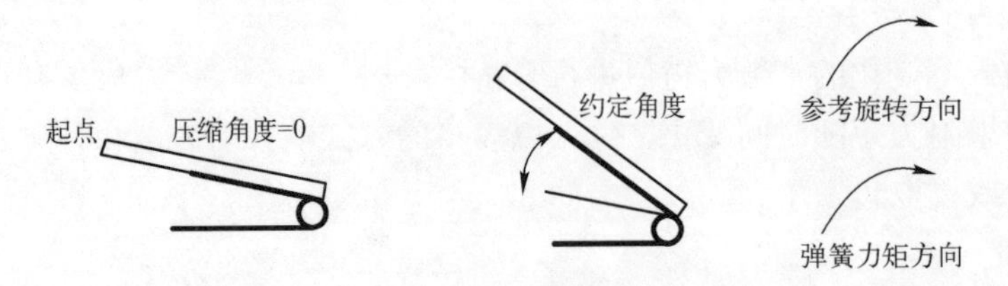

图 5-70　时间 =0 时弹簧被物体完全压缩

注意：如图 5-70 所示，弹簧力矩和角度是负值。

如果物体必须沿参考方向的反方向角运动以接触弹簧，则约定角度和压缩角度应为负值，如图 5-71 所示。

注意：弹簧的力矩和角度应输入负值。

注意，在运动元件中，只能有一个力矩弹簧。有鉴于此，不同方向的多个力矩弹簧不能用于同一个元件。

所需参数和弹簧常量之间的关系见式（5-6）：

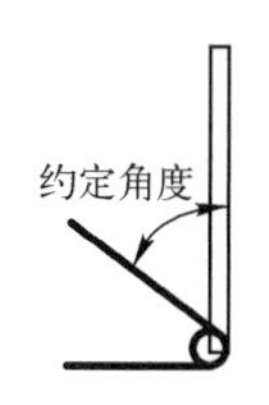

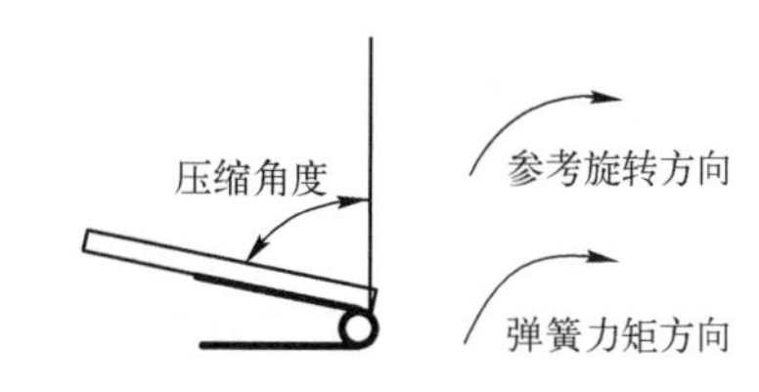

图 5-71　约定角度和压缩角度为负值

$$\frac{T_{压缩} - T_{约定}}{\theta_{压缩} - \theta_{约定}} = K \tag{5-6}$$

5.7.3 直线/角复合运动

在直线/角复合运动中，物体会沿“运动任务”对话框中设置的路径线性运动。物体的瞬时的线性位置取决于用户的定义或者流体驱动力所产生的结果。

物体运动时，也会沿用户指定的轴旋转。物体的旋转方向取决于用户的定义或者流体驱动力所产生的结果。对于流体驱动的旋转，充分发展的扭矩可以用来计算角速度的加速。

如果两种运动都是由流体驱动，并且假设两种运动不是耦合的，而且各自单独发生作用，直线运动方程就会根据旋转中心随时间的变化而更新，旋转方程也会根据方向的余弦随时间的变化而更新，因此产生出复合运动。

局部旋转轴由物体的运动所确定，但运动的方向不会受到旋转的影响（这种运动用于滑动叶片运动类型，在其他章节有相关描述）。

复合运动的例子是物体沿路径滑动的同时绕自身的中心轴旋转。旋转的中心轴随着物体而运动，如图 5-72 所示。

另一个例子是振动的活塞，其旋转轴就是运动的方向，如图 5-73 所示。

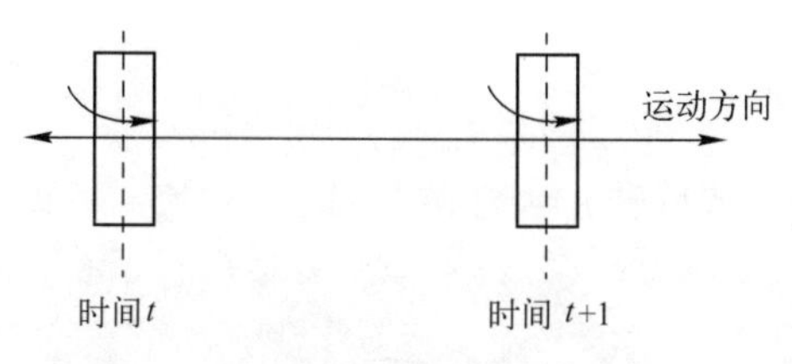

图 5-72　旋转的中心轴随着物体而运动

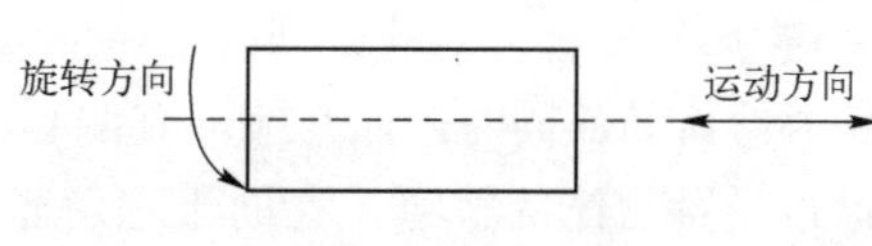

图 5-73　振动的活塞

两个复合运动的要素：线性和角度，通过用户设置或流体驱动来各自定义。勾选“运动”对话框中的“流体驱动”复选框可以在材料编辑器中管理每个元素的定义。用户设置和流体驱动的可能复合类型如下。

- 用户 - 直性/用户 - 角度。
- 流体 - 直性/用户 - 角度。
- 用户 - 直性/流体 - 角度。
- 流体 - 直性/流体 - 角度。

直线—角复合运动的设置方式可参考 5.7.1 节和 5.7.2 节的相关描述。

5.7.4 轨道/旋转复合运动

轨道/旋转复合运动是运动的另一种复合形式——物体自传的同时还沿着平行于旋转轴的轨道运动。旋转运动在本章的角运动部分有相应描述。

轨道运动时物体绕轴进行圆形的位移。进行纯轨道运动（无旋转零件）时，物体的方向相对于轨道不变，如图 5-74 所示。

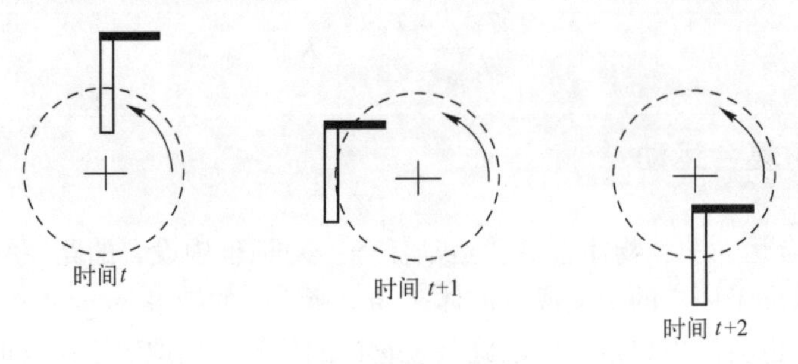

图 5-74　纯轨道运动

旋转与轨道复合的运动如图 5-75 所示（图中旋转速度和轨道运动速度相同）。

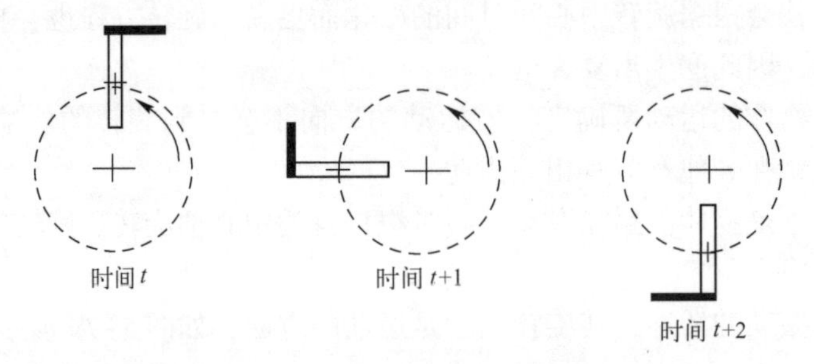

图 5-75　旋转与轨道复合运动

轨道速度通常慢于旋转速度。

轨道/旋转复合运动的典型应用是带偏心轨道（或旋转）零件的泵轴，如图 5-76 所示。轴绕中心线旋转的同时还沿其他轴有偏心旋转。

通过设置物体的轨道，有助于理解轴在轨道上受力的不平衡对于轴承和其他夹具的影响。

两种运动都可以通过用户规定或流体驱动。如果轨道是流体驱动的，运动物体上受的力就会被叠加和计算其加速度。其速度与位移受到圆形轨道的限制，轨道运动的设置如下。

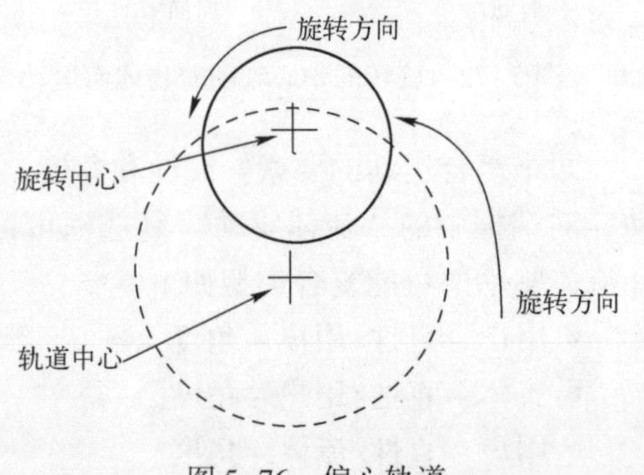

图 5-76　偏心轨道

轨道运动的两个元素：旋转和轨道，可以分别由用户规定或流体驱动来单独定义。可能的用户规定和流体驱动的组合有：

- 用户规定旋转/用户规定轨道。
- 流体驱动旋转/用户规定轨道。

- 用户规定旋转/流体驱动轨道。
- 流体驱动旋转/流体驱动轨道。

之后的章节会描述如何设置用户规定和流体驱动的轨道运动。

1. 设置轨道/旋转复合运动

- 选择一个或多个物体。
- 在“运动”面板中单击“编辑”，打开“运动编辑”对话框。
- 在类型中选择轨道/旋转复合运动。
- 根据需要在轨道运动中选择流体驱动。
- 根据需要在旋转运动中选择流体驱动。
- 单击“编辑运动”行的“编辑...”按钮，定义运动属性。
- 设置“轨道特征”的参数：“轨道轴”“轨道中心”“初始位置”“上限”“下限”（上限和下限仅对于流体驱动）。
- 设置“旋转特征”的参数：“旋转轴”“旋转中心”“初始位置”“上限”“下限”（上限和下限仅对于流体驱动）。
- 单击“应用”按钮。

2. 定义用户规定的轨道运动

当物体根据规定的方式运动时，是不会受流动影响的，物体的轨道和旋转都只会按照设定好的轴和角速度。

如果两个运动元素中的一个是用户规定的，那么只有它适用此处定义的属性，另一个用流体驱动来定义。

（1）打开运动编辑器

- 在“运动”编辑对话框中，设置“类型”为“直线轨道/旋转复合运动”（如果两种运动都不勾选“流体驱动”，就都使用用户规定的方式设置）。
- 单击“编辑运动”行的“编辑...”按钮。

（2）定义用户规定的轨道运动

- 单击“轨道特征”中的“角度”按钮。
- 选择轨道的“变化方式”。
- 输入相应值。
- 单击“应用”按钮。
- 重复上述步骤设置“旋转特征”。
- 输入所有信息后，单击“确定”按钮关闭对话框。

（3）变化方式：用户规定角运动

轨道运动和角运动有相同的角特征变化方式。

- 角度：常数。
- 角度：振荡。
- 角度：表格。

3. 定义流体驱动轨道运动

流体驱动的物体的角运动受到流动的影响与用户指定的驱动和阻力扭矩一样。

旋转的来源不必包含在分析中——它们对物体的作用就是通过用户指定的方式来对旋转

进行加速或减速。

本章中，物体的旋转方向是参考方向，在“运动任务”对话框中的旋转轴就是旋转方向。

注意：因为被流体驱动运动的真正的旋转方向在分析之前并不总是已知的，所以以这个方向作为参考正方向。驱动力和阻力的方向与此方向相关。

（1）打开运动编辑器

- 在“运动”编辑对话框中，设置“类型”为“轨道运动”。
- 在“编辑运动”行单击“编辑...”按钮。

（2）定义流体驱动轨道运动

- 定义轨道属性，先单击相应的按钮：“初始角速度”“驱动力”“阻力”（不是都必须设置）。
- 对于每个属性，选择“变化方式”。
- 输入相应的值。
- 单击“应用”按钮。
- 以同样方式设置“旋转特征”。
- 输入所有信息后，单击“确定”按钮关闭对话框。

注意：在轨道运动中使用力（而不是力矩）。因为轨道是位移运动，所以力矩、角位移和角速度比力、位移和速度更加适用。

力矩和力的关系用离心半径（eps）表达如下。

- 力矩 = 力 × 离心半径。
- Omega = 速度/离心半径。
- Theta = 位移/离心半径。

（3）变化方式

轨道运动的要素是力，角旋转的要素是力矩。下面列出流体驱动轨道运动的变化方式。

1）轨道。

- 初始角速度：常数。
- 驱动力：表格。
- 阻力：表格。

2）旋转。

- 初始角速度：常数。
- 驱动力矩：表格。
- 阻力矩：表格。

注意：弹簧在轨道/旋转运动中不能用于运动元素。

5.7.5 章动运动

章动这种运动类型用于某些液体流量计。章动的物体倾斜于参考轴一个角度。物体的法向向量绕参考轴旋转，法向向量与参考轴之间的角度不变。结果就是物体沿着旋转轴摇摆不定，但是与其夹角不会变化。

硬币沿其边缘的旋转摇摆就是一个很好的章动例子，如图 5-77 所示。

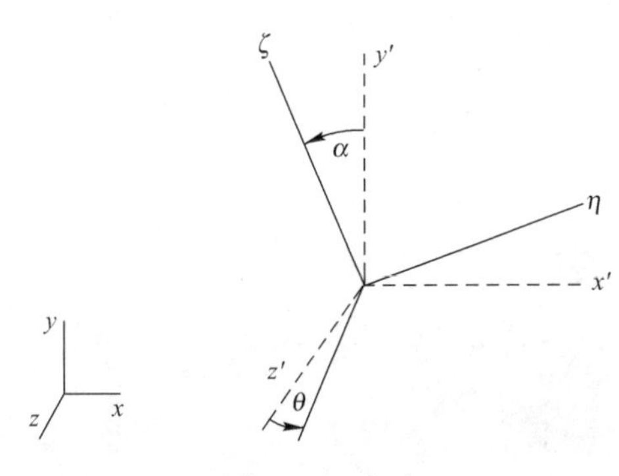

图 5-77　章动

θ = 章动角，α = 倾斜角，y' = 章动轴，x' = 固定轴，ζ = 倾斜轴。

在用户界面要定义 3 个量值：倾斜轴、章动轴和章动中心。

倾斜轴与盘面正交，绕章动轴以章动角为夹角旋转。章动轴一般采用全局笛卡儿坐标轴。章动中心一般是圆盘的中心。这个点通常是结构中的原点或者很容易定义。其他在图形中显示出的量值是被自动确定的，而且不需要明确的定义。

表 5-11 显示了一个章动的圆盘。圆盘绕轴摇摆但其实不是转动。圆盘上的缺口位置不随着章动变化。

表 5-11　圆盘的章动

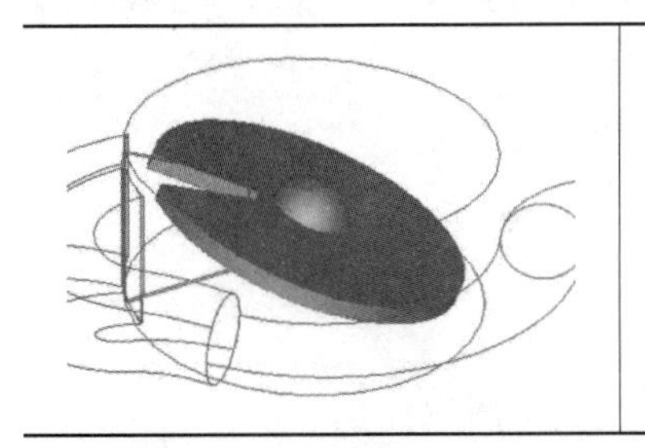	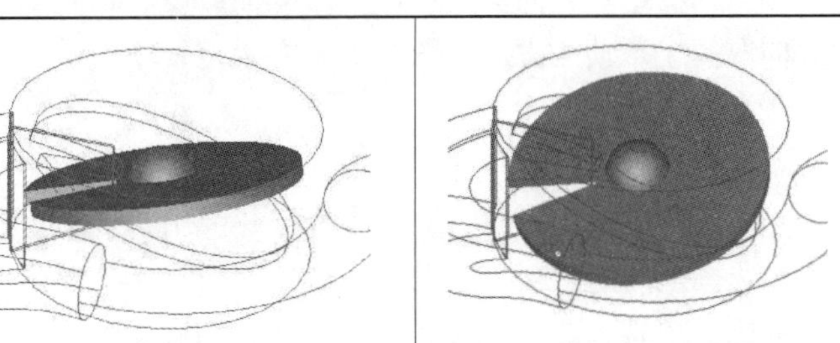

1. 设置章动

- 选择一个或多个物体。
- 在“运动”面板中单击“编辑”，打开“运动”编辑对话框。
- 在“类型”中选择“章动运动”。
- 如果是流体驱动的运动，勾选“流体驱动”复选框。
- 单击“编辑运动”中的“编辑...”，定义运动属性。
- 设置章动的参数：“倾斜轴”“章动轴”“章动中心”“初始位置”“上限”和“下限”(上限和下限仅对于流体驱动)。
- 单击“应用”按钮。

(1) 倾斜轴

倾斜轴正交于圆盘。在圆盘章动时，这个轴被“钉”在章动中心上而且绕章动轴旋转。

- 输入倾斜轴代表的向量，或者打开“倾斜轴”对话框。
- 选择全局的“X”“ Y”或“Z”轴来定义笛卡儿坐标系。
- 单击“选择曲面”按钮，在图形窗口设置方向。轴将正交于所选曲面。

章动设备的倾斜轴如图 5-78 所示。

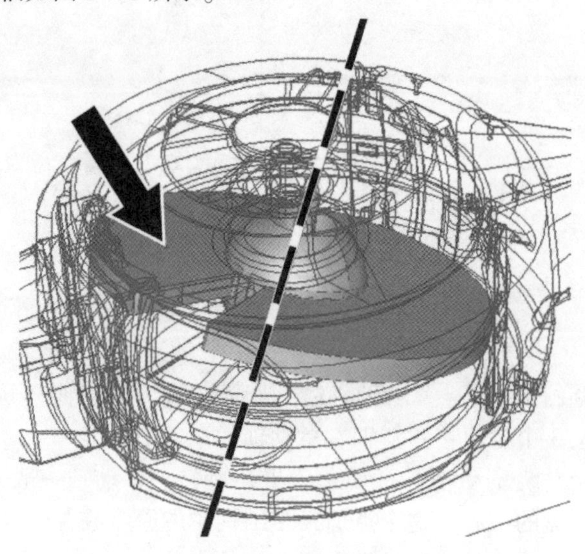

图 5-78 倾斜轴

使用“选择曲面”按钮，选择在图形窗口中的曲面作为与倾斜轴正交的面。倾斜轴会显示在圆盘上。

倾斜轴的绝对方向会随物体的摇摆而改变，但是与物体相关的方向会保持不变。这个轴的方向取决于章动的方向，依据的是右手定律。

（2）章动轴

章动轴在章动过程中保持不变。

- 输入章动轴代表的向量，或者打开弹出对话框。
- 选择全局的“X”“Y”或“Z”轴来定义笛卡儿坐标系。
- 单击“选择曲面”按钮，在图形窗口设置方向。轴将正交于所选曲面。

因为该轴不动，所以通常很容易在模型中构建，如以笛卡儿坐标轴作为章动轴。章动轴如图 5-79 所示。

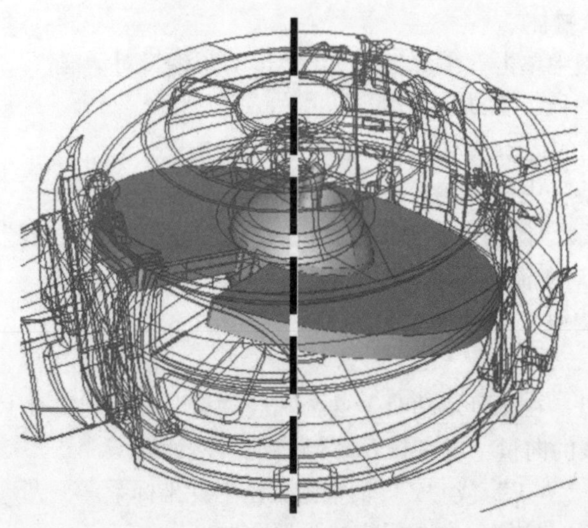

图 5-79 全局 Y 轴为章动轴

在这个例子中，章动轴是全局 Y 轴。

(3) 章动中心

章动中心是章动物体的中心点，有以下两种方法进行设置：

- 输入坐标。
- 或者打开“弹出”对话框，单击“选择曲面”按钮，在选择了曲面后，所选曲面的形心即为章动中心。

该中心点即为运动的中心，并且代表物体的中心。有鉴于此，在已知坐标系中，在 CAD 模型中通常可以很方便地设计出章动物体的中心点。在如图 5-80 所示的例子中，章动中心是原点，定义它就非常方便。

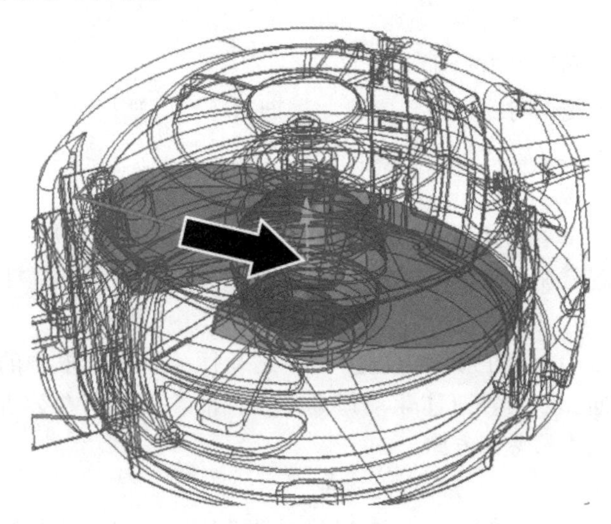

图 5-80 章动中心为原点

1) 初始位置。

使用弹出对话框中的滑块可以修改已有 CAD 模型对象的初始角度位置。在初始位置与 CAD 模型中物体位置不同时微调起来十分方便。

调整的正向与章动轴方向一致，可使用滑块向正反双向移动物体。

2) 上限与下限。

使用上限与下限值来设置流体驱动运动的边界（只在流体驱动运动中需要且可用）。边界可以通过输入边界位置或者使用滑块在图形中设置位置。默认状态是运动没有边界。

上限和下限的值可以使用不同方式设置。

注意：边界与初始位置滑块的初始位置相关。

2. 定义用户规定的章动

当物体在进行用户规定的章动时，不会受到流动影响，物体以设定的章动速度摇晃。

(1) 打开运动编辑器

- 在“运动”编辑对话框中，设置“类型”为“章动运动”，并且取消勾选“流体驱动”复选框。
- 在“编辑运动”行单击“编辑...”按钮。

(2) 定义用户指定章动

物体转过的晃动角度仅限于用户指定角运动范围内。

- 选择变化方式。
- 输入相应值。
- 单击“应用”按钮。
- 单击“确定”按钮。

（3）章动变化方式

1）常数晃动角速度。

输入分析中晃动物体的角速度。从相应下拉菜单中可以选择单位是“RPM”或者“rad/s”。

2）表格。

在表格中可以按指定的时间设置角度位置。角度与“运动任务”对话框中的初始位置相关。

- 在表格中输入“角度”和“时间”的数据。
- 在角度表中只重复正向旋转时，勾选“周期循环”复选框。
- 在角度表中重复往返旋转时，勾选“往复”复选框。

3. 定义流体驱动章动

流体驱动的物体的章动受到流动的影响与用户指定的驱动和阻力矩一样。

旋转的来源不必包含在分析中——它们对物体的作用就是通过用户指定的方式来对旋转进行加速或减速。

本章中，物体的章动方向是参考方向。在“运动任务”对话框中的章动轴或者倾斜轴的方向决定了章动方向。因为被流体驱动运动的真正的章动方向在分析之前并不总是已知的，所以以这个方向作为参考正方向。

注意：驱动力和阻力的方向与此方向相关。

流体驱动的物体可能在开始时已经有初始章动速度，并根据周围流体作用加速或减速（并且受力）。

（1）打开运动编辑器

- 在“运动”编辑对话框中，设置“类型”为“角运动”，并且勾选“流体驱动”。
- 在“编辑运动”行单击“编辑...”按钮。

（2）定义流体驱动章动

- 有3个属性可以设置：初始章动速度、驱动力矩和阻力矩，但不是都必须设置。
- 对于每个属性，选择“变化方式”，并输入相应的值。相应变化方式描述见下文。
- 单击“应用”按钮。
- 输入所有信息后，单击“确定”按钮关闭对话框。

1）初始章动速度。

物体以此速度开始进行分析，而且会影响流动受力。如果物体从静止开始，将此值设为0。

2）驱动力矩变化方式。

当运动方向与参考方向一致时，驱动力矩为正值，否则为负值。

驱动力矩的例子包括电磁和其他物体产生的力矩，力矩的来源可以不包括在分析中。力矩的作用方向与在“运动任务”对话框中设置的运动方向相同。

- 常量，输入不变化的常数力矩值进行分析。
- 表格，如果驱动力矩随时间变化，那么以表格的方式输入驱动力矩和时间。所有的表格可以保存为或读取自一个“.csv”文件。

3）阻力矩变化方式

使用阻力矩以章动方向的反方向运动以阻碍物体章动。阻力矩的正值是沿旋转方向的反向，负值沿旋转方向的正向。

- 常数，输入不变化的常数力矩值进行分析。
- 表格，如果驱动力矩随时间变化，那么以表格的方式输入驱动力矩和时间。所有的表格可以保存为或读取自一个“.csv”文件。

5.7.6 滑片运动

滑片是直线/角复合运动的一种变体。在直线/角复合运动类型中，直线运动的路径是用户规定的，并不随旋转运动而改变。

滑片运动则不同：旋转轴是由用户规定的，不发生变化，并且控制着直线运动的方向。

这种运动常见的应用是叶片容积泵。

叶片或活塞绕叶轮中心线旋转，呈径向运动。每个角度位置的直线运动方向都会改变。然而，旋转轴固定不变。

图5-81显示了运动方向如何基于角度位置而变化。

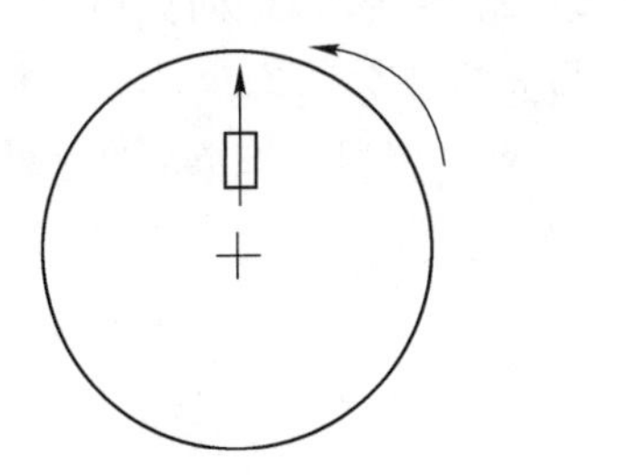
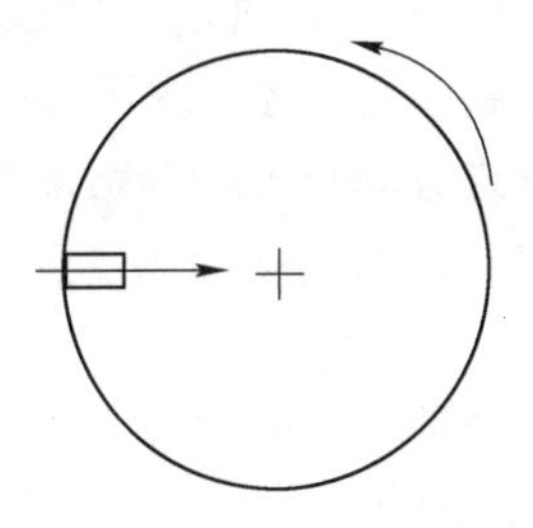

图5-81　运动方向基于角度位置而变化

滑片运动仅用于用户规定运动。流体驱动的滑片运动目前尚未支持。

1. 设置滑片运动

- 选择一个或多个物体。
- 单击“运动”面板中的“编辑”，打开“运动”对话框。
- 在“类型”中选择“滑片运动”。
- 单击“编辑运动”行的“编辑...”按钮，定义运动属性。
- 设置直线运动的参数：“方向”和“初始位置”。
- 设置角运动的参数：“旋转轴”“旋转中心”“初始位置”。
- 单击“应用”按钮。

(1) 设置直线运动参数

1）方向向量。

输入矢量或用弹出窗口设置对象运动方向。

- 选择“全局”的“X”“Y”或“Z”轴作为运动方向。
- 要在图形界面上设置方向，单击“选择曲面”按钮，然后选择表面，运动方向会垂直于所选表面。

• 单击“反向”按钮切换方向。

注意：*只有平面可以被选中。*

设置直线运动方向的例子，如图 5-82 所示。

选择全局方向或用“选择曲面”按钮选择与运动方向正交的曲面。

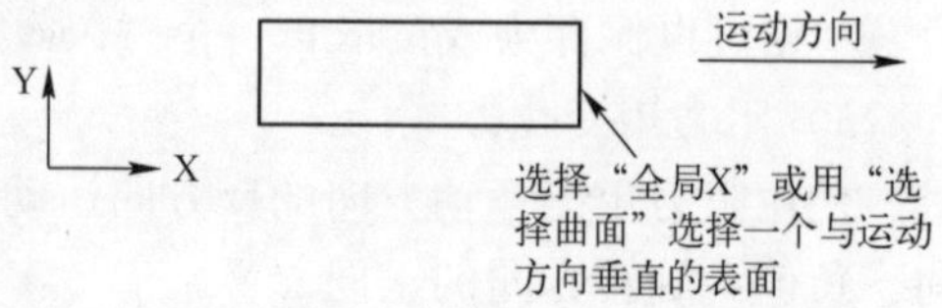

运动方向

选择“全局X”或用“选择曲面”选择一个与运动方向垂直的表面

图 5-82 直线运动方向

设置的运动方向是参考方向，所有与方向相关的参数都取决于它。设置正向位移会使物体沿正方向运动，负向位移会使物体沿反方向运动。

2）初始位置。

输入值或使用弹出的滑块对话框都可以修改已有 CAD 模型对象的初始位置。在初始位置与 CAD 模型中对象位置不同时微调起来十分方便。

（2）设置角运动参数

1）旋转轴。

输入或使用弹出框设置旋转轴。旋转方向采用右手定则。

• 选择全局 X 轴、Y 轴或 Z 轴作为旋转的笛卡儿系方向坐标轴。

• 要在图形窗口中设置旋转轴，单击“选择曲面”按钮，然后选择一个面，轴会正交于所选面。

例如，如果期望的旋转轴是全局 Z 轴，那么旋转方向为正向。可以输入“0，0，1”，或者打开弹出框然后单击“Z”按钮，抑或选择与 Z 轴正交的面。

旋转方向是所有方向相关的参数的参考方向。对于用户指定的旋转，正数角度使物体旋转沿旋转方向正向，负数角度则相反。

2）旋转中心。

旋转中心是旋转轴穿过的点，有以下两种方式来设置它。

• 作为所选面的形心。

• 输入坐标。

要设置成一个面的形心，可单击“选择曲面”按钮，然后选择一个面。

旋转轴会穿过所选面的形心，如图 5-83 所示。

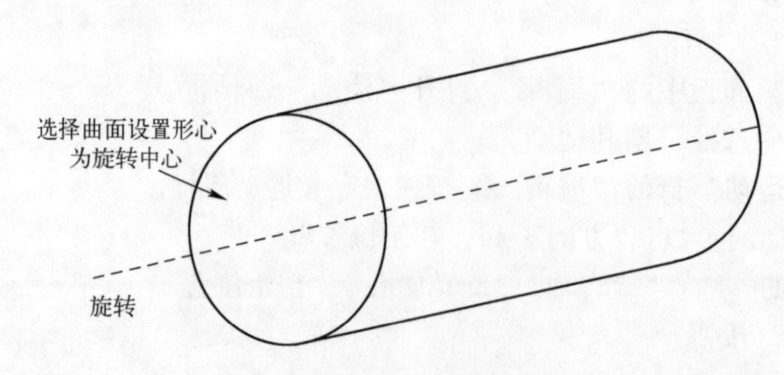

图 5-83 曲面中心为旋转中心

3）初始位置。

初始位置用来修改物体的几何模型当前的初始角度位置，在模型初始位置不正确时进行微调十分有效。

调整的正方向是旋转轴定义的方向。输入角度值或者使用弹出框中的滑块都可以进行正反向的角度调整。

2. 定义滑片运动

下面描述定义滑片运动的直线和角运动方式。

(1) 打开运动编辑器

- 在“运动”编辑对话框中，设置“类型”为“滑片运动”。
- 单击“编辑运动”行的“编辑…”按钮。

(2) 定义滑片运动

- 在“运动”编辑器中，单击“距离”按钮设置“线性特征”。
- 选择“距离”的变化方式。
- 输入相应值。
- 单击“应用”按钮。
- 单击“角特征”按钮设置“角运动”属性（此处定义物体转动时扫过的角度）。
- 选择“角度”的变化方式。
- 输入相应值。
- 单击“应用”按钮。
- 输入所有信息后，单击“确定”按钮关闭对话框。

注意：当物体根据规定的方式运动时，是不受流动影响的，物体的运动和旋转都只会按照设定好的方向、距离和角速度进行。

(3) 变化方式

表 5-12 列出了滑片运动中的直线运动和角运动的变化方式。

表 5-12 滑片运动中的直线运动与角运动的变化方式

直线运动	角运动
距离：往复	角度：常数
距离：表格	角度：振动
	角度：表格

5.7.7 自由运动

与其他运动类型不同（直线运动、角运动、复合运动等），自由运动允许运动向任意的方向发展。这是极具灵活性的一种运动类型，并且可以模拟物体在流场中无约束（或只有部分约束）的运动状态。

自由运动通常是流体驱动的，通过对 6 个自由度的开启或禁止来定义。可以定义每个自由度的限度，但是与壁面、其他运动或静止的物体碰撞时会自动检测。

力与重力一样可以作用于自由运动的物体。自由移动的物体也可以受到初始的直线和/或角速度的影响。

自由运动的物体不能穿过其他固体、墙壁、对称面或有周期性边界条件的面，但是可以穿过开口（如带有速度、流量或压力边界条件的流动边界）。

定义这些自由运动分析的网格时需要特别注意。对于受到约束的运动类型，物体运动路径已知，可以沿路径加密网格。这种方式会降低网格需求，不用对不直接影响运动的区域加密网格。然而，在自由运动分析中，路径通常不确定，因此整个模型都需要较高的网格密度以确保对物体运动的求解。

1. 设置自由运动

- 选择一个或多个物体。
- 在“运动”面板中单击“编辑”，打开“运动”编辑对话框。
- 在“类型”中选择“自由运动”。
- 单击“编辑运动”行的“编辑...”按钮，定义运动属性。
- 设置自由运动的参数：“激活自由度”（DOF）和“作用力”等。
- 单击“应用”按钮。

（1）激活自由度

默认设置中，自由运动的物体可以向任何方向移动。展开“激活自由度”菜单可以看到6个自由度，分为移动和旋转两种类型，默认都不开启，意思是在所有方向都是运动不了的。

可勾选相应的自由度以激活其移动或旋转方向。

对于二维模型，Z 轴移动，以及 X 轴和 Y 轴旋转是不能被激活的，因为这些方向的自由度在 xy 平面内是不可用的。

（2）运动

使用上限和下限来设置运动的边界。边界可以通过输入边界位置或者使用滑块在图形中设置位置。默认状态是运动没有边界。

- 要输入位置，可单击输入框，指定坐标系。例如，如果输入 1.5 inch 作为上限值，则模型对象的移动不能超过负方向的 1.5 inch。这个值与模型对象的初始位置相关。
- 要通过图形设置，可使用弹出对话框中的滑块来设定边界板的位置。边界板沿运动方向移动。所有的位置都是相对于初始位置而定的。

上限和下限的值可以使用不同方式设置。

（3）旋转

使用文本框填写流体驱动角运动的上下限（只在流体驱动旋转时需要且可用）。上下限可以通过输入角度位置或使用弹出框选择角度位置。默认状态是没有运动限制。

如果需要的话，上下限可以设置得不同。

注意，自由运动的旋转受限于以下情况。

- 旋转仅围绕 x 轴的角度上下限。
- 旋转仅围绕 y 轴的角度上下限。
- 旋转仅围绕 z 轴的角度上下限。
- 3 个轴的旋转，但只是整合在被激活的轴——没有设置角度限制。

（4）作用力

这种控制方式提供了对物体施加影响的一种方法。有 3 个基本参数需要设置：力的方向、大小和在物体上作用的位置。

1）力的方向。

力的方向可通过输入向量方向设置，或者使用弹出的对话框选择笛卡儿坐标方向或与力的方向正交的表面。

根据需要选择受力类型，可选择“常量矢量”或根据物体位置“按方向变化”。

① 常量矢量。

如果选择常量矢量，那么在物体方向改变时力的方向也不会变化，如图 5-84 所示。

图 5-84a 为初始位置，受力为负 x 方向。

图 5-84b 中，物体由于力矩作用而旋转，但力仍然沿负 x 方向。

② 按方向变化

如果选择按方向变化，力的方向会与坐标系相关，但仍与物体保持相对不变的关系。建议用这种方式设置运动物体中不变的力矩，如图 5－85 所示。

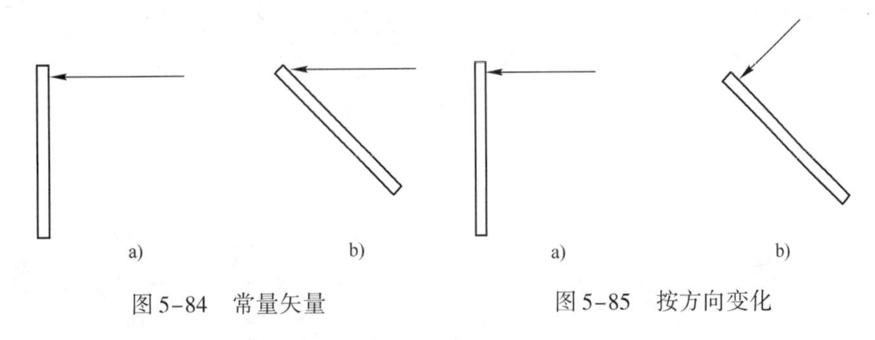

图 5-84　常量矢量　　图 5-85　按方向变化

图 5-85a 中，显示了初始位置，受力方向为负 x 方向。

图 5-85b 中，物体由于力矩作用而旋转。此时，力虽然仍与物体相关，但是发生了变化。在这个物体运动过程中，力矩保持不变。

2）力的大小。

如果是稳态力，就输入一个数值。如果是瞬态力，则打开弹出对话框输入力与时间的分段线性关系。

注意力的单位。

3）位置。

设置力在物体上作用的位置有两种方法：输入位置，或者打开弹出对话框，然后选择一个平面。平面的形心就是力的作用点。

该作用点必须在运动的物体上或内部。如果作用点在初始位置不与物体相连，就将导致在整个分析中物体不会受到力的影响。

（5）重力

“重力”菜单允许把重力加速度考虑进去。展开“重力”菜单，勾选“地球”复选框，输入重力方向（或在弹出对话框中从图形界面选择）。

要定义不同于地球的引力，可取消勾选“地球”复选框，并在适当的方向输入重力加速度值。该值的单位与分析长度单位一致。

2. 定义自由运动

大多数自由运动的管理参数可以在“运动任务”对话框中直接定义。

（1）打开运动编辑器

- 在“运动”编辑对话框中，设置“类型”为“自由运动”。
- 在“编辑运动”行单击“编辑...”按钮。

(2) 设置初台速度或旋转

默认设置中，物体从静止开始自由运动。用户可以设置初始速度或旋转。

- 在“属性”列表中选择“速度”或“角速度”。
- 所有的初始速度的变化方式为“常数”。
- 输入相应的值和单位。
- 单击“应用”按钮。
- 单击“确定”按钮。

3. 碰撞检测

由于自由运动的物体遇到墙或固体时会发生碰撞，因此就不会穿过其他物体。

当自由运动的物体在流场中运动时，Autodesk CFD 会追踪影响物体的力和力矩，根据其影响更新物体位置。当发生碰撞时，会计算力、力矩和碰撞位置，并以此来确定物体的反应。两个碰撞物体之间的动量交换的回弹系数用 0.5 来计算。反应包括弹跳、偏斜和旋转，如图 5-86 所示。

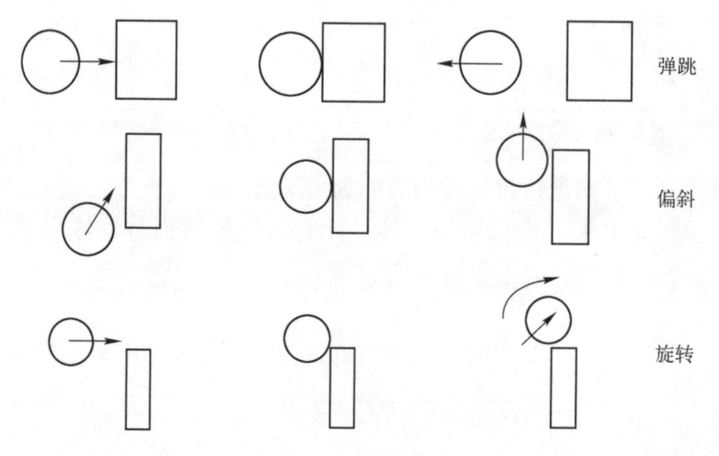

图 5-86 碰撞类型

- 自由运动的碰撞检测中应至少包含一个物体。
- 在自由运动中，如果一个自由运动物体碰撞了另一个物体，那么两个物体都会调整自身的路径以避免穿透。碰撞中的冲力交换也会被计算。接触力加载在两个物体接触点上。
- 如果自由运动的物体碰上一个用户规定运动的物体，那么自由运动的物体会进行调整以避免穿透对方。碰撞力会分别施加在两个物体上，但是不影响用户规定运动物体的运动（然而碰撞力会包含在两个运动物体的运动输出文件中）。
- 如果自由运动的物体碰上流体驱动运动的物体，那么自由运动的物体会进行调整以避免穿透对方。碰撞力会分别施加在两个物体上，并会在流体驱动运动的约束路径上影响流体驱动运动物体。
- 网格必须按照用户手册中对运动路径的描述划分。如果网格太稀疏，那么运动物体可能会穿过阻碍物而不是与之碰撞。
- 碰撞检测对时间步长很敏感。如果时间步太长，那么运动物体可能会穿过阻碍物而不是与之碰撞。建议用分析对话框中的预估功能设置时间步长。

- 如果自由运动中的物体碰上墙壁或静态固体，就会发生碰撞，物体就会被弹开或发生偏斜。

5.7.8 运动的几何体与网格划分

1. 几何体

由于运动物体的初始位置可以在“运动任务”对话框中设置，因此物体在CAD模型中可以便宜的放置。在Autodesk CFD中准备分析模型时，物体可以移动到正确的起始位置。注意，所有的边界信息（对于流体驱动分析）都与所选择的起始位置相关。

运动物体可以从流体内部、外部或只有部分在流体内时开始运动，如图5-87所示。运动物体可以穿过流体并完全出来。如果运动的固体从流体外部启动但有一部分与流体重叠或者接触流体，那么流体外面的体要作为流体的一部分，在固体离开那个区域后也应保持如此。

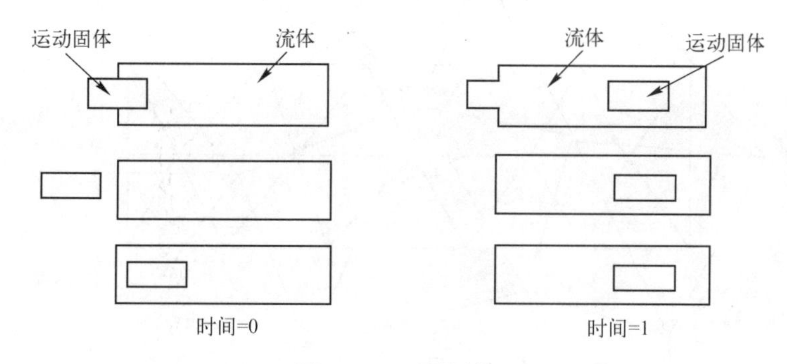

图5-87 运动固体

当物体穿过流体时，物体的网格会与流体重叠，实体网格会卡住流体网格，固体与流体的重合区流速会显示为0。

如果考查传热，则在流体和固体节点之间会计算能量方程。很明显，运动固体和流体之间的传热会根据各自材料进行计算。

对于实体碰撞静态实体的运动，求解器也可以计算，但要注意确保实际的固体运动被定义。可以用预览功能提前查看分析中的运动。

2. 网格划分

Autodesk CFD使用“遮罩”技术对运动固体和流体之间的相互作用进行建模。当运动固体穿过流体时，其网格会遮罩住流体节点，即这些节点的运动由固体运动控制。运动固体和流体在路径上的网格密度必须足够反映出固体和流体之间的相互作用。

图5-88显示的流体网格非常稀疏。当固体穿过流体时，固体网格不能遮罩住任何流体节点。结果就是固体对流体没有任何影响。

可以将流体网格加密，使固体可以遮罩住一排节点，但网格仍然比较稀疏。因为固体的运动会产生压力的变化，而只有一排被遮罩的流体节点，就只有一个压力值可以被传到液体，变化将会被丢失，如图5-89所示。

该网格的速度结果如图5-90所示，沿固体物体的流场非常不规则，并且显示为蓝色，红色区域是流体由于缺少流体网格而导致的结果“渗漏”。

该网格求解出的压力场也很不规则，如图5-91所示。

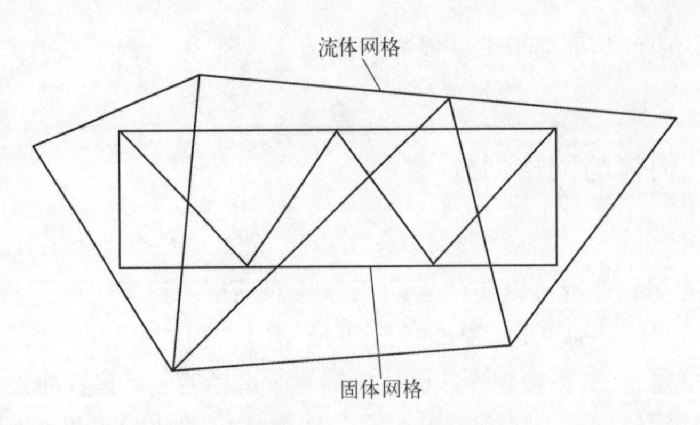

图5-88　稀疏网格

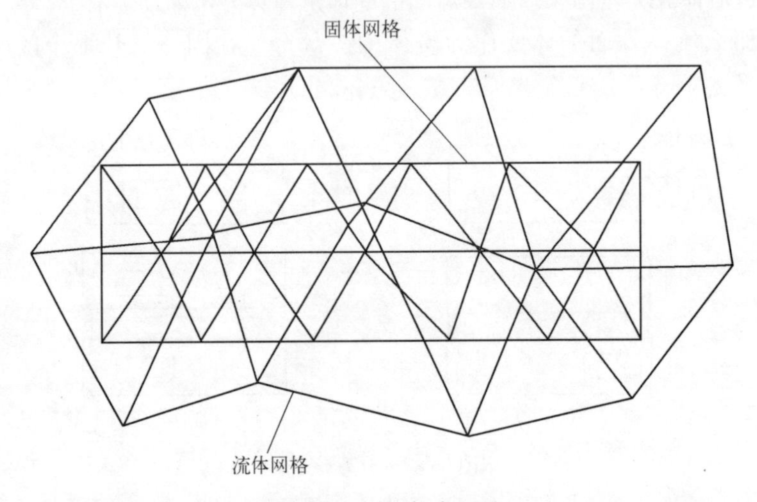

图5-89　网格加密不足

图5-90　流体“渗漏”

该网格求解出的压力场也很不规则，如图5-91所示。

本例中要有足够的固体实体和流动路径网格，就需要在流体路径中遮罩住至少两排节点。

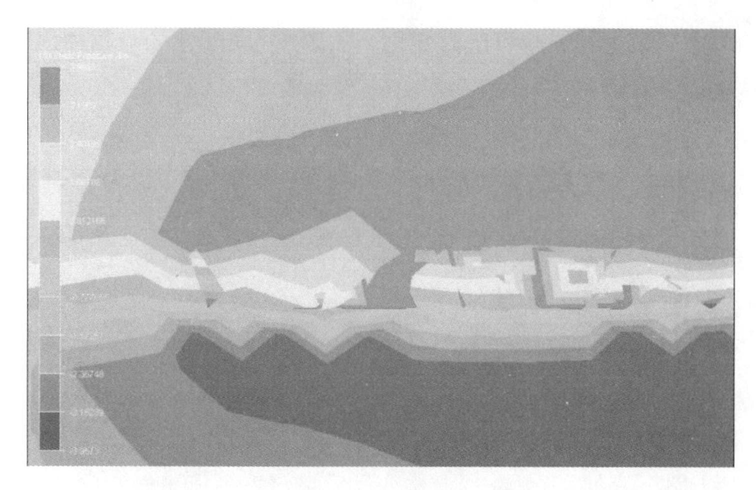

图 5-91 压力结果

通常的指导方针：运动的固体必须有足够的网格可以求解出其自身的变化，而流动路径上必须有相同的网格尺寸。

这种方法可以恰当地遮罩住流体节点，并且支持压力场的内部变化，如图 5-92 所示。

图 5-92 网格密度足够

可以看到加密好的网格的速度场没有“渗漏”发生，并且结果看起来也很合理，如图 5-93 所示。

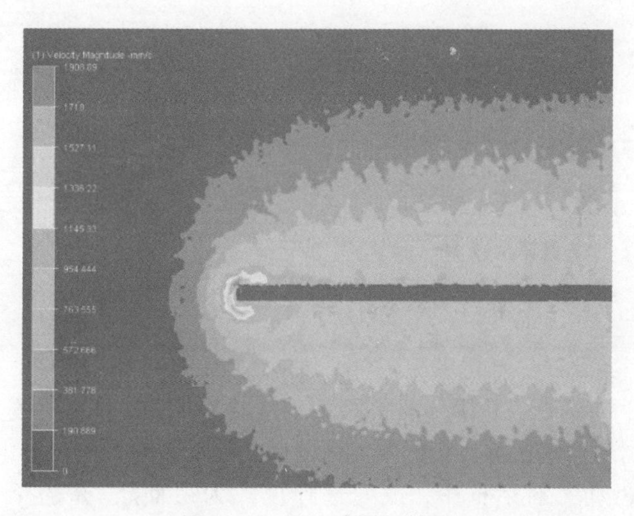

图 5-93 无“渗漏”结果

多层遮罩的节点可以更好地求解压力变化，如图 5-94 所示。当物体向上运动时，高压在上表面，而低压在下表面。

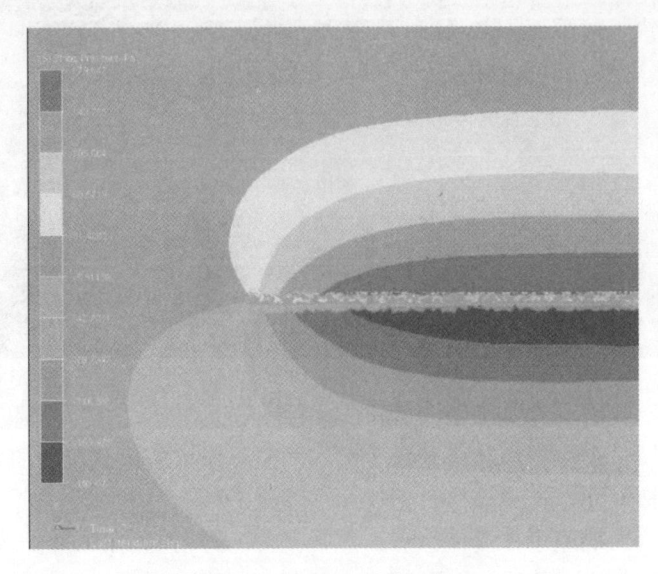

图 5-94 压力变化结果

5.7.9 运动表面元件

当薄体在运动中设置时，对物体自身网格和在流体中运动路径网格的要求都比较严格。运动体上的网格必须加密到足够求解其厚度方向上的变化，流动路径上的网格必须有相应密度的网格。

为了提供更方便的方法分析薄物体，运动模块支持运动表面元件。这样可以减少运动元件及降低其周围的运动路径上的网格需求，如图 5-95 所示。

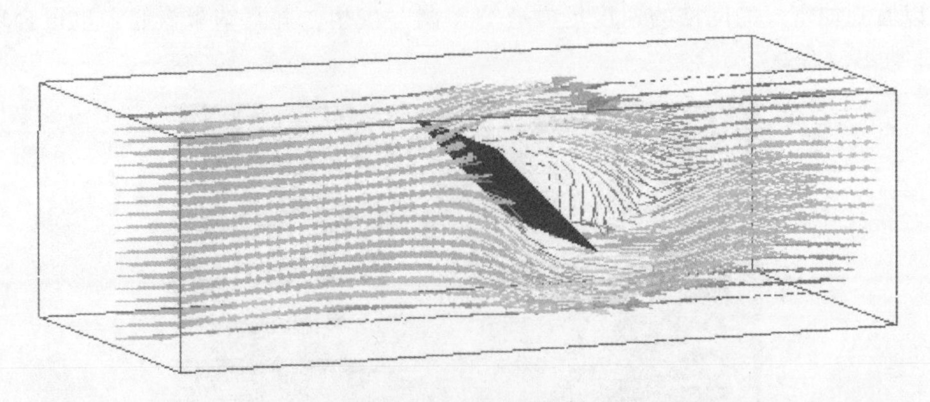

图 5-95 运动表面元件

在“材料任务”对话框，将固体材料添加到准备好的表面即可创建表面元件。材料属性和厚度用于计算材料质量，并且会影响流体驱动的运动。对于用户规定的运动，物理属性不影响运动。在“运动”对话框中，改变选择模式为“面”，并选择一个或多个要运动的面。

指导方针：

- 任意一种运动类型都可以应用到运动面。运动可以是用户指定的或者流体驱动的。
- 面元件不能用运动组联结成运动的实体。然而，面元件可以在运动组中与其他面元件组成组。
- 运动面元件在起始位置不能接触运动实体。
- 运动面元件可以完全封闭一个区域。
- 运动面元件不一定是平面，可以是任意形状。
- 运动面元件必须不能接触拉伸网格元件。不支持面元件与拉伸网格元件之间的相互作用。
- 当运动元件刚接触非运动固体元件时，它们不会从接触点开始完全接触在一起，因为在小幅度运动后，流体会在面和固体之间受到限制，而且流体内的压力可能会非常大。
- 要清晰地观察运动面元件的运动分析结果，运动面会显示出虚拟厚度。厚度是纯图形化的，并不会影响到运动或元件周围的流动。
- 运动面的路径上所需要的网格数明显小于运动体。与运动体不同，实体网格不会遮罩住覆盖的流体网格，而且流体网格也不一定要与实体网格的加密程度一样才能求解。

然而，网格应当足够密以便求解面上的压力变化。同样的，运动面周围的流体也应当有足够的网格可以绕运动面流动。

图 5-96 中，运动面周围的三维网格非常稀疏。当阀门受流体作用力而开启时，几乎没有流体流过，直到阀门开启到一半。

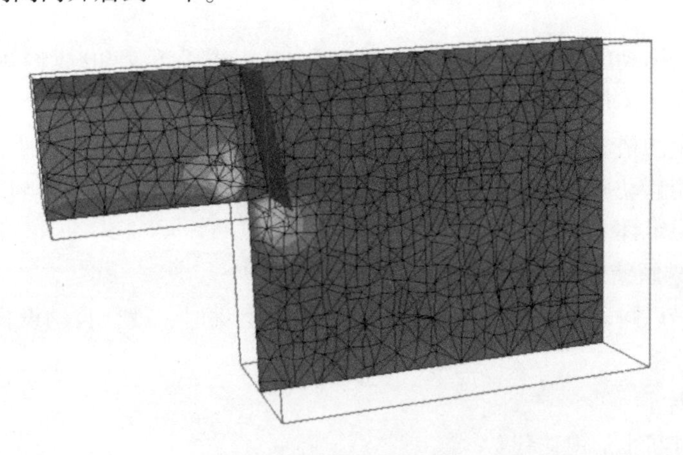

图 5-96　稀疏三维网格

而实际上，流体会在阀门开始运动时就漏出，使用加密的网格就可以显示出来，如图 5-97 所示。

注意：与运动体类似，“记账”对于追踪运动面的运动是很有必要的，有鉴于此，对于给定密度的网格，运动面运动分析比运动固体分析需要更多资源。运动面的优点在于在运动路径上不需要像对运动固体分析那样加密网格。

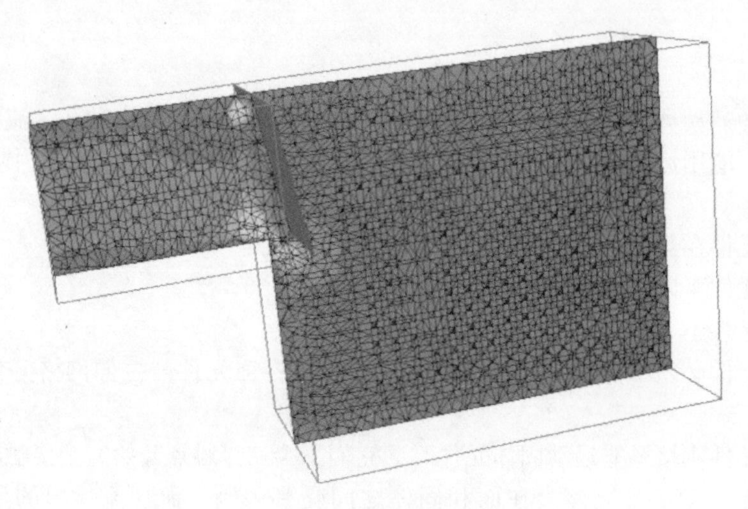

图 5-97 加密三维网格

5.7.10 运行运动分析

1. 确定自动时间步

如果开启智能求解控制（默认是开启的），那么 Autodesk CFD 会确定并调整时间步长（在“求解”对话框中显示）。可以单击“求解”对话框中的“评估”按钮来计算初始时间步长。要手动设置时间步，需要将智能求解控制禁用。

当智能求解控制启用时，会按照用户设置的运动时间步计算并且自动基于所指定的距离和/或速度而设置。

对于流体驱动运动的时间步，起初会根据一个基于周围流速和/或物体的初始速度的值自动计算出来。在物体加速时，时间步会自动减小以适应基本准则，即物体在每个时间步的运动不应超过一个网格。用这种方法调整时间步可以平衡计算效率与求解精度。

智能求解控制自动调整欠松弛参数以便稳定求解。测试显示这不影响求解的时间精度，只会提高求解的稳定性。

2. 固体移动求解策略

运动分析都是以瞬态运行。当在一个零件上设置运动时，就会自动设置某种求解设定：

- 开启瞬态分析。
- 设置时间步。
- 设置每个时间步的内迭代数。
- 禁用壁面层。

对于某些固体运动分析，壁面层可能在分析中引发稳定性问题。因为它被禁用了，所以就需要注意在定义网格尺寸时要确保网格密度能够适应流动。

设置时间步保存间隔和时间步数的工作是留给用户的。注意，不要保存过多的时间步的结果。

当物体穿过流体时，曾经被物体占据过的空间会变成流体。以这种思路，当使用滑移条件来设置对称壁面时——而该壁面又切过运动固体，这些物体的表面就会在固体运动过后变成流体边界。如果不在这些固体表面（在开始的位置）使用滑移条件，就会使这些滑动面成为壁面。

在大多数带运动固体的设备中，都会有些流体区域在某些点运动的时候被其他区域隔离出来。不可压缩流体不允许压力波穿过媒介，可能会引起求解不稳定。另外，被流动推动的物体也可能一点都不运动。有鉴于此，建议使用可压缩流进行流动引起的运动分析。

在“求解”对话框中，开启可压缩流。对于液体和气体，这样会引起穿过设备的压力波，并且会更真实地求解流动引起的运动。

如果不使用智能求解控制，则建议使用“求解”控制对话框中的压力收敛控制。使用0.25的值会使压力更加稳定，而且会减小计算中的波动。

使用默认的对流格式ADV1。基于通量的对流格式ADV3不能用于运动分析的求解。

3. 进行变更后继续

由于运动数据的组织结构，如果更改了网格、边界条件或者运动参数，通常不能从已有的结果继续进行运动分析。如果运动分析的设置被修改，而且从一个保存过的时间步开始分析，就会出现一个警告，且不能继续计算。不能在运动中更改的运动变化有：

- 运动类型（线性、角运动等）。
- 运动方向（用户预定义）。
- 速度或者时间位移（由用户预定义）。
- 运动是否是由流动引起的。
- 从固体上删除运动设置。

要在分析中从运动的路径上停止用户预定义的零件运动，可以使用运动表以便在某个时间后，设置位置不再变化（或速度为0）。对于流动驱动的零件，可以修改其界限，使之不能从当前位置运动。还有一种方法，就是修改材料密度让它变得更沉，流动就不能继续推动它。

当然，如果在运动分析中没有上述变更，求解就可以停止后再继续进行。

有些参数是可以在运行中停下来更改，然后再继续分析的。

- 最大、最小边界（对于流动驱动）
- 力（驱动力和阻力，包括弹簧参数，对于流动驱动）
- 材料属性（尤其是固体密度）

注意：可以不设置运动先进行分析，然后停下来，设置运动，然后继续分析而不会丢失场结果。保存的结果文件可以在分析网格的插值后删除。

4. 输出表

对于每个运动固体，会有表格记录线性和角运动的速度、距离、力和力矩的历史信息。要打开该表，可以单击“结果”→“分析评估”→“运动结果”。

线性和角运动的距离与物体的初始位置相关，初始位置由“运动任务”对话框中的初始位置滑块设定。要特别注意的是，初始位置是否与CAD模型中的实际位移有差异。

数据也会被写入外部的“.csv”文件中，文件名为“工况名_包含的运动实体名_motion”。例如，运动文件的工况名为工况1，包含的运动实体称为Product，则文件名为：“工况1_PRODUCT_1_motion.csv”。该文件位于相应的工况子目录中。

注意，力和力矩值为净值，在运动模块中还包含驱动、阻尼、抵抗、接触力的计算。液体压力和力矩只是流体对固体的力和力矩，不包括任何运动定义中设置的力。液压值在“壁面”对话框中有输出。

5.8 对流方式

对流是求解域中传递速度、温度等量值的数值方法。Autodesk CFD 中有 5 种对流方式。改变对流方式的方法如下。

- 打开“求解”对话框（右键单击模型，然后在弹出的快捷菜单中选择“求解”命令）。
- 在“控制”选项卡中，单击“求解控制”按钮。
- 在“求解控制”对话框中，单击“对流”按钮。
- 从相应列表中选择想要的对流方式。

不同应用推荐的对流方式见表 5-13。

表 5-13　对流方式

ADV 1 (Monotone streamline upwind)	这是几乎所有分析（除旋转区域）的默认方案。它是“主力”，建议为大多数分析类型的起始点。这是“如果……会怎样”的分析起始点，但可能对于标杆型或需要验证结果的方案来说在数值上不够精确 1）数值稳定 2）建议网格对齐流动方向——较小的封闭体 3）网格不对齐流体时有可能造成数值发散——仿真时边网格不在流体方向上时会发生错误 4）非常适用于内部有很多障碍物的几何图元 5）非常适用于延展网格 6）建议用于运动网格 7）建议用于自由曲面
ADV 2 (Petrov - Galerkin)	1）比 ADV 1 更精确的数值方法，专门用于那些不建议使用 ADV 1 的分析 2）数值稳定（弱于 ADV 1） 3）随机网格更少发生数值发散。在大区域有随机网格的模型，并通常用于非约束外部流。例如，包括： • AEC 和置换通风 • 大型外部流域 • 数据中心 4）建议用于瞬态传热分析 5）建议用于压力驱动流动 6）建议用于可压缩流 7）建议用于标量和能量传输方程 8）建议用于旋转区域分析
ADV 3 (Flux based scheme)	1）对于大多数流动数值不稳定 2）仅能用于不可压缩流 3）不能用于运动固体分析 4）专门调节阻力或外部流动问题 5）必须使用网格增强
ADV 4 (Min - Mod scheme - Petrov - Galerkin variant)	1）中等数值稳定性（弱于 ADV 1） 2）专门用于细长形管道（管道流动类分析）中的流动分析

（续）

ADV 5 （Modified Petrov – Galerkin）	更稳定且精确的 ADV 2 版本。它适合用于 ADV 2 的所有应用程序类型，但通常会产生更保守的全局效果。ADV 5 已经在以下方面优于 ADV 2： • 回流和二次流的精度 • 压降预测 • 自然对流的稳定性 • 可压缩流的精度及稳定性 • 旋转（透平机械）和运动的精度及稳定性 • 能量平衡的稳定性 • 给体分配阻尼

5.9 湍流

“湍流”对话框可以开启或关闭湍流计算，选择湍流模型及修改湍流模型参数。

- 选择“层流”来仿真层流。
- 选择“湍流”（默认项）来仿真湍流。多数工程流动是湍流。

如果不清楚分析应该选择层流还是湍流，就先试一下层流。如果流动其实是湍流，那么分析会在前 10 ~ 50 步迭代内发散，然后可以改成湍流，并从 0 步开始计算。

1. 湍流模型

表 5-14 列出了可用的湍流模型，以及建议使用场景和其他信息。

表 5-14　湍流模型

湍流模型	建议用法	备　注
k – epsilon	适用于大多数应用	• 通用湍流模型 • 默认模型
SST k – omega	• 外气动 • 分离流 • 流动带有逆压梯度	• 模拟各种壁面湍流，而不是采用壁面函数 • 在边界层区域的网格需要非常好 • 可以用“网格增强”对话框把边界增加到 10 层
SST k – omega SAS （Scale Adaptive Simulation）	瞬态湍流结构如： • 涡旋脱落 • 变量尾迹结构	• 可以用 SST k – omega SAS 进行稳态仿真。该湍流结构不是动态的，但预测的样式和外形比稳态 k – epsilon 仿真要好 • 在边界层区域的网格需要非常好。可以用“网格增强”对话框把边界增加到 10 层
SST k – omega RC （Smirnov – Menter）	高曲率流动，常见应用为旋风分离器	• 带有旋转（R）和弯曲（C）的 Menter 双方程模型（Menter two – equation model） • 对计算有所增强，并需要较好网格 • 在有些情况下，这个模型可能需要几千步迭代才能收敛
SST k – omega RC （Hellsten）	• 某些机翼，包括 NACA0012 和科恩达机翼 • 小型、高速旋转设备 • 高曲率流动和较大凸起表面	• 这是带 Hellsten 简化旋转/弯曲修正的 MenterSST 双方程模型 • 可以对较大凸起表面进行很好的流动预测，而其他湍流模型可能会对凸起表面所产生的气流分离点难以预测

（续）

湍流模型	建议用法	备注
SST k－omega DES (Detached Eddy Simulation)	分离流和高雷诺数下的外气动流动	• 混合了 SST k－omega 和大涡模拟（LES）模型 • 对计算进行了增强并对网格划分比较敏感 • 在有一致性网格分布时能更好求解
RNG	分离流的重新附着点，尤其是对于流过面向后方的台阶	• 进一步对计算进行了加强，但有时会比 k－epsilon 模型稍微精确一点 • 推荐开始时采用 k－epsilon 模型，而在快收敛时切换到 RNG
Low Re k－epsilon	• 低速，湍流，雷诺数在 1500～5000 之间 • 在高低流动区域之间 • 管道流动和外气动流动从层流变为湍流时 • 流体由高速喷出到一个流速很慢的大房间中 • 浮力驱动（自然对流）流动以至于不太能到达湍流阶段的情况	• 该模型不用壁面函数。使用至少 5 层网格增强边界层 • 稳定性可能不如 k－epsilon • 比 k－epsilon 需要更多迭代才能收敛 • 通常得到与 k－epsilon 的高速流一样的结果 • 对层流流动产生与层流选项相同的结果
Mixing Length	某些内部自然对流分析	• 在某些情况下，会减少求解时间并改进内部浮力驱动流动的精度 • 为气体流动（如空气）而设计，对液体流动不能得出较好结果
Eddy Viscosity	低速湍流和一些浮升力流动	• 没有 k－epsilon 模型那么严格，在数值上更稳定 • 如果其他模型发生发散，那么可用此模型

2. 关于 SST k－omega 的附加说明

SST 模型是 Wilcox k－omega 和 k－epsilon 模型的混合变体，其优点如下：

1）SST 模型在自由流动工况（流动在边界层之外）下表现得比其他湍流模型更不敏感（/更稳定）。

2）使用切应力限制，这些模型避免了在停滞点建立过多湍动能方程。

3）SST 模型提供了平台进行额外扩展，如 SAS 和层流－湍流过渡。

4）当壁面粗糙值由材料定义时，SST 模型会考虑壁面粗糙度的影响。为了模拟壁面粗糙度，在“湍流”对话框中单击“高级…”按钮可关闭智能壁面公式，即不勾选“智能壁面公式”。

3. 自动启动

自动启动控制自动湍流启动（ATSU）算法。

该算法经过一些步后获得湍流流动求解。该算法用恒涡粘模型开始计算 10 次迭代，因此 k－epsilon 方程没有被求解。以此求解作为初始估值，开始时使用双方程湍流模型。在迭代 10 次后，会有一个峰值出现在 k－epsilon 方程的收敛监控数据中。之后会逐渐达到收敛结果。在第 10、20、50 次迭代的监控数据中可能会出现峰值。在 50 次迭代后，ATSU 会自动关闭。

如果选中了锁定，ATSU 会在整个分析中打开直到用户手动关闭。如果迭代 50 次后收敛困难（在 10 次迭代中发散），就需要把锁定打开。如果 ATSU 打开，那么用户应该计算至少 200 次迭代以确保湍流求解收敛。

如果选中“扩大”，那么 ATSU 的扩大版就会被激活。这会对困难的分析很有用，尤其是可压缩流的分析。此时，该算法最小的迭代数应为 400。

4. 湍/层流率

湍/层流率是有效（湍流）粘度与层流值的比值，用来评估湍流分析开始时的有效粘度。在很多湍流分析中，有效粘度比层流值大 2~3 个数量级。其默认值适合多数流动。

对于混合长度模型，湍/层流率是涡流粘度的上限。自由流动涡流粘度大于此值。

对于涡流粘度模型，指的是涡流粘度，需要用户更改后重新计算。

对于其他的湍流模型（k－epsilon、RNG、Low Re k－epsilon），设定值为涡流粘度的开始点或初始值。

当在小型、高速的射流进入大空间时，把湍/层流率设置为 1000 甚至 10000 经常会很有用。这种流动是典型的动量驱动，从较大的湍流粘度开始计算会比较好。

5. 高级参数

在“高级…”对话框中，有些额外的参数可以调整湍流模型。大部分参数在湍流理论描述中有所介绍，它们一般不需要修改，除非用户非常了解双方程湍流理论。然而，下面提到的一些参数可以进行一些小的修改。

（1）湍流强度

湍流强度因子控制入口流动的湍动能，默认值为 0.05，而且极少大于 0.5。其相应公式见式（5-7）：

$$K=[(Iu)^2+(Iv)^2+(Iw)^2]/2 \tag{5-7}$$

式（5-7）中，I 是湍流强度因子，u、v 和 w 是速度分量。

（2）智能壁面函数

智能壁面函数是可称量的壁面函数，用来增强 SST 湍流模型的稳定性和精度，可以降低结果对沿壁面划分的网格的细化等级的敏感性。

模型中智能壁面函数是自动开启的。

另外，智能壁面函数可用于 k－epsilon 模型。在以下工况中使用效果较好：

- 网格自适应，带有 k－epsilon 的智能壁面函数在网格优化时不会降低性能。
- 带有 k－epsilon 的智能壁面函数在层数少于 35 时会移除“Y＋”值的敏感性。
- 在一些仿真中，带有 k－epsilon 的智能壁面函数会提高精度和加快收敛。

5.10 智能求解控制

智能求解控制是 Autodesk CFD 求解强壮性的一个关键。通过使用控制理论单元来考察每个自由度的趋势，Autodesk CFD 自动判断收敛控制和求解所需的时间步。如果求解迭代变得过快，算法会自动减慢求解过程以保证稳定性。如果求解稳定但过程缓慢，算法会允许加快计算，减少求解时间。

智能求解控制默认会用在下面描述的分析类型中，但是也可以在“求解控制”对话框中将其关闭。

智能求解控制选择的收敛控制值会在收敛监控器中绘出，从第 3 个下拉菜单中选择“松弛因子”即可。

收敛控制值显示的是整个迭代范围内所有的自由度。

如果在一个分析中使用了智能求解控制后仍不能收敛，就可能需要对其网格进行调整。当然，也需要检查边界条件与材料的设置以确保物理模型的正确。

对于不同的分析类型，智能求解控制的作用如下。

1. 稳态

智能求解控制调整时间步长和收敛控制设定以达到求解的稳定性。以前需要手动调整的收敛控制现在也不需要手动介入了。

在使用智能求解控制时，稳态分析的内部与瞬态求解类似。因为每个时间步仅与一个内迭代步一致，所以求解时间不会明显变长（通常与实际时间变化瞬态分析的情况一样）。因此，每个时间步被认为是一个单独的迭代。结果以如下命名规则保存文件：分析文件名. res. s#，其中“分析文件名”就是分析项目的名称，“#”是时间步的编号（实际上是稳态分析的迭代步数）。

注意：不开启智能求解控制时也是用同样的命名规则。

要运行稳态分析，需确保在“求解”对话框的求解模式中选择稳态（默认选项）。与此同时，当设置结果保存时间间隔时，默认的输出表达方式是迭代数（而不是秒数）。

智能求解控制在求解温度时作用稍有不同。与调整其他变量的收敛和时间步所不同的是，对于温度，只有时间步会被调整。因此，温度的收敛控制值会影响能量方程的收敛速度。随着内部时间步的变化，智能求解控制会在整个分析中强制维持能量求解器的稳定性。

2. 没有固体运动的瞬态分析

对于不包括固体运动对象的瞬态分析，智能求解控制值调整时间步长，不调整求解控制设定。这样做是为了避免人工影响求解的时间精度。（因为减少收敛控制会减慢求解器的求解进程，所以使用默认的求解控制设置对于没有固体运动的瞬态分析会比较好。）

我们发现，在某些情况下，智能求解控制所选的时间步长会小于收敛实际所需，也就是说有可能会导致求解时间明显变长。因此，对于瞬态分析，默认关闭智能求解控制器。建议手动设置分析模型的时间步长。

3. 带固体运动的瞬态分析

对于固体运动分析，默认关闭智能求解控制（但需要时可以打开）。因为它只会减小时间步长，如果用户定义了运动，启用智能求解控制会花费更长的时间得到结果，而对稳定性的改善只有一点点。

如果固体运动分析中包含流体驱动的运动物体，我们建议用户打开智能求解控制，这样会调整时间步以确保物体在每个时间步经过一个网格单元。当物体的速度增加，时间步会自动减小以确保稳定性。当物体运动变慢，时间步也会增大，但不会超过在“求解”对话框中手动设置的时间步长。

因为智能求解控制已经对带有固体运动的瞬态分析进行过优化，所以建议用在流体驱动的固体运动中。

4. 带有旋转区域的瞬态

对于旋转区域分析，默认关闭智能求解控制（但需要时可以打开）。因为它只会减小时间步长，如果转速已知，启用智能求解控制会花费更长的时间得到结果，而对稳定性的改善只有一点点。

我们建议在进行自由转动或有已知扭矩驱动的旋转分析时开启智能求解控制，这样会在整个分析过程中自动确定和调整时间步长，以确保每个时间步转动不会超过3°。我们发现这样能使旋转分析比较稳定。

5.11 收敛

1. 曲线

分析结束后，单击输出栏的“收敛曲线”选项卡显示收敛信息。

判断收敛的主要依据是自由度的改变在大范围的迭代下被最小化。收敛监视器中的曲线给出了整个计算域内每个自由度的平均值。

（1）自由度

查看收敛数据的一个有用的方法是分别检查每个自由度。可从“数量”下拉菜单中选择一个（默认值为“所有”）。数量的最大值和最小值在Y轴画出。

（2）迭代范围

通过改变“开始”和“结束”步的值来调整显示的迭代范围。单击键盘上的〈Enter〉键执行改变。在要隐藏前50步迭代时十分有用。在前50步，数值变化一般会很大。

默认会画出每个自由度的平均值的曲线。要查看最大值和最小值，从相应对话框右侧的菜单中选择“最大值”或“最小值”。

单击“表格”选项卡查看曲线值。从右侧菜单中选择单个自由度进行查看。

（3）绘图量值和误差估计

有些参数可以通过收敛监控器绘图查看，以便帮助理解分析过程。

这些量值用于智能求解控制和自动收敛评估，以保证分析的稳定性和收敛。

可从收敛监视器右侧的第二个下拉菜单中选择（默认值为“全部”）。每个量值的大致描述如下。

- Avg：绘图量值的平均值。
- Min：在整个迭代显示范围内每个量值的最小值。
- Max：在整个迭代显示范围内每个量值的最大值。
- Resid In：每个自由度的残差，用来测量量值改变的大小。
- Resid Out：这个值应该很小，是最后一步迭代后整场的残差。
- Solv Iter：求解器对每个自由度所需要的每步迭代扫描数。
- RelaxParm：智能求解控制对每个量值引用的欠松弛值。如果智能求解控制没有开启，这个值可在“收敛控制”对话框中设定。
- DPhi/Phi：每个场变量的波动值。用于智能求解控制和自动停止，以评估分析的变化率。

（4）Resid In 和 Resid Out 的补充说明

分析中显示的残差可以认为是求解向量 $\boldsymbol{X}$ 满足矩阵方程的程度。

目标是求解矩阵方程：$\boldsymbol{AX}=b$。

残差向量 $\boldsymbol{r}$ 的定义是 $\boldsymbol{r}=b-\boldsymbol{AX}$。

L2 基准一般用于表示求解的一个数值而不是残差向量。

L2_norm($\boldsymbol{r}$) = sqrt（每个 $\boldsymbol{r}$ 向量的平方和）

例如，如果残差值为 1.05E +2，那么求解可能不会差，因为我们有：

- 乘以残差向量（项数 = 节点数）。
- 对所有独立项开平方。
- 全部加起来之后求平方根。

因此，对于有 1 百万节点的模型，有 L2 的残差为 1.05E +02，一个节点的均方差为 0.105。如果是温度，也就是温度结果满足能量方程时，每项平均为 0.105K 的误差。

（5）Resid In 与 Resid Out 的区别

Resid In = L2_norm($AX-b$)在求解器收敛前。

Autodesk CFD 求解器在能量方程中设置 A、b 和 $\boldsymbol{X}$ 值（温度）来计算 L2_norm($AX-b$)。

Resid Out = L2_norm($AX-b$)在求解器收敛后。求解器输出求解向量 $\boldsymbol{X}$（温度）并用来计算求解器输出的残差。

对于收敛判断准则 =1.0E -08：

Resid Out = 1.0E -08 × Resid In

这个设置代表用户输出的残差比输入残差小 8 个数量级。

对于压力和温度，输出残差 Resid Out 应大大小于输入残差 Resid In。

2. 自动收敛评估

自动收敛评估在求解停止变化时确定求解收敛并自动停止计算。它检查整个求解域内的变化频率的大小，并且评估每个自由度在局部和整体的波动。

自动收敛评估自动开启与智能求解控制同类的分析。自动收敛评估通过单击“求解控制”对话框中的“高级”按钮，并勾选/不勾选“自动收敛评估”复选框来开启/关闭。

自动收敛评估在求解完成后会删除已知的猜测。评估 4 个不同的参数，并可以用滑块改变临界标准的级别。默认情况下，该标准是比较稳健的——介于松紧之间。它能够提供对不同分析类型都比较合理的收敛。“合理”意思是收敛标准是严格的，但不是穷尽到底的。因此，会认为对于总趋势有 1% 的变化是收敛的。它适用于大多数分析，但对以下情况例外：

当高精度不是目标时，可以将滑块设定在较松弛“初步”分析上。这样的分析对判断设计趋势非常有用。这样可以用很少的迭代就能收敛，但是结果可能不够精确。将滑块设置得更紧就能采用更严格的收敛标准，这对于需要高精度的最终分析结果非常有用。

在一些要考虑到受力的空气动力学或水力学的分析中，自动收敛评估可能会在受力没有完全停止变化时认为求解收敛。这种分析中的受力（如空气动力流经细长体）通常需要几百步的迭代才能达到受力值的完全收敛，也就是可能在自动收敛评估停止计算后还需要再进行一些迭代。在这种情况下，建议关闭自动收敛评估并且增加迭代步数。可以手动监控受力以确保其不再变化。

另外，由于流体仅靠剪切力产生压降，如管内流动，也需要更多的迭代来达到收敛。在这种分析中，默认的滑块设置可能会过早地停止计算。有鉴于此，建议对不带有外形阻力的管内流动分析要调紧收敛设定。

对于不会达到稳定状态的瞬态分析，不建议使用自动收敛评估，如旋转、移动或旋涡脱落分析。一般情况下，这些类型的分析不会达到自动收敛评估所适用的收敛状态。因此，建议基于分析的时间跨度或物体手动定义停止计算的标准。

以下收敛标准是用来定义收敛和停止分析的自动停止标准。

(1) 瞬时收敛斜率

在这个标准中，使用收敛监控器上量值的收敛数据的一个迭代或一个时间步到下一个迭代或时间步来评估斜率。检查所有独立变量的最小值、最大值和平均值。当这个数据中所有的最大的瞬态斜率低于设定水平，求解将会停止。

(2) 时均平均收敛斜率

考察某些迭代或时间步的收敛数据的斜率。它会考虑到检查所有独立变量的最小值、最大值和平均值。

(3) 时均平均收敛凹度

考察最大时均收敛斜率的衍生值。这个衍生值考察曲线的凹度是减小（斜率变小）还是增加（斜率变大）。当凹度低于预设水平，求解就会停止。

(4) 场变量波动

考察独立变量平均值的波动。实际上是测量标准差。当波动或偏差低于设定水平，求解就会停止。

5.12 FEA 映射

5.12.1 传输结果到 FEA

Autodesk CFD 的结果可以被常用的 FEA 软件用作 FEA 分析的边界条件。由于结果可以跨分析平台快速、简单地用于后续的分析，因此该功能显示出了有限元方法的强大之处。该功能强化了流体和结构分析的连接，可以实现综合有用的联合仿真。作为联合仿真的关键，Autodesk CFD 使流体分析成为产品设计过程中不可分割的一部分。

压力和温度结果可以以插值的方式导入 FEA 模型，因此 FEA 网格不必与 Autodesk CFD 网格一致。在大多数案例中，由于分析工具不同，双方网格会非常不同。

FEA 分析中的网格类型不必与 Autodesk CFD 分析中相同。

把 Autodesk CFD 的结果转换为 FEA 边界条件的相关介绍如下。

1. 步骤

步骤1）~步骤4）需要在 FEA 软件中完成，步骤5）~步骤9）需要在 Autodesk CFD 中操作，步骤10）需要在 FEA 软件中操作。

1）准备 FEA 模型。模型的几何体必须与在 Autodesk CFD 中的位置的方向一致，如图 5-98 所示。

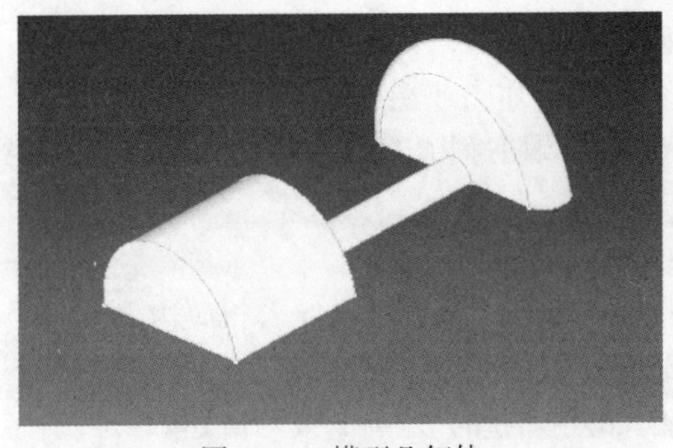

图 5-98　模型几何体

2）在结构分析中画出适合的有限元网格。网格的密度或类型不必与 Autodesk CFD 网格相同。只有 FEA 分析所用的区域需要划分网格，如图 5-99 所示。

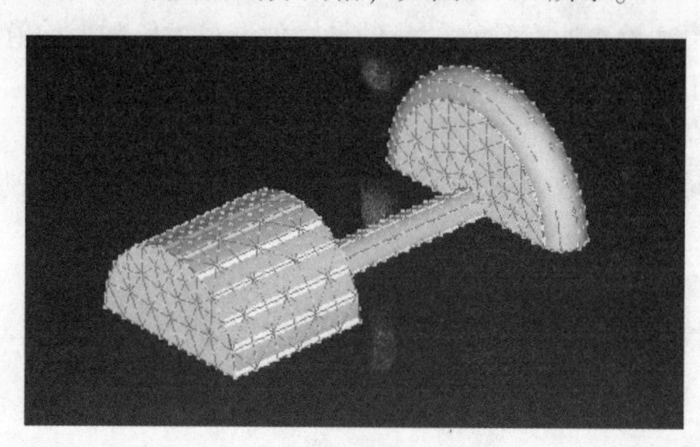

图 5-99　CFD 与 FEA 网格

3）将压力和温度用于与 FEA 模型相适应的位置。具体的值不重要，Autodesk CFD 会计算后覆盖，如图 5-100 所示。

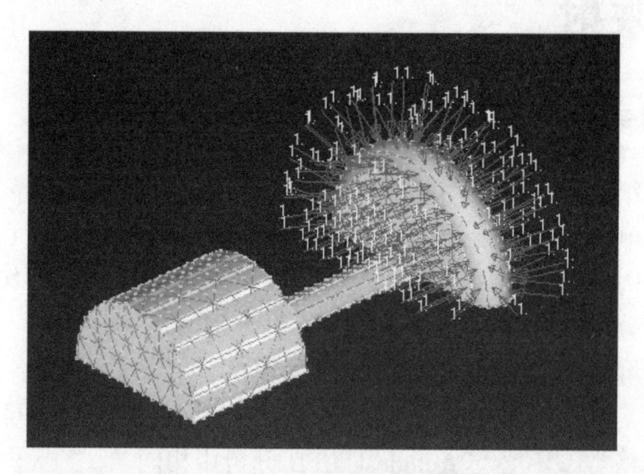

图 5-100　FEA 模型条件加载

注意：第 2）步设置了 FEA 分析的边界条件位置。Autodesk CFD 的分析结果从这些位置加载到 FEA 模型。如果漏掉了这一步，第 10）步的平台文件中就没有任何边界条件。

4）导出分析文件，支持的 FEA 软件的文件类型在下面列出。

5）完成 Autodesk CFD 分析后，从“结果”选项卡的“结果任务”中（需要展开面板）打开“FEA 映射”对话框。

6）用“浏览”按钮选择 FEA 平台。

7）选择要映射的结果类型（压力或温度）。

8）如果要翻转方向，则需要明确指出压力方向（这取决于 FEA 软件，有些压力向内而有些向外）。

9）单击“映射结果到 BC”按钮。

10）新的带结果的平台文件会以插值形式导入相应边界。这个平台文件在原来的名称中带有“_newbcs”。回到 FEA 软件，导入新建的平台文件。边界条件值就是 Autodesk CFD 的结果值，并且会以插值形式导入新的节点和/或网格处。

2. 支持的 FEA 软件及其扩展名

支持的 FEA 软件及其扩展名，见表 5-15。

表 5-15 支持的 FEA 软件及其扩展名

FEA 软件	分析平台文件扩展名
Nastran	. nas（或 . dat）
Abaqus	. inp
ANSYS	. ans（或 . cdb）
Pro/E Mechanica	无须输入文件
Femap	. neu
Cosmos/M	. gfm
I - DEAS	. unv

3. 多重时间步的转换

默认情况下，只有保持了最后一步结果集或时间步的结果才能转入 FEA 载荷集。要将所有瞬态分析结果都转换入 FEA 载荷集，需要在标志管理器中打开标志：load_xfer_all_res。

按照上文描述的步骤可以创建一个包括结果和应用（虚拟）载荷的 FEA 平台文件，并在 Autodesk CFD 界面中使用载荷传输对话框映射结果。一个包含每个时间步的插值结果的独立文件就会被导出。

每个结果文件有如下命名规则：“deckname_newbcs_t#. filetype”。

- deckname 为当从 FEA 软件保存时分配给平台文件的名称。
- filetype 表示平台文件的扩展名（可能是“. inp”“. ans”“. nas”“. unv”“. neu”或“. gfm”）

注意：*Pro/E Mechanica 不用这种方法传输分析结果。Autodesk CFD 会自动在基于 Pro/E 的分析之后将结果以“. fnf”文件保存。如果该标志启用，Mechanica 文件会自动保存每个时间步。*

5. 12. 2 FEA 系统介绍

本节详细介绍支持的 FEA 软件。

1. Nastran

1）支持节点温度和基本压力。

2）输出文件为“. nas”或“. dat”文件。

3）从 Autodesk CFD 转出的文件名带有“_newBC”。

4）支持的网格类型：

- CTRIA（3 节点和 6 节点三角形）
- CQUAD（4 节点和 8 节点四边形）
- CTETRA（4 节点和 10 节点四面体）
- CHEXA（8 节点六面体）
- CPENTA（6 节点三棱体）

5）当转出文件读入 Nastran 时，新的载荷会加入到当前载荷集中。

2. ABAQUS

1）支持节点温度和基本压力。

2）输出格式为“. inp”文件。

3）从 Autodesk CFD 转出的文件名带有“_newBC”。

4）ABAQUS 文件在 Patran 中生成，支持 Pro/E NGINEER、Femap、I - DEAS 和 Abaqus CAE。

5）支持网格类型包括大多数二维和三维固体，连续性网格包括如下几种。

- 三维固体网格：C3D4 * 、C3D6 * 、C3D8 * 、C3D10 * 。
- 轴对称网格：CAX3 * 、CAX4 * 、CAX6 * 、CAX8 * 。
- 二维平面应变网格：CPE3 * 、CPE4 * 、CPE6 * 、CPE8 * 。
- 二维平面应力网格：CPS3 * 、CPS4 * 、CPS6 * 、CPS8 * 。

6）当转出文件读入 Abaqus 时，新的载荷会加入到当前载荷集中。

3. ANSYS

1）支持 6.0 以上的 ANSYS 版本。

2）输出格式为“. ans”或“. cdb”。使用命令“cdwrite”在 ANSYS 中创建“. ans”文件。该命令在命令行中输入，参数为：

CDWRITE Option, Fname, Ext

在“Option”使用“All”；在“Fname”中输入带目录的文件名（如果不在工作目录下）；默认扩展名为“cdb”，或者输入“ans”作为扩展名。

3）支持节点温度和基本压力。

4）支持的 ANSYS 网格类型：

- PLANE2、PLANE13、PLANE25、PLANE35、PLANE42、PLANE55、PLANE67、PLANE75、PLANE77、PLANE78、PLANE82、PLANE83、PLANE141、PLANE145、PLANE146、PLANE162、PLANE182 和 PLANE183。
- SHELL28、SHELL41、SHELL43、SHELL57、SHELL63、SHELL93、SHELL131、SHELL132、SHELL143、SHELL150、SHELL157、SHELL163 和 SHELL181。
- SOLID5、SOLID45、SOLID46、SOLID62、SOLID64、SOLID65、SOLID69、SOLID70、SOLID72、SOLID87、SOLID90、SOLID92、SOLID95、SOLID96、SOLID97、SOLID98、SOLID117、SOLID122、SOLID123、SOLID127、SOLID128、SOLID142、SOLID147、SOLID148、SOLID164、SOLID168、SOLID185、SOLID186 和 SOLID187。

5）Autodesk CFD 支持这些网格和 10 节点的四面体网格的线性变化，不支持其他非线性网格类型。

6）从 Autodesk CFD 转出的文件名带有“_newBC”。

7）当转出文件读入 ANSYS 时，新的载荷会加入到当前载荷集中。

4. Pro/E Mechanica

1）不需要输入文件。每个分析都会有一个与分析相同名称的“. fnf”文件，会自动基于 Pro/E NGINEER 几何体输出。

2）将“. fnf”文件导入 Pro/E Mechanica 模型。

3）温度和压力包含在该文件内。

4）Autodesk CFD 会输出两种版本的 fnf 文件格式：一个与 Pro/E 2001 兼容，另一个与 Pro/Engineer 兼容。

5. Femap

1）支持 Femap 的 7.1 以上版本。

2）支持节点温度和基本压力。

3）支持的网格类型：

- 2（3 节点三角形）。

- 4（4 节点四边形）。
- 6（4 节点四面体）。
- 7（6 节点三棱柱）。
- 8（8 节点六面体）。
- 10（10 节点四面体）。

4）输出文件格式为“. neu”。

5）从 Autodesk CFD 转出的文件名带有“_newBC”。

6）当转出文件读入 Femap 时，新的载荷会加入到当前载荷集中。

6. Cosmos/M

1）支持节点温度和基本压力。

2）支持的网格类型：

- 3 节点三角形。
- 4 节点四边形。
- 4 节点四面体。
- 5 节点棱锥体。
- 6 节点三棱柱。
- 8 节点六面体。
- 10 节点四面体。

3）输出文件格式为“. gfm”。

4）从 Autodesk CFD 转出的文件名带有“_newBC”。

5）当转出文件读入 Cosmos 时，新的载荷会加入到当前载荷集中。

6）COSMOSworks 不支持使用 GFM 文件，替代方案为：

- 在 Cosmos 中对模型进行设置并划分网格（包括伪压力边界条件）。
- 导出只有 FEA 信息的 GFM 文件（没有几何体）。（注意，GFM 文件和 GEO 文件基本上是一样的，可将 . gfm 的扩展名改为 . geo。）
- 在 Geostar 中打开 GEO 文件。
- 在 GEO 文件中删掉顶部的内容，直到能看到节点（ND）和网格（EL）信息。
- 将其保存为 *. gfm，然后用 Autodesk CFD 运行它。
- 输出文件中阐述 ND 和 EL 行（仅保留 PEL 边界条件那几行）后可以读入 Geostar。
- 在 Geostar 中运行结构分析。

7. I-DEAS

1）支持 I-DEAS 的 9 和更高版本。

2）支持节点温度和基本压力。

3）支持的网格类型：

- 40（平面应力网格）。
- 50（平面应变网格）。
- 80（轴对称固体网格）。
- 90（薄壳网格）。
- 110（三维固体网格）。

4）输出文件为“. unv”文件。

5）从 Autodesk CFD 转出的文件名带有“_newBC”。

6）当转出文件读入 I - DEAS 时，新的载荷会加入到当前载荷集中。

5.13 粒子

5.13.1 轨迹算法

在 Autodesk CFD 中，可以添加无质量或有质量的粒子，这些粒子可以随着流体运动。这两种情况都是用拉格朗日方程求解穿过模型的粒子路径。

对于无质量粒子，方程为式（5-8）：

$$\frac{\mathrm{d}\boldsymbol{x}_p}{\mathrm{d}t} = v \tag{5-8}$$

式（5-8）中，$\boldsymbol{x}_p$为粒子位置矢量，v 是局部粒子速度。

对于无质量粒子，局部粒子速度与局部流体速度相同。

对于有质量粒子，需要第二个方程以便确定局部粒子速度。我们使用牛顿第二定律，见式（5-9）：

$$m_p \frac{\mathrm{d}v_p}{\mathrm{d}t} = F_D + F_b \tag{5-9}$$

式（5-9）中，m_p是粒子质量，v_p是粒子速度，F_b是浮力，F_D是阻力。F_D的计算方式见式（5-10）：

$$F_D = \frac{1}{2}\rho_f A_p(\boldsymbol{v}_f - \boldsymbol{v}_p)|\boldsymbol{v}_f - \boldsymbol{v}_p|C_D \tag{5-10}$$

- ρ_f是流体密度。
- A_p是粒子面积，根据用户输入的离子半径计算得到。
- $\boldsymbol{v}_f$是流体速度矢量。
- $\boldsymbol{v}_p$是粒子速度矢量。
- C_D是阻力系数，计算方式见式（5-11）：

$$C_D = \frac{24}{Re}(a + bRe^c) \tag{5-11}$$

在式（5-11）中，a、b 和 c 来自用户输入；Re 是流体的雷诺数，计算方式见式（5-12）：

$$Re = \frac{\rho_f|\boldsymbol{v}_f - \boldsymbol{v}_p|2R_p}{\mu_f} \tag{5-12}$$

在式（5-12）中，R_p表示粒子半径，μ_f表示流体粘度。

最后，浮力的计算见式（5-13）：

$$F_b = m_p\boldsymbol{g} \tag{5-13}$$

式（5-13）中，g 为重力矢量，由用户输入。

5.13.2 带质量的粒子轨迹

默认情况下，粒子轨迹是粒子不带质量时的路径。更多物理上真实可见的结果会包含在带质量的粒子效果中。作为结果的轨迹行为在流动系统中更加类似于物理实体。

惯性和阻力效果会被考虑，如果粒子在转角处有更多的惯性，它就会撞向墙壁。质量粒子碰到墙壁或绝热面会反弹。可以设定回弹系数控制弹跳量。

有些设置提供了对质量粒子的可视化更灵活的处理方法。最基本的是选择粒子的密度和半径。其他设置包括用户定义初始路径、重力的考虑，以及自定义阻力关系。

这些特征在“质量”对话框中，可勾选“粒子轨迹任务”对话框中的“质量”复选框打开它。

因为质量粒子轨迹只会向前不会向后，所以最好把种子点仿真靠近几何体出口的位置。

输入“粒子密度”和“粒子半径”，然后选择二者的单位。默认的密度是流体的密度，默认的半径基于模型边界框。

1. 恢复系数（回弹系数）

恢复系数是衡量两个对象间的回弹量的。特别的，这是物体间相撞前后速度的比率，可以用数学方法描述为式（5-14）：

$$C = \frac{v_{2f} - v_{1f}}{v_{2i} - v_{1i}} \tag{5-14}$$

式（5-14）中，i 和 f 代表各自初始和最终的速度。

对于质量粒子来说，另一个物体可能是静态的墙壁，因此方程可以简化为式（5-15）：

$$C = \frac{V_{2f}}{V_{2i}} \tag{5-15}$$

恢复系数的范围在 0.01 ~ 1 之间。

- 值为 0.01 时是非弹性碰撞，并且粒子会粘在墙壁上。
- 值为 1 时是完全弹性碰撞，并且粒子在碰撞后与碰撞前有相同的速度（和动能）。
- 默认值为 0.5。

恢复系数为 0.01 时的质量粒子案例，如图 5-101 所示。

恢复系数为 1 时的质量粒子案例，如图 5-102 所示。

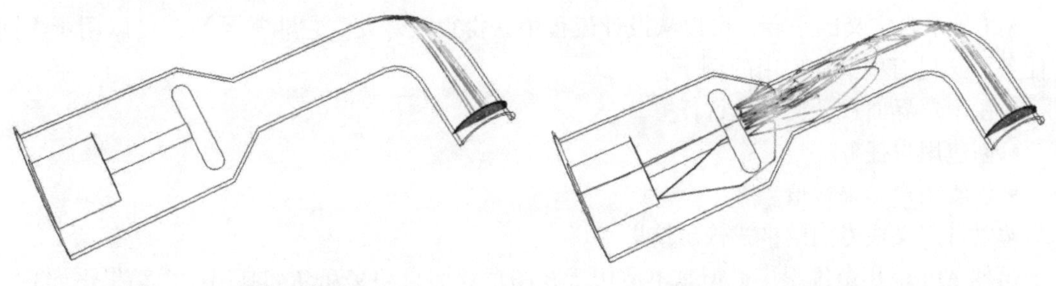

图 5-101　恢复系数为 0.01　　　图 5-102　恢复系数为 1

2. 初始路径

勾选“设置初始路径”可以设置轨迹的初始速度和方向，如图 5-103 所示。

允许流动和粒子注入互动的可视化，粒子以已知的速度和轨道注入。例如，气雾剂的粒子注入流动蒸汽中。

3. 重力

勾选“启用质量粒子的重力”可以加入粒子自身的重力效果。

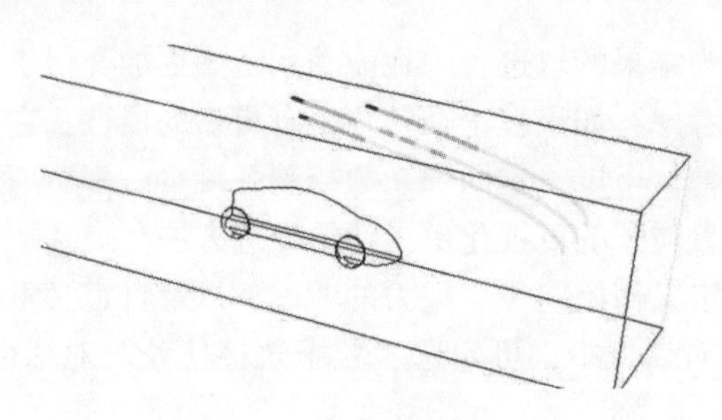

图 5-103 初始路径

输入 X、Y 和 Z 方向的力的分量。

对于地球重力，勾选“地球”复选框，输入单位向量表明重力作用方向。

可更改阻力关系。

质量粒子的阻力关系见式（5-16）：

$$C_D = \frac{24}{Re}(a + bRe^c) \tag{5-16}$$

根据需要修改 a、b、c 的值。

4. 冲蚀

在严酷的流场环境下设备失效的主要原因之一是由于高速液体流动冲击而产生的冲蚀。Autodesk CFD 使用 Edwards 模型的拉格朗日粒子跟踪法计算冲蚀。使用了低粒子浓度的假设（不是悬浮液腐蚀模型），可以显示出流动和腐蚀趋势之间的关系，从而通过改进设计来减少腐蚀。

5.14 应用程序接口（API）

Autodesk CFD 的应用程序接口（API）提供了不使用用户界面而使用其功能的工作方式。

API 是个自定义的平台，可以从设计流程中获得很大好处。它非常灵活，可以用于不同的任务。这里有些潜在应用的例子：

- 在用户界面自动反复执行任务。
- 创建用户任务。
- 创建用户结果量值。
- 以自定义或专门的格式输出结果。

虽然 API 应用范围很广，但是不适用于在图形界面自动交互（如画出一个结果平面）。

API 基于 Python 脚本语言，因为 Python 应用很广，而且灵活易用。Python 与其他技术有内置的连接，包括 Microsoft Office 的工具，如 Excel，就像个“胶水语言”。Autodesk CFD 使用的是 Python 2.7 版本。

有两种脚本编辑器可用于创建、编辑和运行脚本。这样既可以在设计环境的 UI 中使用编辑器，也可以使用独立的工具编辑已有的脚本。

使用的两种脚本语言：Python 脚本和 QT 脚本。

Python 脚本和 QT 脚本都可以用于 Autodesk CFD，选择哪种脚本基于用户希望自动执行哪些操作。

- 使用 QT 脚本可以自动设置模型。
- 使用 Python 脚本可以自动提取结果。

注意未来的发展趋势，所有新功能的开发会使用 Python 脚本，而 QT 脚本会逐渐被淘汰。

1. 编程引用

API 编程引用可以打开附赠网盘资料中的附带文件“Autodesk_CFD_2016_API.7z”查看。解压这个文件后，双击 index.html 可查看引用 API。

对于如何使用 API 编程引用的详细信息，可参考 5.14.3 节。

编程引用案例库中包含多个案例脚本。可以使用这些内容作为参考并且开始用户自己的脚本编写。

在 Python 编程语言官方网站中，包含 Python 编程语言的介绍、语法和有用的教程。

2. 启动脚本定制用户界面

API 可以用于添加菜单项或自定义用户界面。要自动运行一个脚本，可通过以下步骤：

1）新建脚本，命名为“UserStartupScript.py”。

2）将其保存在 C:\Users\用户名\AppData\Local\Autodesk\CFD 2017 文件夹中（注意，用户名是系统用户名）。

附赠资料中有个称为 ribbon.py 的脚本描述了如何添加菜单到用户界面。

3. Microsoft Office 工具

由于 Python 可以连接 Microsoft Office 工具，因此将输出结果用标准格式演示或在其他软件中再次使用就变得相对容易了。Autodesk CFD API 用 COM 协议调用 Microsoft Office API。

如果需要了解更多使用 Excel API 的信息，可在 Python 编程语言官方网站中搜索“csv”。

5.14.1 CFD 脚本编辑器

有以下两种方法运行 Autodesk CFD API：

- 在 Autodesk CFD 用户界面中使用 CFD 内部脚本编辑器。
- 使用外部 CFD 脚本编辑器。

1. 内部脚本编辑器

内部脚本编辑器适用于完整的仿真工作，应用场景包括：

- 提取自定义结果量值。
- 自动重复功能。
- 在用户界面中不能提取的结果数据。

要打开“脚本编辑器”，单击“设置”（选项卡）→“设计分析工具”（展开扩展菜单）→“脚本编辑器”。很多时候，脚本在一个会话内会运行完一个工况。这样可以直接在设计研究环境中操作结果。

注意：“设计研究”必须打开以便可以访问“脚本编辑器”。

（1）脚本编辑器的使用

当一个特殊的事件发生时，用户可以使用“工具”→“触发器”触发一个自动加载的脚本。

1）使用触发器事件的例子：

- 使用触发器探查到仿真完成，以便脚本可以自动地提取结果或保存指定的数据项。自动数据提取，并排除手动介入。
- 使用触发器探查到几何模型载入后自动执行脚本进行设置和运行仿真。在用户要用 CAD 软件自动变化模型参数时非常有用。

2）预定义触发器事件：

- 求解已完成。
- 新建设计。
- 更新设计。

3）有两种等级的触发器：

- 默认触发器对应所有模型，保存在 < 用户名 > \AppData\Local\Autodesk\CFD 20XX\Triggers 中。
- 设计分析触发器只对应已经建好的模型。设计分析触发器与设计分析一起保存。注意，用户必须在设计分析打开后才能创建和编辑设计分析触发器。

4）新建一个触发器：

- 单击“工具”→“触发器...”图标。
- 右键（从默认或设计分析组中）单击想要的触发器事件，然后在弹出的快捷菜单中选择“添加触发器”命令。
- 一个最简单的脚本会自动生成，用户可以修改该脚本所包含的动作和命令。

若要更改触发器或脚本的名称，可双击名称并输入新名字。

（2）工具栏命令

- 选择合适的脚本语言，选项为 Python 脚本和 QT 脚本。选择哪个选项取决于用户要自动运行的功能。
- 单击“运行”按钮执行脚本。

（3）文本区域

文本区域包含一些特性能够让文本开发更加容易。

- 对于某些元素用彩色代码，包括：变量声明、注释、字符串和向量。
- 行号。
- 当前行高亮。

文本区域相关设置如图 5-104 所示。

2. 外部脚本编辑器

可利用 Autodesk CFD 外部的脚本编辑器执行脚本。

要打开外部编辑器，打开 CFD 安装文件夹，双击 CFDScriptEditor. exe。

外部编辑器主要用于运行已有脚本。

- 要打开脚本，单击“浏览”按钮。
- 要查看或更改脚本，单击“编辑”按钮。脚本会以另外的文本编辑器打开。
- 要运行脚本，单击“运行”按钮。
- 要选择不同文本编辑器，单击“选项...”按钮，并且输入可执行的编辑器名称。

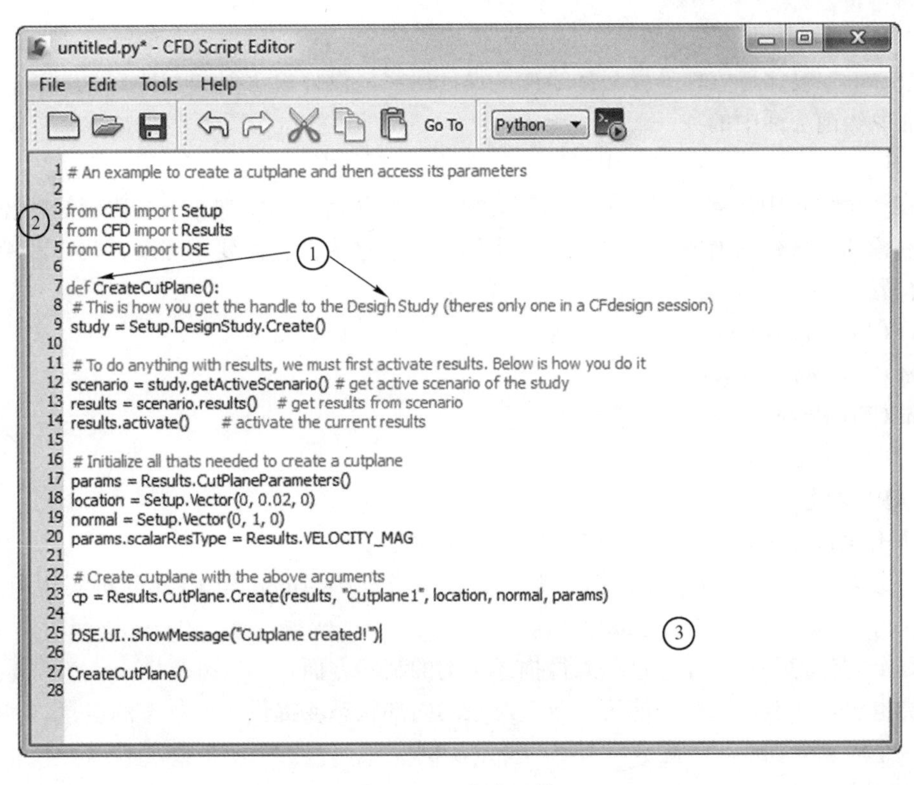

图 5-104 文本区域

5.14.2 API 结构与层级概述

Autodesk CFD 脚本语言采用的元素与很多编程语言类似，都是基于一系列的类，每个类都有自己的属性和方法。Python 在概念上类似于 C++，但又有一些独特的语法和格式化元素。

本节讨论 Autodesk CFD API 中用到的 Python 的一些基本概念。

Python 程序语言的官方网站：http://python.org/。

1. 模块

顶层 API 架构直接与 Autodesk CFD 工作流相关。相应功能分散在 4 个不同的模块：

（1）DC

- 决策中心（Decision Center）。
- 使用“DC”对应决策中心的功能，包括摘要平面和摘要值。

（2）DSE

- 设计研究环境（Design Study Environment）。
- 使用“DSE”与用户界面交互。
- 例如，在输出栏显示信息和保存一个图片。

（3）Results

- 使用“Results”实现结果可视化功能。
- 例如，切平面和壁面结果。

（4）Setup

- “Setup”包含与仿真等级交互的类（设计研究、设计、工况和零件）。
- 获取当前会话中的项。
- 执行一些在设计研究栏可用的任务（新建、克隆和添加）。

要在一个模块中访问这些功能，用户必须在脚本开始时调用它。一个比较好的经验是初始化所有模块以确保所有需要的功能是可用的。要想这样做，需要添加以下几行到用户的脚本开始位置。

from CFD import Setup。

from CFD import Results。

from CFD import DSE。

from CFD import DC。

2. API 层级

每个模块包含一系列的类，每个类包含一些方法。

- 一个类就是一个预定义数据类型，该数据类型为 Autodesk CFD 分析实现了“积木块”。
- 每个类包含一些属性，这些属性描述了类的某些方面。
- 类也包含功能。这些功能可以改变对象的内部状态或提供这些状态的信息。
- 一个对象（Object）就是一个类的特定实例。

3. 类结构

API 的类结构有专门的层级。对象（Object）在顶级的类中，并且下面包含一些类。容器（Container）和摘要对象（SummaryObject）类下面还有各自的子类。完整的类结构，如图 5-105 所示。

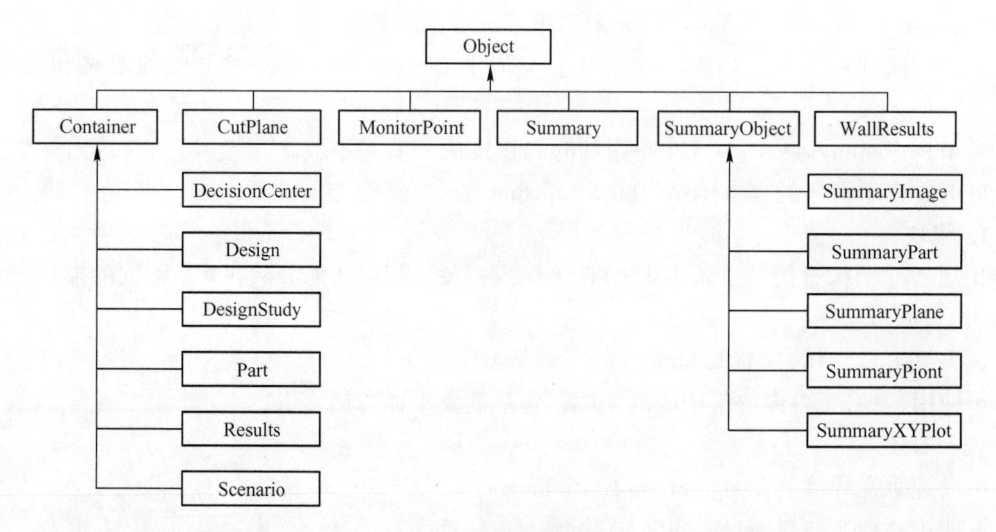

图 5-105　类结构

要调用特定的静态功能，可使用以下结构。

Module. class. function

例如，要定义一个称为 study 的变量作为当前设计分析，使用以下命令。

study = Setup. DesignStudy. Create( )

上述代码称为创建功能，在 DesignStudy 类中，也在 Setup 模块中。

注意：对象（Object）类（也属于 Setup 模块）包含的类带有的实体也属于其他模块。注意，类和对象是不同的东西。切面（CutPlane）类在对象（Object）类的层级之下，也就是说，可以继承 Object 类的所有成员。然而，此时切面是一个抽象概念，并引用实体类型。当在模型中创建切面后，它就是个真正的对象（Object），而且不再抽象。因此，它就属于 Results 模块的一部分。

4. 继承

API 中的类包含功能成员，因此可以实现特定功能。子类包含独特的成员功能，并且也可以集成父类的成员功能。这个概念称为继承，是 API 中很重要的概念。

例如，摘要零件（SummaryPart）类包含其成员，加上摘要对象（SummaryObject）类中的成员，而且它们都在 Object 类中，如图 5-106 所示。

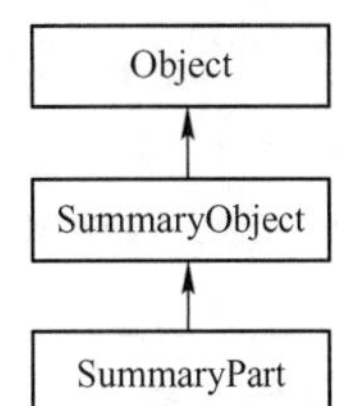

图 5-106　继承

要查看一个类中所有可以接触到的成员，在 API 编程引用页中有对该类的描述，单击列表可以看到类中的所有成员。SummaryPart 类的列表如图 5-107 所示。

SummaryPart Member List

This is the complete list of members for **SummaryPart**, including all inherited members.

Member	Class	
Create(DecisionCenter *parent, const char *part_name, const char *summary_part_name="", int part_id=0)	SummaryPart	[static]
design()	Object	
designStudy()	Object	
getResults(SummaryItemResults &results) const	SummaryPart	
name() const	Object	
numProperties() const	Object	
properties(PropertyDefinitionList &propDefs, VariantList &values)	Object	
property(const char *propertyName, bool *check=NULL) const	Object	
propertyDefinition(const char *propertyName)	Object	
ResultTypeToString(SummaryPartResultType type)	SummaryPart	[static]
SummaryObject::ResultTypeToString(int type)	SummaryObject	[static]
scenario()	Object	
SummaryObject(DecisionCenter *parent)	SummaryObject	[protected]
~SummaryObject()	SummaryObject	[virtual]
~SummaryPart()	SummaryPart	[virtual]

图 5-107　SummaryPart 类列表

注意：成员在子类中是唯一的，而且不属于父类。

5. 功能类型

大多数类所拥有的两种基本的功能是静态公共成员功能和公共成员功能。

（1）静态公共成员功能

静态公共成员功能可以用于当前不存在的类的特殊实例，很多用于创建实体。

例如，在 DesignStudy 类中，创建一个静态公共成员功能来创建或得到当前的设计分析。以下命令得到的设计分析对象是：

Setup. DesignStudy. Create( )

(2) 公共成员功能

公共成员功能使用或者针对已存在的实际对象执行动作。

例如，DesignStudy 类中，保存就是一个公共成员功能可以对已有的设计分析采取动作(不可能保存一个不存在的设计分析)。

5.14.3 使用 API 编程引用

在安装文件的 Help 子文件夹下有一个完整的编程引用。

该资源包含 Autodesk CFD API 类和方法的详细信息。使用它可以在创建脚本时确定类、方法和命名空间。

接下来的内容是如何使用编程引用中的案例脚本。每行（或区块）都描述了应用编程引用的细节和相关部分。

1. API 编程引用：切面脚本案例

下面描述的编程参考以 cut_plane. py 作为案例脚本（该脚本包含在 API 编程参考中）。

每行（或几行）都描述了编程引用所适用部分的细节和回溯。

(1) 案例脚本

```
from CFD import Setup
from CFD import Results
from CFD import DSE
study = Setup. DesignStudy. Create( )
scenario = study. getActiveScenario( )
results = scenario. results( )
results. activate( )
params = Results. CutPlaneParameters( )
location = Setup. Vector(0,0. 02,0)
normal = Setup. Vector(0,1,0)
params. scalarResType = Results. VELOCITY_MAG
cp = Results. CutPlane. Create( results," Cutplane1" ,location,normal,params)
DSE. UI. ShowMessage( " Cutplane created!" )
```

(2) 脚本解析

```
from CFD import Setup
from CFD import Results
from CFD import DSE
```

在头部，每个被引用到的模块都必须声明。上述所有的都在 CFD 工程中。单击模块列表中的编程引用中的 Modules，如图 5-108 所示。

```
study = Setup. DesignStudy. Create( )
```

该行声明的变量为 study，它在 Setup 模块和 DesignStudy 类中，而且使用 Create 方法。这也说明了如何处理设计分析。不必指定设计分析的名称，因为只打开了一个 Autodesk CFD 会话。

Main Page
Modules
Namespaces
Classes
Files
Examples
Search
Modules
Here is a list of all modules:
DC
DSE
Results
Setup

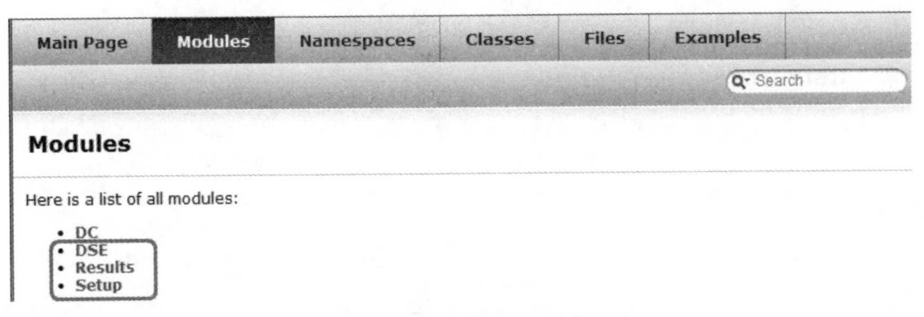

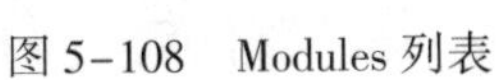

图 5-108 Modules 列表

单击 Modules 页中的 Setup 后的页面，如图 5-109 所示。单击 DesignStudy，声明静态公共成员函数如图 5-110 所示。

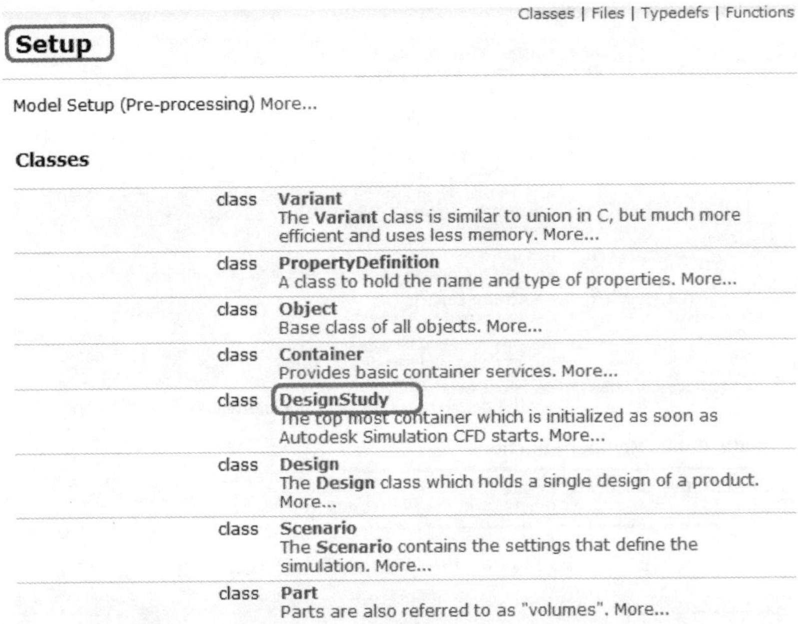

Classes | Files | Typedefs | Functions
Setup
Model Setup (Pre-processing) More...
Classes
class Variant
The Variant class is similar to union in C, but much more efficient and uses less memory. More...
class PropertyDefinition
A class to hold the name and type of properties. More...
class Object
Base class of all objects. More...
class Container
Provides basic container services. More...
class DesignStudy
The top most container which is initialized as soon as Autodesk Simulation CFD starts. More...
class Design
The Design class which holds a single design of a product. More...
class Scenario
The Scenario contains the settings that define the simulation. More...
class Part
Parts are also referred to as "volumes". More...

图 5-109 Setup 中的类

```
scenario = study. getActiveScenario()
```

该行得到了分析中的活动工况。因为每次只有一个活动工况，所以不必指定工况名称。注意，引用超过一个工况的时候是例外。

```
results = scenario. results()
```

该行代码得到该工况的结果。

```
results. activate()
```

该行代码激活当前结果。

```
params = Results. CutPlaneParameters()
```

该行代码初始化结果平面所需参数。单击 Modules 页中的 Results 可查看 CutPlaneParameters 类，如图 5-111 所示。

Public Member Functions
Static Public Member Function

DesignStudy Class Reference

Setup

The top most container which is initialized as soon as Autodesk Simulation CFD starts. More...

Inheritance diagram for DesignStudy:

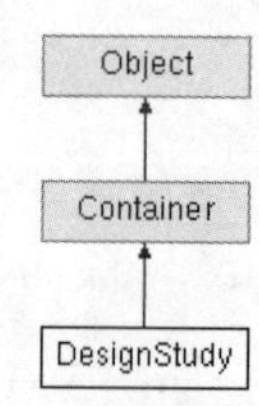

List of all members.

Public Member Functions

void	**setName** (const char *)
void	**setPath** (const char *)
void	**open** (const char *file)
void	**createFrom** (const char *file)
void	**save** ()
void	**saveShareFile** (const char *fileName, const char *type="Everything") Archive this design to the given file. Type is one of the following: "Support", "Archive", "All result sets", "Last result sets", "Everything".
script::Design *	**design** (const char *name) Returns the design of given name if found else returns None.
script::Scenario *	**getActiveScenario** () Get the active scenario.
void	**designs** (**DesignList** &designs) const Get all designs in this design study.
script::DecisionCenter *	**decisionCenter** () Get the decision center of this **DesignStudy**.

Static Public Member Functions

static **DesignStudy** &	**Create** () Create (Get) the current design study.

图 5-110　声明静态公共成员函数

Classes | Files | Enumerations

Results

Results (Post-processing) More...

Classes

class	**Results** The results container (as seen in the **Design** Study Bar). More...
class	**CutPlaneParameters** Name, location, orientation, result type and other important parameters of a cut plane. More...
class	**CutPlaneAttributes** Attributes that affect the appearance of a cut plane. (Examples include: shaded, shaded with edges, wireframe, etc.) More...
class	**CutPlane** A plane to visualize and extract flow and other results quantities. More...
class	**MonitorPoint** A location class to extract local flow results. More...
class	**WallResults** A class to assess results (force, pressure, heat flux, etc.) on a wall- or solid-surface. More...
class	**Summary** Allows access to the quantities in the Review -> **Summary** menu. More...

图 5-111　初始化结果平面所需参数

location = Setup. Vector(0,0.02,0)

定义一个变量名为“location”，并规定平面的位置为 Y = 0.02。向量是 Setup 模块中的一个类。

normal = Setup. Vector(0,1,0)

定义一个变量名为“normal”，并且规定平面的方向垂直于 Y 轴。

params. scalarResType = Results. VELOCITY_MAG

设置结果平面的显示范围类型为速度变化。scalarResType 是 CutPlaneParameters 下面的一个类，如图 5-112 所示。

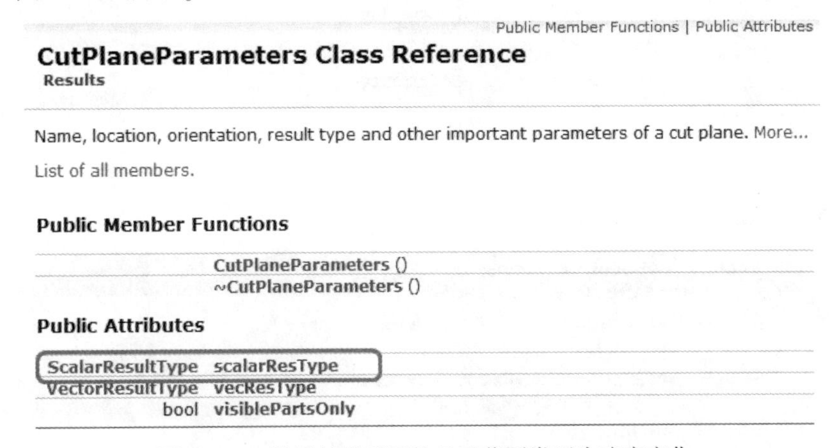

图 5-112 设置结果平面的显示范围类型为速度变化

要查看变量计数器列表，单击 scalarResType 链接。VELOCITY_MAG 是速度变化数量的枚举，如图 5-113 所示。

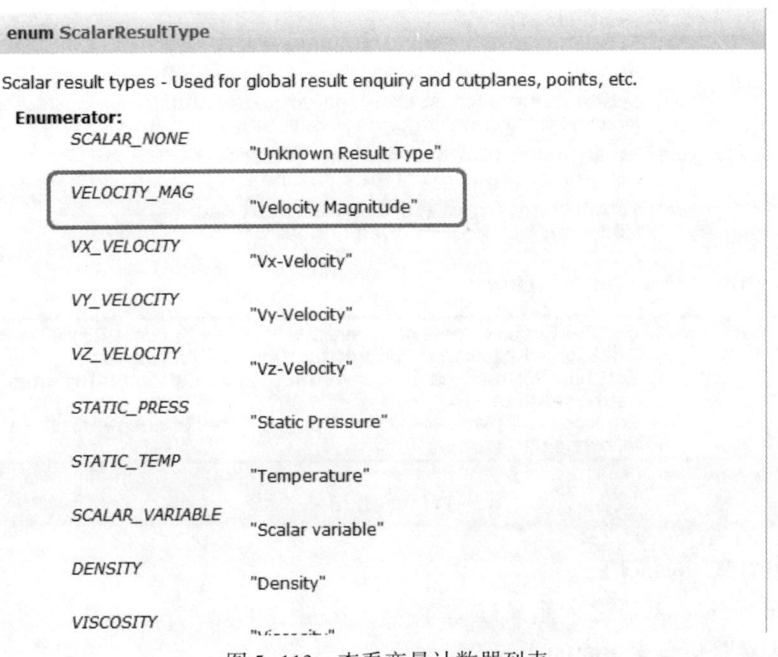

图 5-113 查看变量计数器列表

```
cp = Results. CutPlane. Create( results, " Cutplane1 ", location, normal, params )
```

使用上面定义的参数创建结果平面。该命令由 Results 模块、CutPlane 类和 Create 方法形成，如图 5-114 所示。

Public Member Functions | Static Public Member Functions

CutPlane Class Reference

Results

A plane to visualize and extract flow and other results quantities. More...

Inheritance diagram for CutPlane:

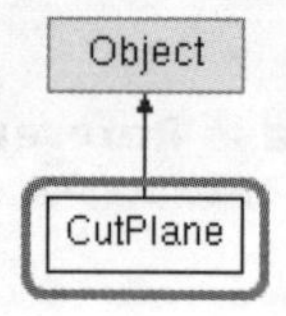

List of all members.

Public Member Functions

Clt::Vector	**getLocation** () const Get the cut plane location.
ERRCODE	**setLocation** (const **Clt::Vector** &location) Set the location of the cut plane.
ERRCODE	**setLocation** (double x=0.0, double y=0.0, double z=0.0) Set the location of the cut plane.
Clt::Vector	**getNormal** () const Get the normal of the cut plane.
ERRCODE	**setNormal** (const **Clt::Vector** &normal) Set the normal of the cut plane.
ERRCODE	**setNormal** (double x, double y, double z) Set the normal of the cut plane.
virtual	**~CutPlane** ()
void	**getParameters** (**CutPlaneParameters** ¶ms) Returns a copy of the parameters of the cut plane.
void	**setParameters** (const **CutPlaneParameters** ¶ms) Modifies cut plane with given parameters.
void	**getAttributes** (**CutPlaneAttributes** &attribs) Returns the attributes of the cut plane.
void	**setAttributes** (const **CutPlaneAttributes** &attribs) Modifies cut plane with given attributes.

Static Public Member Functions

static **CutPlane** *	**Create** (**Results** *parent, const char *name="", const **Clt::Vector** *location=NULL, const **Clt::Vector** *normal=NULL, const **CutPlaneParameters** *params=NULL, const **CutPlaneAttributes** *attribs=NULL) Creates a cut plane displaying the given results quantity with the following parameters:

图 5-114 创建结果平面

- 字符串为" Cutplane1 "。
- location 和 normal 在之前定义过 。
- params 变量包含该平面的所有设置。

参数列表来自于上面描述的 results 变量，该变量得到工况的结果。切面的名称被定义后显示如下信息。

```
DSE. UI. ShowMessage("Cutplane created!")
```

在用户界面的输出栏中显示信息“Cutplane created!”。该命令由 DSE 模块、UI 类和 ShowMessage 方法形成，如图 5-115 所示。

Public Types | Static Public Member Functions

UI Class Reference

DSE

User Interface related utilities. More...

List of all members.

Public Types

enum	**ViewType** {
	DS_OUTLINE, DS_WIREFRAME, DS_TRANSPARENT,
	DS_SHADED,
	DS_SHADED_MESH
	}

Static Public Member Functions

static void	**ShowMessage** (const char *msg) Show a message in the Output bar.
static void	**SaveViewSettings** (const char *fileName) Save the settings that define the current view to the given fileName.
static void	**LoadViewSettings** (const char *fileName) Load saved view settings from the given fileName (usually a .xvs file)
static script::CFdMainWindow *	**getMainWindow** () Get the handle to the main window.
static void	**SaveImage** (const char *fileName) Save an image to the given fileName.
static void	**SetViewType** (**ViewType** type=DS_SHADED) Set the model appearance to the given type (Shaded, Outline, Wireframe, etc.)
static void	**SaveDynamicImage** (const char *fileName)

图 5-115　输出信息

2. API 编程引用：壁面结果脚本案例

下面描述的编程参考以 wall_results. py 作为案例脚本（该脚本包含在 API 编程参考中）。

每行（或几行）都描述了编程引用所适用部分的细节和回溯。

（1）案例脚本

```
from CFD import Setup
from CFD import Results
from CFD import DSE
# Get current scenario & activate results
study = Setup. DesignStudy. Create()
```

```
scenario = study. getActiveScenario( )
curr_results = scenario. results( )
curr_results. activate( )
# Create aWallResults object
wr = Results. WallResults( scenario)
# Set the id of surface of interest & ask it to calculate
wr. select(15)
wr. select(9)
wr. calculate( )
# Get the results
area = wr. area(15)
pressure = wr. pressure(15)
temp = wr. temperature(15)
fx,fy,fz =0. 0,0. 0,0. 0          # force is a little complicated because it is 3 values
err,fx,fy,fz = wr. force(fx,fy,fz)
print( " Area = " ,area)
print( " Press = " ,pressure)
print( " Temp = " ,temp)
print( " FX = " ,fx)
print( " FY = " ,fy)
print( " FZ = " ,fz)
DSE. UI. ShowMessage( " Area = " + str( area) )
DSE. UI. ShowMessage( " Press = " + str( pressure) )
DSE. UI. ShowMessage( " Temp = " + str( temp) )
DSE. UI. ShowMessage( " FX = " + str( fx) )
DSE. UI. ShowMessage( " FY = " + str( fy) )
DSE. UI. ShowMessage( " FZ = " + str( fz) )
# Or you can write all wall results to a file
wr. writeToFile( " C:/wr. csv" )
print( " Wall results are written to c:/wr. csv" )
DSE. UI. ShowMessage( " Wall results are written to c:/wr. csv" )
```

（2）脚本解析

```
from CFD import Setup
from CFD import Results
from CFD import DSE
```

在头部，每个引用的模块都必须声明。上述所有的都在 CFD 工程中。单击模块列表中的编程引用中的 Modules，如图 5-116 所示。

```
study = Setup. DesignStudy. Create( )
```

该行声明的变量为 study。它在 Setup 模块和 DesignStudy 类中，而且使用的是 Create 方法。这也说明了如何处理设计分析。不必指定设计分析的名称，因为只打开了一个 Autodesk CFD 会话。

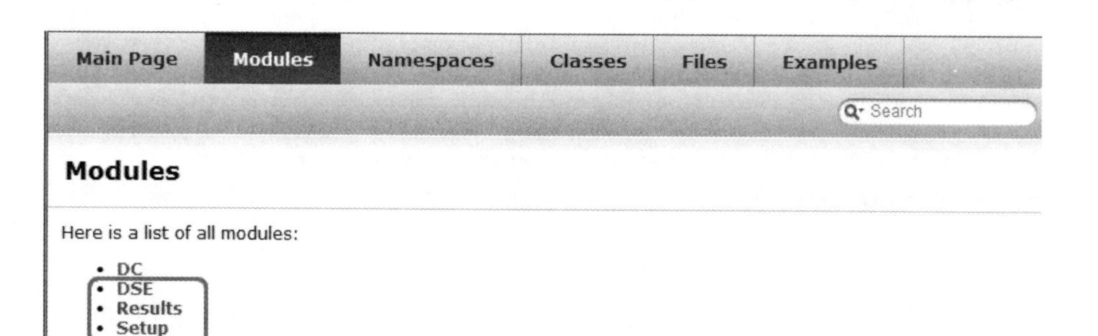

图 5-116　模块都必须声明

```
scenario = study. getActiveScenario( )
```

该行得到了分析中的活动工况。因为每次只有一个活动工况，所以不必指定工况名称。注意，引用超过一个工况的时候是例外。

```
curr_results = scenario. results( )
```

该行代码得到该工况的结果。

```
curr_results. activate( )
```

该行代码激活当前结果。

```
wr = Results. WallResults( scenario)
```

该行代码初始化结果平面所需参数。单击 Modules 页中的 Results 打开 WallResults 类。WallResults 命令在 WallResults 类页面中，如图 5-117 所示。

```
wr. select(15)
wr. select(9)
wr. calculate( )
```

上述代码使用 Select 功能选择带 ID 数的特定表面（本例中为表面 15 和 9），并使用 Calculate 功能触发计算，如图 5-118 所示。

```
area = wr. area(15)
pressure = wr. pressure(15)
temp = wr. temperature(15)
fx,fy,fz =0. 0,0. 0,0. 0
err,fx,fy,fz = wr. force(fx,fy,fz)
```

上述代码计算表面的面积、压力和温度，并使用 force 功能计算 3 个力的分量，如图 5-119 所示。

```
print("Area = ",area)
print("Press = ",pressure)
print("Temp = ",temp)
print("FX = ",fx)
print("FY = ",fy)
```

Public Member Functior

WallResults Class Reference

Results

A class to assess results (force, pressure, heat flux, etc.) on a wall- or solid-surface. More...

Inheritance diagram for WallResults:

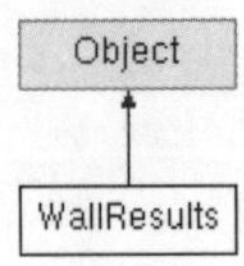

List of all members.

Public Member Functions

	WallResults (**Scenario** *parent) Constructor - Creates an empty **WallResults** object.
	~WallResults ()
void	**selectAll** () Select all surfaces for calculation.
void	**deselectAll** ()
void	**select** (int id) Selects the surface of specified ID for performing wall calculation.
void	**deselect** (int id)
void	**select** (const char *name)
void	**deselect** (const char *name)

图 5-117 初始化结果平面所需参数

Public Member Functions

WallResults Class Reference

Results

A class to assess results (force, pressure, heat flux, etc.) on a wall- or solid-surface. More...

Inheritance diagram for WallResults:

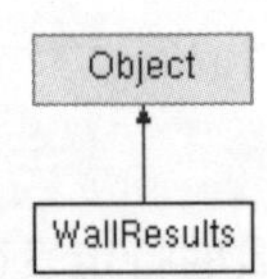

List of all members.

Public Member Functions

	WallResults (**Scenario** *parent) Constructor - Creates an empty **WallResults** object.
	~WallResults ()
void	**selectAll** () Select all surfaces for calculation.
void	**deselectAll** ()
void	**select** (int id) Selects the surface of specified ID for performing wall calculation.
void	**deselect** (int id)
void	**select** (const char *name)
void	**deselect** (const char *name)
void	**calculate** () Triggers the calculation. You have to call calculate before accessing any results.

图 5-118 选择带 ID 数的特定表面并触发计算

```
print("FZ=",fz)
```

Public Member Functions

WallResults Class Reference
Results

A class to assess results (force, pressure, heat flux, etc.) on a wall- or solid-surface. More...

Inheritance diagram for WallResults:

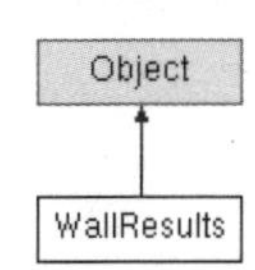

List of all members.

Public Member Functions

	WallResults (Scenario *parent) Constructor - Creates an empty **WallResults** object.
	~WallResults ()
void	**selectAll** () Select all surfaces for calculation.
void	**deselectAll** ()
void	**select** (int id) Selects the surface of specified ID for performing wall calculation.
void	**deselect** (int id)
void	**select** (const char *name)
void	**deselect** (const char *name)
void	**calculate** () Triggers the calculation. You have to call calculate before accessing any results.
double	**area** (int id) Returns area of the specified surface.
double	**pressure** (int id) Returns flow-induced pressure acting on the specified surface.
ERRCODE	**force** (int id, double &fx, double &fy, double &fz) Returns force (FX, FY, FZ) acting on the specified surface.
ERRCODE	**moment** (int id, double &mx, double &my, double &mz) Returns moment (MX, MY, MZ) acting on the specified surface.
double	**temperature** (int id) Returns average temperature of the specified surface.
double	**heatFlux** (int id) Returns the heat flux on the specified surface.
double	**filmCoefficient** (int id) Returns the film coefficient (convection coefficient) on the specified surface.
double	**area** () Returns total area of all specified surfaces. Use this method if you have selected multiple surfaces.
ERRCODE	**force** (double &fx, double &fy, double &fz) Returns total force on all specified surfaces.
ERRCODE	**moment** (double &mx, double &my, double &mz) Returns total moment on all picked surfaces.
double	**torque** () Returns total torque acting on all specified surfaces.

图 5-119 计算表面的面积、压力和温度并计算力的分量

上述代码使用 print 命令创建输出结果的字符串。

```
DSE.UI.ShowMessage("Area="+str(area))
DSE.UI.ShowMessage("Press="+str(pressure))
DSE.UI.ShowMessage("Temp="+str(temp))
DSE.UI.ShowMessage("FX="+str(fx))
DSE.UI.ShowMessage("FY="+str(fy))
DSE.UI.ShowMessage("FZ="+str(fz))
```

上述代码在输出栏显示字符。这些命令使用了 DSE 模块的 UI 类的 ShowMessage 功能，如图 5-120所示。

```
wr.writeToFile("C:/wr.csv")
print("Wall results are written to c:/wr.csv")
DSE.UI.ShowMessage("Wall results are written to c:/wr.csv")
```

Public Types | Static Public Member Functions

UI Class Reference

DSE

User Interface related utilities. More...

List of all members.

Public Types

enum	**ViewType** {
	DS_OUTLINE, DS_WIREFRAME, DS_TRANSPARENT, DS_SHADED, DS_SHADED_MESH
	}

Static Public Member Functions

static void	**ShowMessage** (const char *msg) Show a message in the Output bar.
static void	**SaveViewSettings** (const char *fileName) Save the settings that define the current view to the given fileName.
static void	**LoadViewSettings** (const char *fileName) Load saved view settings from the given fileName (usually a .xvs file)
static script::CFdMainWindow *	**getMainWindow** () Get the handle to the main window.
static void	**SaveImage** (const char *fileName) Save an image to the given fileName.
static void	**SetViewType** (ViewType type=DS_SHADED) Set the model appearance to the given type (Shaded, Outline, Wireframe, etc.)
static void	**SaveDynamicImage** (const char *fileName)

图 5-120 在输出栏显示字符

上述命令将结果写入文件。writeToFile 功能在 WallResults 类中。最后一行在输出栏显示了一条信息确认结果写入了文件。

第 6 章　Autodesk CFD 进阶功能

6.1　日照辐射

在很多建筑领域，日照辐射在居住舒适度和结构或空间的整体能源效率之间有十分明显的影响。

Autodesk CFD 中的外部日照辐射模拟太阳的热量对建筑物的“冲击”并计算相邻建筑物之间的阴影。需要建立将流体（通常是空气）包含在内的围绕在周围的空气体。

1. 建模指南

为了正确计算一个对象所受到的日照辐射，需要把它封闭在一个较大的环境体中。地面也可以包括在这个体中，但不是必须的。建立环境和地面的目的是模拟对象与环境之间的反射效果和辐射传热。这两个因素在太阳辐射模型中可以使由地面发出与接收到的间接的日照热流量以及从天空中损失和/或获得的辐射能量能被正确模拟。

地面体的厚度大概为 1 m。当所研究的日照热量有很多天时，厚度才有意义，因为在这种情况下需要计算地面对热的反应钝性。地面部分的宽度应当是所研究对象的大概 20 倍。

环境体的形状并没有严格要求，半球或者立方体都可以。环境体的延伸尺寸应当至少是所研究对象高度的 10 倍。较小的环境也可以使用，但是如果要分析自然对流，小的环境体会产生影响并有可能使浮升力流动的计算变得复杂。同时，如果分析白天的热量，较冷的天空温度太接近研究对象的话，可能会通过导热导致不自然的冷却效果，如图 6-1 所示。

注意：只有三维几何模型可以进行日照分析，因为太阳的运动是按照高度和东西方位角度的。因此，太阳的能量密度是三维空间的函数，Autodesk CFD 不能将这样的能量转化成二维模型的能量载荷。例如，对于 Y 轴对称模型，日照输入仅在研究对象的一侧。这样的对称条件设置就会发生冲突，因为在自然情况下日照辐射是不会对于 Y 轴对称的。

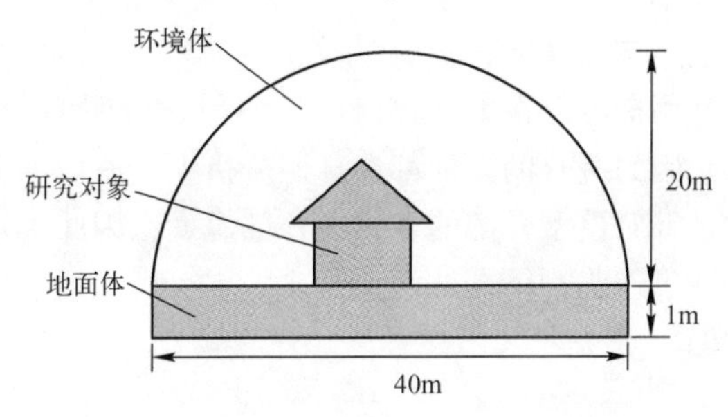

图 6-1　环境体尺寸

研究对象在分析模型中的相对位置十分重要，因为日照模型中会计算遮阳效果。当一个对象被另一个对象部分或完全挡住阳光时，被挡住的对象是在阴影中的。这种研究对象仍然会受到来自于天空、地面和周围其他物体的间接辐射热流，如图 6-2 所示。

2. 仿真设置

地面和天空都应当设置温度边界条件和发射率，如图 6-3 所示。

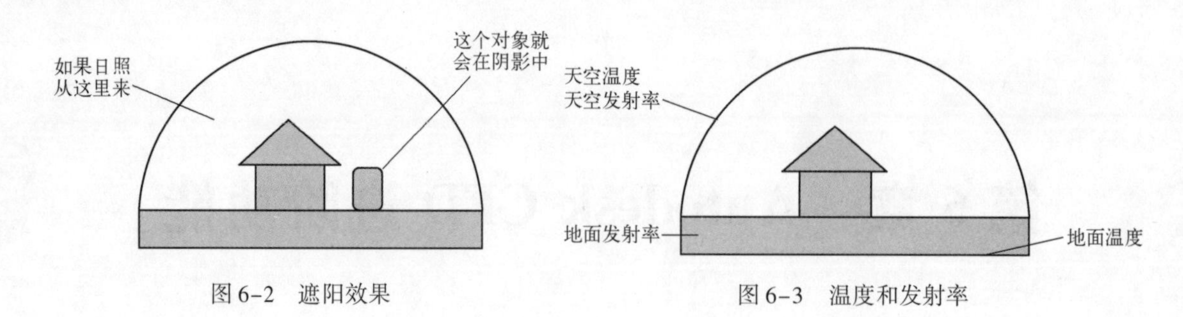

图 6-2　遮阳效果　　　　图 6-3　温度和发射率

地面温度根据地球上的位置，并且应当在地面体的外表面进行设置。地面的发射率应当适合地面材质。数值取决于材质类型。例如，玻璃表面的发射率大概为 0.3，柏油路面的发射率大概为 0.8。机场跑道那样的白色路面，由于有很高的反射率，因此发射率就会很低。

在穹顶外表面设置天空的辐射温度。这个温度的范围大致是 0～30℃。注意，这并不是空气温度。在白天时，天空温度接近环境温度，而夜晚，天空温度会降到 0℃。在多云且温暖的夜晚，天空温度可能会高于此温度。在晴朗的较冷夜晚，天空温度可能会降到 -15℃。

多云覆盖和环境光（如灯光）强烈时，照向天空的辐射能会被反射到地面。需要使用空气的发射率来控制发射到天空中的能量（并且提高反射率）。发射率与反射率的关系是：反射率 = 1 - 发射率。

- 无云或少云的晴朗天空比多云的天空的发射率高（反射率低）。
- 晚上晴朗的天空的发射率可能会达到 1，但因为夜间天空温度较低，所以会作为冷量的发射体，几乎没有热量返回到研究对象和地面。
- 多云的夜晚天空发射率较低（反射率较高），因此云层会反射从地面发出的辐射，同时会限制地面损失的热量。

要研究白天时段的日照辐射加热，需要将天空温度设置为瞬态边界条件，并设置空气的发射率（会自动设置在环境体的外表面）为温度的函数。白天天空温度高，发射率较低，晚上天空温度低，发射率较高。

用户可以在太阳辐射分析中包含透明的研究对象，如窗户。在材料编辑器中设置透射率。因为所有的元件都在日照分析中，所以不应在日照模型中使用透明边界条件。该边界条件是针对模型外部的物体的外部温度，因此不适合用于日照分析内部的物体。日照热负载不会穿过透明物体在地面上产生“热点”。而能量会穿过有透射率的研究对象，甚至发射到对面。

6.2　热舒适度

热舒适度的定义，根据 ASHRAE 标准 55—2004 描述如下。

对周围热环境所进行的主观满意度的评价。

热舒适度是对居民住所设计和布局的重要考量指标。在办公室、家居、图书馆、体育场和百货商店都有应用。这种方式以分数的形式表示了居民对环境热舒适度的接受程度。以下因素在评估热舒适度时会被考虑，见表 6-1。

表 6-1 热舒适度参考指标

环 境 因 素	人 体 因 素
温度	活动程度
热辐射	衣着
相对湿度	
环境风速	

环境因素根据封闭空气间内的流动和传热来仿真计算。相对湿度和人体因素是输入量值。

6.2.1 仿真热舒适度

由于热舒适度是 Autodesk CFD 根据流动和传热的计算结果得到的，因此在求解之前或计算完成后都可以开启。

1. 基本的分析考量

（1）流动

- 微风（外部风/尾流）和通风口风速：设置流速或体积流量。
- 如果浮升力会引起热变化，就在“环境”对话框选择变量。
- 在出口（回风口）设置压力边界条件。

（2）热

- 在所有进口设置空气温度，这是必需的。
- 在窗户和墙壁上（根据需要）设置 U 值作为固体材料的导热系数。
- 在灯、电子器件和设备上设置发热量边界条件。不要在要求解的零件上设置温度。
- 在外表面设置换热系数（根据需要）以模拟与周围环境的热交换（外墙表面被认为是绝热时，不需要设置热交换边界条件）。
- 在人体上设置发热量边界条件。需要对每个人的散热进行仿真。表 6-2 中列出了不同活动范围内的新陈代谢率。

在“求解”对话框中，开启“流动”和“传热”。“辐射”是可选项。

注意： 要得到更好的结果，可以在仿真完成后开启辐射，设置迭代步数为 0，然后单击“求解”。热舒适度的计算会使用辐射求解器计算几何角系数。然而，如果模型尺寸非常大，以致于辐射不能合理运行，角系数会使用近似投影法来计算，这样会消耗较少的计算资源。

2. 在运行分析前开启热舒适度的方法

- 在“求解”对话框单击“控制”选项卡，单击“结果量值”按钮。
- 勾选“热舒适度”复选框。
- 要定义环境参数，单击相邻的“因子”按钮 。

3. 在运行分析后开启热舒适度的方法

- 开启上述“热舒适度”结果量值。
- 在“求解”对话框的“控制”选项卡中，在“继续计算”一栏保持最后的迭代步数。
- 设置“要运行的迭代步数”为 0，单击“求解”按钮。

分析会显示开始计算，但是不会计算更多的迭代步数。热舒适度的结果会被计算并且在可视化结果中显示。

6.2.2 热舒适度因子

1. 新陈代谢率

新陈代谢率是身体内部由于新陈代谢活动而产生的能量特征。新陈代谢率的标准单位是 met（代谢当量）。

$$1\ met = 58.2\ W/m^2 (18.4\ Btu/h\ ft^2)$$

一个代谢当量大概等于一个普通人在坐下休息时单位表面积所产生的能量（普通人的表面积约为 $1.8\ m^2(19\ ft^2)$）。Autodesk CFD 中新陈代谢率的单位是 W/m^2，默认值为 60 W/m^2。

注意，该值必须在总热量边界条件中设置在人体上（精确求解温度需要总热量边界条件。Autodesk CFD 使用温度分布和热舒适度因子一起计算热舒适度）。

不同活动状态下的新陈代谢率见表 6-2。

表 6-2 新陈代谢率列表

活 动	新陈代谢率/(W/m^2)
睡眠	40
斜靠	45
静坐	60
站立	70
慢走（0.9 m/s，3.2 km/h）	115
中速走（1.2 m/s，4.3 km/h）	150
快步走（1.8 m/s，6.8 km/h）	220
坐着读写	60
打字	65
坐着整理文件	70
站着整理文件	80
走过一个办公室	100
举物/打包	120
跳舞	140 ~ 255
训练/体操	175 ~ 235
打网球	210 ~ 270
打篮球	290 ~ 440

2. 衣着

衣着对热舒适度的影响很明显。仲夏穿着厚外套会非常不舒服，而在冬天就很合适。

衣着的量值单位：“clo”。clo 表示衣着带来的热阻隔程度。

$$1\ clo = 0.155\ m^2℃/W(0.88\ ft^2 \cdot h \cdot °F/Btu)$$

不同衣着的 clo 值见表 6-3。

表 6-3 不同衣着的 clo 值

全套衣着	clo 值
裤子和短袖衬衫	0.57
裤子和长袖衬衫	0.61
裤子、长袖衬衫和西服外套	0.96
裤子、长袖衬衫、T 恤、马甲和西服外套	1.14
裤子、长袖衬衫、T 恤和长袖毛衣	1.01
裤子、长袖衬衫、T 恤、长袖毛衣、西服外套和长贴身裤	1.30
及膝短裙、短袖衬衫和凉鞋	0.54
及膝短裙、长袖衬衫和长衬裙	0.67
及膝短裙、长袖衬衫、半身短衬裙和长袖毛衣	1.10
及膝短裙、长袖衬衫、半身短衬裙和西装外套	1.04
及踝长裙、长袖衬衫和西装外套	1.10
外穿短裤和短袖衬衫	0.36
长袖工作服和 T 恤	0.72
工作服、长袖衬衫和 T 恤	0.89
绝缘工作服、长袖保暖内衣裤	1.37
绒裤和长袖绒衣	0.74
长袖睡衣、长睡裤、3/4 长度短袍（拖鞋，无袜）	0.96

所有的全套衣着，除了特别注明的，都包括鞋、袜和内裤。所有的裙装都包括连裤袜而不再穿短袜。

3. 湿度

设置房间或空间的相对湿度（以百分数形式）。

6.2.3 评估热舒适结果

基本上，热舒适度就是传热能量的平衡计算，是通过辐射、对流和导热而产生的传热与人体生成热量的对比。其他参数，如相对湿度和衣着，也同样会起作用。

简单的表达热舒适度的方法是用散热和发热的对比：

- 如果散热 > 发热，人就会冷。
- 如果散热 < 发热，人就会热。

热舒适度的计算结果就是评估人体是否过冷或过热。可用的结果量值为平均辐射温度、预测平均投票和不舒适百分比预测。

1. 平均辐射温度

平均辐射温度（MRT）是当人体作为可以吸收和发射的辐射黑体时能达到的温度，是身体及其周围所有物体的面积加权平均温度。

可以在全局范围内对 MRT 生成结果图和结果平面，以及用等值面来显示空间中的整个温度分布。

2. 预测平均投票

预测平均投票（PMV）是一大群人对 7 个热感知衡量点的投票的预期平均值，见表 6-4。

表 6-4 热感知衡量点

值	-3	-2	-1	0	1	2	3
感觉	寒冷	凉快	微冷	不冷不热	微暖	温暖	热

使用 PMV 来评估房屋设计对人员的影响。最好的方法是在模型表面显示 PMV。为了显示 PMV，右键单击模型以外的区域，选择全局结果，然后从菜单中选择 PMV。

3. 不舒适百分比预测

不舒适百分比预测（PPD）用来预测对热环境不满意的人的百分比，以 PMV 的结果来确定，PPD 在 PMV 的两端最高，如图 6-4 所示。

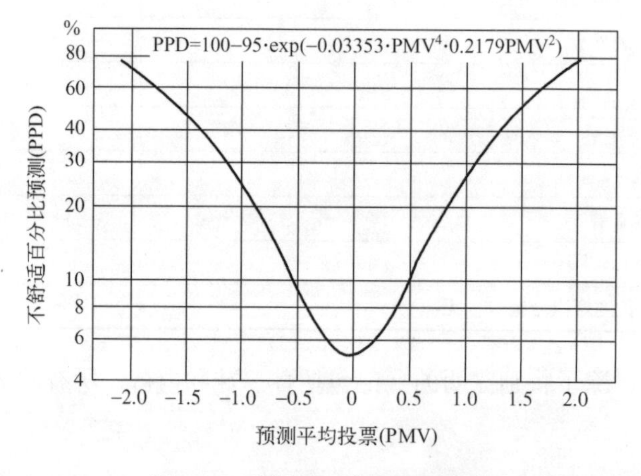

图 6-4 不舒适百分比预测曲线

图 6-5 显示为不舒适百分比预测结果。

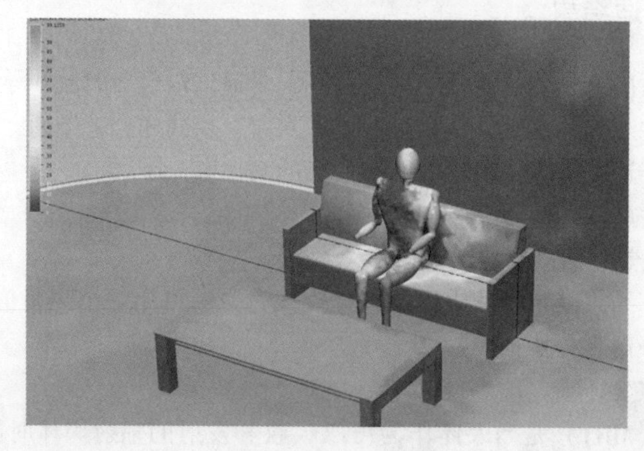

图 6-5 不舒适百分比预测结果

图 6-5 中显示出，在左臂和左腿处不舒适度最高，确定了 PMV 对人的影响。

4. 舒适温度

舒适温度会平衡空气温度和平均辐射温度以便使 PMV 达到 0。这是最佳的热舒适情况。

5. 工作温度

工作温度是指人在实际环境中通过辐射和对流方法交换的总热量与外界相通时的温度[㊀]。

6.3 焦耳热

焦耳热是电流通过金属时产生的热量，也认为是电阻发热，该功能即模拟电阻发热。例如，炉顶燃烧器和空间加热器主要的输入是电流、电压和材料电阻。

1. 焦耳热设置

有两个边界条件可以定义焦耳热工况：电流和电压。典型的方法是在固体的一端或要通过电流的表面设置电流，并在另一端设置电压为 0，如图 6-6 所示。

还有一种方法，可以给设备设置电势（电压）差，一端为非零电压，另一端为零电压。这时可忽略电流边界条件，如图 6-7 所示。

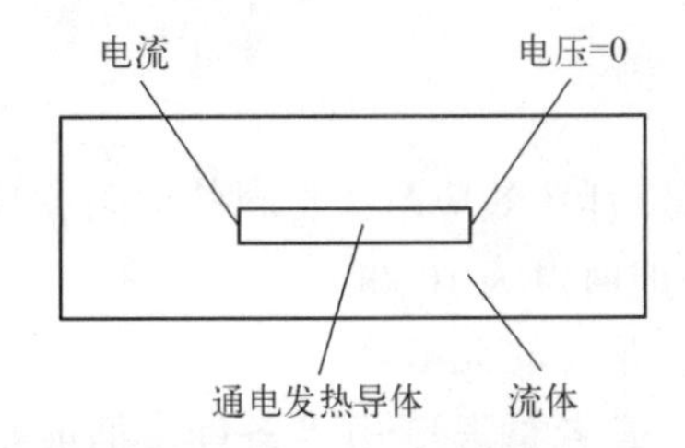

图 6-6　通过电流与电压设置焦耳热工况

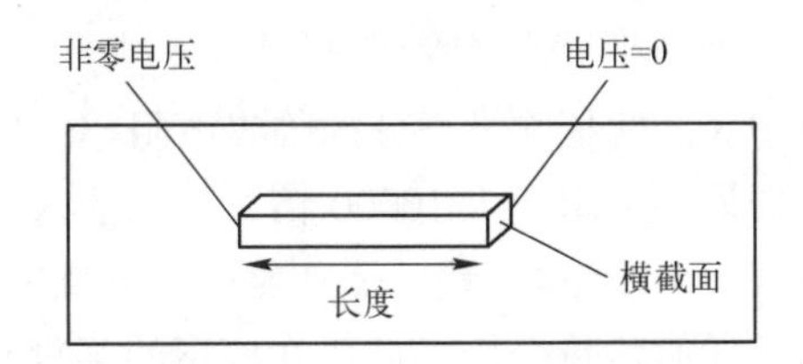

图 6-7　通过两端电压设置焦耳热工况

电阻率材料属性由电阻和长度方向的横截面决定。焦耳热效果需要电阻率值来计算。

电阻率的计算见式（6-1）：

$$r = \frac{R \times A}{L} \tag{6-1}$$

- r = 电阻率(Ω/长度单位)
- R = 电阻(Ω)
- L = 设备长度
- A = 横截面积

非零值的电阻率一般应设置于焦耳热产生的实体或表面零件。

注意： 对于面零件，使用一个单位的深度来计算 A，也就是横截面积。

2. 评估温度变化

要评估焦耳热产生的温度变化，基于已知的电阻率、加载电流和对象直径可以手动计算

㊀ 6.2 节参考资料来自：Fanger P O. Thermal Comfort. Danish Technical Press, 1970.（Republished by McGraw - Hill, New York, 1973）。

温度差。

先计算电阻 R，使用对象长度 L、面积 A 和电阻率 r，见式（6-2）：

$$R = \frac{r \times L}{A} \tag{6-2}$$

然后用电压 V 和电阻 R 计算电流 I，见式（6-3）：

$$I = V/R \tag{6-3}$$

接着计算功耗 P，见式（6-4）：

$$P = I^2 \times R \tag{6-4}$$

最后，温度差用功耗 P、长度 L、面积 A 和导热系数 K 计算，见式（6-5）：

$$\Delta T = \frac{P \times L}{2 \times K \times A} \tag{6-5}$$

用手动方式计算温度变化可以很好地确保设置的数值符合实际情况并且比较合理。

3. 绝缘材料

在模拟焦耳热时要仿真绝缘（不导电）材料，可设置电阻率比模型中设置的最小电阻率大1000倍。默认这种材料就是绝缘体，而且不会由于电流产生发热效果。

要模拟导热率大于默认的临界值，要激活下面这个标签，并设置期望的比率。焦耳热计算所用的电阻率值不会超过这个值。

```
max_electrical_resistance_ratio X
```

其中X，就是绝缘部分的临界电阻率。例如，计算焦耳热效应时，材料的电阻率比模型中设置的最小电阻率大10000倍，就激活这个标签，并把值设为10000。

注意：大于1000的数值可能引起数值不稳定，并且导致收敛困难。

对于任何传热分析，需要在模型的某处设置温度（或者是温度边界条件，抑或是对流换热系数边界条件）。

4. 设置注意事项

对焦耳热固体对象划分网格时，横截面需要至少两层网格，这是对固体温度梯度所需的最低网格密度。

当使用电流和电压边界条件时，设置电阻率材料属性，开启“求解”对话框的传热选项，Autodesk CFD会自动计算焦耳热。注意，没有单独的按钮来启动焦耳热的计算。

5. 流体中的焦耳热模拟

焦耳热在Autodesk CFD中主要是为了仿真固体对象的电阻发热而设计的。然而，某些情况下流体也会产生电流通路，也会产生焦耳热。要仿真流体中的焦耳热效果，需要：

- 用式（6-4）计算通过流体的电功率（功耗）。

$$P = I^2 \times R$$

- 用得到的电功率给流体设置体积热源。

6.4 湿度

Autodesk CFD可以对潮湿气体模拟液体冷凝，但不支持蒸发的计算。

1. 边界条件

要对气流的湿度效果进行建模，需要在模型的每个出口设置湿度和温度边界条件。

2. 初始条件

初始化整个模型的温度和湿度通常很有帮助。进口边界条件值通常要设置好。

3. 材料

使用湿空气材料。或者创建一个新材料，其密度用潮湿气体变量设置其变化。

在“材料环境”对话框选择变量，这样允许材料属性发生变化。

4. 求解

在“求解”对话框的“物理”选项卡中，开启“传热”，单击“高级”按钮，然后选择“湿度”。

要在输出量中查看湿度，可单击“控制”选项卡，然后单击“结果量值”按钮，选择“标量”选项。

对于不可压缩流，只有温度会影响流体的属性（包括相对湿度）。如果要考虑压力的影响，可选择“亚音速压缩”。

5. 分析连续性

当从已有结果继续分析时，由于一些内部转换变量，可能会在温度和标量收敛监视器上出现标记。

6. 结果可视化

有很多液体浓缩和相关湿度的计算场值可以在结果中看到。浓缩液会按照混合分数来计算，如浓缩液的总质量分为液体、蒸汽和运载气体。

湿度分析可用的结果量为相对湿度和百分比液体。

百分比液体的值从0到1，其中0代表完全的干空气，1代表冷凝成为了液体。从物理上说，1代表运载气体中都是液态雾。

6.5 冲蚀

在严酷的流场环境下，设备失效的主要原因之一是由于高速液体流动冲击而产生的冲蚀。在设计中，理解冲蚀可能在何处发生能够对提高耐久度和延长使用寿命起到很大作用。

污染物如沙子、石英和飞尘在循环过程中会撞击阀门和其他机械零件从而引起材料冲蚀。在油气行业，工程师评估柔性冲蚀是基于这些微粒的“网格尺寸”。网格尺寸是指系统中这些微粒的最大尺寸。这种现象也称为“冲刷”。

Autodesk CFD使用Edwards模型的拉格朗日粒子跟踪法计算冲蚀。其中使用了低粒子浓度的假设（不是悬浮液冲蚀模型），结果以标量结果量方式给出。这样便于进行设计对比，不必通过猜测来预测冲蚀情况。

冲蚀模型用攻击弹力角数据和布氏硬度来计算材料的体积缺损率。这种方法可以定性地确定冲蚀部位，还可以显示出流动和冲蚀趋势之间的关系，从而通过改进设计来减少冲蚀。

冲蚀率的结果会出现在粒子迹线和壁面。迹线显示出流体和固体之间的相互作用。冲蚀标量分布显示出冲蚀的严重性。

在下面的例子中，流动进入阀门、转弯，然后冲击提升阀的压力面。迹线中不包含质量体，只是显示流动分布，如图 6-8 所示。

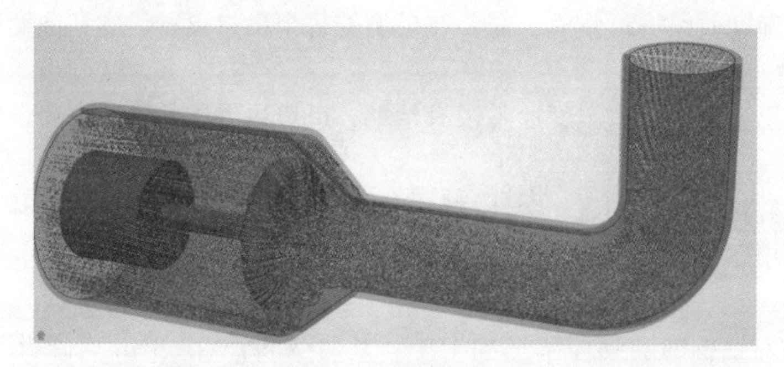

图 6-8 流动分布

当开启粒子质量时，可以看到在流动中的粒子是如何对提升阀的表面进行冲击的，如图 6-9 所示。

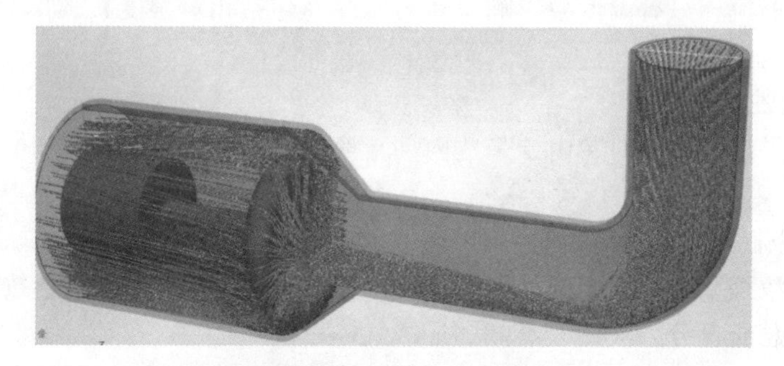

图 6-9 开启粒子质量后

最严重的冲蚀区发生在提升阀表面下部的弯头外侧半径处，如图 6-10 所示。

图 6-10 冲蚀区

6.5.1 通过质量粒子迹线查看冲蚀

1. 生成迹线

使用标准建模设置并运行冲蚀仿真（在计算前无须其他操作）。

- 新建“轨迹”面板，即单击“添加”按钮。
- 选择“矩形格栅”作为迹线“种子类型”，并选择“使用格栅分布”（注意，其他种子生成法也适用）。

- 在图形区域单击生成迹线。
- 单击“编辑”打开“编辑轨迹集”。
- 在“编辑轨迹集”底部勾选“质量”复选框，单击“质量特性”按钮。
- 在“质量”对话框，单击“开启/更新冲蚀模型”按钮。

2. 沙粒属性

下面为沙粒属性，在很多系统中会引起冲蚀。

- 粒子密度 =2705 kg/m^3。
- 半径 =0. 356 mm。
- 恢复系数，使用默认值（作为冲蚀计算的参数）。
- 时间步长是自动计算的，以便确保在一个时间步中粒子穿过一个网格单元。

注意：冲蚀率是迹线数的一个功能。迹线数值越高，冲蚀结果越平滑，而且冲蚀率越高。注意，不要设置太多迹线，以免超过计算机的显卡内存容量。在使用格栅分布方法时，迹线的数量会显示出来。对于大多数计算机来说，最好限制在1000条迹线之内。

注意：冲蚀图例单位：质量流率/面积。显示结果基于每个种子位置在单位时间内的粒子率。

在冲蚀结果生成后隐藏迹线是一个不错的方法，这样可以明显提高显示性能，同时更方便地查看模型的冲蚀面。

要在修改参数后更新冲蚀结果，可打开“质量”对话框，单击“开启/更新冲蚀”按钮。

当仿真正在计算时，冲蚀率的结果不可用，并且在仿真继续时会被删除。要在仿真结束后按照上述过程显示冲蚀。

3. 对比多工况中的冲蚀

要在设计评审中心中查看摘要图像，需执行下列过程。

- 建立冲蚀视图后，保存“摘要图像”。
- 保存图像并设置文件中包含质量粒子迹线来计算冲蚀，这样可以确保每个工况中使用相同的迹线数（主要是要确保结果的一致性）。
- 打开每个工况，应用视图设置文件。打开“质量”流线对话框，单击“开启/更新冲蚀”。

在设计中心，更新摘要图像。使用设计评审中心来对比每个工况下的结果。

6.5.2 冲蚀仿真中的材料硬度

布氏硬度用来表示材料的硬度属性。在预测冲蚀率时非常有用，因为较软材料的冲蚀要快于较硬材料。

硬度值在设计分析栏的结果的材料分支中可用。由于硬度属性只用于固体材料，因此对液体部分设置的硬度值会自动用在液体部分的潮湿墙面。在液体和固体部分公用的表面中，硬度值会应用于固体部分。

有以下3种方式可选择实体设置硬度：

- 如果所有的固体部件或壁面有相同的硬度，就对所有部件设置一个硬度值，即右键单击“设计分析栏”中的“结果”，然后在弹出的快捷菜单中选择“材料”选项。

- 如果模型包括多个材料，很多部件有不同的材料，就在材料级别设置硬度值，即右键单击“设计分析栏”中的“结果”，然后在弹出的快捷菜单中选择“材料”选项。
- 最精细的方式是按照零件设置硬度。在流体材料相同而壁面各自硬度不同时这样做十分有用。设置时可右键单击“设计分析栏”中的“结果”，然后在弹出的快捷菜单中选择“材料”选项。

下面介绍如何设置硬度值：

- 单击“设置材料硬度...”按钮。
- 在“设置材料硬度值”对话框中输入硬度值。
- 在“质量”对话框，单击“开启/更新冲蚀模型”。

注意：材料硬度在划分网格后仅用于固体部件。无网格实体零件在结果分支下会被划掉，但能够对其是否显示进行修改。无网格实体上赋予的硬度值不参与冲蚀计算。

6.6 空蚀

空蚀是在很多高流速液体流动下发生的一种物理现象。当液体压力降到蒸汽压力之下以后，液体中会出现蒸汽泡。空蚀通常发生在高性能阀门、流动控制设备和泵上，会极大地降低这些设备的效率。空蚀会引起设备的腐蚀，产生停机和维修成本。

空蚀模型跟踪气泡的体积分数并且预测流体内气泡的形成起点和位置，适用于预测小区域的空蚀，但不能预测大的蒸汽形成过程。空蚀模型假设出一批气泡而不是整个蒸汽区域。

当开启空蚀功能后，流体压力不会降到蒸汽压力之下（如果不开启空蚀，压力会降到物理极限以下）。这种设定会使在产生空蚀时利用壁面计算器算出的力更精确。

1. 使用方法

（1）模拟液体空蚀

- 给流体部件设置液相液体材料。
- 在空蚀有可能发生区域加密网格，网格加密域此时十分有用。
- 要开启空蚀，打开“求解”对话框，单击“物理”选项卡并单击“高级”按钮，选择“空蚀”。
- 如果流体会受温度变化影响，那么液体材料会根据温度而变化（浮升力），但是蒸汽状态的蒸汽压会保持不变。

（2）定义有气泡液体的蒸汽属性

1）打开“材料编辑器”中的液体材料，单击“相”按钮。

2）有两种变化方式：“蒸汽压”和“链接的蒸汽材料”。

3）选择“蒸汽压”以便设置液体的蒸汽压力（当处于蒸汽状态时）。

- 默认材料数据库中的多数液体的材料定义中有蒸汽压力。如果有蒸汽压力值，那么此处会被自动填上。
- 如果用户知道蒸汽压力而不知道分离材料的蒸汽属性，就选择该项。
- 也可以在此设置液体的剪切压力，在不求解空蚀时也可以这样做。这里是液体中实际发生的最小压力。计算出来的任何小于此值的压力都会被重设为这个值。

4）选择“链接的蒸汽材料”以便将蒸汽材料与所选的流体材料相关联。

- 如果用户有分离材料的蒸汽属性，就选此项。
- 要使用此项，从菜单选择蒸汽材料。只有在同一材料数据库中的材料才能用（要链接的蒸汽材料与流体材料必须在同一个材料库中）。
- 链接到液体材料的蒸汽材料不能从数据库中删除，除非液体材料定义中删除了此链接。

注意：如果液体的蒸汽状态在材料数据库中没有被定义，那么将使用水蒸气的属性。

2. 可视化

在分析计算完成后，可视区域会以空蚀蒸汽体积分数的图形显示出空蚀。该值为小数，变化范围为0~1，1代表100%的蒸汽泡。最方便的方式来显示空蚀位置是使用等值面。设置值为1（或接近1）将在三维图中显示出空蚀区域，如图6-11所示。

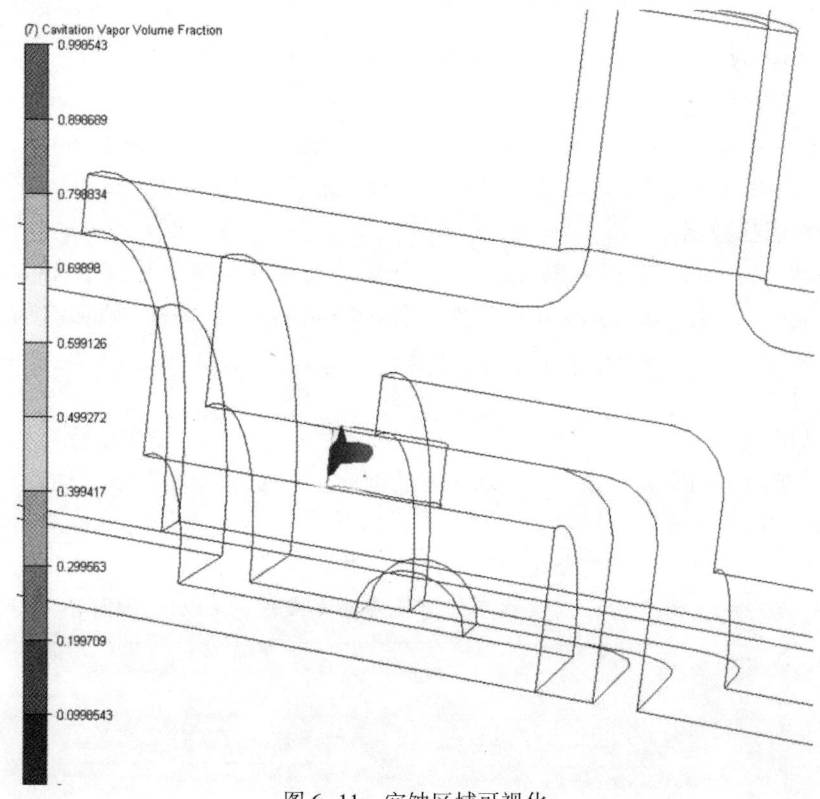

图6-11　空蚀区域可视化

6.7　两相流混合[1]

在两相流的例子中，Autodesk CFD 中可以假设同种类的两相混合。能量方程可以以焓的形式写出。温度采用热力学表格来确定。温度和焓的结果可以在“结果”对话框任务中看到（确保在“结果”对话框的“输出量值”中将这两项都选中）。

[1] 6.7 节参考自 VanWylen G J, Sonntag R E. Fundamentals of Classical Thermodynamics. 2nd ed. John Wiley and Sons, Inc. ,1973.

1. 边界条件

设置所有入口的品质和静压。例如，当液体为100%时，品质设为0。

注意： *必须由品质边界条件来确保用相应的求解器去执行运算。*

2. 材料

从“材料”对话框的“流体”下拉列表框中选择蒸汽（饱和的）或其他饱和的材料。如果运行状态不是在STP（标准温度和压力）下，打开材料的“环境”对话框，修改压力和温度。当分析使用热力学网格和指定环境压力时，材料的属性就会确定。

注意： *用户在一个分析中只能用一个两相表格。*

用户可以创建自己的热力学表格用于所选的材料。查看热力学表格数据可获得更多信息。

3. 求解

- 在“求解”对话框的“物理”选项卡中，开启“传热”选项。
- 单击“高级”按钮，并选择“品质”。
- 对于不可压缩流，只有温度和参考压力对流体属性有影响（包括品质）。

注意： *为满足计算性能，相变求解器需要模型中有固体单元出现。*

4. 热力学表格数据

在“.dat”文件中，包含饱和、过热和欠热流体的属性信息。其位于Autodesk CFD安装的顶层文件夹中，用户可以用文本编辑器查看其内容。例如，在Windows 7中，位于ProgramData\Autodesk\CFD <*version*>下。

（1）定制文件

使用默认的“.dat”文件作为参考，用户可以创建自己的热力学表格数据文件。复制和编辑一个文件到用户的安装目录中，或从零开始创建一个文件都可以。一旦有了自己定制的文件，就可以在用户的流体材料中选择使用了。

注意： *用户定制的文件不包含在分享文件中。作为结果，定制的“.dat”文件会与用户的共享文档一起存放，因此它可以被放在任何使用共享文件的地方，如图6-12所示。*

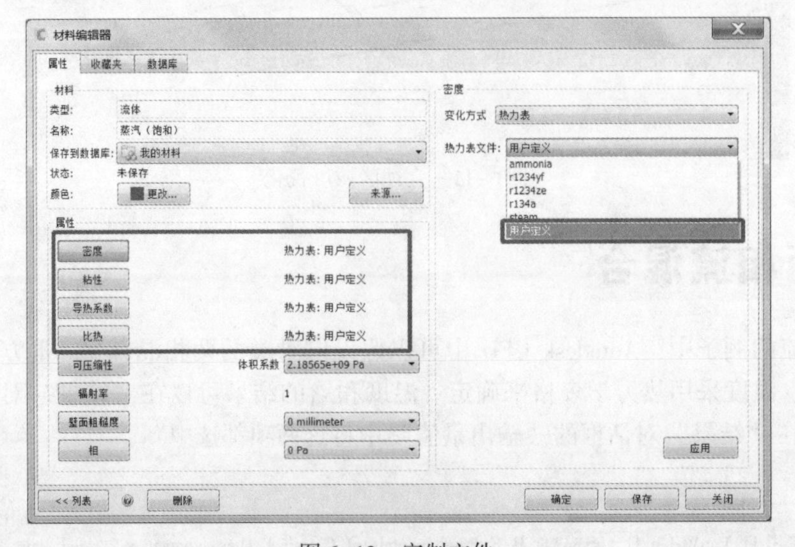

图6-12 定制文件

(2) 文件格式

每个热力学表格分为4个部分。

1) 饱和。

饱和部分每行包括以下数据，见表6-5。

表6-5 饱和部分参数

温度	压力	蒸汽焓	液体焓	蒸汽体积	液体体积
°F	PSI	Btu/lbm	Btu/lbm	lbm/ft^3	lbm/ft^3

用户关心饱和流动求解，因为此时的流动在物理上会有不稳定性，尤其是此时流体会发生相变。

2) 过热。

对于过热流体，要给出多个不同压力下相应的温度数据点。每行包括以下数据，见表6-6。

表6-6 过热部分参数

温度	蒸汽体积	蒸汽焓
°F	lbm/ft^3	Btu/lbm

注意： 对于某些流体，在较低压力下会有很多输入。当高压时的压力数据分布比较稀疏时，过热流体的结果会在低压时更精确。如果想提高精确度，就需要把更多适用的数据输入“. dat”文件中。

3) 欠热。

对于欠热流体，要给出多个不同压力下相应的温度数据点。每行包括以下数据，见表6-7。

表6-7 欠热部分参数

温度	液体体积	液体焓
°F	lbm/ft^3	Btu/lbm

4) 蒸汽和液体属性。

默认值是粘性、比热、导热系数在蒸汽和液态时在饱和表格中的平均数，见表6-8。

表6-8 蒸汽和液体属性

粘性	导热率	比热
Pa·s	$W/m/℃^3$	J/kg/℃

6.8 标量混合

模拟两个相似液体的混合，可采用标量边界条件，并定义标量从属流体的属性。

(1) 标量边界和属性变化

要仿真两种混合流体，需使用标量边界来跟踪两个流体的相对浓度。例如，把一个标量边界条件设为0，代表第一种流体，再把边界条件设为1，代表另一种流体。这是除了速度和流量边界条件之外对流动的附加驱动。

在流体域内定义一种材料，定义其属性取决于混合浓度。例如，密度的分段线性变化作为标量的功能会引起密度基于两种流体的相对浓度发生变化。其他属性，如粘度、传导率等都会按同样的方式变化。

（2）扩散系数

要仿真混合属性，需要输入扩散系数。在“求解”对话框中，从“高级”对话框中开启一般标量，并输入扩散系数。

扩散系数控制标量在周围流体中的质量扩散率，值为0表示阻止标量扩散。该数量在菲克法则（Fick's Law）中为D_{AB}，见式（6-6）：

$$j_A = -\rho D_{AB} \nabla m_A \tag{6-6}$$

式（6-6）中，j_A表示A种类的质量流量，意思就是转移了多少A（在单位时间和单位面积内沿转移方向）。这指混合物质量密度和种类的质量分数梯度m_A达到均衡时 。扩散系数的单位是单位时间内长度的平方。

一些样本的扩散系数见表6-9。

表6-9　扩散系数列表

流　体　1	流　体　2	扩 散 系 数
空气（标准温度和压力下）	丙烷	0.1 cm^2/s
空气（标准温度和压力下）	液化天然气	0.16 cm^2/s
空气（标准温度和压力下）	汽油	0.05 cm^2/s
空气（标准温度和压力下）	氢	0.61 cm^2/s
空气（标准温度和压力下）	二氧化碳	0.16 cm^2/s
空气（标准温度和压力下）	氧气	0.20 cm^2/s
空气（标准温度和压力下）	水蒸气	0.25 cm^2/s

通常扩散系数在空气中比在水中大10000倍。

举例：混合空气与二氧化碳（CO_2）

要在容器中混合空气和二氧化碳，先要把空气的标量设为0，二氧化碳的标量设为1。两种气体进入各自入口，混合，然后一起排出出口。

空气的入口边界条件为速度（或流量）并且标量为0，二氧化碳的入口边界条件为速度（或流量）并且标量为1，如图6-13所示。

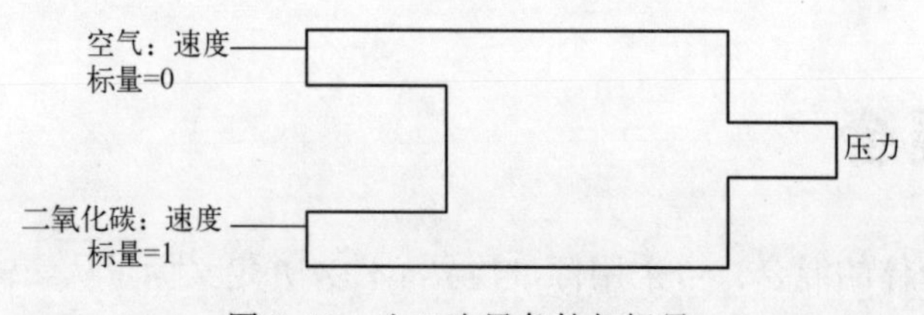

图6-13　入口边界条件与标量

设置容器的材料，但是要把密度改为按标量计算。分段线性变化方法是比较方便的方法。空气密度为 1.02047e－6 g/mm³，二氧化碳密度则为 1.773e－6 g/mm³，如图 6-14 所示。

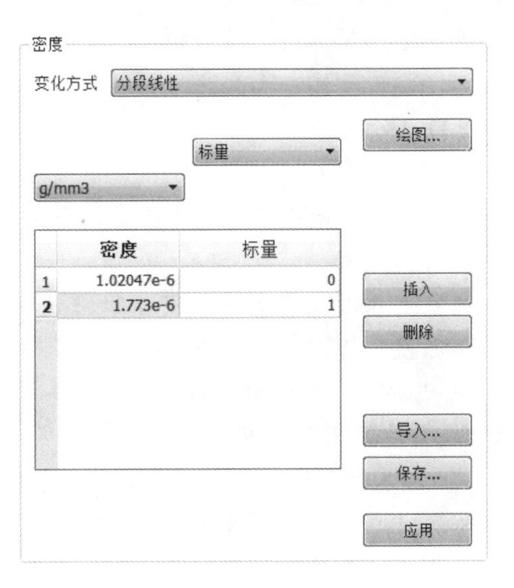

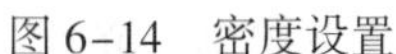
图 6-14 密度设置

其他属性以同样方式变化。密度会对求解有很大影响，粘度也会有很大变化。

在应用材料之前，单击“环境”对话框中的“编辑”，选择变量。这样可以允许材料属性变化。

在“求解”对话框的“物理”选项卡中，单击“高级”按钮，开启一般标量。因为混合空气和二氧化碳，所以需要设置扩散系数为 16 mm²/s。

当分析开始运行时，标量数量会在容器内根据流动传播，材料会根据标量的反应而调整属性。流动和标量求解应同时运行，因为属性变化跟随流动计算。

6.9 烟雾能见度

烟雾能见度的计算可以考察当烟雾充满环境时，距离多远可以看到发光信号。通过 Autodesk CFD 计算的流动和与美国 NRC 标准相结合评估得出距离数，该数值基于气流、火灾位置和火灾载荷的性能。

注意：烟雾能见度定义为目标可感知的最远距离。

相关资料[㊀]有助于建筑设计师在封闭环境中确定逃生标识的位置和摆放。当房间充满烟雾，逃生标识的可见性对于安全疏散至关重要。

6.9.1 烟雾能见度仿真

由于烟雾能见度来自于 Autodesk CFD 的流动计算结果，因此可以在计算运行前和求解完成后开启设置。

1. 基本分析注意事项

(1) 流动

- 添加标量边界条件（值 = 1）来确定火源位置（烟气释放源）。可以在固体表面或墙壁面设置。标量值代表通过分析区域的燃烧产物的物质浓度。
- 设定其他边界条件、材料和网格分布等。
- 在“求解”对话框的“物理”选项卡中，单击“高级”按钮，开启“常规标量”。指定一个非零的扩散系数值。

㊀ Klote J，J Milke. 烟雾管理原则，2002 .

- 在很多烟雾可见度分析中，空气运动的驱动力至少来自于自然对流。为了使材料属性随温度变化，需要在“环境”对话框中选择“变量”选项。

(2) 热

- 指定所有入口的空气温度，这步是必需的。
- 在灯具、电器和设备上设置已知的热边界条件。不需设置器件温度，因为会通过仿真计算出来。
- 在外表面设置换热系数（如果需要的话）来仿真与外界环境的热交换（外壁面不设置换热边界条件时作为绝热面处理）。

在“求解”对话框，开启“流动”和“传热”。

2. 开启烟雾能见度

1）在运行分析前开启“烟雾能见度”功能。

- 在“求解”对话框的“控制”选项卡内，单击“结果量值”按钮。
- 勾选“烟雾能见度”。
- 要定义环境参数，单击“烟雾能见度”旁边的“参数”按钮。

2）在分析完成后开启“烟雾能见度”功能。

- 按照上述过程开启“烟雾能见度”。
- 在“求解”对话框的“控制”选项卡内，让“继续”起始于最后的迭代步。
- 设置“迭代步数”为0，然后单击“求解”。

分析会表现得像要开始一样，但不会再多算一步。而烟雾能见度的结果就会被计算而且可以显示出来。

6.9.2 烟雾能见度参数

烟雾能见度参数定义了烟雾能见度仿真中燃烧的物质、火焰的类型（阴燃或明火）和发光类型标识。

1. 消光系数

消光系数表现了不同燃烧模式的特征，见表6-10。

表6-10 消光系数

燃烧类型	对应的消光系数/(ft^2/lbm)
阴燃	21000
明火	37000

注意：消光系数的单位为 ft^2/lbm。

2. 标识能见度常数

标识能见度常数表示标识的能见度，见表6-11。

表6-11 标识能见度常数

场景类型	常数
灯光标识	8
反光标识	3
反射光中的建筑部件	3

3. 可燃物的燃烧微粒量

燃烧微粒量是基于燃料烟雾中所包含的微粒含量，是个烟雾透明度的重要参数，见表6-12。

表6-12 燃烧微粒量

可燃材料	微粒量
木材（红橡木）	0.015
木材（黄杉）	0.018
木材（铁杉）	0.015
纤维板	0.008
羊毛（100%）	0.008
丙烯腈-丁二烯-苯乙烯共聚物（ABS）	0.105
聚甲基丙烯酸甲酯（PMMA；Plexiglas™）	0.022
聚丙烯	0.059
聚苯乙烯	0.164
硅胶	0.065
聚酯	0.09
尼龙	0.075
硅橡胶	0.078
聚氨酯泡沫塑料（柔性）	0.188
聚氨酯泡沫塑料（硬性）	0.118
聚苯乙烯泡沫	0.194
聚乙烯泡沫	0.076
酚醛泡沫	0.002
聚乙烯（PE）	0.06
聚氯乙烯（PVC）	0.172
四氟乙烯（ETFE；Tefze™）	0.042
全氟烷氧基（PFA；Teflon™）	0.002
氟化聚乙烯-聚丙烯（FEP；Teflon™）	0.003
四氟乙烯（TFE；Teflon™）	0.003

6.9.3 评估烟雾能见度结果

烟雾能见度输出的结果显示了在模型中所有位置距标识的可见性。能见度距离在火源处会非常小，因为烟雾浓度很大。能见度距离火源远的地方明显比较高，表示随着烟雾浓度的降低，能见度变高。

注意： 烟雾能见度的默认单位为分析长度单位。

过滤、等值面和结果平面在显示烟雾能见度时非常有效。在图6-15和图6-16中，暗色的区域代表低烟雾能见度，以及靠近火源。

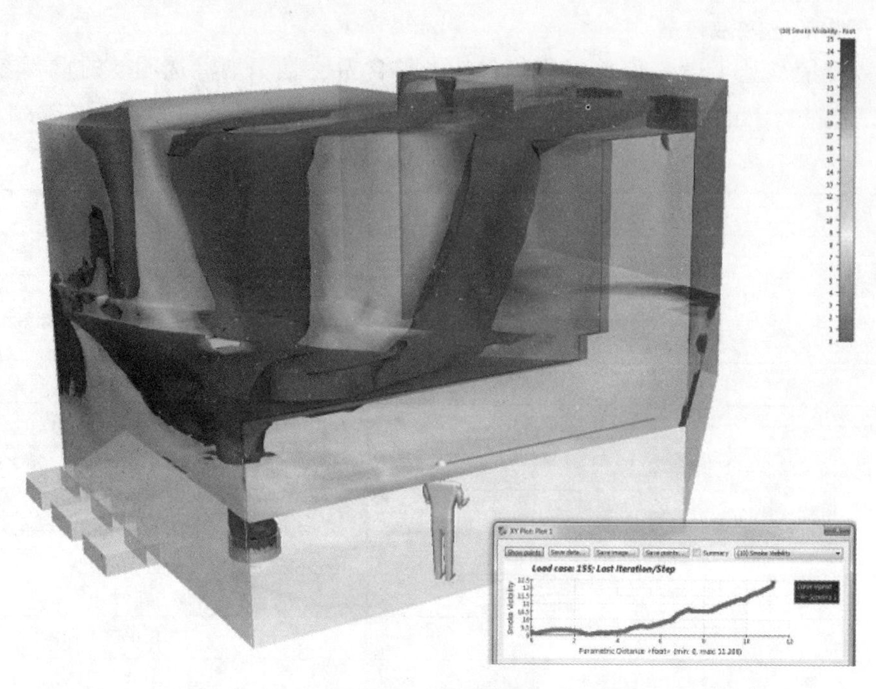

图 6-15　烟雾能见度

图 6-16　烟雾浓度

查看燃料的物质浓度，要在输出量中显示标量。

6.10　可压缩流

当一种流体可压缩时，流体的密度会随压力而变化。可压缩流通常是马赫数大于 0.3 的高速流动。例如，气流经过机翼或机舱时的空气动力学应用，以及流体流过高性能阀门时的工业应用。

不可压缩流不会随密度而变化。可压缩性与不可压缩性的关键不同在于流速。流体在流速小于0.3马赫的情况下会认为是不可压缩的，即使是气体也是如此。气体在流过压缩机时也不是真正被认为是可压缩的（在热力学情况下），除非它的速度超过了0.3马赫。这点非常重要，因为可压缩流的分析会很困难，需要比不可压缩流更长的计算时间。

在 Autodesk CFD 中，亚音速可压缩性和完全可压缩性的差别也是基于马赫数。

亚音速可压缩流的马赫数介于0.3~0.8之间。压力和密度的关系较弱，并且在流动时不会计算激波。

可压缩流的马赫数高于0.8。压力会对密度有很大影响，并且会产生激波。压缩流发生在跨音速（$0.8<M<1.2$）或超音速（$1.2<M<3.0$）下。在超音速流动中，压力效果仅传递到下游，上游不会受到条件影响并妨碍下游。

给定音速为α，则可由式（6-7）计算：

$$\alpha=\sqrt{\gamma RT} \tag{6-7}$$

式（6-7）中，$\gamma=1.4$（空气），R=气体常数，T=参考静温（绝对单位）。

速度V根据音速α和马赫数由式（6-8）得出：

$$V=\alpha M \tag{6-8}$$

总温T_t也是关键参数，是静温与动温之和。式（6-9）和式（6-10）是两种计算总温的方法：

$$T_t=T+\frac{V_i^2}{2C_p} \tag{6-9}$$

$$T_t=T\left(1+\frac{\gamma-1}{2}M^2\right) \tag{6-10}$$

- V是速度。
- C_p是气体比热。对于空气，$C_p=1005\ \mathrm{m^2/(s^2\ K)}$。

注意，总温必须设置为恒定值，不会发生传热并作为会发生传热的边界条件。

总压P_t在可压缩流分析中是另一个有用的量值，是静压与动压的总和。

如果流动加速穿过几何收缩口截面达到音速，流动会被认为是堵塞的。当堵塞时，不会有更多的质量穿过收缩区域，甚至压降会增加（由于降低了出口回流压力）。喉管下游的流动会被加强从而变成超音速。

1. 基本求解策略

可压缩流分析通常对边界条件和材料属性比不可压缩流分析更加敏感。如果设置没有定义实际流动状况，分析就会非常不稳定，并且可能无法收敛。

有鉴于此，我们建议用户理解流动状态然后进行分析。适当的设置边界条件和材料属性会极大地提高分析的成功率。

2. 试算

有个很有用的技巧就是在开始新的分析时用简化的二维模型来试算，以便确保所有的条件是正确的。前后矛盾的设置会在二维模型运行时很快表现出来，能很快找出分析的问题。当恰当定义分析设置时，这些设置（通常）可以用于更大的三维（或更复杂的二维）模型中，这样可以更有信心地对网格而不是基础设置进行调整。

3. 网格划分

要捕捉物理单元，如激波，网格尺寸在关键区域就不得不非常细密。在非关键区域可以减少网格密度。有一个控制网格过渡得很好的指导方针就是网格的尺寸在相邻的液体区域的过渡因子不要大于4。通常情况下，稀疏的网格会更稳定但精确度较差。因此，作为对上述的试算过程的补充，某些情况下建议使用稀疏的网格来对分析进行设置，当用户确定设置之后再加密网格以便提高精度。

4. 材料

要允许密度变化，打开“材料环境”对话框，选择变量。如果运行工况与默认值不同，右击设计分析栏的材料分支，单击编辑环境参考。设置适当的静压和静温。因为密度使用这两个值计算，环境压力需要准确的计量参考点才能正确。

5. 传热

要计算可压缩流分析中的传热，在进口使用总温边界条件来代替静温。总温也应当用于任何已知温度条件的固体或壁面（不要用静温边界条件来定义可压缩流分析中的已知温度。在壁面上，静温与总温是相同的，但也要按照总温设置）。在“求解”对话框，设置传热为开启。如果开启传热，在“求解”对话框中，总温的值会被忽略。

注意，当可压缩流分析中出现传热时，粘度耗散、压力做功和动能项都会被计算。只有在需要求解传热，或者流速大于3马赫而粘度耗散非常重要，抑或要捕捉到非常不稳定的激波时才需要开启传热。

正确设置总温非常重要。一个好的测试方法是运行0步迭代，然后检查进口的马赫数是否是预期值。如果不是，调整相应的总温和入口边界条件。

如果不计算传热，就必须在“求解”对话框设置总温。总温的计算公式见式（6-9）或式（6-10）。

6. 绝对值、总值、静值和动值

绝对项用于连接压力。通常，压力方程的求解是相对压力。相对压力不包括重力压头、旋转压头或参考压力。是压力的一部分，在动量方程中受到速度的直接影响。绝对压力加上了在压力方程中计算得到的重力压头、旋转压头和参考压力。以 P_{rel} 为相对压力，则绝对压力的计算为式（6-11）：

$$p_{\text{absolute}} = p_{rel} + p_{ref} + \rho_{ref} \sum_i g_i X_i + \rho_{ref} \sum_i \omega_i^2 X_i^2 \tag{6-11}$$

式（6-11）中，*ref* 下标代表参考值，*i* 下标代表3个坐标轴方向，g 为重力加速度，ω 为旋转速度。参考密度用参考压力和温度在分析开始时计算出来。对于密度不变的流动，参考密度是个定值。对于没有重力加速度或旋转压头的流动，相对压力为表压。

动力项和静力项经常用在可压缩流中。动力值的动能项为式（6-12）和式（6-13）：

$$T_{\text{dynamic}} = \frac{V^2}{2c_P} \tag{6-12}$$

$$T_{dynamic} = \frac{1}{2}\rho V^2 \tag{6-13}$$

注意，比热用于计算动温，不是属性窗口中输入的热值，而是用式（6-14）计算的机械值：

$$c_p = \frac{\gamma R_{gas}}{\gamma - 1} \tag{6-14}$$

式（6-14）中，γ 为定压比热与定容比热的比值，R_{gas}是气体的气体常数。

静温由能量方程求解得到。在绝热情况下，能量方程用于确定静温的是恒定总温方程。因此，静温是总温或停滞温度减去动温。

静压是之前给出的绝对压力。总温是静温和动温之和，而总压是静/绝对压和动压之和。

6.11 自由液面

利用自由液面的建模功能，用户可以动态地模拟液体和气体的接触表面。

1. 自由液面的应用案例

自由液面仿真可以用在很多不同的应用中，下面介绍一些案例。

（1）液体在水箱中的运动

- 泼溅：液体在不完全装满的容器中是如何运动的。
- 搅动：在有插入或半插入的搅拌器、挡板，以及多个进口和出口或水箱运动时液体在水箱中的流动行为（水箱的运动包括在运输过程中的振动和移动）。
- 混合：不同流体的浓度。

（2）水路运输与设施

- 市政设施：水坝、暗沟、泄洪道和堤堰。
- 阀门：明渠流动。
- 水箱：填满/灌入周期或进出口持续流动，如图6-17和图6-18所示。

图6-17　运油卡车

图6-18　泄洪闸口

2. 设置自由液面仿真

当设置模型时，要考虑模型的液体。确定CAD模型中包括液体区域。设置的材料和边界条件仅基于液体。气体（空气）所在的区域可以认为是空的液体。

- 在包含或将包含流体的零件设置液体材料。不要在当前没有流体或者将要包含流体的零件设置气体。CFD不允许把多种材料设置在同一个零件上。
- 要表明液体在哪里进入求解域，设置流动边界条件（速度、体积流量）。

- 如果求解域全部或者部分在时间为0时是满的，那么设置“液面高度”初始条件来表明液体的初始位置。创建初始液面高度时的几何体。注意，要设置液面高度条件，需改变“选择模式”为“体”。
- 如果水箱在时间为0时是空的，那么设置该体为液体材料，但是不要设置页面高度初始条件，否则会有液体预先进入该区域。
- 为所有流体零件和将要被流体填充（或部分填充）的零件划分网格。自由液面仿真所需网格较多。需要在液体和空气交界面加密网格。确保气-液交界面定义了很好的网格。

CFD以瞬态方式运行自由液面仿真，并且自动计算时间步。

3. 开启自由液面步骤

- 打开“求解”对话框（“设置”（选项卡）→“求解”（面板）→“求解”）。
- 在“物理模型”选项卡中单击“自由液面”按钮。
- 在“自由液面”对话框，勾选“启用自由液面”复选框。
- 用“重力矢量”设置作用于液体上的加速度。用户也可以用“加速”参数来设置更多加速效果。这些命令对于仿真类似移动水箱的受力十分有用。
- “ADV1”对流格式默认开启，但是最好先确认“ADV1”在仿真中是否开启。开启方式，单击“求解”对话框中的“控制”选项卡，单击“求解控制”和“对流（A）”按钮，选择“ADV1”（如果没被选中的话）。

4. 可视化自由液面结果

自由液面仿真完成后，可查看结果中的液体。

- 要查看流动外形，右键单击模型之外的区域，并选择自由液面，如图6-19所示。

图6-19 自由液面结果

- 要显示VOF结果量值，单击右键，然后在结果菜单中选择VOF。气-液边界会以VOF值为0.5表示。
- 要看到液体流动，把VOF显示为等值面，并且开启矢量，如图6-20所示。

5. 自由液面功能的限制

物理上，自由液面现象所覆盖的物理应用十分广泛。然而，在仿真模型中有一些限制。自由液面模型不能用于仿真下列应用：

- 喷雾器和喷嘴
- 气体/燃料混合和雾化
- 风带动的液滴和雨

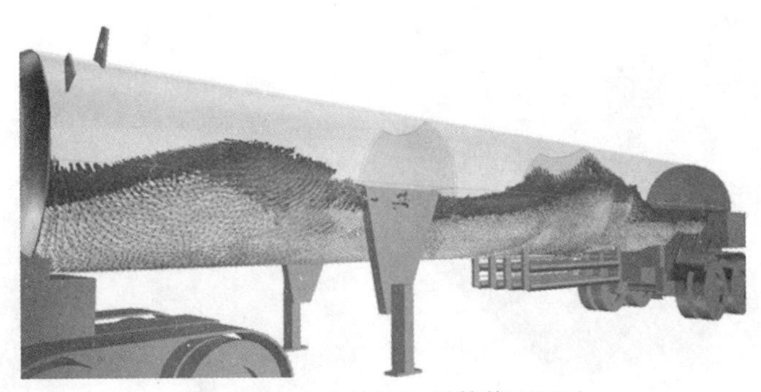

图 6-20 自由液面矢量等值面显示

- 油漆粘着在墙壁上
- 表面张力
- 铸造和填料时的针孔和细孔仿真

6. 自由液面仿真案例

要开始这个案例，先要保证左侧的蓄水池是满的，右侧是空的。两个水池被墙隔开且之间有门可以允许水流互通，如图 6-21 所示。

1）几何：两个蓄水池和中间的门作为 3 个独立的 CAD 零件。

2）材料：3 个零件都设置为水，如图 6-22 所示。

图 6-21 蓄水池模型

图 6-22 几何模型与材料

3）边界条件：这里没有进口或出口，因为流动在求解域内，也就是不设置边界条件。注意，压力边界条件会自动应用于气 - 液交界面，因此在此模型中不必添加额外的压力边界条件。

4）初始条件：因为左侧的蓄水池开始时是装满水的，所以在它上面应用“初始页面高度”初始条件，如图 6-23 所示。

5）网格划分：使用自动剖分，但是要加密空气和水交互的地方。本例中，主要是门和右侧蓄水池内，如图 6-24 和图 6-25 所示。

6）求解：

- 在“求解”对话框的“物理模型”选项卡中，单击“自由液面”按钮，勾选“启用自由液面”复选框。

图 6-23　初始条件

图 6-24　网格节点

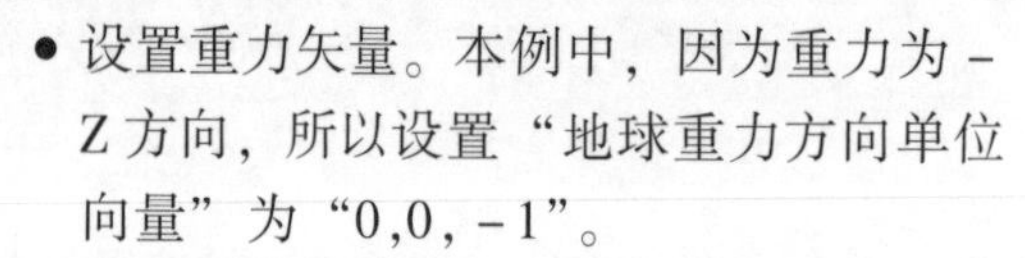

- 设置重力矢量。本例中，因为重力为 -Z 方向，所以设置“地球重力方向单位向量”为“0,0, -1”。
- 在“控制”选项卡中，“求解模式”自动设置为“瞬态”，并且时间步长自动设置为 0.01。
- 如果用户希望生成结果的动画，就在“保存中间结果”→“结果”中设置一个值。
- 设置“时间步数”（本例中使用“1400”），单击“求解”按钮。

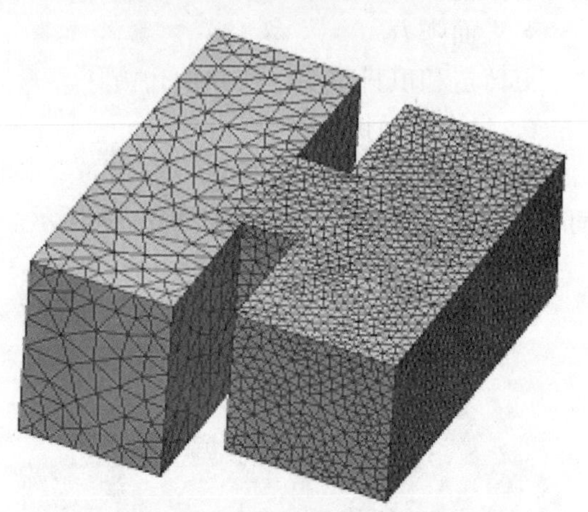

图 6-25　网格预览

7）结果：

- 要查看流动形状，可右键单击模型之外的区域，然后在弹出的快捷菜单中选择“自由液面”。

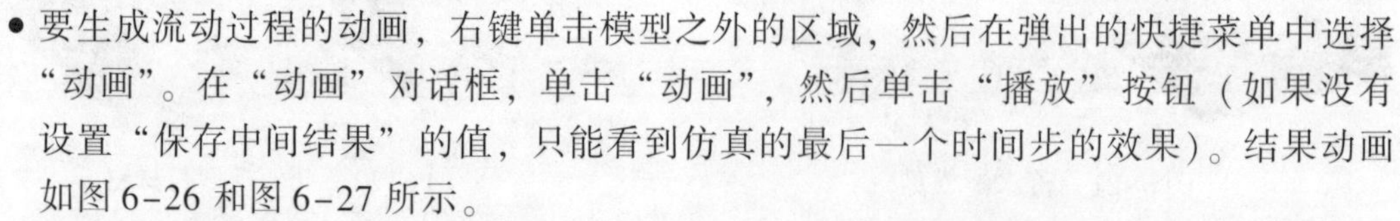

- 要生成流动过程的动画，右键单击模型之外的区域，然后在弹出的快捷菜单中选择“动画”。在“动画”对话框，单击“动画”，然后单击“播放”按钮（如果没有设置“保存中间结果”的值，只能看到仿真的最后一个时间步的效果）。结果动画如图 6-26 和图 6-27 所示。

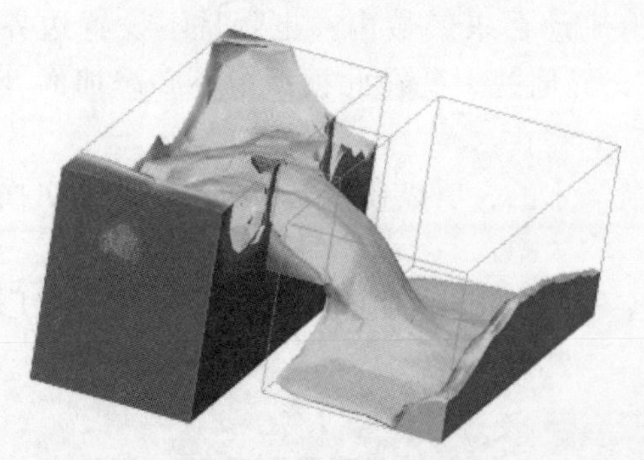

图 6-26　流动状态结果

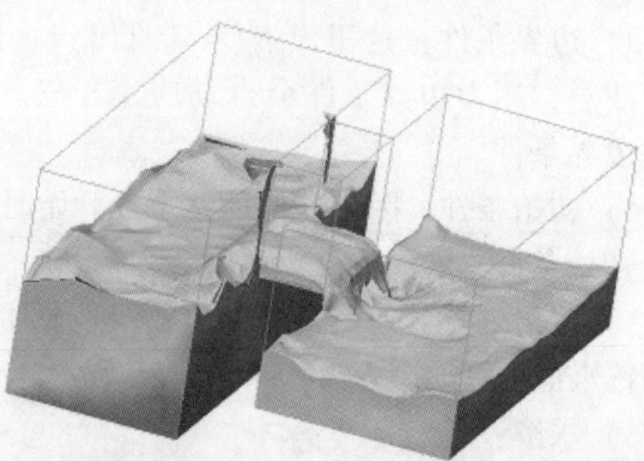

图 6-27　自由液面计算结果

可以看到，水从左侧蓄水池流入右侧蓄水池，直到两侧水平面相同。

注意：当使用 CFD Flex，还有一些“标志”参数可以用于减少上传和下载时间。

第 7 章 Autodesk CFD 行业最佳实践

7.1 建筑行业最佳实践

建筑（AEC）工程分析通常包含 3 个主要类别：

- 机械通风。
- 外部气流或风载荷。
- 自然通风。

多数 AEC 分析的典型对象包括：

- 通过了解居住区内的温度分布来确认内部舒适度和维护运行效率。
- 确定居住区散热原因与散热量。
- 通过优化气流组织系统的效率来减少单位小时换气次数并节约运行成本。
- 检测散流器的布置与流型以评估定制 HVAC 安装的效果。

这组议题描述了针对 AEC 领域应用的专门流程和技术，用以进行高效的仿真。另外，这套主题给出了所有 AEC 分析的建模指南。

1. 机械通风

机械通风分析仿真气流管理系统控制下的空间。这种系统通常包括散流器、风机和回风设计的网络以确保居住区有合适的气流和温度控制。

案例包括：

- HVAC 系统研究。
- 数据中心。
- 实验室。
- 污染物或烟气排放分析。

2. 风载荷

风载荷分析仿真建筑物、大标志牌和其他结构中的气流及其对结构载荷产生的效果。

案例包括：

- 流动吹过或围绕建筑物。
- 贴附和非贴附在物体上的外部气流效果。
- 窗户上的风载荷。
- 工业招牌上的风载荷。
- 照明板上的风载荷。
- 建筑物表面的气流冲击效果。

3. 自然通风

自然通风一般是指由于空气密度被温度所改变而产生气流运动。也许有风机和其他机械

设备存在，但不影响空气的主要运动。在很多结构中，使环境中的空气穿过门窗的自然通风的动力来自浮升力的驱动。

案例包括：

- 自然流动和热现象，通常包括浮升力驱动的流动。
- 市政建筑中的自然通风，
- 室内冷凝和热分层。

4. AEC 分析策略

在之后的专项主题中，有很多分析策略可用于所有的 AEC 仿真中。这些主题描述了 Autodesk CFD 的功能如何应用于 AEC 分析中以进行有效率的仿真模拟。包括：

- AEC 应用中的几何建模方法。
- AEC 应用中的材料。
- AEC 应用中的热边界条件。
- AEC 应用中的网格。

7.1.1 机械通风

机械通风分析仿真气流管理系统控制下的空间。这种系统通常包括散流器、风机和回风设计的网络以确保居住区有合适的气流和温度控制。

1. 应用案例

- 数据中心优化。
- 实验室和校园区域的能源审计。
- 火灾污染物/烟气能见度与排放。
- 在空间或住所内的人员热舒适度。
- HVAC 系统设计。
- 散流器布局与内部流型。

2. 建模策略

(1) 大多数机械通风应用的元素组成

大多数机械通风组成元素如图 7-1 所示。

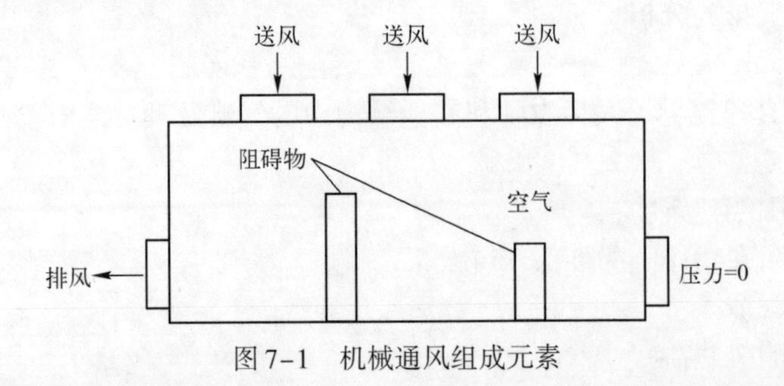

图 7-1 机械通风组成元素

- 空气域。
- 内部物体。
- 送风（通风口、散流器、风扇等）。

- 排风（调节器、通风口、风扇等）。

（2）机械通风模型主要的建模考量

1）删除多余特征以简化模型。通过简化或重建零件把不影响仿真结果的细节删除。

2）模型必须包含设备内部的空气体，这点需要特别注意，因为物理模型可能不包含这个体部件。如果几何模型是密闭的，Autodesk CFD 能够自动创建内部体。如果不密闭，需要修改 CAD 模型使之封闭所有缝隙，然后用 Autodesk CFD 中的填充流域工具创建内部体。

3）为了确保边界条件和内部流动之间有足够的空间，一个比较好的经验是在 CAD 模型中把开口延伸出来。

- 对于只进行流动分析的案例十分有用。当温度边界条件用于开口时，这样做是必需的。这样可以确保在开口和相邻墙壁之间有足够的距离，而相邻墙壁的温度是未知的。
- 将开口至少延伸到表面的水力半径大小。

（3）材料

将空气材料赋予所有空气域。

- 用风扇或速度驱动机械通风流动时，由于热分层不明显，空气属性不会发生变化。
- 如果某些（或全部）空气流动是由于自然对流（浮升力）导致的，那么要把环境设置成变量。这样可以让空气属性随温度而变化，而且温度结果梯度大的地方会发生空气流动。

注意，对于大多数机械通风应用，浮升力效果可以忽略不计，环境设定中应当设置为定值。这样做的一个优点是流动求解独立于温度分布，也就是说，流动和热传递的求解可以独立运行。这样可以加快计算速度并灵活地使用相同的流动结果计算不同热分析方案。

默认空气属性为 20℃。如果运行温度高于 32℃或低于 10℃，要将工况环境温度改为相适应的数值，以确保空气密度是匹配的。

其他一些在 AEC 应用中经常用到的材料类型：

- 固体。
- 内部风扇。
- 阻尼体。

（4）边界条件

1）流动边界条件。

在已知工况下，空气在内部空间进行进进出出的机械运动，用边界条件来定义这些工况及其位置。

- 进口：在每个进口设置体积流量（散流器或送风位置）。
- 出口：设置静压 =0（回风、排风或开口）。

如果进风口和出风口的流量已知，就将流量加载在所有开口，只剩下一个，赋值为：静压力 =0。

对以下流动边界条件，还需要考虑其他因素。

- 在模型的最外表面设置流动边界条件。
- 在开口处设置流量或压力中的一个，而不是同时设置两个。
- 模型中至少要设置一个压力边界条件。

流动边界条件设置如图 7-2 所示。

当设置流动工况时，改变流动方向时用箭头在表面显示出来是一个不错的主意。如果箭头显示的流动方向是错的，那么单击边界条件编辑对话框中的“法线反向”按钮。

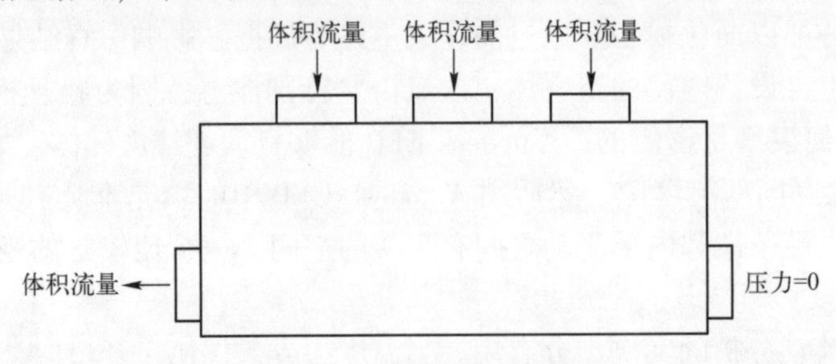

图 7-2 流动边界条件设置

2）热传递边界条件。

如果要考察对象的温度分布，就要设置热传递边界条件。

- 将温度边界条件设置在所有空气入口而不要设置在出口。
- 在发热的零件上设置总热量或单位体积热量。注意，功耗会在整个发热体上均匀分布，而热传递到相邻流体或零件上时会基于其导热性系数。
- 要仿真周围的传热条件，可在其外表面设置换热系数、热流密度、总热流量、辐射或温度边界条件。

（5）网格

高质量的分析模型的基本规则是要有足够的网格分布来有效地考察温度和流动的变化。在流动循环或者根据经验会产生大的变化（如尾流、旋涡和分离区）时，就需要加密网格。

对于大多数模型来说，可以使用自动网格划分来定义网格。对于有很多细节的几何特征来说，可能需要进行局部加密。

某些情况下，需要调整最小加密长度以减少整体网格数。

在高流动变化区域设置网格局域加密：

1）调整网格在几何体和表面上的网格分布。

2）如果在特殊的区域没有合适的网格，就建立一个网格加密域。

- 在 CAD 模型中添加一个或多个体。
- 从网格任务中建立一个加密域。

（6）运行

在“求解”对话框的“物理模型”选项卡中：

1）“流动” = “开启”。

2）如果求解热传递：

- “传热” =“开启”。
- “自动强迫对流” =“开启”。

在“求解”对话框的“控制”选项卡中，设置“运行迭代数” =750。

设置“运行迭代数”为 750，这是要运行的最大迭代数（这对于多数机械通风仿真是足够的）。Autodesk CFD 在运行到 750 步迭代或达到收敛后停止。如果开启了热传递和自动强迫对流，Autodesk CFD 会在流动求解完成后自动计算温度分布。

(7) 其他求解器功能

- 仿真表面之间的辐射和日照加热，开启辐射。模型中的高温零件或者开放性火源（如烟雾能见度）是辐射的很好的应用场景。开启辐射的方式是在“物理”选项卡中勾选“辐射”复选框。
- 要仿真日照加热（白天或稳态），可开启“辐射”并单击“太阳辐射”按钮，然后设置“时间”“日期”“位置”“日照方向”。
- 要仿真浓度混合，尤其是对烟雾分析和化学污染研究时，开启“常规标量”求解器（单击“物理”选项卡中的“高级”按钮）。
- 要仿真湿气凝结，打开湿度求解器（单击“物理”选项卡中的“高级”按钮）。
- 要计算热舒适度，单击“控制”选项卡中的“结果量值”按钮，并选中“热舒适度”。
- 要计算烟雾可见度，单击“控制”选项卡中的“结果量值”按钮，并选中“烟雾可见度”。

(8) 提取结果

- 使用结果平面和等值面来显示物体内部和附近的流动。
- 使用粒子迹线来显示气流运动。
- 直接在部件上显示温度并使用结果部件获得温度值。
- 使用“决策中心”对比不同工况的结果。保存“摘要图像”来创建摘要项目，并且在关键值中评估结果。

对于多数普通信息，用结果可视化工具可获得更多的关于流动和传热的结果。

7.1.2 风载荷

风载荷分析仿真建筑物、大标志牌和其他结构中的气流及其对结构载荷产生的效果。

1. 应用案例

流动吹过或围绕建筑物，如图 7-3 所示。

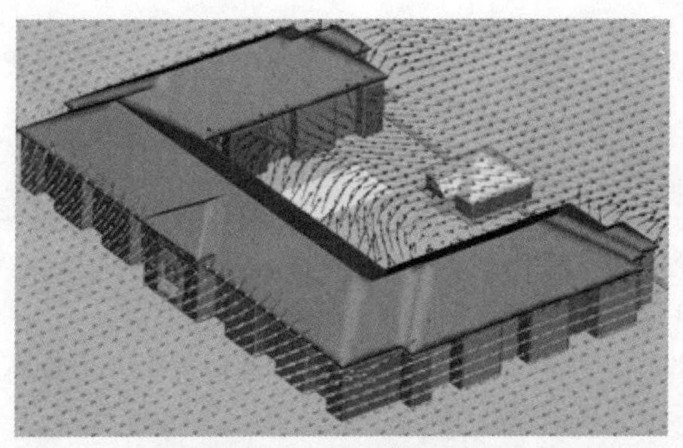

图 7-3 流动吹过或围绕建筑物

外墙上的风载荷如图 7-4 所示。

2. 建模策略

必须建立外部流域。在很多案例中，外部流域是个开放环境。

- 在 CAD 模型或用 Autodesk CFD 的外部体工具添加这个体（推荐在 CAD 模型中创建，

因为可以与建筑的地平面共面）。

- 使用推荐的尺度建立环境的几何尺寸，如图 7-5 所示。

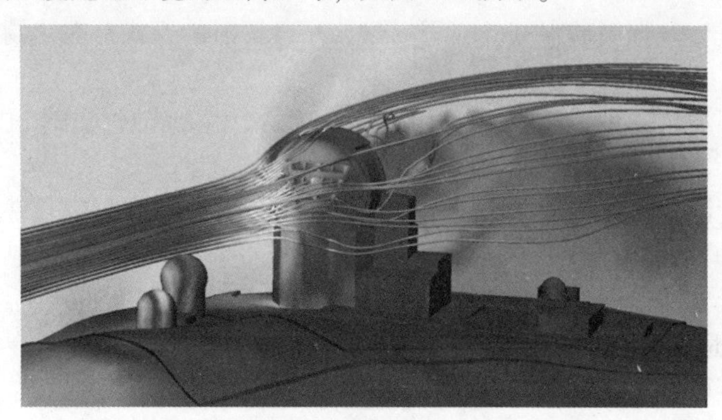

图 7-4　外墙上的风载荷

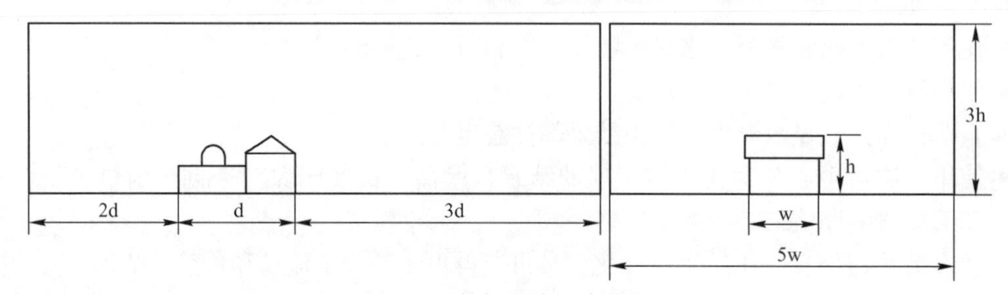

图 7-5　外部流域尺寸设置

- 删除多余特征以简化模型。通过简化或重建零件把不影响仿真结果的细节删除。

（1）材料

将“空气”材料赋予所有空气域。

- 用强迫流动模型（风扇或速度驱动）时，由于热分层不明显，空气属性不会发生变化。
- 如果某些（或全部）空气流动是由于自然对流（浮升力）导致的，就要把环境设置成“变量”。这样可以让空气属性随温度而变化，而且温度结果梯度大的地方会发生空气流动。

注意，对于大多数机械通风应用，浮升力效果可以忽略不计，环境设定中应当设置为固定。这样的一个优点是流动求解独立于温度分布。也就是说，流动和热传递的求解可以独立运行。这样可以加快计算速度并灵活地使用相同的流动结果计算不同热分析方案。

默认空气属性为 20℃。如果运行温度高于 32℃或低于 10℃，就要将工况环境温度改为相适应的数值，以确保空气密度是匹配的。

其他一些在 AEC 应用中经常用到的材料类型：

- 固体。
- 内部风扇。
- 阻尼体。

（2）边界条件

风载荷中的边界条件是直吹的，如图 7-6 所示。

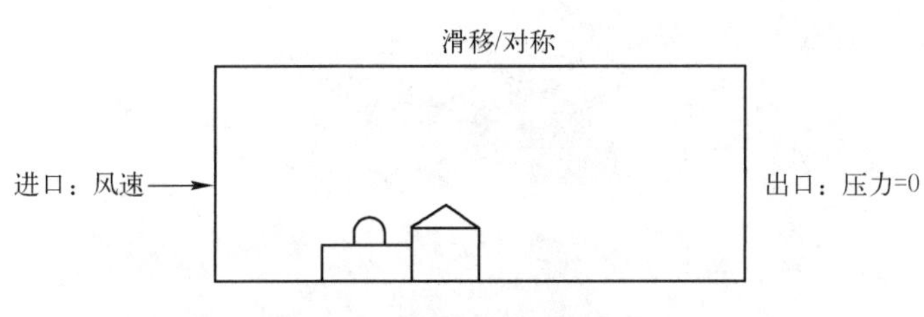

图7-6 风载荷边界条件

- 定义空气体入口时，设置风速为速度边界条件。
- 空气体的出口设置为“静压” =0。
- 如果空气域是用于仿真自由空间环境（不是风管），就设置其顶面和侧面为滑移/对称（不要设置底面，因为空气在地面不会发生运动）。

(3) 网格

高质量的分析模型的基本规则是要有足够的网格分布来有效地考察温度和流动的变化。在流动循环或者根据经验会产生大的变化（如尾流、旋涡和分离区）时，就需要加密网格。

对于大多数模型来说，可以使用自动网格划分来定义网格。对于有很多细节的几何特征来说，可能需要进行局部加密。

某些情况下，需要调整最小加密长度以减少整体网格数。

在高流动变化区域设置网格局域加密：

1）调整网格在几何体和表面上的网格分布。

2）如果在特殊的区域没有合适的网格，建立一个网格加密域。

- 在CAD模型中添加一个或多个体。
- 从网格任务中建立一个加密域。

(4) 运行

在“求解”对话框的“物理”选项卡中：

1）“流动”=“开启”。

2）如果求解热传递，就设置

- “传热”=“开启”。
- “自动强迫对流”=“开启”（如果材料的“环境”设置为“变量”，则不要开启）。

在“求解”对话框的“控制”选项卡中，设置运行迭代数=750。

设置运行迭代数为750，这是要运行的最大迭代数（这对于多数风载荷分析仿真是足够的）。Autodesk CFD在运行到750步迭代或达到收敛后停止。如果开启了热传递和自动强迫对流，Autodesk CFD会在流动求解完成后自动计算温度分布。

(5) 提取结果

- 使用结果平面和等值面来显示物体内部和附近的流动。
- 使用粒子迹线来显示气流运动。
- 直接在部件上显示温度并使用结果部件获得温度值。
- 使用决策中心对比不同工况的结果。保存摘要图像来创建摘要项目，并且在关键值中评估结果。

等值面结果矢量图如图7-7所示。

图 7-7 等值面结果矢量图

对于多数普通信息，用结果可视化工具可获得更多的关于流动和传热的结果。

7.1.3 自然通风

自然通风一般是指由于空气密度被温度所改变而产生气流运动。也许有风机和其他机械设备存在，但不影响空气的主要运动。在很多结构中，使环境中的空气穿过门窗的自然通风的动力来自浮升力的驱动。

1. 应用案例

- 自然流动和热传递现象，通常包括浮升力驱动的流动。
- 市政建筑中的自然通风。
- 室内冷凝和热分层。

2. 建模策略

（1）自然通风模型的建模考量

- 删除多余特征以简化模型。通过简化或重建零件把不影响仿真结果的细节删除。
- 模型必须包含设备内部的空气体。这点需要特别注意，因为物理模型可能不包含这个体部件。如果几何模型是密闭的，Autodesk CFD 能够自动创建内部体。如果不密闭，需要修改 CAD 模型使之封闭所有缝隙，然后用 Autodesk CFD 中的填充流域工具创建内部体。

1）只有内部流动。

如果要仿真封闭腔内的自然通风，就要对其结构、相关对象和内部空气体建模，如图 7-8 所示。

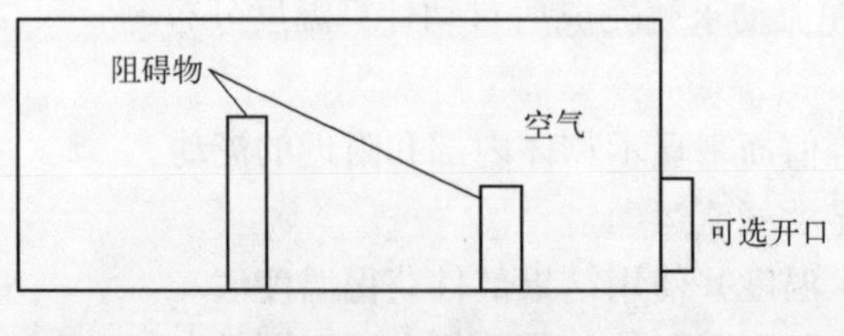

图 7-8 只有内部流动

如果结构带有开口，为了确保边界条件和内部流动之间有足够的空间，一个比较好的经验是在 CAD 模型中延伸开口。

- 对于只进行流动分析的案例十分有用，当温度边界条件用于开口时这样做是必需的。这样可以确保在开口和相邻墙壁之间有足够的距离，而相邻墙壁的温度是未知的。
- 将开口至少延伸到表面的水力半径大小。

2）内外流动结合。

如果建筑有通风口，风载荷也是建筑物内自然通风的考虑因素之一，就要建立一个外部的体：

- 在CAD模型或用Autodesk CFD的外部体工具添加这个体（我们推荐在CAD模型中创建，因为可以与建筑的地平面共面）。
- 使用推荐的尺度建立环境的几何尺寸，如图7-9所示。

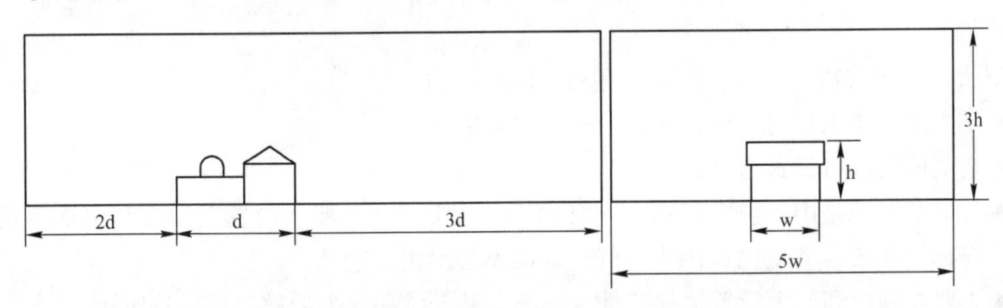

图7-9 内外流动结合

（2）材料

将空气材料赋予所有空气域。

要把环境设置成变量，这样可以让空气属性随温度而变化，而且温度结果梯度大的地方会发生空气流动。

如果运行温度高于32℃或低于10℃，要将工况环境温度改为相适应的数值，以确保空气密度是匹配的。

其他一些在AEC应用中经常用到的材料类型：

- 固体。
- 内部风扇。
- 阻尼体。

（3）边界条件

1）仅有内部流动。

- 给发热部件添加总热量边界条件。
- 要仿真周围的传热条件，可在其外表面设置换热系数边界条件。换热系数的值取决于物理设备的外界空气情况：
  - 如果空气静止，设为5 W/(m^2·K)。
  - 如果空气流动，设为20 W/(m^2·K)。
  - 设置参考温度为环境温度。
- 如果建筑物有开口，设置每个开口的“静压”为0。
- 如果有多个开口，对每个开口设置温度边界条件，设置为环境温度值。
- 如果只有一个开口，为这个开口设置换热系数边界条件。换热系数使用5 W/(m^2·K)，并设置参考温度为环境温度。

2）内外流动结合，如图 7-10 所示。

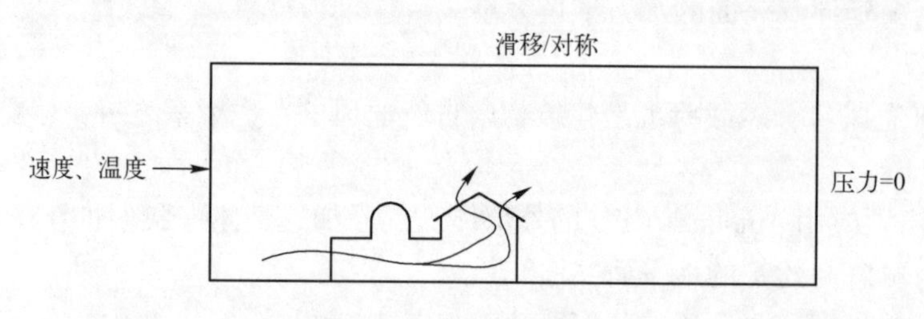

图 7-10 内外流动结合

气流进出建筑物，由风、浮升力和内部风扇驱动。

- 定义空气体入口时，设置风速为速度边界条件。
- 空气体的出口设置为“静压” =0。
- 如果空气域是用于仿真自由空间环境（不是风管），那么设置其顶面和侧面为滑移/对称（不要设置底面，因为空气在地面不会发生运动）。
- 不要在窗户和门上设置边界条件，气流会基于风和浮力的效果进出建筑物。

（4）网格

高质量的分析模型的基本规则是要有足够的网格分布来有效地考察温度和流动的变化。在流动循环或者根据经验会产生大的变化（如尾流、旋涡和分离区）时，就需要加密网格。

对于大多数模型来说，可以使用自动网格划分来定义网格。对于有很多细节的几何特征来说，可能需要进行局部加密。

某些情况下，需要调整最小加密长度以减少整体网格数。

在高流动变化区域设置网格局域加密：

1）调整网格在几何体和表面上的网格分布。

2）如果在特殊的区域没有合适的网格，建立一个网格加密域。

- 在 CAD 模型中添加一个或多个体。
- 从网格任务中建立一个加密域。

（5）运行

在“求解”对话框的“物理”选项卡中：

1）“流动” =“开启”。

2）如果求解热传递，就设置：

- “热传递” =“开启”。
- 重力矢量（使用地球，并设置方向）。

在“求解”对话框的“控制”选项卡中，设置运行迭代数 =750。

设置运行迭代数为 750，这是要运行的最大迭代数（这对于多数自然通风仿真是足够的）。Autodesk CFD 在运行到 750 步迭代或达到收敛后停止。如果开启了热传递和自动强迫对流，Autodesk CFD 会在流动求解完成后自动计算温度分布。

(6) 提取结果

- 使用结果平面和等值面来显示物体内部和附近的流动。
- 使用粒子迹线来显示气流运动，如图 7-11 所示。

图 7-11 气流运动的粒子迹线

- 直接在部件上显示温度并使用结果部件获得温度值。
- 使用决策中心对比不同工况的结果。保存摘要图像来创建摘要项目，并且在关键值中评估结果。

对于多数普通信息，用结果可视化工具可获得更多的关于流动和传热的结果。

7.1.4 AEC 应用中的几何建模技术

AEC 模型天生属于很复杂且包含广泛的几何元素。在 AEC 应用中，需要考虑很多因素以保证仿真的高效率、精确度和分析性能。

本主题中，有些内容是以 Revit 为例，但是基本的技术是适用于所有 CAD 软件的。

1. 模型复杂性

好的几何模型带有适量的细节，可以高效地进行 AEC 的仿真。建筑几何模型通常包括大长度尺度的跨度特征。考虑到小的几何特征会对整体仿真的效率有所影响，有时需要对其进行删除以保证仿真效率。

有些细节中的跨度为 3 mm，而整个空间为 1000 m^2，这就使得单元格会明显小于空气体。如果包含该细节，就会由于网格数很大而导致运算结果的模型很大，而且计算时间也很长。

例如，模型包括大量的场地和建筑细节，如图 7-12 所示。

如果要包含这么多细节，模型尺寸会非常大，而且这些细节不会对整体结果有明显影响。在将模型导入到 Autodesk CFD 之前，需要删除这些无关的细节并简化几何模型。适于进行分析的模型版本应该如图 7-13 所示。

2. 细节等级

很多设计模型中的必要细节对于 Autodesk CFD 仿真来说是不需要的。在把模型传输 Autodesk CFD 之前，可使用下列方法简化 Revit 模型。

1）要减少仿真模型的特征，从三维视图隐藏元素。在 Revit 的三维视图中隐藏的元素

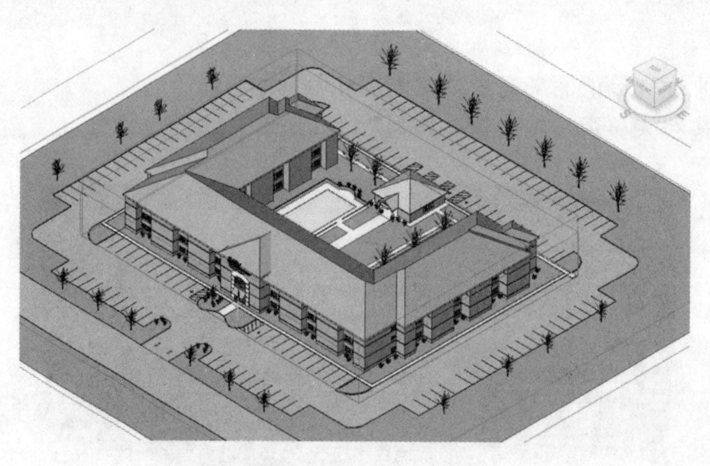
图 7-12 整体模型

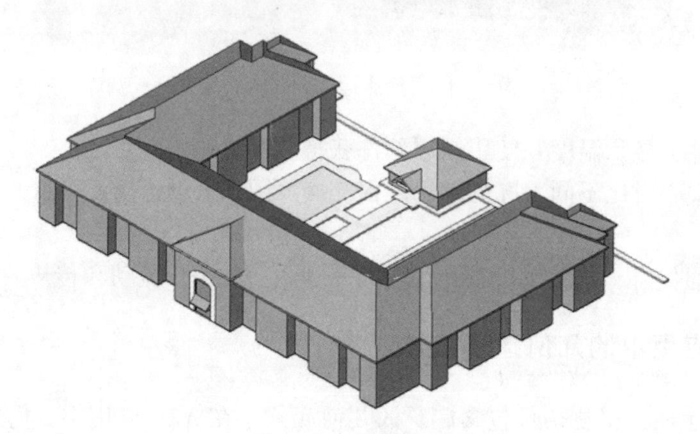
图 7-13 分析模型

不会传输到 Autodesk CFD 中。

- 删除或简化家具的细节特征。
- 减少或用更简单的特征替换：小直径管道、圆角、倒角、孔、把手和导轨，如图 7-14 所示。

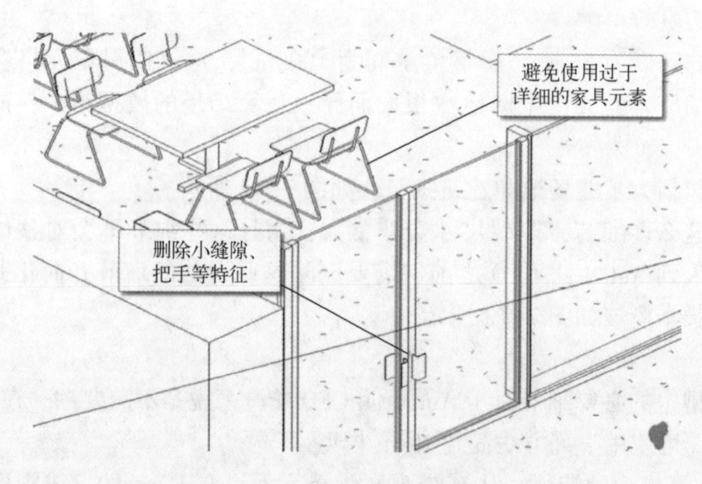

图 7-14 删除细小特征

2）在 Revit 中快速隐藏多个对象，右键单击并选择“所有实例”。

3）要隐藏多个类别，使用可见性/图形替换（快捷键为〈V+G〉），如图 7-15 所示。

图 7-15　Revit 中的“可见性/图形替换”窗口

4）要减少大建筑模型中不必要的部分，选择“剖面框”。

注意：剖面框可能会引起基于表面的设置（如边界条件和面材料）在 BIM（Build Information Modeling，建筑信息模型）模型修改和设计更新时丢失。用户应该检查已经更新的设计以确保所有的设置已经按照需要设置好了。

3. 模型完整性

在将模型输入 Autodesk CFD 之前，需要检查其冲突和细缝。以下方法以 Revit 为例，但也可以用于其他任何 CAD 软件。

- 确保墙壁、地板和天花板闭合。
- 用细线视图选项检查结构细节。
- 用合并和对齐命令确保墙壁完全对准。
- 避免结构体（如梁和柱）和相邻几何体之间小的冲突和缝隙。

如图 7-16 所示，在梁和柱的结构和包层之间存在一点冲突。

提示：在这种情况下，最简单的避免冲突的方法就是在 CAD 模型中隐藏或删除结构元素。

4. 相关性

1）元件名称：在 Autodesk Revit 模型中的族类别、族名称和类型会在 Autodesk CFD 中以元件名称出现在设计分析栏中。这样保持了 Autodesk CFD 和 BIM 模型的一致性，而且可以用规则来对大量几何体添加材料属性和边界条件。

注意：单个草图生成的多实体固体在 Autodesk CFD 中有可能会命名为“CAD 体积”。这可能在设计被克隆和更新时会影响相关设置。为了避免这种情况，建议对固体中的每个体分别拉伸。

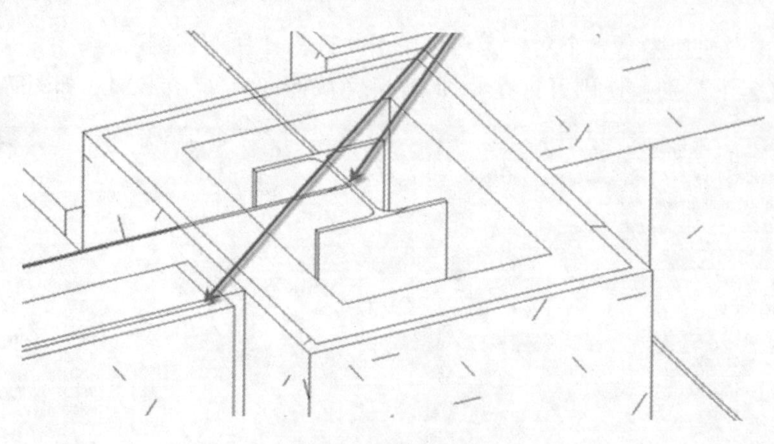

图 7-16　结构冲突

2）参数化相关：在设计几何体被克隆和更新时，设置的保存比之前的版本更加严谨。在设计修改时保存应用条件和几何模型的相关，改进了设计分析流程。

注意： *在设计更新后应当检查仿真模型以确保设置无误。*

5. 创建空气体

在每个空气流动的仿真中都需要有专门的空气体。因为大多数 AEC 的 CAD 模型只包含实体，所以需要再添加流体域。有以下 3 种方式可以添加空气体。

（1）方法 1：确保体积是“气密”的

当模型从 CAD 中传输到 Autodesk CFD 后，会自动在完全闭合的空腔内添加内部体，如图 7-17 所示。

- 这些体会在设计分析栏中列出，并作为仿真模型的一部分。
- 将这些体设置为空气材料。

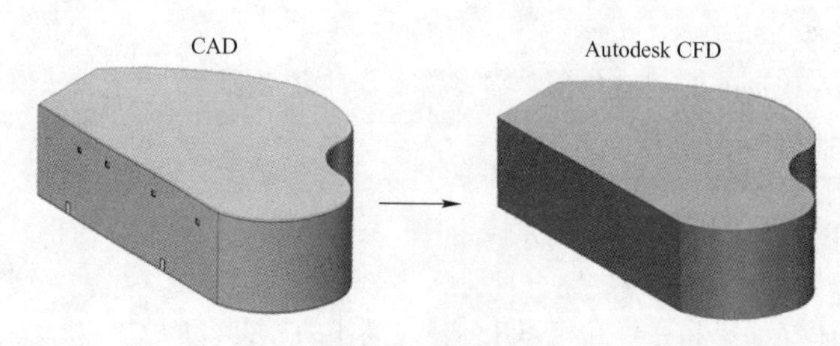

图 7-17　模型传输

下面进行未生成流体体积时的问题分析。

如果模型看起来是气密的，但是没有在 Autodesk CFD 里生成新的体，可能是因为几何体上有些缝隙、孔或开口，可以使用以下办法来确定其位置。

1）视觉检查。

- 使用三维视图来检查缝隙。在边缝集中的地方通常意味着有缝隙，如图 7-18 所示。
- 使用 Autodesk CFD 网格诊断工具来确定小面和短边。这些特征可能会指示出地板和墙壁之间的缝隙，如图 7-19 所示。

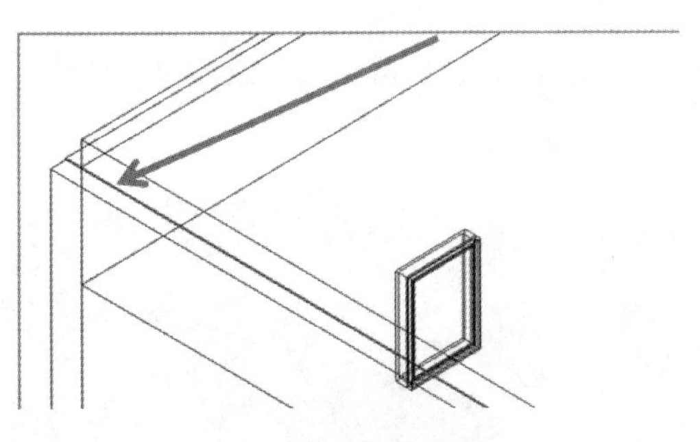
图 7-18　三维视图检查缝隙

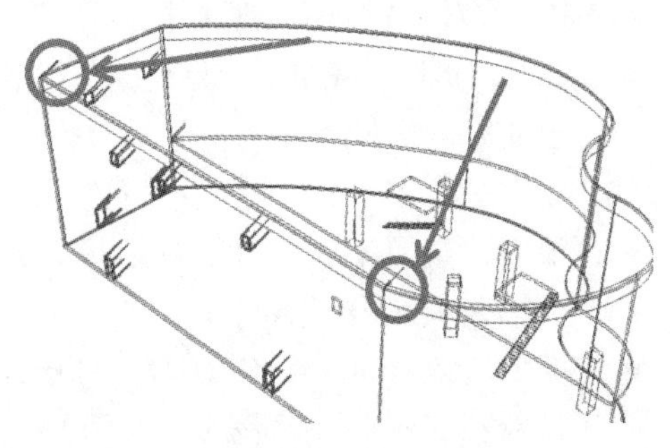
图 7-19　网格诊断工具检查

2）创建测试网格。

细长的缝隙通常会产生细长的网格，因此，在缝隙所在处会有很高的节点长细比。相应步骤如下：

- 用 Autodesk CFD 的外部体工具创建包围整个模型的体。
- 将模型中的固体材质设置好，外部体设置为空气。
- 在“求解”对话框中单击“结果量值”，开启“流函数”（这样可以激活输出量中的节点长细比）。
- 设置“迭代步数”为 0，单击“求解”按钮生成网格。
- 网格生成完毕，新建“ISO 平面”并显示“节点长细比”，如图 7-20 所示。

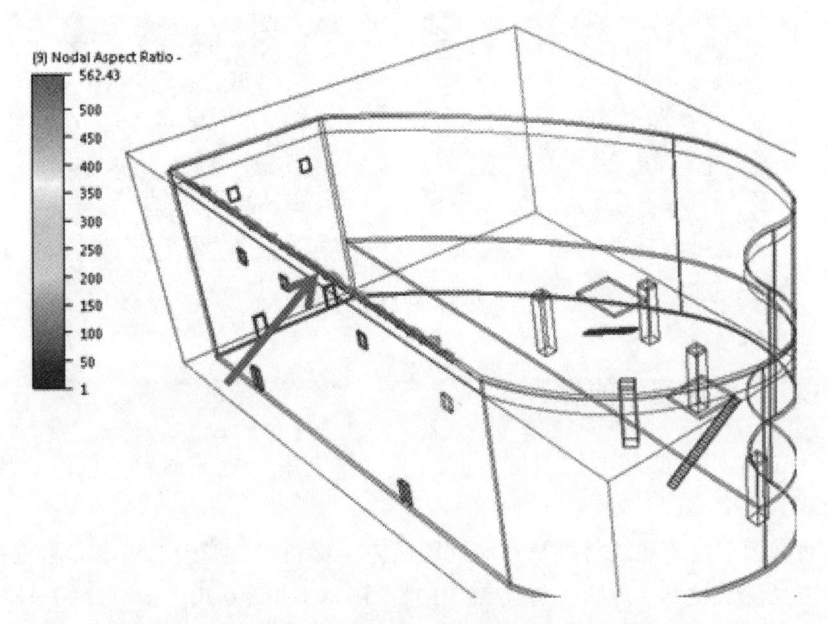

图 7-20　节点长细比

找到缝隙后，在 CAD 模型中对齐这些错位的特征以便消除它们。

（2）方法 2：使用 Autodesk CFD 的流体域填充工具

在将模型传入 Autodesk CFD 后，使用封闭开口并且填充内部。

- 单击“设置”→“几何工具”。

- 单击“流体域填充”选项卡。
- 选择开口边缘，先单击“创建面”，当所有开口都封闭后，单击“填充流体域”按钮。
- 将填充好的区域设置为空气材料。

(3) 方法3：在CAD模型中创建空气元件

- 在很多建筑模型中，可以从地板到天花板拉伸一个体来填充内部空间。
- 在模型转入 Autodesk CFD 后，将该体设置为空气材料，如图7-21所示。

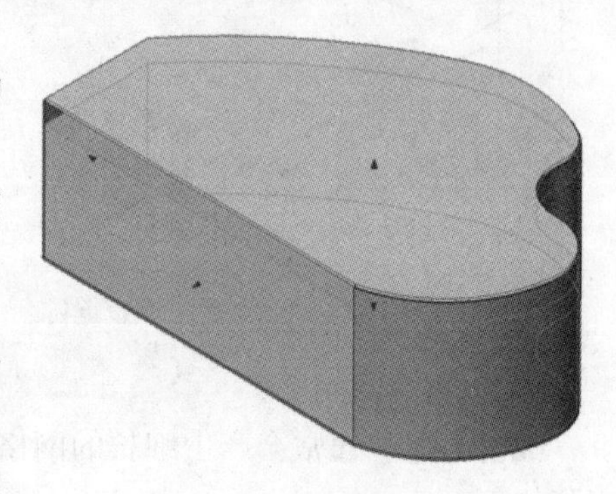

图7-21 拉伸出空气体并设置为空气材料

6. 对于传热边界条件的进口延伸

为了确保边界条件和内部流动的足够空间，有可能需要延伸CAD模型的开口。

- 对于纯流动分析有所帮助，而对于开口带有温度边界条件则是必需的。此经验方法能确保开口与相邻墙壁（不知道其温度）之间有足够的距离。
- 该方法能够避免墙壁或相邻的实体元件的温度人为地影响边界条件，从而提高温度求解的精确性。

延伸长度至少为其表面的一个水力半径，如图7-22所示。

图7-22 延长开口

7.1.5 AEC 行业应用中的材料

空气是AEC应用中的基本物理材料，几乎每种应用（机械通风、自然通风和外部流动）中都会用到。

固体材料常用于模拟建筑材料和其他物理实体。材料设备如内部风扇和阻尼提供了通过简单几何体仿真复杂设备（风机、过滤器、挡板等）的便捷方式。本节介绍AEC模型中会用到的固体材料、自定义材料、等效特性材料、内部风扇和阻尼。

1. 固体材料

默认材料库中有大量固体材料可供使用。AEC应用中常用的有：

- 砖。
- 石膏板。
- 硬木材和软木材。

- 钢。
- 玻璃。

2. 自定义材料

由于一些用于 AEC 行业的其他典型材料种类繁多，因此没有包含在默认材料库中。例如：

- 混凝土。
- 泥土。
- 绝缘材料。
- 复合材料。

可以使用材料编辑器将其存入自定义库中。

3. 等效特性材料

可以通过热等效方式将复杂装配体简化成单一元件。例如，把双层窗的下列属性等效玻璃与内部气体层。

- 导热系数。
- 密度。
- 比热容。

4. 内部风扇材料设备

内部风扇设备使用简单的几何体就可以计算房间内部气流。可以不必对旋转叶片建模即可进行仿真。用固定流量或风机性能曲线（PQ 曲线）设置风扇流量。

对于内部风机，一个常见的应用是模拟数据中心里服务器机柜内的气流运动。使用单个的风机设备即可等效代替所有小风扇。

AEC 应用中风机的最佳实践经验：

- 对内部风扇建模时，不需要实际风扇几何外形，可以采用简单的圆柱、圆环或六面体（如果是对服务器机柜建模）代替，如图 7-23 所示。

图 7-23　简单建模

- 对于很薄的几何体模型，可能很难划分网格，因此要确保其厚度至少为直径的 1/3。
- 对于流量，设置旋转速度和滑移因子。滑移因子是下风向的旋转速度和叶片旋转速度之比。一般轴流风扇的滑移因子在 0.3 ~ 0.5 之间。旋转速度和滑移因子都是可选参数。
- 不要让相邻的风扇相互接触。确保相邻风扇间有空气层。
- 不要在风扇上添加流动边界条件。
- 如果在机柜内没有简单的散热元件，可以把服务器生成的热量通过热流量或总热量的方式设置在风扇元件上。

5. 阻尼材料设备

使用阻力材料设备模拟气流通过复杂但是规则的几何体。用这种简化方式表示几何外形所产生的压降。

(1) AEC 仿真中的阻尼应用

在 AEC 应用中，有大量使用阻尼的机会，尤其是在 HVAC 系统、数据中心和实验室空间中十分有用。例如：

- 屏幕。
- 过滤器。
- 挡板组件。
- 加热和冷却单元。
- 人群（坐姿或站姿）。
- 桁架。
- 外部景观。

(2) AEC 应用中使用阻尼的方式

有很多方式来定义阻尼。

1）最快而且最常用的方式是设置开孔率。开孔率为开孔的面积除以总面积，见式（7-1）：

$$f=\frac{A_{open}}{A_{total}} \tag{7-1}$$

2）使用开孔率的方法可以模拟多孔板或挡板——它们的开孔率算起来很便捷，如图 7-24 所示。

3）如果负载曲线（压降和流量）已知，则使用压头曲线（压降和流量的表格）计算压降，如图 7-25 所示。

图 7-24　多孔挡板

图 7-25　阻尼板

AEC 应用中阻尼的最佳实践经验：

- 对复杂元件建模时，用一个简单的立方体（或其他合适的形状）代替（这一步应当在将模型转入 Autodesk CFD 之前完成）。
- 不要在阻尼上设置边界条件。
- 如果机柜内没有简便的散热元件，可以将热流量或总热流量设置在阻尼上以表示服务器生成的热量。
- 对很薄的模型建模时（如地板或散流器的多孔金属面），使用面材料来代替体材料。方法是把整个体设置为空气，将一个面设置为阻尼。

7.1.6 AEC应用中的热边界条件

本节内容适用于3个主要的AEC应用场景：机械通风、自然通风和外部通风。它们各自有所适用的流动边界条件。

1. 概览

如果分析对象对理解模型中的空间、元件或人的温度分布有影响，就需要添加边界条件。在AEC中有一些与传热相关的对象，例如：

- 发热或散热。
- 温度分层。
- 浮升力驱动的流动。
- 进口或其他开口的空气温度。
- 随温度变化的热交换器（对流系数、热辐射）。
- 特定的换热器（日照负荷、发热系统）。

2. 基本方法

使用热边界条件的第一步是理解和反映出模型的已知工况。

- 在每个进口表面设置已知温度。
- 对每个发热体设置发热边界条件，如加热器、电子设备、灯、机械设备和人体。
- 对外表面设置的边界条件：换热系数、辐射和温度。这些边界条件允许能量通过外边界模型（如墙壁和窗户）进出空间。

(1) 基于面的热边界条件

对于只有内部的模型（忽略外部环境条件），可以在外表面设置换热系数、辐射和温度作为边界条件。这些边界条件允许能量通过外边界模型（如墙壁和窗户）进出空间。

基于面应用的边界条件一般包括温度、换热系数、辐射和热流量。

面边界条件仅用于外表面或者与被抑制元件相邻的表面（如元件的一侧接触已划分好网格的体，而其他侧面没有任何东西）。

例如，如果建筑的墙壁、屋顶和窗户划分了网格，就要在外表面设置基于面的边界条件，如图7-26所示。

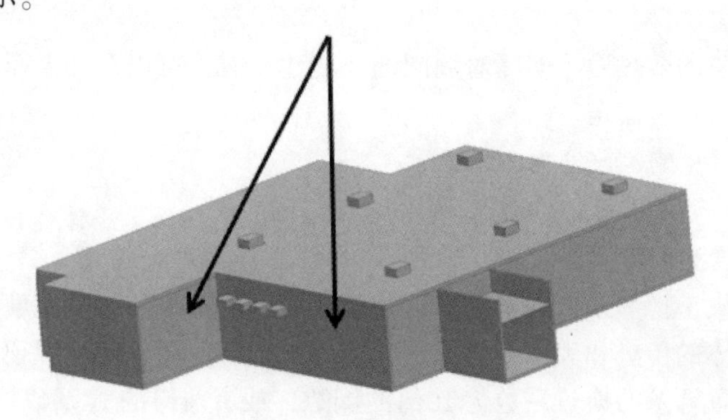

图7-26 建筑外表面

然而，如果墙壁、屋顶和窗户被抑制了（不划分网格），就要在被抑制的墙壁的与内部的空气体相接触的那个表面设置热边界条件，如图7-27所示。

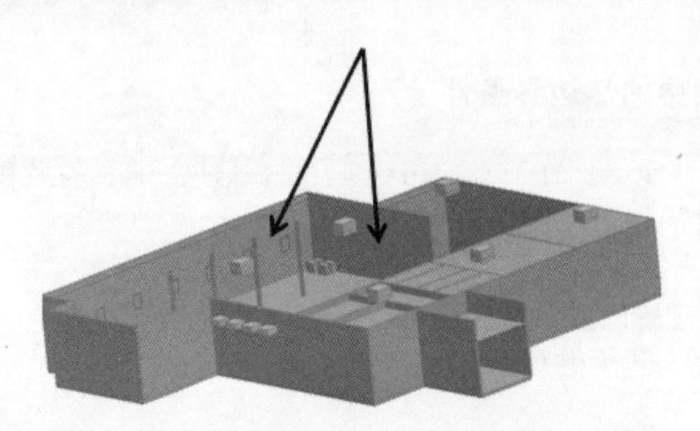

图 7-27 建筑内表面（同时是内部空气的外表面）

(2) 基于体的热边界条件

基于体的热边界条件将热导入模型，可以按照单位体积导入，也可以总体导入。

对产生热的元件使用发热边界条件。例如：

1）人或人群。

通常每个人的发热量为 100 W。

2）服务器。

- 每个 41U 的机柜的发热量在 10 ~ 15 kW 之间。
- 未来有可能会达到更高的热负载。

3）设备、机器和灯具。

- 将功耗而不是总功率作为发热量。
- 灯具的效率为 25%，也就是说，75% 的输入功率转化成了发热。

4）烹饪设备。

5）加热器。

6）制冷设备。

将发热值设为负值可以制冷。

注意，确定所选定的模式为“体”（设置选择类型为“体”）。

3. AEC 中常用的基于面的边界条件

(1) 换热系数

在模拟周围环境的散热而不实际对周围的环境建模时，可以在外表面设置换热系数，其值根据设备所处空气环境而定。

- 如果空气是静止的，该值为 5 W/(m^2·K)。
- 如果空气是运动的，该值为 20 W/(m^2·K)。
- 设置参考温度为环境温度。

热传递的量取决于换热系数的量级，以及表面温度的结果与参考温度的温差。

为了同时考虑体的传热和表面对流换热，可对被抑制的墙、窗或屋顶的内表面设置换热系数边界条件。设置墙壁的换热系数为 R 值的倒数，或者窗口的 U 系数。

- 模拟 R 值为 19 的墙壁的效率，即可设置换热系数为 0.05 Btu/ft^2/h/R。
- 模拟窗户的 U 系数为 0.3 时，即可设置 U 系数为 0.3 Btu/ft^2/h/R。

记住，由于换热系数基于温差的不同，华氏度和郎肯之间的绝对偏差在关系方程中会小到可以忽略，且 Btu/ft^2/h/R 和 Btu/ft^2/h/F 这两个单位可以互换。

（2）温度

在一个或多个表面上设置已知的均匀温度。通常用于：

- 开孔的温度。
- 已知（且固定的）外墙温度。
- 被抑制的元件，运行在已知温度下，如辐射板、灯、管道或机器。

（3）辐射

使用辐射边界条件来对模型外的任意黑体进行热交换。辐射条件运行类似于换热系数，基于温差进行吸热或放热。注意，使用辐射边界条件不一定要使用辐射求解器。

常在建筑应用中使用的辐射边界条件的场景是夜晚的热损失。在无云的夜晚，温度可以低至 -40℃，同时发射率为 0.3。

（4）热流量

使用热流量边界条件模拟通过外表面加热或排热的模型。

在建筑应用中通常使用热流量边界条件的场景是日照载荷（也可以使用太阳辐射求解器）。模拟直接暴露在日照辐射下时（大概为 910 W/(m^2·K)），可以将热流量的值设置在 150～300 W/(m^2·K) 之间，这个范围内考虑到了抛光、反射和大气层的阻碍作用。

7.1.7 热交换器的使用

对 AEC、数据中心和其他建筑应用中热性能的最好理解，本质是保护昂贵的电子元件和数据。这种理解提升了系统的持续性并确保人体舒适度。

热交换器和空调是这些系统中常用的元素，并且在热管理中起到明显的作用。对这两者进行适合的仿真是优化热性能的本质。

热交换器材料设备就是为了应对这种需求。热交换器设备可以用于 AEC、数据中心和其他建筑应用的仿真中。

- 在 HVAC、AEC 和建筑环境中的发热器或冷却器。
- 机房空调（CRAC）机组。
- 机房空气处理器（CRAH）。
- 计算机空调（CAC）。
- 空空冷却器。
- 液体冷却器。
- 空调。
- 加湿器——蒸汽和绝热。
- 热轮或旋转热交换器。
- 除湿器。

物理上用简单几何体代表设备，因此需要简化复杂的模型。

1. 热交换器建模指南

以下指南描述了如何有效地使用热交换器材料建模。

建立热交换器（图 7-28 中①所示）且不嵌入系统（图 7-28 中②所示）内部。

建立入口（图 7-29 中①所示）和出口（图 7-29 中②所示），从系统连接到设备。

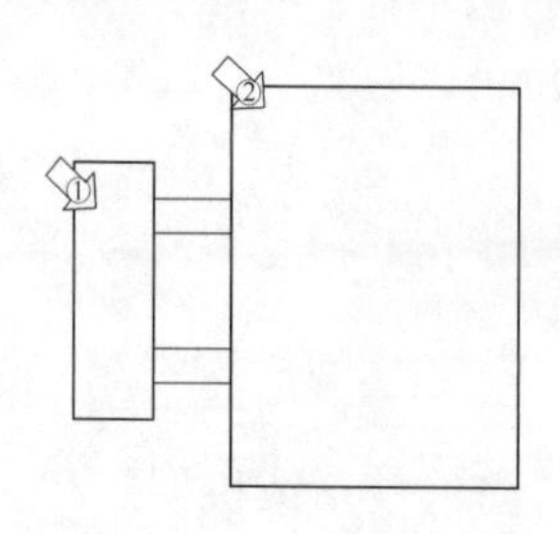

图 7-28 建立热交换器

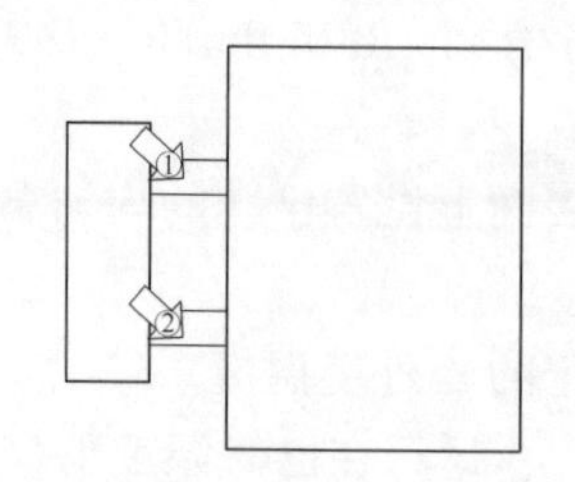

图 7-29 建立入口和出口连接

热交换器不应接触系统。材料的两个延伸体应该是系统的液体工质。

建立两个分离的平面作为进口（图 7-30 中①所示）和出口（图 7-30 中②所示）。

注意：不支持包含多个表面的出口。

当仿真结束时，热交换器的开口会在摘要文件中作为系统开口列出。

- 热交换器的进口显示为模型的出口（压力 =0）。
- 热交换器的出口显示为模型出口（体积流量）。

2. CRAC 机组

当仿真数据中心的 CRAC 机组时，不可能每次都把设备建在系统外部（如上所述）。

可以把热交换器（图 7-31 中①所示）放在 CRAC 机组（图 7-31 中②所示）内部，并且抑制（不画网格）CRAC 机组。

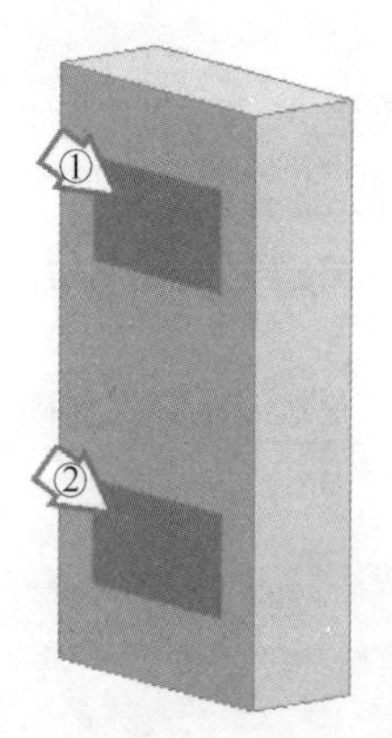

图 7-30 设置进出口平面

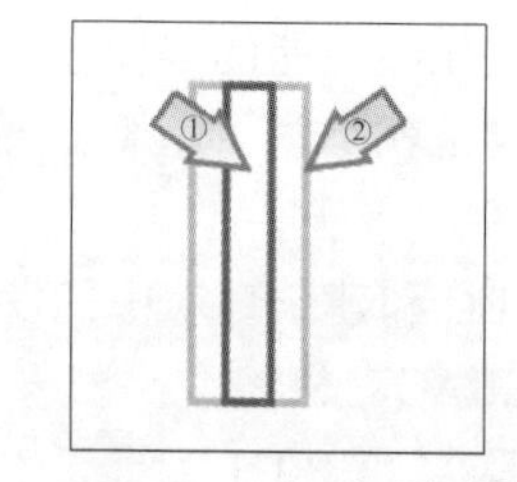

图 7-31 CRAC 机组

热交换器设备不会接触系统上的网格（除了进口和出口），这样就满足了热交换器不嵌入系统的要求。

下文列举了 3 种不同设置的换热器在 CRAC 中的设置案例，可供参考。

3. 注意事项

- 热交换器材料设备的设计适用于仿真闭环热交换器设备。不支持开环系统（能源回收再利用型空调）。
- 如果用户的模型包含多个热交换设备，分别设置属性，不要一次在多于一个器件上设置热交换器材料。
- 不要在热交换设备上添加任何流动或热边界条件。
- 热交换器材料设备不能传递超过模型中设置的物理约束的热量。
- 在热交换器入口会自动使用均匀的压力边界条件。有鉴于此，不要将热交换器设备放在受压区域，这样会导致过多的流量进入热交换器设备。

- 仿真模型必须包含至少一个基于热流密度的换热边界条件。例如，热流密度、总热量、换热系数和辐射。如果模型只包含温度边界条件和热源条件，那么热交换器设备不会对模型内部的温度产生影响。

注意：如果热交换器设备必须放在靠近受压区域，则可使用“标志管理器”中的“inlet_is_vol_bc”标志。

4. 热交换器的数据提取和结果查看

提示框会显示热交换器性能数据的结果。要查看提示框，可以将鼠标悬停在热交换器模型上（在“全局”结果任务被激活时）或者悬停在“设计分析栏”中的“结果”→“材料”分支上。该提示框包含以下信息。

- **吸热量**：热交换随时间传递的热量。也可以看出需要多大的换热能力。对于空调（AC）机组和 CRAC 机组而言，这可以转换为能耗。
- **温度变化**：热交换器进口和出口之间的温差（$T_{出} - T_{进}$）。
- **压降**：热交换器进口和出口之间的压差（$P_{出} - P_{进}$）。
- **体积流量**：体积流量表示流经热交换器的流体的体积。通常在材料定义中设置该数值。

注意，这个数据也可以在“摘要文件”中查看（“结果”选项卡→“分析评估”面板→“摘要文件”。

图 7-32 中不显示热交换器设备（图 7-32 中①所示）的结果。要查看它在系统中的作用，可以显示进出口附近的温度。

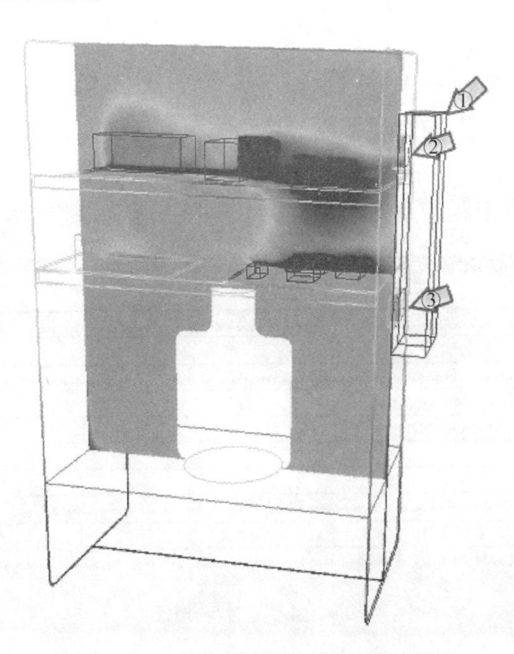

图 7-32　热交换器附近的温度结果

热交换器进口（图 7-32 中②所示）的温度明显比出口（图 7-32 中③所示）的温度高。温差显示出了热交换器从工质带走的热量。

5. 热交换器材料设置案例 1：热容量方式

柜式热交换器（图 7-33 中①所示）通常从某个封闭的工业自动化系统提取热量。热交换器的循环空气流经系统，将热量散发到周围。对于暴露在恶劣环境中的封闭系统非常有用。

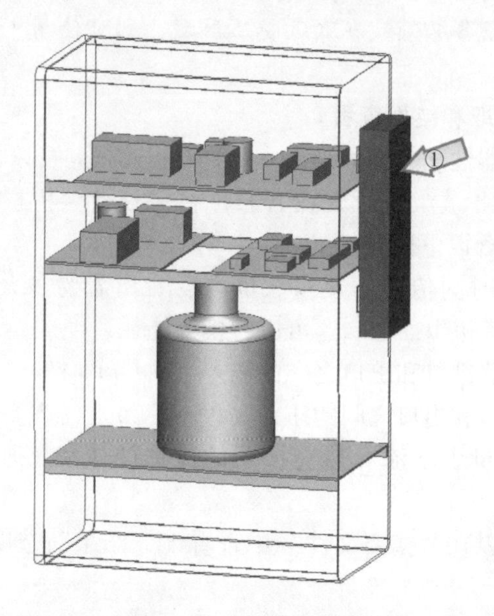

图 7-33　柜式热交换器

系统设置：

- 流动变化方式 = 固定流量 = 71 ft^3/min。
- 传热方式 = 热交换器。
- 温度 = 30℃（系统周围的环境温度）。
- 热容量 = 7 W/K。

流量和热容量值来自于制造商提供的产品技术规格，如图 7-34 所示。

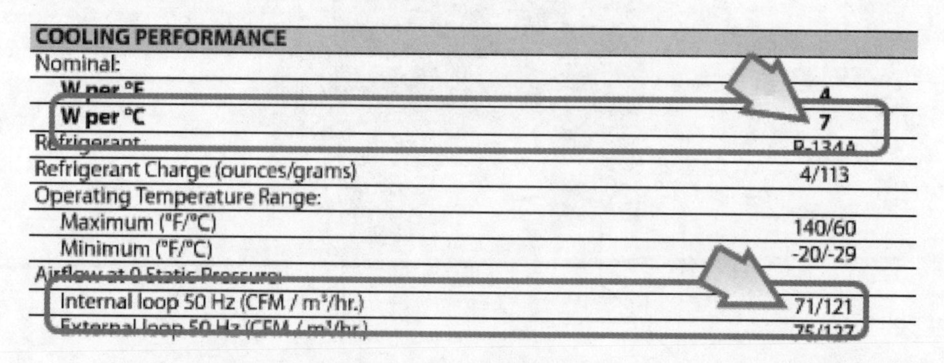

COOLING PERFORMANCE	
Nominal:	
W per °F	4
W per °C	7
Refrigerant	R-134A
Refrigerant Charge (ounces/grams)	4/113
Operating Temperature Range:	
Maximum (°F/°C)	140/60
Minimum (°F/°C)	-20/-29
Airflow at 0 Static Pressure:	
Internal loop 50 Hz (CFM / m³/hr.)	71/121
External loop 50 Hz (CFM / m³/hr.)	75/127

图 7-34　技术规格图

6. 热交换器材料设置案例 2：温度变化方式

热交换器（图 7-35 中①所示）冷却冷板（图 7-35 中②所示）中的液体制冷剂。冷板用内部电路模块控制温度。我们使用温度变化的方式设置热交换器，因为冷板使工质保持一个已知的温差。

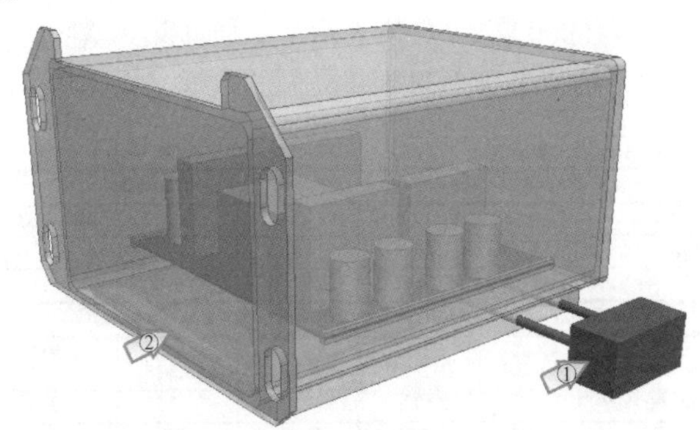

图 7-35　连接冷板的热交换器

系统设置：

- 流动变化方式 = 固定流量 = 378.5 ml/min。
- 传热方式 = 温度变化。
- 温度变化 = -1°C（负值表示热交换器冷却工质）

温度变化值来自于制造商提供的冷板热性能参数：

- 冷板表面积为 116.13 cm^2。
- 电子模块发热量为 15 W。
- 在流量为 378.5 ml/min 时，冷板的热阻大概为 0.8 ℃ · m^2/kW。
- 热交换器必须保持 1℃的温度变化以便仿真冷板的效果。

7. 热交换器材料设置案例 3：热量输入/散发率变化方式

使用热交换器（图 7-36 中①所示）仿真 CRAC 机组（图 7-36 中②所示）在数据中心中的效果，目的是移除一定量的发热。

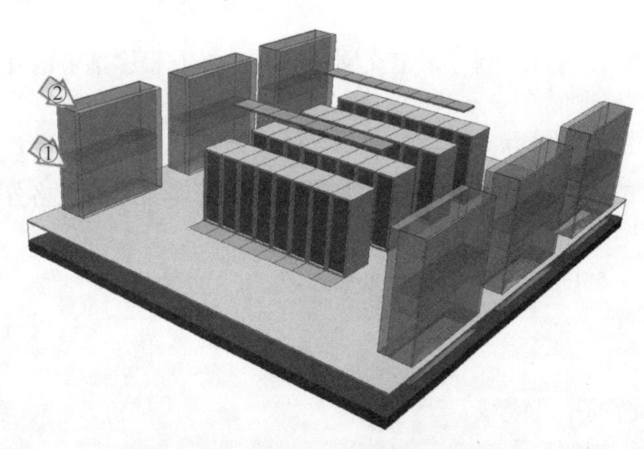

图 7-36　CRAC 机组中的热交换器

我们在 CRAC 中用一个长方体对热交换器进行了建模。同时，CRAC 机组部分是被抑制的（没有网格）。

系统设置：

- 流动方式 = 固定流量 = 9344.56 m^3/min。

- 热交换方式 = 热量输入/散发率。
- 热量输入/散发率 = －15000 W。(负值表示从工质移除热量)。

流量和热量输入/散发率的值来自于制造商提供的数据，如图 7-37 所示。

Model Size	028	035	042	053	070	077	105
EVAPORATOR COIL- A-Frame - Copper Tube/Aluminum Fin							
Face Area - sq. ft. (sq. m)	17.1 (1.6)	17.1 (1.6)	17.1 (1.6)	24.7 (2.3)	24.7 (2.3)	24.7 (2.3)	32.3 (3.0)
Rows of Coil	3	3	3	3	3	3	3
Face Velocity - FPM (m/s) - STD Air Vol.	251.0 ([illegible])	316.0 (1.6)	380.0 (1.9)	319.8 (1.6)	384.6 (1.9)	441.2 (2.2)	453.6 (2.3)
FAN SECTI[illegible]wnflow models - Fixed Pitch, Two Belts							
Standard Air Volume - CFM (CMH) 0.2" external static	4,400 (7,476)	5,500 (9,345)	6,600 (11,213)	8,000 (13,593)	9,600 (16,311)	11,000 (18,690)	14,600 (25,062)
Standard Fan Motor hp (kW)	2 (1.5)	3 (2.2)	5 (3.7)	3 (2.2)	5 (3.7)	7.5 (5.6)	10.0 (0.75)
Optional Air Volume - CFM (CMH) 0.2" external static	5,500 (9,345)	6,600 (11,213)	7,200 (12,233)	9,600 (16,311)	11,000 (18,690)	12,000 (20,390)	15,500 (26,607)
Optional Fan Motor hp	3 (2.2)	5 (3.7)	7.5 (5.6)	5 (3.7)	7.5 (5.6)	10 (7.5)	15 (11.2)
Quantity of Fans	1	1	1	2	2	2	3
Note: Higher static pressures available, see **Table 7** for examples							
Note: Some options or combinations of options may result in reduced air flow—Consult local representative for recommendations.							
[illegible]EHEAT SECTION							
Electric Reheat - Three-Stage, Stainless Steel F[illegible]ular, capacity does not include fan motor heat							
Capacity - kW (KBTUH) - Std Selection	15.0 (51.2)	15.0 (51.2)	15.0 (51.2)	25.0 (85.3)	25.0 (85.3)	25.0 (85.3)	30.0 (102.4)
Capacity - kW (KBTUH) - Opt Selection	10.0 (34.1)	10.0 (34.1)	10.0 (34.1)	15.0 (51.2)	15.0 (51.2)	15.0 (51.2)	20.0 (68.3)

图 7-37 流量和热量输入/散发率

7.1.8 AEC 应用中的网格划分

高质量的分析模型的基本原则是要让网格足以对流动和温度梯度进行有效分解。在流动产生循环或者根据经验会有较大梯度变化的区域（如尾迹、涡流和分离区），需要加密网格。

1. 自动网格划分

对于很多模型，可使用自动划分来定义网格分布。在有很多细节的几何特征处，可能需要局部加密网格。

在某些情况下，可能会需要调整最小加密长度来减少其对全局网格数的影响。

要对流动变化大的区域局部加密网格，需要调整几何体和面的网格分布。

2. 网格加密

在预估流动和温度梯度大的地方创建加密区域。

- 穿过散流器附近。
- 热量散发体。
- 流动阻碍物下游的尾迹区域。
- 烟雾和化学污染物的源头。

如果在某个区域没有适合的几何特征，可创建网格加密域，主要有以下两种方式。

(1) 在 CAD 模型中添加体以便加密网格

如果空气体在 CAD 模型内部生成：

- 在感兴趣的区域添加元件。
- 设置材料，并在设备的几何细节及其周围流动区域内加密网格。

(2) 在 Autodesk CFD 中建立加密区域

在划分网格后，左键单击模型旁边空白处，并且单击加密区域图标，如图 7-38 所示。

- 用加密区域包裹关键元件的，放置在流动和温度变化大的地方。
- 在“加密区域”对话框中，取消勾选“均匀”选项，以便使区域内的网格分布有所变化。
- 多数情况下将滑块值调到 0.75 ~0.9 之间就可以了。

图 7-38 加密区域图标

3. 举例

在模型中心的加密区域迫使所有的服务器机柜的网格密度是均匀的，在厚度方向上给出节点和我们所需的网格密度以便精确预测流动和温度。

原始网格：在服务器机柜间有 1 ~2 个节点，如图 7-39 所示。

带有加密区域的网格：在服务器机柜间有 4 ~5 个节点，如图 7-40 所示。

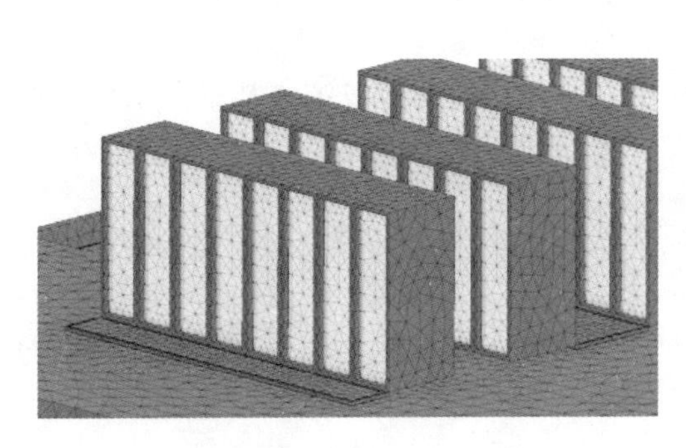

图 7-39 服务器机柜原始网格

图 7-40 服务器机柜加密后网格

4. 其他网格工具

在 AEC 应用中，也会用到其他一些有用的网格划分工具，可参考 5.4.3 节相关介绍。

7.2 照明行业应用最佳实践

在照明行业过去 10 年中，采用了高效灵活的照明输出，在很多应用领域都产生了影响，其中包括：

- 普通房间照明。
- 建筑照明。
- 停车场。
- 人行道。
- 体育馆。
- 舞台灯光。
- 车辆。
- 广告牌和标志。

LED（发光二极管）是当前最具有环保意识的解决方案之一，很多企业正在改造现有的生产线，同时提出最新的概念以便体现 LED 设计灵活性的最大优势。

然而，LED 照明系统也需要面对一些随之而来的散热挑战。LED 中大概 75% ~85% 的能量转化成了发热，并且需要通过 PCB 和散热器散出。结温通常的范围是 90℃ ~120℃。LED 所面对的挑战就是需要比其他灯具更低的温度，如图 7-41 所示。

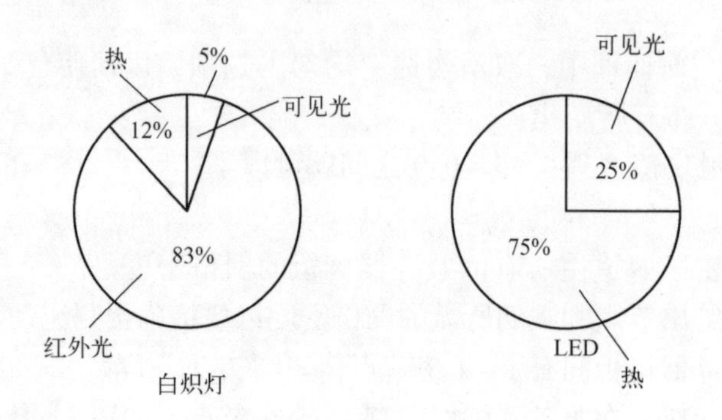

图 7-41 白炽灯与 LED 的能量转化

本章内容为白炽灯和 LED 灯 Autodesk CFD 仿真技术。很多建模策略基于白炽灯和 LED 系统的物理结构。

7.2.1 建模策略——几何体与边界条件

LED 和白炽灯系统可以用多种物理结构组装。模型的设置基于这些结构，因此，当进行模型分析时，了解这些设备的组装方式和位置是很有帮助的。

- 结构 1：球泡。
- 结构 2：壁式灯具。
- 结构 3：吊灯。
- 结构 4：灯柱。
- 结构 5：落地灯。

我们使用的方法是创建流体。

有以下两个主要的方法建立外流体。

1）在 CAD 模型中建立。

- 如果固定设备必须接触该区域表面，推荐用这个方法。
- 有个很好的办法就是在设备外创建腔体。这个区域会在加载模型后自动填充，而且会被画上网格。它可以用网格加密，因为它不会带来设备和周围空气的干涉，零件的名字也不会被改变。

2）使用 Autodesk CFD 中的外流域几何体工具。

- 不用在 CAD 模型中添加“空气”部分。
- 注意，如果设备有一个固定端与空气相接触（如壁装结构），就不能用这种方法。

好的方法可以减少模型尺寸和分析时间，如果设备是 1/2 或 1/4 对称，整个模型尺寸就可以明显减小。

1. 结构 1：球泡

在某些条件下，要考察和优化球泡本身的设计需要先清楚其散热性能。

(1) 几何外形

有两种主要的建模策略对单独的球泡进行热仿真：在空气体中和密封在一个罐体内。在这两种情况下，都需要忽略插座的细节，因为这些细节很复杂而且对热设计没有太大影响。

1) 在空气体中。

建立一个圆柱外壳来包围球泡，并将其水平放置在中间。外壳的尺寸基于设备尺寸，如图 7-42 所示。

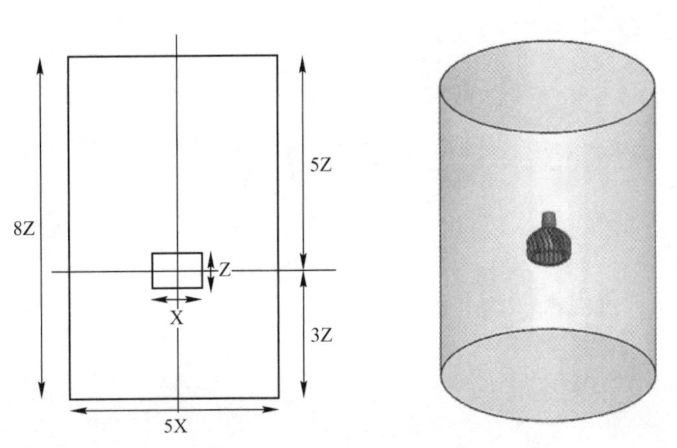

图 7-42 建立外部空气体

要建立不同方向的球泡，需修改空气柱的方向而不是球泡的方向。建立不同方向的模型可以用摘要的方式（点、平面、XY 绘图）在决策中心中进行对比。

注意：气流从下部进入，从上部流出。

2) 封闭罐体。

罐体会约束球泡周围的气流，也可以很好地预测安装后的性能。

- 建立一个围绕球泡并距其半英寸距离的圆筒。
- 建立一个圆柱外壳围绕着球泡，并让球泡水平居于外壳中间。外壳的尺寸基于设备，如图 7-43 所示。

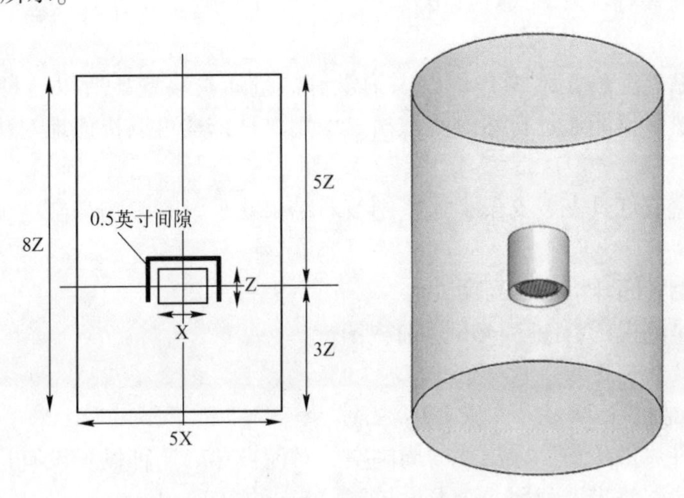

图 7-43 封闭的空气罐体

（2）边界条件

- 要定义空气体的顶部和底部开口，将两个表面设置为静压 =0。
- 底面（进口）：静温 = 环境温度。
- 热负载指定为灯具类型。

2. 结构 2：壁式灯具

很多灯具是安装在垂直墙壁上的，如图 7-44 所示。

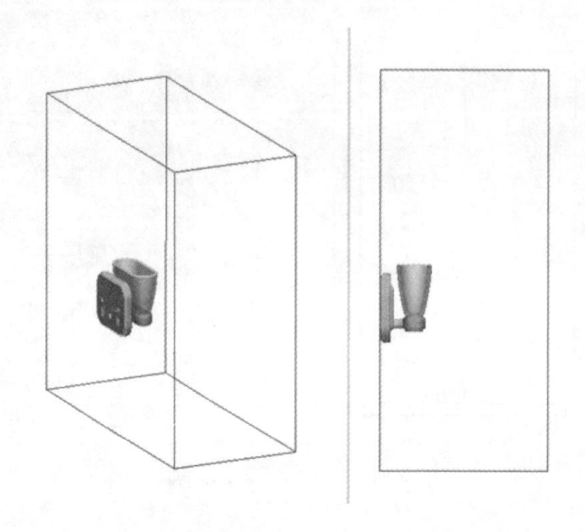

图 7-44　壁式安装灯具

壁式仿真的结构基于表面安装或嵌入式灯具结构的 UL1598 检验指南。要对自然对流和温度分布进行仿真，需将待测壁面浸入空气中。根据需要的详细程度进行物理测试，有很多方式可以建立测试模型。墙壁测试模型中有很多详细信息可以确定有多少热量向墙壁传导。

（1）表面壁式灯具

分析域应该根据测试夹具的结构建立。对于每个结构，设计出夹具附近的空气域以便对自然对流和热传递进行气流仿真。

有以下 3 种方式对表面壁式灯具仿真。

1）绝热壁。

直接将夹具贴到绝热（绝缘）壁。因为没有热量通过墙壁，所以这种仿真方法模拟的是最坏的情况，热量仅能通过自然对流散出。使用这种结构可以快速地对仿真设计方案进行比较研究。

不包括接线盒或灯具安装支架，这些细节对结果几乎没有影响却会增加网格数量和计算时间。

- 把灯放在距底部开口 1/3 高度处。
- 图 7-45a 是侧视图，图 7-45b 是前视图。

注意： 空气从底部进入，顶部流出。

2）简化测试结构。

这种结构允许热量从夹具导出并与周围空气对流换热。这种设置没有再现物理安装，没有考虑墙壁的散热器效果，利用一个温度控制腔来模仿 UL（Underwriter Laboratories Inc，保险商试验所）热测试方式。

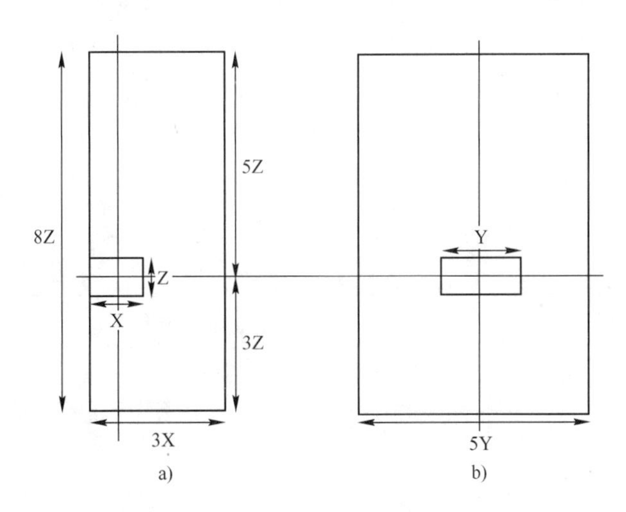

图 7-45 绝热壁式灯具

- 在木块中心贴附夹具，木块尺寸为 48″×48″×4.5″。
- 不包括接线盒和灯具支架。
- 从默认材料库中选择硬木作为贴附材料。

墙壁和夹具周围的空气范围：

- 墙上方 45″。
- 墙下方 24″。
- 墙的前、左右各 36″。
- 墙后方 20″，如图 7-46 所示。

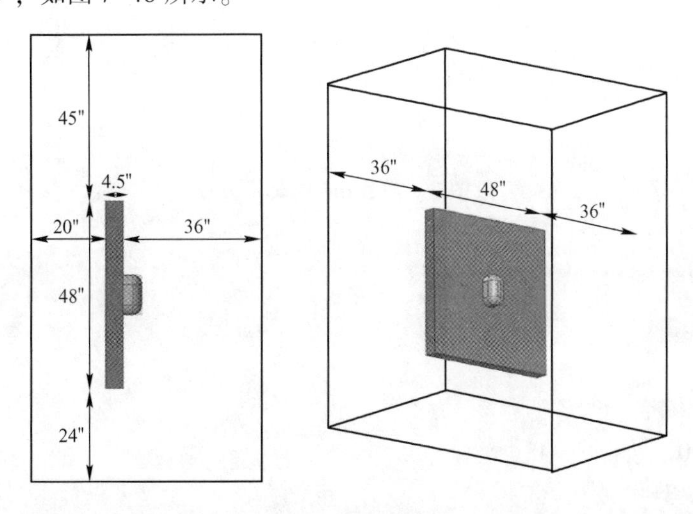

图 7-46 简化结构

3）标准的测试盒结构。

测试方式与硬木方式使用同样的大小，但是是用 UL 测试盒代替木板。用这个测试方式来尽量接近物理 UL 测试。

按照 UL1598 标准构造壁面测试夹具：

- 前后是 48 和边长的胶合板。

- 2×4 比例的木结构。
- 底部应为 1×4 比例的木结构。
- 内支架侧面应为 2×4 比例的木结构，如图 7-47 所示。

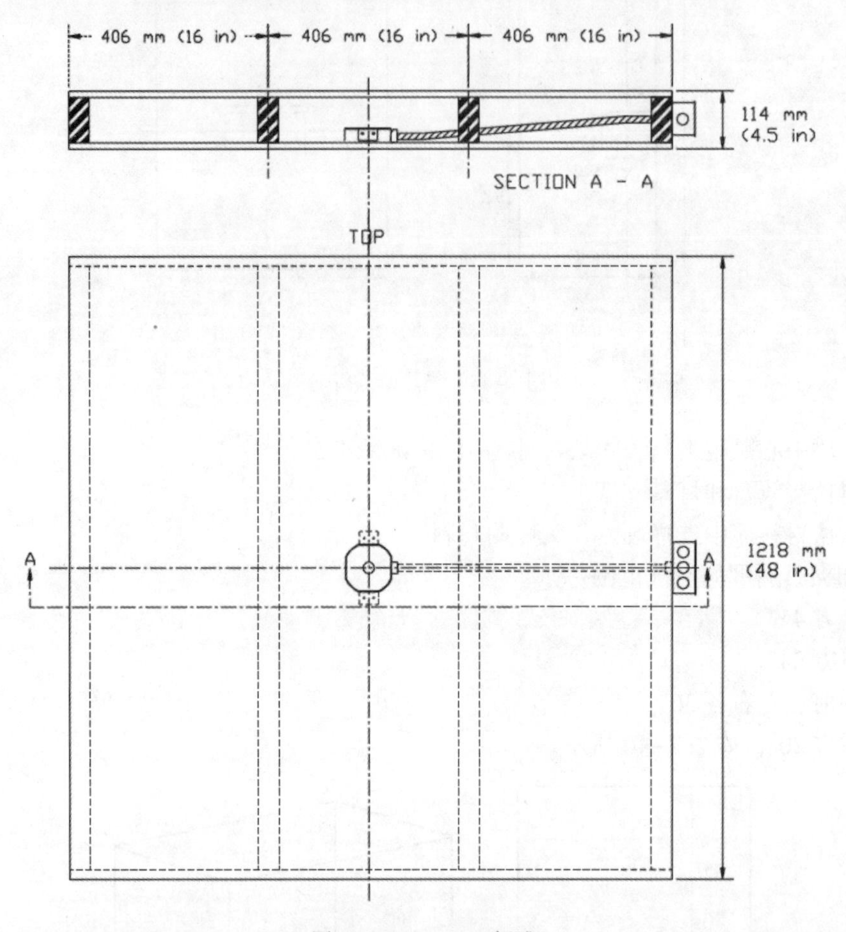

图 7-47　UL1598 标准

在 CAD 中简化八角接线盒，移除所有金属薄片细节。

把测试夹具放在空气中。空气尺寸：

- 墙上方 45″。
- 墙下方 24″。
- 墙的前、左右各 36″。
- 墙的后方 20″，如图 7-48 所示。

（2）嵌壁式灯具

测试区域应基于夹具的结构。对于每个结构，都要在外层设计出空气区域来考虑自然对流和热传递。

有以下两种方式对嵌壁式灯具进行仿真。

1）简化测试盒结构。

这种方式允许热量从夹具传导入空气。然而，这种设置不能完全再现物理安装工况，因为去除了未知的壁面的散热效果，只是模拟了 UL 热测试在温度控制盒中的工况。

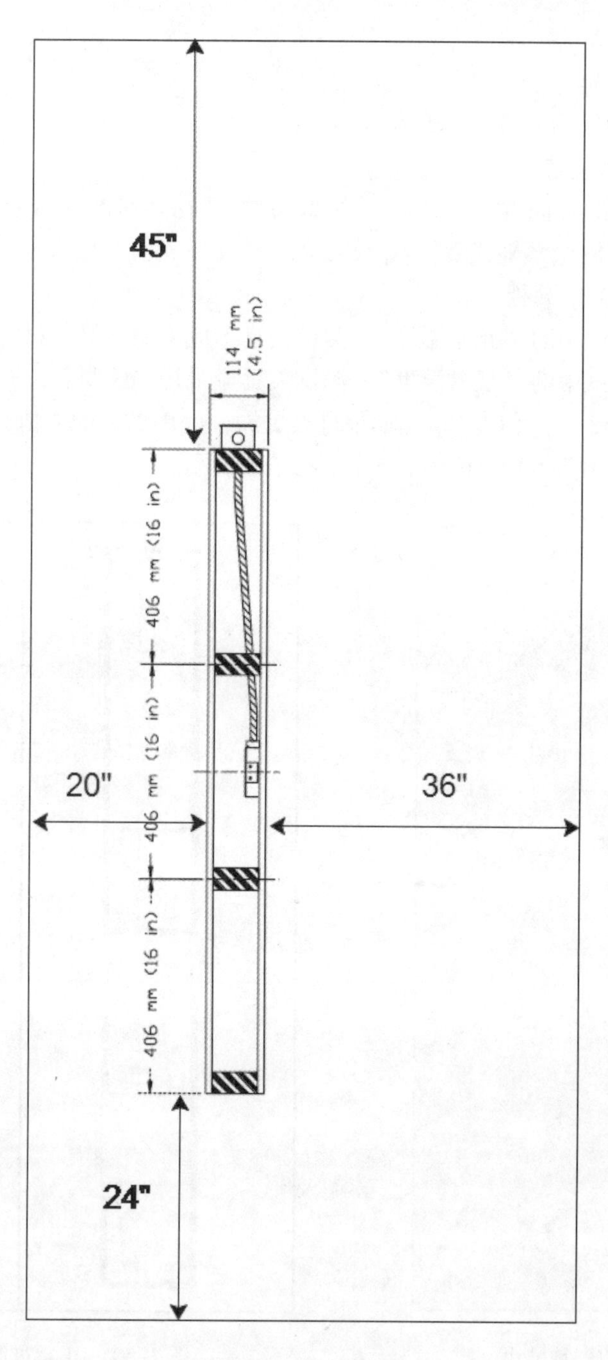

图 7-48　空气尺寸

- 夹具嵌入木块，四周距木块边缘 8.5 in，木块厚度 6 in。
- 不包括接线盒和灯具支架。
- 从默认材料库中指定木块为硬木材料。

空气域的尺寸：

- 距木块顶部 45″。

- 距木块底部各 24″。
- 距木块两侧各 36″。
- 距木块后面 20″，如图 7-49 所示。

(2) UL 标准测试盒结构

在 UL 测试盒中设置同样的尺寸。采用此方式可最大程度地接近实际测试工况。用 UL1598 中规定的 UL 测试盒来代替硬木基板。

- 前后应有 0.5 in 的夹板。
- 如果要传递测试中的“正常温度”，测试夹具不应采用绝缘材料。
- 如果要传递测试中的“反常温度”，测试夹具应采用绝缘材料。

图 7-50 中，D≥8.5 in，F≥6 in（如果灯具更深，就用更大的 F 值）。图 7-50 中上半部分显示的是侧视图，图 7-50 中下半部分显示的是顶视图。

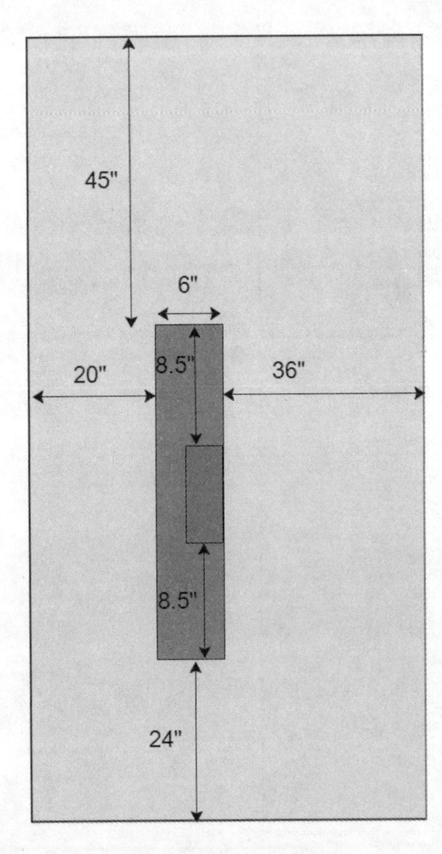

图 7-49　空气域尺寸

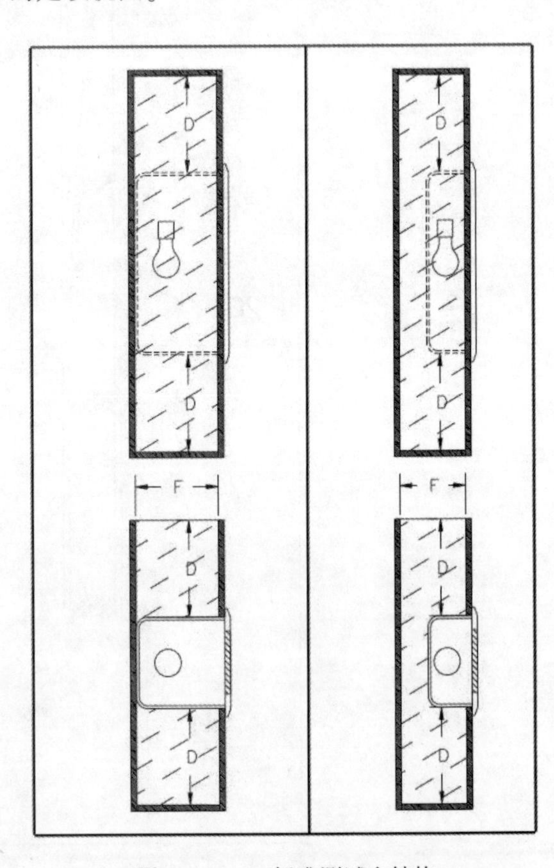

图 7-50　UL 标准测试盒结构

空气域的尺寸：

- 距木块顶部 45″。
- 距木块底部 24″。
- 距木块前方和两侧各 36″。
- 距木块后面 20″，如图 7-51 所示。

边界条件：

- 空气域的顶部和底部表面的静压为0。
- 底面（入口）：静温＝环境温度。
- 按灯具类型添加负载。

3. 结构3：吊灯

比较常见的灯具结构还有吊装，包括枝形吊灯、轨道照明和吊装夹具。

吊灯仿真的结构基于表面安装或嵌入式灯具结构的UL1598检验指南。要对自然对流和温度分布进行仿真，需将待测壁面浸入空气中。根据需要的详细程度进行物理测试，有很多方式可以建立测试模型。墙壁测试模型中有很多详细信息可以确定有多少热量向墙壁传导。

对于天花板表面的灯具，有3种建模方式可用：绝热屋顶、固体测试盒和UL测试盒。对于嵌入式灯具，有两种方式：固体测试盒与UL测试盒。

(1) 吊灯几何体

分析区域应该基于夹具的外形构建。对于每个外形，构建的空气体要能包裹住夹具以便模拟空气的自然对流和传热。

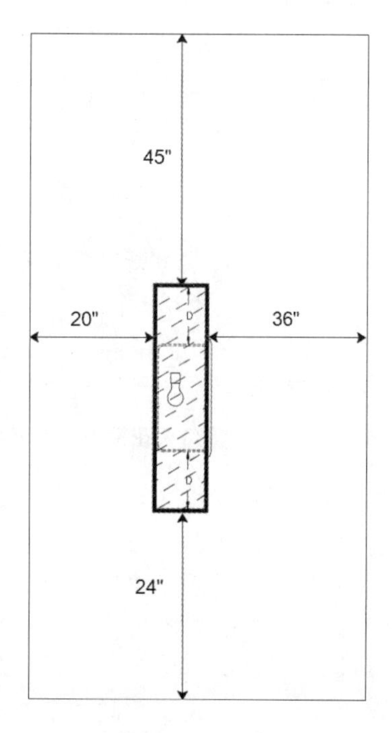

图7-51　空气域尺寸

有不少方法可以根据实验结果得到比较准确的仿真天花板的面光源。

1）绝热设置：天花板表面。

抑制天花板使其不会被划分为网格。这样会阻止热通过天花板传递，也就相当于为夹具设置了一个绝热安装面。这种方式是在模拟“最坏的情况”：热仅能通过自然对流散掉。使用这个设置能够快速对比不同的设计方案。

- 把夹具放在空间的中间，空间的尺寸为48″×48″×6.75″。
- 不要包括接线盒或安装架，因为这些细节几乎不影响结果，但会增加网格量和计算时间。

包裹墙和夹具的空气体的尺寸如下。

- 192″×192″。
- 距天花板顶部的距离为72″。
- 灯具底部距离为32″，如图7-52和图7-53所示。

注意：空气从底部进入，从顶部流出。

2）硬木设置：天花板表面。

此设置允许夹具导热并且与周围的空气对流换热。此设置也没有完全依照实际的安装情况，它忽略了墙壁作为散热器的效果，并且用温控盒模拟了UL热测试策略。

- 把夹具放在空间的中间，空间的尺寸为48″×48″×6.75″。
- 不要包括接线盒或安装架，因为这些细节几乎不影响结果，但会增加网格量和计算时间。
- 从默认材料库中选择硬木材料进行设置。

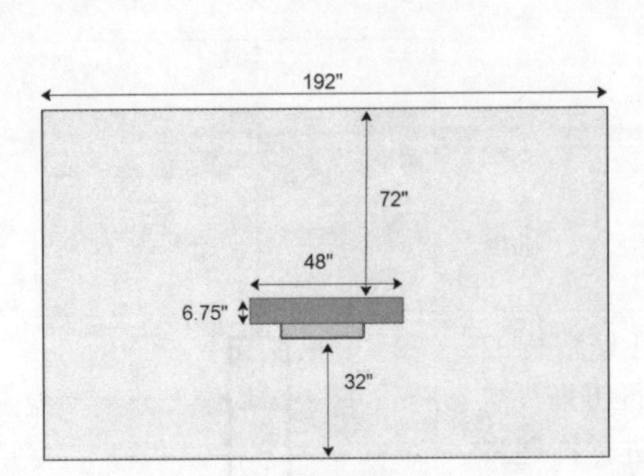

图 7-52 绝热天花板表面空气体尺寸 1

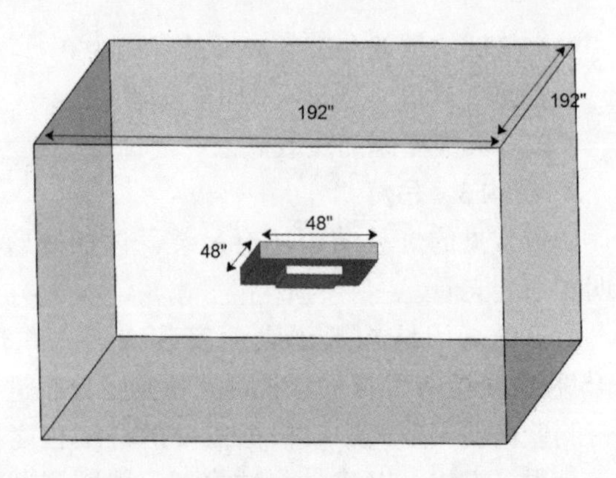

图 7-53 绝热天花板表面空气体尺寸 2

包裹墙和夹具的空气体的尺寸如下。

- 192″×192″。
- 距天花板顶部的距离为 72″。
- 灯具底部距离为 32″，如图 7-54 和图 7-55 所示。

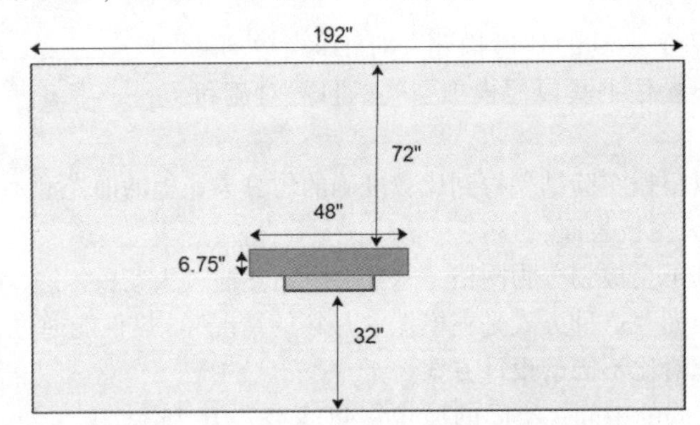

图 7-54 硬木天花板表面空气体尺寸 1

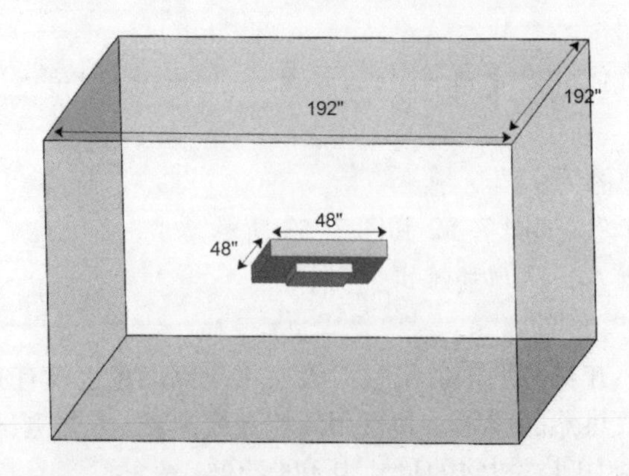

图 7-55 硬木天花板表面空气体尺寸 2

3）UL 测试设置：天花板表面。

测试设置使用与硬木配置相同的尺寸，但是使用 UL 测试盒代替实木基板。使用此设置可以更接近实际测试。

按照 UL1598 规范构建壁面测试夹具：

- 前面和后面应当是一个边长为 48 in 的胶合板。
- 侧面应该是 2 ×4 比例的木板。
- 尾端应该是 1 ×4 比例的木板。
- 内部支撑架应该是 2 ×4 比例的木板，如图 7–56 所示。

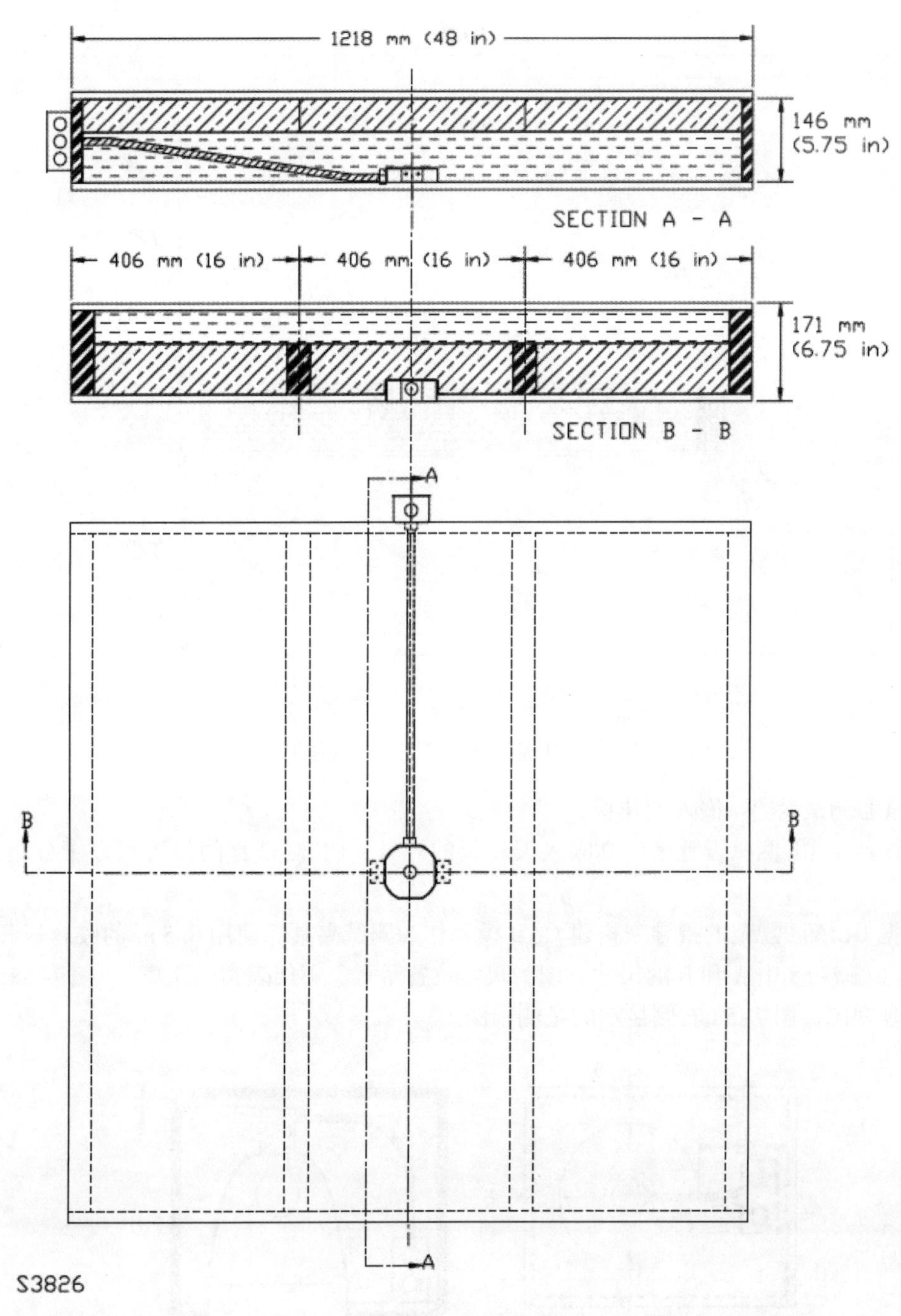

图 7–56 UL 测试天花板表面空气体尺寸 1

在 CAD 中简化八角接线盒，去掉所有的金属细节。夹具完全在空气体中。包裹墙和夹具的空气体的尺寸如下：

- 192″×192″。
- 距天花板顶部的距离为 72″。
- 灯具底部距离为 32″，如图 7-57 所示。

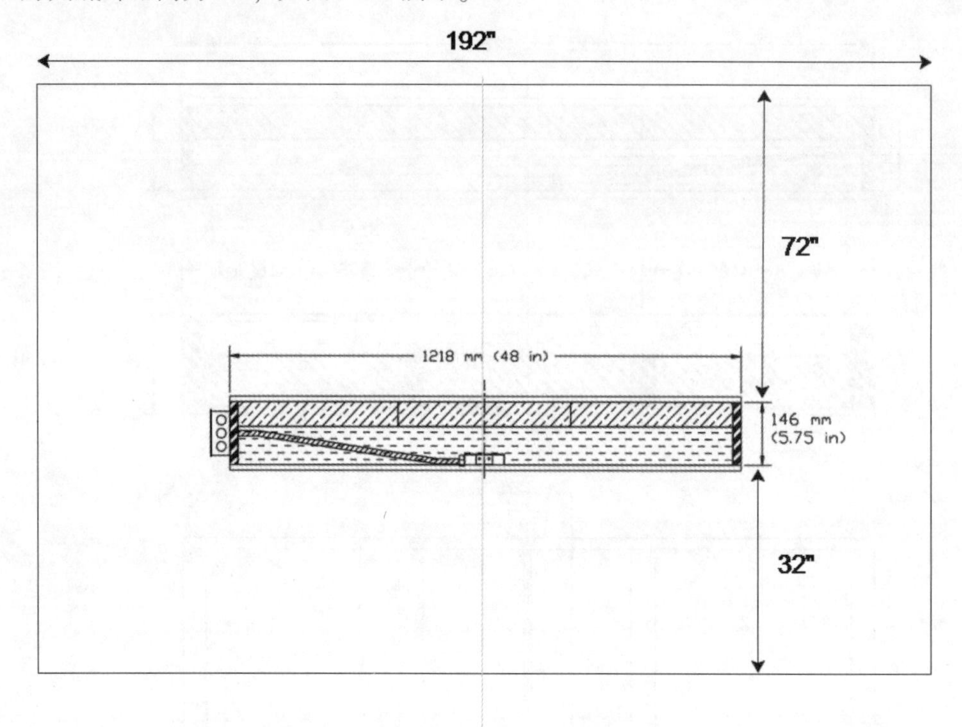

图 7-57 UL 测试天花板表面空气体尺寸 2

4）UL 测试设置：嵌入天花板。

建议使用 UL 测试设置来仿真嵌入天花板的灯具。UL 测试盒的设置可以十分接近真实测试。

根据 UL1598 规范的指导来构建 CAD 模型作为测试夹具。使用 0.5 in 的胶合板和 0.5 in 的间距（图 7-58 中 A 和 B 的尺寸，图为尺寸位置示意，不代表实际距离）。图 7-58 左侧显示的是顶视图，图 7-58 右侧显示的是侧视图。

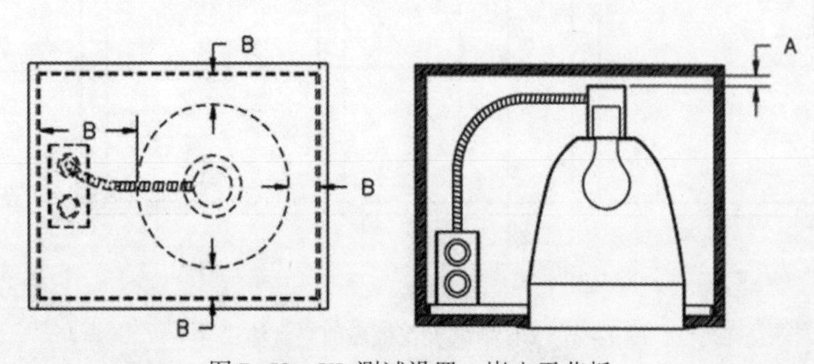

图 7-58 UL 测试设置：嵌入天花板

删除那些小半径来简化灯具模型上的金属。

片、加工特征和转角缝隙，这些特征会增加网格数和计算时间，但是对于流动和传热不会有影响。

构造空气体来模拟空气的自然对流与散热，如图 7-59 所示。

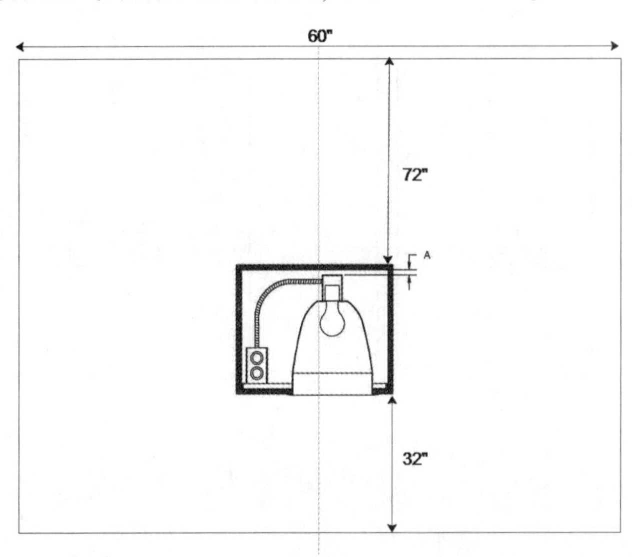

图 7-59 UL 测试设置：嵌入天花板的空气尺寸

（2）边界条件

- 定义顶部和底部开口面的“静压”=0。
- 底面（入口）：“静温”= 环境温度。
- 指定灯具类型的热负荷。

4. 结构 4：灯柱

日常生活和工作中有很多照明灯具是灯柱式灯具，包括悬臂灯具和顶端灯具等。

- 对于悬臂灯具，可以省略灯柱，主要分析灯具本身，如图 7-60 所示。
- 对于顶端灯具，要包含部分灯柱，长度大约为灯具长度的 3 倍即可，如图 7-61 所示。

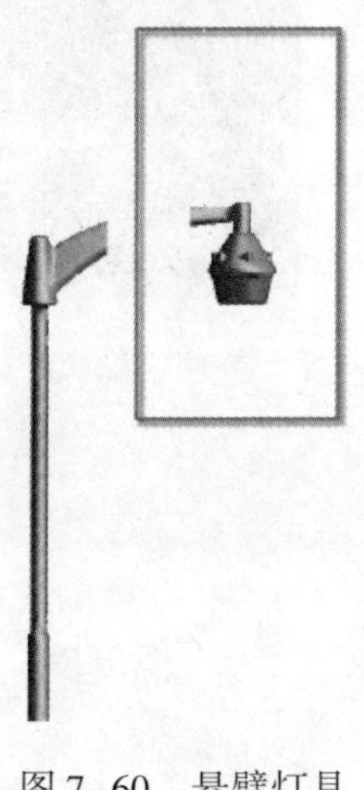

图 7-60 悬臂灯具

图 7-61 顶端灯具

(1) 几何外形

- 构造一个外壳将灯具封闭起来，灯具在外壳的中间。外壳的尺寸基于设备尺寸，如图 7-62 所示。
- 图 7-62a 为侧视图，图 7-62b 为前视图。

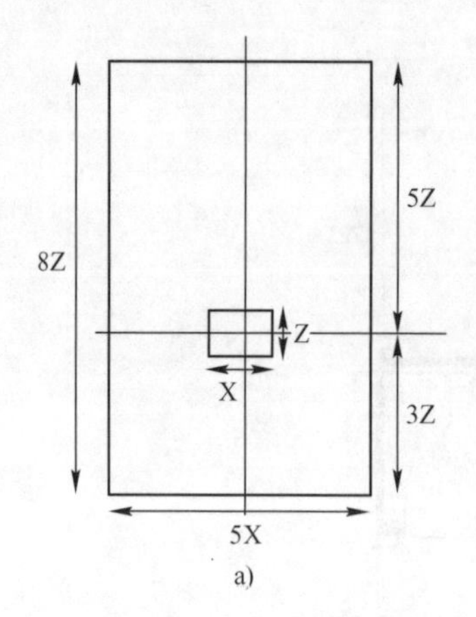

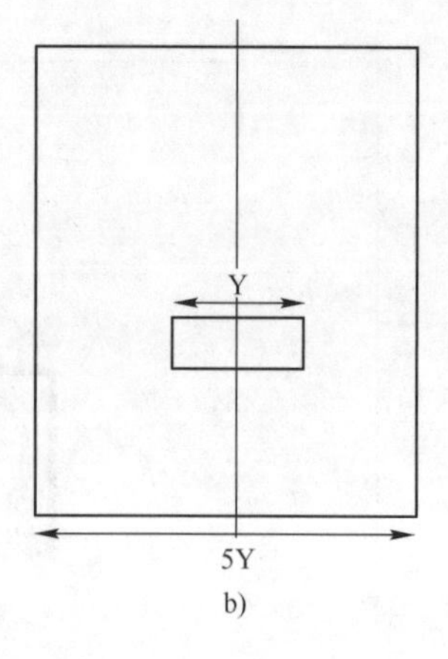

图 7-62 几何尺寸

注意：空气从底部进入，从顶部流出。

(2) 边界条件

- 要定义顶部和底部作为开口，在这两个面分别设置“静压”=0。
- 底面（进口）：“静温”=环境温度。
- 热负载设置为灯具类型。

5. 结构 5：落地灯

当夹具在地面上时，周围的空气只能从侧面和顶部流动。仿真模型中垂直方向尺寸较大，并且顶部开孔。这种仿真地面和开口空气高于夹具，如图 7-63 所示。

相关案例包括花园灯、护柱。

(1) 几何外形

- 构建设备外部的外壳。设备通常接触外壳的下表面。
- 外壳的尺寸基于设备 3 个方向尺寸的平均值。流动的稳定性基于外壳的长宽比。如果设备又长又细，就要确保周围有合理的长宽比。
- 图 7-64a 为侧视图，图 7-64b 为前视图。

图 7-63 落地灯

注意：顶面是打开的，空气从顶部进出。

(2) 边界条件

- 定义开口（通常是顶面）的“静压”=0。
- 对于开放式环境，指定“换热系数”=2 $W/m^2 \cdot K$，“参考温度”=“环境温度”。
- 底面不进行设置以模拟绝缘面。
- 热载荷设置为灯具类型。

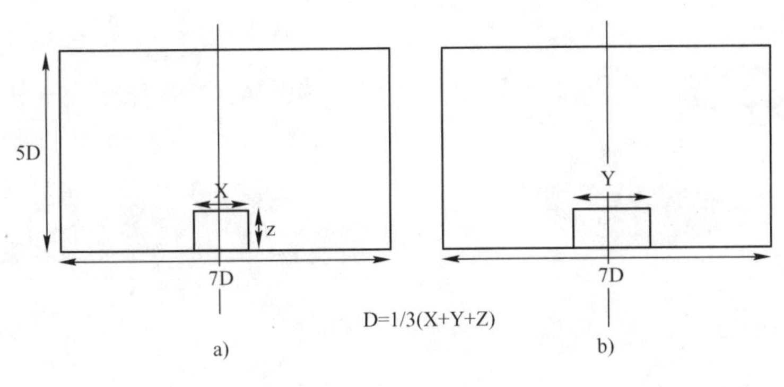

图 7-64　几何外形

7.2.2 使用的建模策略

本节描述 LED 和白炽灯系统的建模指南。几何建模部分已经在上节讨论过，因此本节主要考虑材料和热负荷。

- 由于流体的浮升力，空气的材料属性必须是可变的。设置空气材料时，在“环境”设置中设为“变量”。
- 对于非常薄的外壳，热传递主要取决于传导而非对流。在某些应用中，有可能不需求解流动而得到精确的传热仿真结果。新建一个固体材料并将其属性定义为与空气相同。
- 如果包括辐射，要指定流体和固体材料的发射率（注意，流体材料的发热量仅适用于当流体与固体或壁面接触时）。
- 材料设置包括挡板、内部风扇、PCB（印制电路板）、简化热模型和热电设备。

大部分灯具的材料为铝、ABS 塑料或硅。

当遇到有很小的空气缝隙与较大空气区域隔离时，一个很好的办法就是用一个带有空气属性的固体来进行模拟。

1. LED 应用建模策略

这些都是 LED 照明应用的典型目标：

- LED 温度是最主要的目标。
- 典型的目标是保持节温在 90℃附近。
- LED 灯的输出和质量，由 AN58765 CRI（显色指数）和 CCT（与温度相关的颜色）测量，在高温时会迅速降低。

材料注意事项如下。

（1）LED

选择 LED 材料来模拟 LED。

- 在材料编辑器中设置 LED 的热阻规格值（θ）作为 θ－JB。
- 如果没有可用值，假设 θ－JB 为 10℃/W。通常该值范围为 5～20℃/W。
- θ－JC 很少用在 LED 设备上。可设置其值为 1000。该值保证主要的热传导途径是通过 PCB 而不是设备顶部，如图 7-65 所示。

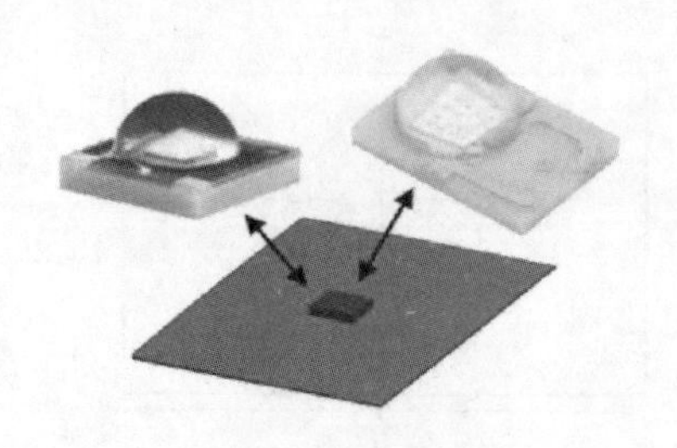
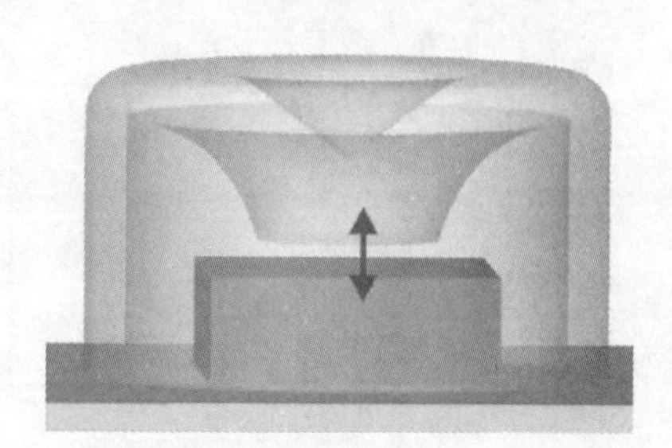

图 7-65 LED

（2）印制电路板（PCB）

印制电路板在很多 LED 应用中扮演了重要的角色。它不仅是电子设备，而且在散热中也起到了很重要的作用。在很多应用中，热量直接从 LED 传导到 PCB 中，然后传导到外部的灯具外套中。

对于多数应用，使用 PCB 材料设备来仿真 PCB 层。例如，一个 12 层 PCB 固体材料，可预设一个导热值代表 12 层的 FR4 和铜布线压成的 PCB。

下面有一些特殊情况是关于直接建模时的设置方式。

（1）热过孔

热过孔在很多 LED 应用中都会有，通常对 LED 散热也十分重要。有以下 3 种方式可以仿真 PCB 上的热过孔：

- 在 CAD 模型中，切分 PCB 将过孔区域与 PCB 分开。在 Autodesk CFD 中，给过孔区的垂直方向设置更高的导热率，这样会沿过孔方向提供导热途径。
- 在 CAD 软件中对过孔进行建模。一般不推荐这种方法，因为过孔会使几何外形变得十分复杂而且会耗费大量的时间进行分析。
- 忽略过孔。这种方法会使温度结果偏保守，因为它忽略了 LED 直接穿过 PCB 的传热。

（2）金属芯 PCB

金属芯 PCB（MCPCB）也会应用在 LED 中。可用如下方式建模：

1）在 CAD 模型中创建多层体来模拟金属芯和电介质层。

- 如果将 CTM（简化热模型）或 LED 材料赋在电介质层部分，该材料需要将“PCB”包含在它的名称中。
- 电介质层相对于金属芯可能很薄。在一些模型中，有可能引起网格划分困难。

2）使用一个体来对金属芯建模，使用一个表面零件来对电介质层建模。

- 给金属芯零件赋值为铝（或其他适合的材料）。注意，材料名称中必须包含“PCB”。
- 要仿真电介质层和铜箔的效果，需要给表面零件赋值相同的导热系数。
- 这种方式预测出的热传播会好于其他方式。

3）在 CAD 中建立单个的体来表示 PCB。

给 PCB 的材料指定为 100% 的金属。注意，这种方法简单但不如其他方式精确。

注意： MCPCB 内部走线可以被分析模型忽略而不会太影响总体精度。

（3）热负载

- 通过体积发热的边界条件设置每个 LED 的热负载。
- LED 输入功率来自于电压和电流。通常 75% 的输入功率会转化成热（其余为发光）。

- 有个好的办法计算非 LED 器件的发热量：把发热量加载在 PCB 上，而不必建立一个个单独的器件。
- 使用发热边界条件，75%的功率用在 LED 上。

2. 白炽灯应用建模策略

大多数白炽灯应用的目的如下。

- 确定如果环境温度变化时灯具是否会超过其限度。
- 确定灯具的散热不会使支架和底座过热。

（1）建模指南

1）在 CAD 模型中简化支架几何体。

2）以安装方式或测试环境对灯具建模。

- 如果按照安装方式对灯具建模，那么采用的方法是建模策略中的方法。
- 如果灯具很接近屋顶，空气无法从顶部流动，可能需要封闭顶部边界。
  - 底面赋值为环境温度且压力为0。
  - 顶面不要赋值压力边界条件。
- 要在测试环境中对灯具建模，使用测试盒方式。

3）包括几何模型中的玻璃管及其物理厚度。

（2）材料注意事项

将管内的气体赋值为固体材料，并指定其导热率为管内的气体。

（3）热负载

- 白炽灯的输入功率来自电压和电流。通常有15%～35%的输入功率转化为发热（其余为发光）。
- 将发热边界条件应用在管内的气体“固体”上，大概是白炽灯输入功率的15%～35%。

7.2.3 照明应用中的网格划分

高质量的分析模型的基本原则是要让网格足以对流动和温度梯度进行有效分解。在流动产生循环或者根据经验会有较大梯度变化的区域（如尾迹、涡流和分离区），需要加密网格。

1. 自动网格划分

对于很多模型，可使用自动划分来定义网格分布。在有很多细节的几何特征处，可能需要局部加密网格。

在某些情况下，可能会需要调整最小加密长度来减少其对全局网格数的影响。

要对流动变化大的区域局部加密网格，需要调整几何体和面的网格分布。

2. 网格加密

如果在某个区域没有适合的几何特征，可创建网格加密域，主要有以下两种方式。

1）在 CAD 模型中添加体以便加密网格。

2）如果在 CAD 模型中建立空气体，可以直接在模型上建立加密区域。

- 一个简单的方式是切开灯具附近的区域，形成一个空腔，如图7-66所示。

- 当模型转入 Autodesk CFD 后，该空腔会被自动填充。
- 贴敷材料，在灯具的几何细节区域加密网格，划分周围流体网格。

3. 在 Autodesk CFD 中建立加密区域

网格划分后，左键单击模型，然后单击“加密区域”图标按钮，如图 7-67 所示。

图 7-66　形成空腔

图 7-67　“加密区域”图标按钮

用该区域包裹关键器件，即那些预期会有较大流动和温度变化的区域，如图 7-68 所示。

- 如果模型（和流体）方向垂直，就延长加密区域到外壳的出口，这样可以捕捉到灯具顶部的高速和高温区。
- 在“加密区域”对话框中，取消勾选“均匀”复选框以便使网格在区域内的分布有所变化。
- 滑块值为 0.75～0.9 时适用于大多数应用。

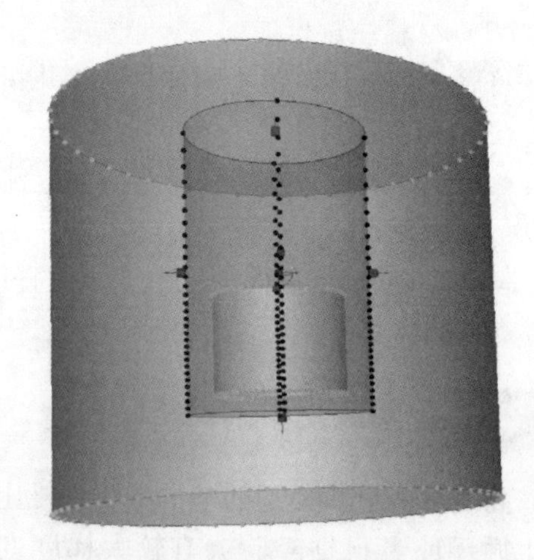

图 7-68　包裹关键器件

4. 举例

在灯具周围建立的加密区域，对灯具周围的速度和热羽流的影响十分明显，如图 7-69 所示。对温度区域的影响也很明显，如图 7-70 所示。

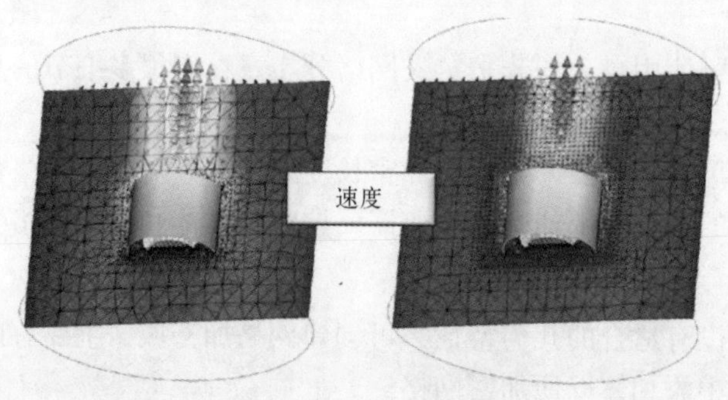

图 7-69　速度结果对比

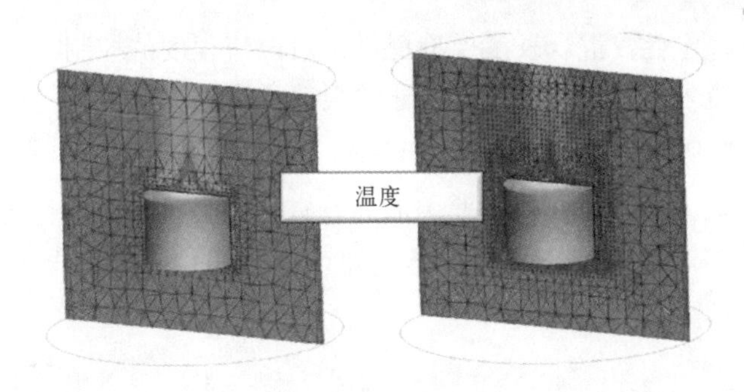

图 7-70　温度结果对比

捕捉到这些变化对求解的精确度十分重要。

5. 嵌套式区域

该方法的延伸就是在设备周围嵌套多个区域。可以在 CAD 中创建这些区域进行加密，但在 Autodesk CFD 网格划分工具中不支持这种做法。嵌套多个区域，如图 7-71 所示。

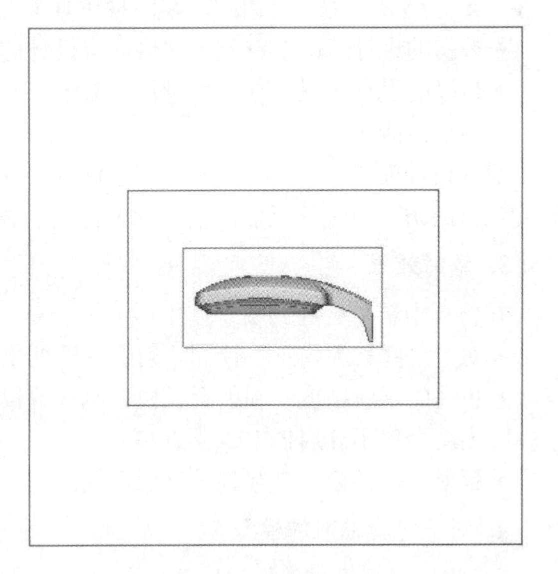

图 7-71　嵌套多个区域

在最内层的区域网格最密，此时网格在变化最大处。由于此区域相对整个计算域较小，因此高密度网格不会传播很远，整体网格数不会很大。第二层包裹区域的网格稍微稀疏一些，更外层的网格更稀疏。这种方法可以有效地将网格“浓缩”于最需要的地方，为网格划分和求解提高效率。

6. 其他网格工具

还有一些其他的网格划分工具对照明应用也很有用，可参考 5.4.3 节相关介绍。

7.2.4 运行灯具案例

在“求解”对话框进行如下设置：

- “流动”= On。
- “传热”= On。
- “迭代步数”= 200。
- 设置模型系统的重力方向。
- 湍流：灯具中的流动通常是层流或者有轻微的湍流。
- 单击“物理”选项卡中的“湍流”按钮，选择“层流”或“混合长度湍流模型”。
- 如果用层流运行时在前 100 步迭代中求解过程发散，就选择混合长度模型，并从 0 开始重新计算。

- 为了改进计算稳定性，混合长度模型提供了对湍流程度的控制，会使预测的温度略低于完全使用层流求解方式。这些温度通常很接近实际测试值。

1. 辐射

辐射是表面到表面的传热方式，需要表面间有直线视野。在很多灯具分析中，辐射具有重要影响，且不应忽略。然而，辐射会明显增加计算时间，应该注意平衡处理效率和求解精度。

2. 使用辐射

在照明应用中，辐射通常提供更高的精确度。因为它对性能的影响不同，所以并不总是会在多重导热设计仿真时用到。在两种仿真工况下应计算辐射：

- 最初的设计工况。在整体评估现有设计的热性能时很有用。
- 最终的设计工况。在各种设计参数汇总时有必要进行校验，检查设备是否达到了预期的热性能。

贯穿设计流程，基于传导和对流求解，专注于优化设计，这样提供了更保守的评估。最终确认时的仿真应包括辐射以便得到更精确的温度结果。

3. 辐射效果

在仿真中辐射会起到明显作用：

- 对于某些较大模型，计算辐射会导致两倍的求解时间。
- 更高的求解精度。辐射会在模型测试前提供更好的保真度。在辐射开启时，预测出的温度会比不开启低 10% ~20%。
- 辐射对一些模型会起到计算稳定效果。

4. 对于包含辐射的模型

1）添加温度边界条件到外壳垂直面上，采用与进口温度边界条件一样的值。

2）修改空气材料的“发射率”小于默认值 1.0。

- 保存该材料到自定义材料库。
- 该值用于外壳内壁面的潮湿表面。
- 在很多情况下，除非知道确切值，否则可以设置发射率为 0.3。如果材料有黑色涂层，发射率可设为 0.8。透镜通常的发射率为 0.7，透射率为 0.3。

3）在“求解”对话框的“物理”选项卡中勾选“辐射”复选框。

7.2.5 照明应用的可视化和结果提取

可以利用很多结果可视化工具来获得流动和热场结果。

- 使用结果平面和等值面可以查看灯具内外的流动。
- 使用粒子轨迹可以看到气流运动。
- 可以直接在零件上显示温度并用结果平面得到具体的温度数据。
- 使用决策中心对比多个工况的结果。保存摘要图像和摘要条目，在关键值表格中评估这些结果。

对于一般的信息，可以从结果可视化工具中获得，包括流动和温度的结果，如图 7-72 所示。

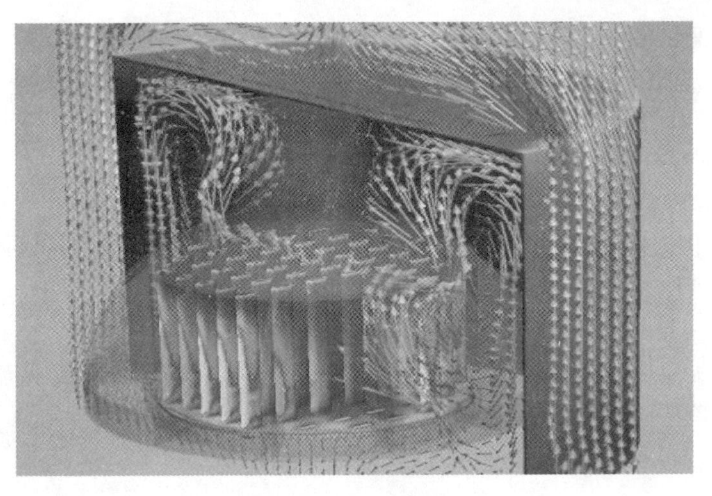

图 7-72　流动和温度结果

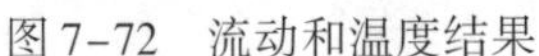

7.2.6 预期流动方式和查找问题

上文介绍了多数照明应用的典型流动方式。由于每个应用有其自身的特殊性，因此这些简单的指导可以用于评估仿真结果是否“看起来正确”。

1. 预期剖面图

(1) 壁装灯具、吊灯和灯柱/测试结构

理想状态下，气流应该从区域的底面进入，绕灯具通过羽流流到灯具顶端，如图 7-73 所示。

气流不应从顶部进入，如图 7-74 所示。

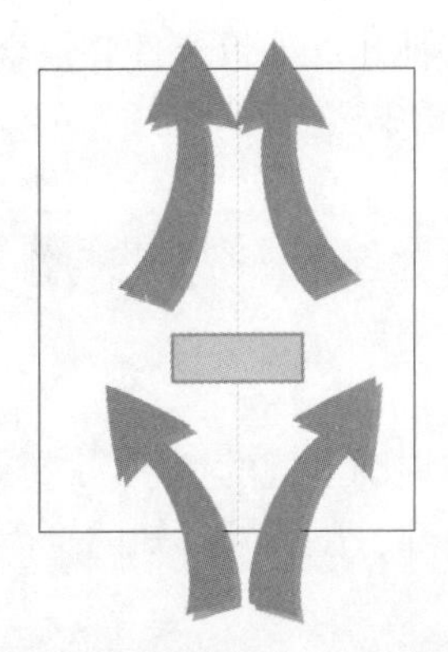

图 7-73　壁装灯具、吊灯和灯柱预期气流状态图

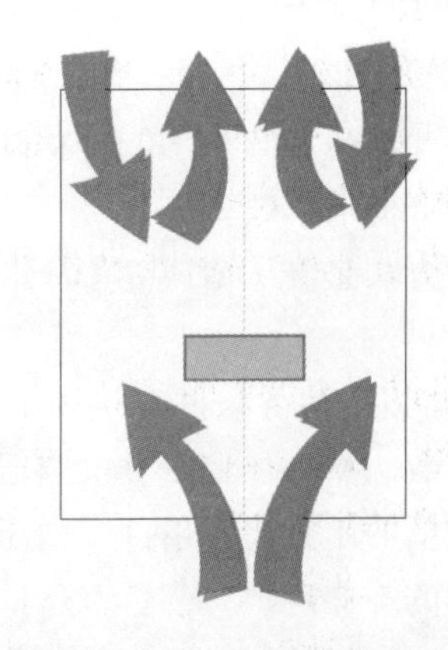

图 7-74　错误气流状态图

如果有气流从顶部进入，可参考以下修正建议。

1) 添加换热系数边界条件到顶面。设置换热系数 = 2 W/(m^2 · K)，参考温度 = 环境温度 +1℃。

2) 加密灯具顶部网格。有个方便的方式是直接在灯具上方建立一个网格加密区域。在

这个区域的流动变化会计算得更精确。

3）将局部拉伸从 1.1 减小到 1.08。如果问题依然存在，就减小到 1.05。

- 在网格任务状态下，右键单击，选择编辑。
- 在网格快速编辑对话框中，单击“高级”按钮。
- 改变局部拉伸值。

如果在一个工况中进行了一处或两处修改，就要对所有工况应用相同的修改。这样做可以确保设计的一致性。

（2）落地灯

理想状态是气流从侧面流向顶部开口，并且是通过中心流出（形成羽流），如图 7-75a 所示。流动不应该从一侧流向另一侧，如图 7-75 所示。

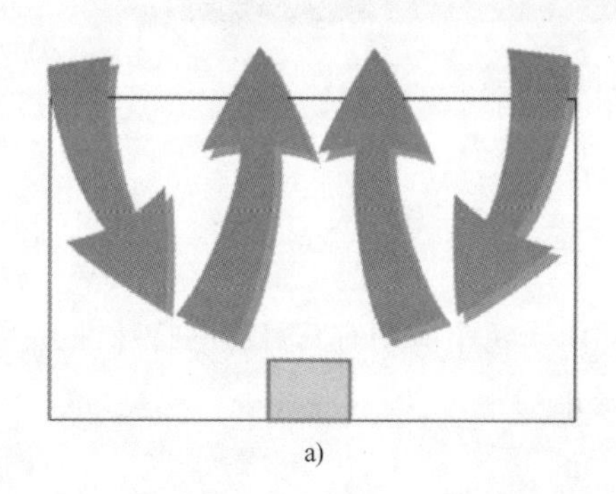
a)

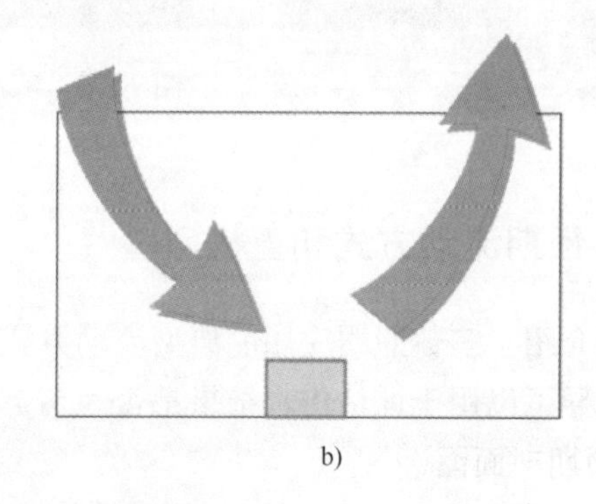
b)

图 7-75　预期气流状态与错误气流状态

如果流动从一侧流向另一侧，那么推荐加密灯具顶部网格，其中一个方便的方式是直接在灯具上方建立一个网格加密区域，在这个区域的流动变化会计算得更精确。

2. 注意事项

1）在很多案例中，不建议用 CAD 钣金设计特征建立的钣金件和钣金设计表格。

- 钣金件如拐角和圆角不能被移除，而且通常使网格数过多。这样会导致计算时间明显加长，降低求解效率。
- 推荐的方法是在 CAD 中用固体特征建立钣金件。忽略那些与流动和散热不相关的细节。

2）不要将以下边界条件直接用于灯具（仅用于发热工况）。

- 换热系数。Autodesk CFD 会自己计算设备与周围空气的换热。
- 内部插槽的压力边界条件。由于这些面在内部，压力是未知的，因此设定值会引起流动求解的不稳定。

3）注意，不要延长不必要的计算。当画好适当的网格时，很多灯具的分析达到收敛的步数是在 200 ~ 500 之间。

- 稀疏的网格在预测趋势时会很有用，但是在收敛后增加迭代是无法改进粗网格模型的精度的。

4）在很多分析中，前 100 步迭代已经可以对温度做出一个偏高的预测了。

- 在后续迭代中，可以获得收敛，且最终温度也会略低。

- 如果预测温度在分析早期明显高于预期（一个或更多数量级），就需要检查模型设置保证所有的负载和材料是正确的。

5）如果结果中温度非常高，那么开启“辐射”。在某些模型中，忽略辐射的影响会使温度比实际值升高大概10%～20%。一个不错的方法是先计算200步不带辐射的迭代，然后把辐射开启再继续计算。这样会减少分析时间，而且有助于对辐射效果的理解。同时，要确保采用合适的材料发射率。

7.3 电子散热行业最佳实践

在电子领域，最大的挑战之一是确保元器件在运行的时候温度低于要求限额。该挑战的难点在于当设备功耗增加的时候仍然要减小设备尺寸，此时，散热就成了最大的挑战之一。使用Autodesk CFD可以在设计早期将气流作为设备中的一部分深入了解，从而更加有效地应对这些挑战。

本节将会描述系统级的电子散热仿真。首先介绍根据设计准则，系统级的策略和目标如何实施。我们会基于不同种类的应用来说明如何确定在哪种使用中会出什么问题。分析最佳实践会对不同种类的应用进行说明。

这些技巧来自于Autodesk CFD的应用工程师并且应用在多种多样的电子散热案例中。在不同的应用中，需要用不同的方式面对不同的环境状况。

这些技巧相对保守，在某些案例中可能稍加调整会更快达到收敛。根据某些领域的应用经验，尽量对它们进行优化以便使过程更加高效。

1. 电子散热分析类型

在电子散热分析中有3种基本分类：元件级、板级和系统级，每种都面对不同的对象并有不同的策略。

（1）元件级

Autodesk CFD很适于分析小系统中的元件级分析。

很多机械和设计工程师的目标是弄清楚单独元件的热性能。通常的方法是将元件封闭在一个小的空气体中，将其作为一个小系统。下面描述的方法可以用来进行这种小尺寸的系统级分析。

很多电子元件都规定了必须有多大的风速来确保设备得到足够的冷却。元件级的分析最有力的应用就是用一个简化的系统来确定最终的风速是多少，其过程大致如下：

- 仅对流动进行建模以验证元件上的风速并与制造商规定的对比，这样在早期可以指出元件是否能得到足够的冷却。这种方法可以快速地对比不同设计，然后进入下一个场景。
- 这种分析中通常不考虑传热。

（2）板级

在很多板级的分析中，目标是要评估PCB由于焦耳热（或其他发热形式）所产生的温升。包括对走线的建模，这个过程对CAD建模比较困难，因为通常不可能把布线画出。常用的方式是把ECAD模型转换到CAD模型中，然后进行Autodesk CFD分析。很多电子工程师对这种分析比较感兴趣。

在其他情况下，分析的目的是考查一块带有元器件的单板的热性能参数。这样的单板宽度为一个插槽且在一个空气体中。这属于小系统分析，但是其电路板和元件所包含的细节通常会比下面要描述的系统级分析还要多。下面描述的方法可以用于这种小尺度的系统级分析。其分析结果可以作为元件子模块插入到大型的系统分析中。

(3) 系统级

系统级的应用包含封闭在外壳内的多个组装元件。它们有不同的配置，从几个到几百个不等。根据具体情况，系统可以完全封闭或有大量通风口。空气由于浮升力或风扇之类的强迫设备的驱动而穿过系统。无论什么样的几何外形或应用，都要确保元件不会超过允许的温度。在不同的行业，会用到不同的方式来实现这个目标。

2. 系统级分析策略

在开始电子散热分析之前，需要先在本节中讨论一下可以用哪些项目来评估做法是否正确。要考虑的重要的一点是项目的目的，在开始分析前必须理解，因为几何模型和仿真建模假设是基于期望输出的。另一个要考虑的是分析在设计过程的哪个位置。如果在早期介入，就应使用设计阶段的几何模型。设计阶段的模型比生产阶段的模型更好，因为模型的复杂程度低，并且基于分析输出结果来进行改动会更加灵活。

(1) 基本流程和目标

这里有些建模策略对于很多电子散热分析来说非常有用。所有这些方法都有助于降低几何复杂度并且不会对关键流动和设备散热方面产生影响。

以下是所有进行系统级分析都应该考虑的方面。

- 设备周围的环境如何？附近是否有结构体或其他元件？
- 该设备是由风扇冷却还是被动散热（自然通风）？
- 设备是封闭的还是有通风口？
- 系统中的设备可以用材料设备还是其他表示形式进行仿真？
- 明确和理解分析的目标。

系统级的分析中有很多潜在目标。明白这些目标很关键，而且还会指导分析过程。潜在目标包括：

- 确定一个现有设备的热行为基线。
- 确定设计变更的效果（结构或尺寸变化，元件的变化或增加，输入功率变化）。
- 确定改进设计的方式。
- 确定设计是否满足设计要求。

(2) 几何模型：设计级与产品级

- 在设计流程早期使用 Autodesk CFD。
- 有些设计开始会使用一个或多个二维模型或很简单的三维模型。这样可以专注于主要的设计方向，并在概念阶段快速将概念优化为可实施的设计元素。
- 直接从仿真几何中驱动实际产品几何。
- 建立包含设备的流动和发热基本元素的几何模型。
- 根据 Autodesk CFD 的计算结果改进几何模型。

- 这样比等待详细的产品模型出来再进行分析要高效很多。要对这种产品级的几何模型进行有效的分析，需要进行大量的模型简化工作来处理那些对结果没有影响的几何特征。

（3）子模块表达

分析包括很多元件的复杂系统的一个很有效的策略是将子模块放入整个模型。包含了大量的几何细节或多处都会用到的子模块适用于这种方法。例如，在一个大机柜中两个板间的一个通道。这种方法的好处是系统模型中大量的细节可以被简化，从而减少分析时间，提高设计效率。

这种表达方法根据单独的、较小的分析推导出子模块的性能特征。流动的结果和热行为用于在几何上代表系统模型内部的模块。这个过程可以概括为：

- 创建元件或模块的 CAD 模型。对于单独的模块，要在其周围设计出一个小空气体。可尝试用与系统模型的尺寸和形状大致相同的空气体。在有些案例中，“模块”可能包括的空气体与 1U（44.45 mm）的机柜子模块一样大小。这时，要确保空气体与 1U 机柜中的空气通道有相同尺寸和形状。
- 运行流动和热分析以计算压降、散热和出口温度。
- 在系统分析中，用简单的几何形状代替模块。给材料设置阻尼来表示压降。设置发热边界条件来代表实际设备的散热量。
- 设置的参数可能在迭代过程中需要调整，以便更准确地代表模块的效果。

（4）初步设计方法

好的初步设计方法是在建立完整的外部环境模型之前通过分析逼近真实来排除大部分设计方案。

要做到这一点，就需要对设备内部进行建模，在设备的外表面用对流换热系数边界条件来模拟外部流动。这样可以免于计算设备周围的流动，并且比建立外部环境分析更快地得到结果。温度分布的结果可能不会那么精确，但是通常可以找出有问题的设计元素。在识别出更好的设计候选方案后，再使用建立外部空气环境这样更严谨的分析方法来确定实际温度场。

外表面对流换热系数的推荐值的范围为 $5\ \mathrm{W/(m^2 \cdot K)} \sim 20\ \mathrm{W/(m^2 \cdot K)}$。小数值用于空气不怎么流动的场景，大数值用于空气流动的场景，且通常用于温度较高时。当这个值比较难于确定时，重要的是用一致的值对所有设计方案进行评估。

（5）典型的系统级电子散热分析

1）强迫冷却（风扇）。

- 内部通孔。
- 内部封闭。
- 外部。

2）被动冷却。

- 内部通孔。
- 内部封闭。
- 外部。

7.3.1 内部强迫冷却：有通风口

空气从环境进入外壳，穿过设备，再排出到环境中。在很多案例中，风扇使空气运动，进风温度是已知的。浮升力可以忽略。元件的散热主要由外壳导热和气流带走。辐射也可以忽略不计。

1. 应用案例

- 投影仪。
- 计算机硬件。
- 实验器材。
- 通信设备。
- 数据中心设备。

2. 建模策略

- 去掉外部特征以简化几何模型。简化或重建薄板金属可以去掉与仿真不相关的细节。
- 模型必须包括设备内部的空气体，而通常物理模型不会包括空气体。如果几何模型是气密性的，那么 Autodesk CFD 会自动创建一个空气体。否则，就需要修改 CAD 模型，封闭缝隙或者使用流体域填充工具在 Autodesk CFD 模型中新建空气体。
- 要保证边界条件和内部流动之间有足够的空间，可能需要在 CAD 模型中延伸开口。
- 设备外壳通常对温度分布几乎没有影响，可以考虑在 CAD 模型或划分网格时将其抑制。

3. 材料

- 空气的属性应该是常数，即在空气的“环境”设置中选择“定值”。
- 对于很薄的外壳，传热主要靠导热而不是对流。在某种情况下，可以不计算流动而精确模拟传热。在默认数据库中，有种材料称为固体空气，具有空气的热属性。
- 使用材料设备来模拟如挡板、内部风扇、电路板、简化热模型和热电设备等仿真对象。
- 使用铝或其他类似金属材料作为外壳。

4. 边界条件

这里有一些可用的流动边界条件组合，可根据实际情况选择适合设备的组合。

(1) 已知进口流量

进口：速度、体积流量或外部风扇；出口：静压 =0。

(2) 已知出口流量

进口：静压 =0；出口：速度、体积流量或外部风扇。

(3) 已知压降

进口：静压 >0；出口：静压 =0。

(4) 已知内部风扇

- 进口：静压 =0，出口：静压 =0，材料设备为内部风机。

如果要了解温度分布，就需要添加传热边界条件（如果只需要了解流动，则可以忽略）。

1）对所有空气入口都要添加温度边界条件。不要在出口添加温度边界条件。

2）对发热元件使用总热量边界条件。注意，功耗会平均分布在整个体上。

3）要仿真对周围环境的传热，可在外表面使用换热系数边界条件，该值取决于物理设备周围的空气运动状态。

- 如果空气静止，值为 5 W/(m^2 · K)。
- 如果空气流动，值为 20 W/(m^2 · K)。
- 参考温度等于环境温度。

5. 网格

对于高质量模型的基本原则是网格的划分应该要能够有效地反映出流动和温度的渐变。在流动循环或有较大变化的区域（如尾迹、涡流和分离区），需要较好的网格。

对于许多模型来说，可以使用自动剖分来定义网格分布。在某些几何细节较多的地方需要局部加密网格。

在某些案例中，可能需要调整最小加密长度以便减少整体网格数。

在高流动变化区局部加密网格。

1）调整几何体和面上的网格分布。

2）如果在一些特殊的区域没有适当的几何特征，那么可以创建网格加密区域。

- 在 CAD 模型中添加一个或多个体。
- 在网格任务栏创建加密区域。

6. 运行

在“求解”的“物理”选项卡中：

1）“流动” = On。

2）“传热” = On。

3）“自动强制对流” = On。

4）湍流：

- 大多数强迫对流分析为湍流，因此推荐使用默认的 K – Epsilon 模型。
- 带有“拉”的效果的风扇可能需要用层流，在“湍流”对话框中选择“层流”。
- 打开“求解”对话框，单击“物理”选项卡，单击“湍流”按钮，选择“层流”。

在达到设定迭代数或求解收敛时，Autodesk CFD 都会停止求解。为了确保分析不会在收敛前停止，可设置要运行的迭代步数为 500。因为大多数分析都会在 200 ~ 300 步收敛，所以 500 是个比较保险的步数。

7. 结果提取

流动分布，如图 7–76 所示。

元件温度，如图 7–77 所示。

- 使用平面和等值面来查看设备内外的流动。
- 使用轨迹将气流运动可视化。
- 直接在部件上查看温度或使用部件按钮来查看具体温度值。
- 使用决策中心来对比不同工况的结果。保存摘要图像并创建摘要项目，通过关键值表格来评估结果。

可使用结果可视化工具来查看其他流动和热结果。

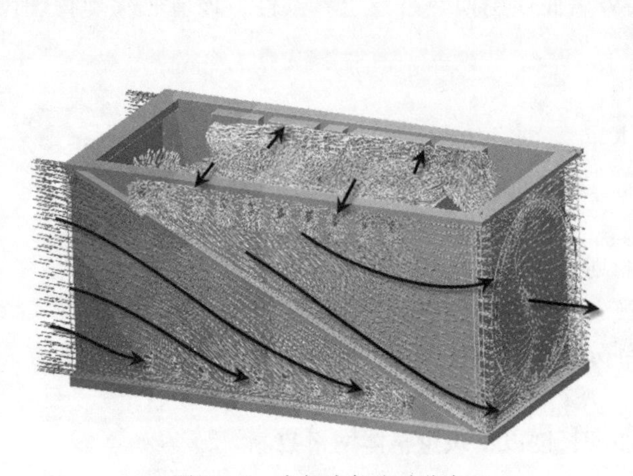

图 7-76　内部冷却流动分布

图 7-77　内部冷却元件温度

8. 错误排查

收敛曲线振荡时，会出现如图 7-78 所示的锯齿状收敛图，当使用风机曲线定义内部风扇时偶尔会发生这个问题。

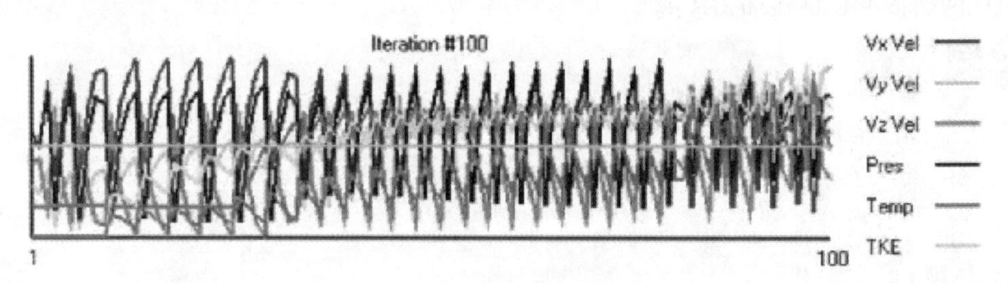

图 7-78　收敛曲线振荡

这是由于当系统从一个迭代到下一个迭代变化时运行点也随之变化。风机曲线与系统运行曲线交叉。如果求解时从一个迭代到下一个迭代的变化过快，该点的变化就会忽上忽下，形成锯齿状的收敛曲线。

要解决这个问题：

- 在“求解”对话框的“控制”选项卡中，单击“求解控制”按钮。
- 取消勾选“智能求解控制”复选框。
- 将“速度”和“压力”滑块从 0.5 拖至 0.2。
- 再次勾选“智能求解控制”复选框，单击“确定”按钮。
- 继续分析。

这样会减慢对速度和压力变量的求解，避免运行点的大幅度变化，如图 7-79 所示。

9. 注意事项

- 不要包含对流动和传热没有影响的几何细节。去掉薄金属弯曲、螺钉和电线这样的特征。
- 流动和传热可以同时求解，但是通常会比分步求解占用更长时间（手动或使用自动强

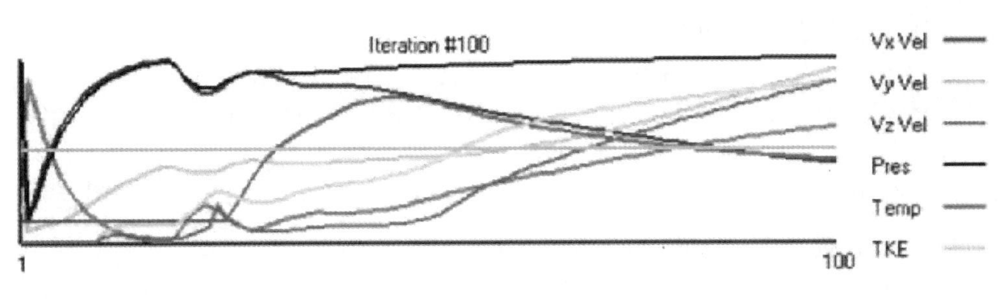

图 7-79 修改后的收敛曲线

制对流进行分步求解)。

- 只有在空气属性随温度变化时才需要同时求解流动和传热。

7.3.2 内部强迫冷却：封闭环境

在外壳内的风机使空气循环流动。因为没有空气的进出，所以空气的循环效率是关键元件散热和壳体传热的要素。在关键设备和壳体，直接的传热通道对有效冷却来说非常重要。

1. 应用案例

- 通信设备。
- 控制模块。
- 严酷环境中的设备。

2. 建模策略

- 去掉外部特征以简化几何模型。简化或重建薄板金属可以去掉与仿真不相关的细节。
- 模型必须包括设备内部的空气体，而通常物理模型不会包括空气体。如果几何模型是气密性的，Autodesk CFD 会自动创建一个空气体。否则，就需要修改 CAD 模型，封闭缝隙或者使用流体域填充工具在 Autodesk CFD 模型中新建空气体。
- 要保证边界条件和内部流动之间有足够的空间，可能需要在 CAD 模型中延伸开口。
- 设备外壳通常对温度分布几乎没有影响，可以考虑在 CAD 模型或划分网格时将其抑制。

3. 材料

- 空气的属性应该是常数，即在空气的“环境”设置中选择“定值”。
- 对于很薄的外壳，传热主要靠导热而不是对流。在某种情况下，可以不计算流动而精确模拟传热。在默认数据库中有种材料称为固体空气，具有空气的热属性。
- 使用材料设备来模拟如挡板、内部风扇、电路板、简化热模型和热电设备等仿真对象。
- 使用铝或其他类似金属材料作为外壳。

4. 边界条件

如果要了解温度分布，就需要添加传热边界条件（如果只需要了解流动，可以忽略）。必须在模型的某些地方设置温度，因为封闭设备没有入口，可以用以下方法中的一个来设置温度。

1）在外表面设置温度边界条件。

2）对发热元件使用总热量边界条件。注意，功耗会平均分布在整个体上。

3）要仿真对周围环境的传热，可在外表面使用换热系数边界条件。该值取决于物理设备周围的空气运动状态：

- 如果空气静止，值为 5 W/(m^2·K)。
- 如果空气流动，值为 20 W/(m^2·K)。
- 参考温度等于环境温度。

5. 网格

对于高质量模型的基本原则是网格的划分应该要能够有效地反映出流动和温度的渐变。在流动循环或有较大变化的区域（如尾迹、涡流和分离区），需要较好的网格。

对于许多模型来说，可以使用自动剖分来定义网格分布。在某些几何细节较多的地方，需要局部加密网格。

在某些案例中，可能需要调整最小加密长度以便减少整体网格数。

在高流动变化区局部加密网格。

1）调整几何体和面上的网格分布。

2）如果在一些特殊的区域没有适当的几何特征，那么可以创建网格加密区域。

- 在 CAD 模型中添加一个或多个体。
- 在网格任务栏创建加密区域。

6. 运行

在“求解”的“物理”选项卡中：

1）“流动” = On。

2）“传热” = On。

3）“自动强制对流” = On。

4）湍流：

- 大多数强迫对流分析为湍流，因此推荐使用默认的“K－Epsilon”模型。
- 带有“拉”的效果的风扇可能需要用层流，在“湍流”对话框中选择“层流”。
- 打开“求解”对话框，单击“物理”选项卡，单击“湍流”按钮，选择层流。

在达到设定迭代数或求解收敛时，Autodesk CFD 都会停止求解。为了确保分析不会在收敛前停止，可设置要运行的迭代步数为 500。因为大多数分析都会在 200～300 步收敛，所以 500 是个比较保险的步数。

7. 结果提取

封闭环境流动分布，如图 7-80 所示。

封闭环境元件温度，如图 7-81 所示。

- 使用“平面”和“等值面”来查看设备内外的流动。
- 使用轨迹将气流运动可视化。
- 直接在部件上查看温度或使用“部件”按钮来查看具体温度值。
- 使用“决策中心”来对比不同工况的结果。保存“摘要图像”并创建“摘要项目”，通过“关键值”表格来评估结果。

可使用结果可视化工具来查看其他流动和热结果。

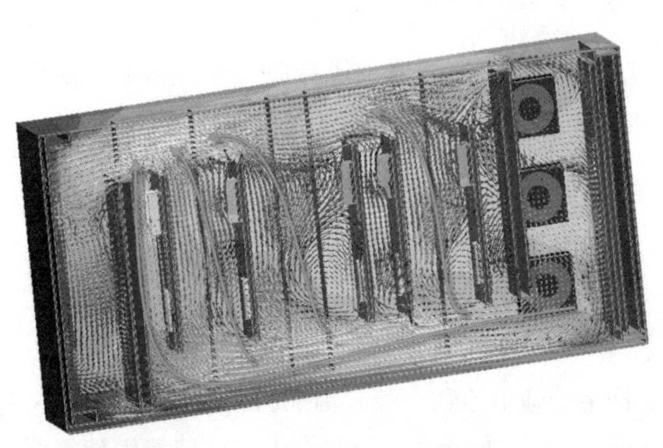

图 7-80　封闭环境流动分布

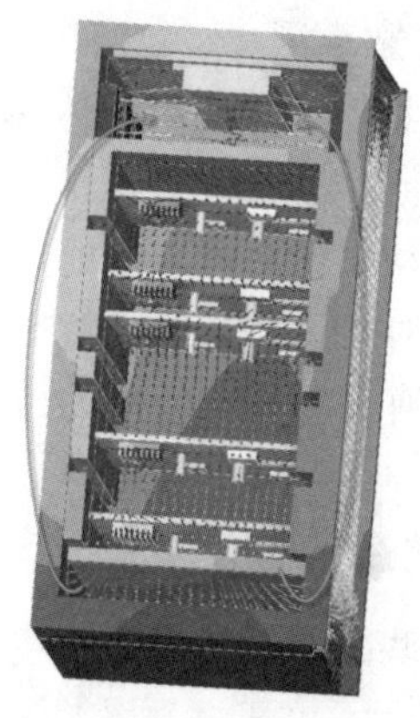

图 7-81　封闭环境元件温度

8. 错误排查

收敛曲线振荡时，会出现如图 7-82 所示的锯齿状收敛图，当使用风机曲线定义内部风扇时偶尔会发生这个问题。

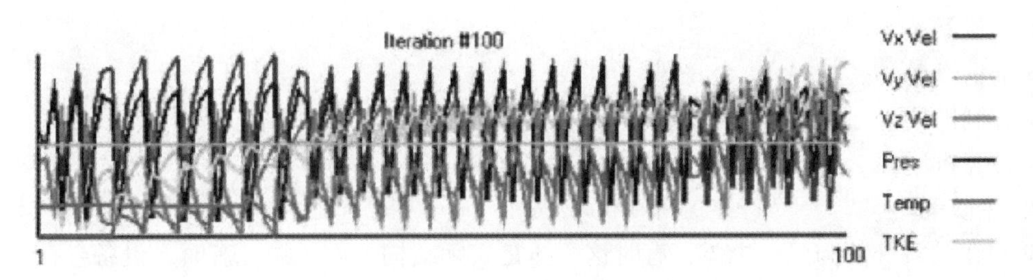

图 7-82　收敛曲线振荡

这是由于当系统从一个迭代到下一个迭代变化时运行点也随之变化。风机曲线与系统运行曲线交叉。如果求解从一个迭代到下一个迭代的变化过快，该点的变化就会忽上忽下，形成锯齿状的收敛曲线。

要解决这个问题：

- 在“求解”对话框的“控制”选项卡中，单击“求解控制”按钮。
- 取消勾选“智能求解控制”。
- 将“速度”和“压力”滑块从 0.5 拖至 0.2。
- 再次勾选“智能求解控制”，单击“确定”按钮。
- 继续分析。

这样会减慢对速度和压力变量的求解，避免运行点的大幅度变化，如图 7-83 所示。

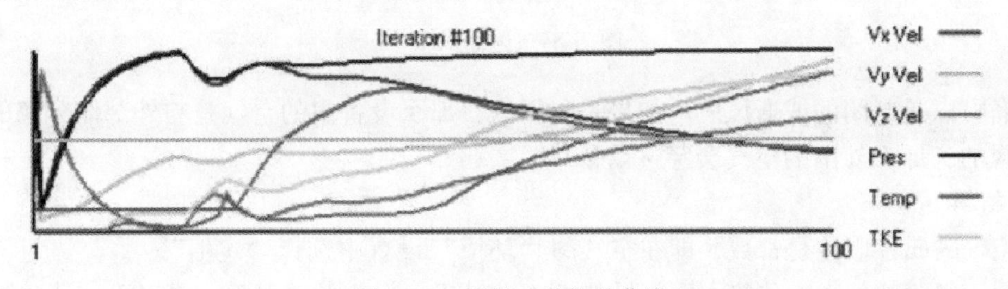

图 7-83　调整后的收敛曲线

9. 注意事项

- 不要包含对流动和传热没有影响的几何细节。去掉薄金属弯曲、螺钉和电线这样的特征。
- 流动和传热可以同时求解，但是通常会比分步求解占用更长时间（手动或使用自动强制对流进行分步求解）。
- 只有在空气属性随温度变化时才需要同时求解流动和传热。

7.3.3 外部强迫冷却

在一些案例中，设备会受到外部制冷措施的强迫冷却。设备内部的风扇对元件冷却，外部的高速（不可压缩）流动对外壳进行换热。在气体强迫冷却案例中，这种效果被忽略或用换热系数边界条件来模拟。在本案例中，会在设备外部建立空气体来进行外界对外壳的换热。

1. 应用案例

- 电源。
- 换流器。
- 通信设备。
- 控制模块。
- 计算机硬件。

2. 建模策略

必须在设备外部构建一个体，有时这个体是实际结构，如风洞。有时，设备会在一个很大的房间或开放环境中：

- 在 CAD 模型或 Autodesk CFD 中使用外部体工具添加一个体。
- 如果设备在一个风洞中，就使用与风洞同样的尺寸。
- 如果风洞的尺寸大于设备的 5 倍，或者设备距离物理边界很远，可以用如图 7-84 所示的尺寸。

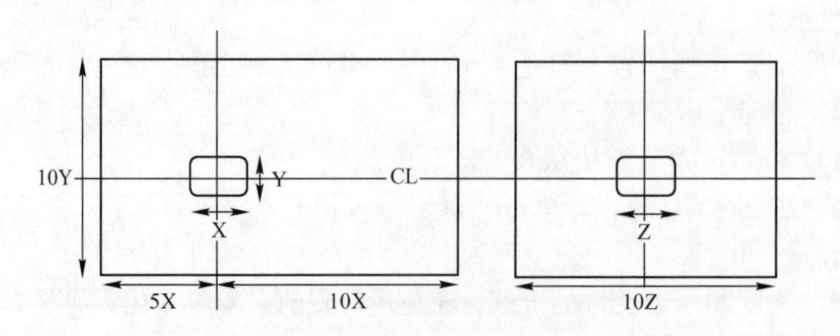

图 7-84 风洞尺寸

设备可以是封闭的或通风的。如果是封闭的，那么设备内的空气是与外部体分离的。如果是通风的，那么外围的空气会穿过设备。

3. 材料

- 空气的属性应该是常数，即在空气的“环境”设置中选择“定值”。
- 对于很薄的外壳，传热主要靠导热而不是对流。在某种情况下，可以不计算流动而精确模拟传热。在默认数据库中，有种材料称为固体空气，具有空气的热属性。

- 使用材料设备来模拟如挡板、内部风扇、电路板、简化热模型和热电设备等仿真对象。
- 使用铝或其他类似金属材料作为外壳。

4. 边界条件

- 定义空气体的进口，设置为“速度”或“体积流量”。
- 定义空气体的出口，设置为“静压”=0。
- 如果空气区域是在模拟自由空间环境（不是风洞），那么设置该区域的侧面为“滑移/对称”。

注意：不要在设备上直接设置流动条件。

如果要了解温度分布，就需要添加传热边界条件（如果只需要了解流动，可以忽略）。

- 对所有空气入口都要添加温度边界条件。不要在出口添加温度边界条件。
- 对发热元件使用“总热量”边界条件。注意，功耗会平均分布在整个体上。
- 如果空气体作为冷板，可设置“温度”或“换热系数”作为边界条件，或者不设置该侧面。
- 如果要考虑太阳辐射，可以在空气域的外表面设置“热流量”边界条件或者在“求解”对话框中开启“辐射”和“太阳辐射”。

在大部分情况下，不要在设备上设置温度。

5. 网格

对于高质量模型的基本原则是网格的划分应该要能够有效地反映出流动和温度的渐变。在流动循环或有较大变化的区域（如尾迹、涡流和分离区），需要较好的网格。

对于许多模型来说，可以使用自动剖分来定义网格分布。在某些几何细节较多的地方，需要局部加密网格。

在某些案例中，可能需要调整最小加密长度以便减少整体网格数。

在高流动变化区局部加密网格。

1）调整几何体和面上的网格分布。

2）如果在一些特殊的区域没有适当的几何特征，可以创建网格加密区域。

- 在CAD模型中添加一个或多个体。
- 在网格任务栏创建加密区域。

6. 运行

在“求解”对话框的“物理”选项卡中：

1）“流动”=On。

2）“传热”=On。

3）“自动强制对流”=On。

4）湍流：

- 大多数强迫对流分析为湍流，因此推荐使用默认的K-Epsilon模型。
- 带有“拉”的效果的风扇可能需要用层流，在“湍流”对话框中选择“层流”选项。
- 打开“求解”对话框，单击“物理”选项卡，单击“湍流”按钮，选择“层流”选项。

在达到设定迭代数或求解收敛时，Autodesk CFD 都会停止求解。为了确保分析不会在收敛前停止，可设置要运行的迭代步数为 500。因为大多数分析都会在 200～300 步收敛，所以 500 是个比较保险的步数。

7. 结果提取

外部强迫冷却的流动分布，如图 7-85 所示。

外部强迫冷却的元件温度，如图 7-86 所示。

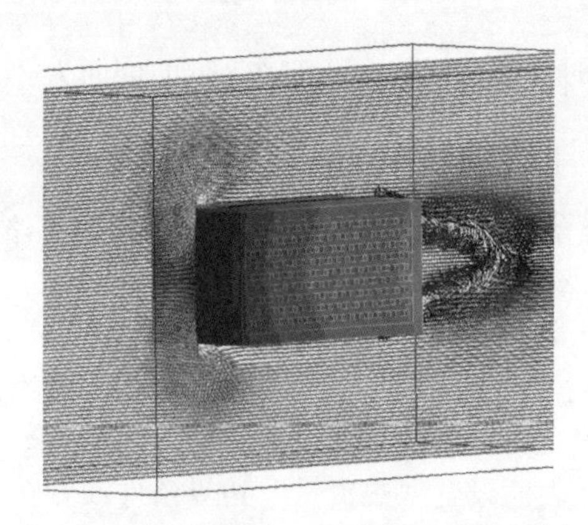

图 7-85 外部强迫冷却的流动分布

图 7-86 外部强迫冷却的元件温度

- 使用平面和等值面来查看设备内外的流动。
- 使用轨迹将气流运动可视化。
- 直接在部件上查看温度或使用部件按钮来查看具体温度值。
- 使用决策中心来对比不同工况的结果。保存摘要图像并创建摘要项目，通过关键值表格来评估结果。

可使用结果可视化工具来查看其他流动和热结果。

8. 注意事项

- 不要包含对流动和传热没有影响的几何细节。去掉薄金属弯曲、螺丝和电线这样的特征。
- 流动和传热可以同时求解，但是通常会比分步求解占用更长时间（手动或使用自动强制对流进行分步求解）。
- 只有在空气属性随温度变化时才需要同时求解流动和传热。
- 不要在设备上直接设置流动条件。
- 在大部分情况下，不要在设备上设置温度。

7.3.4 被动冷却：内部，通风

元件带通风孔，由自然通风、对流和辐射被动冷却。温度变化会引起空气密度变化，然后导致空气流动。空气穿过通风孔进出设备。发热元件以空气运动、导热和辐射将热量散到环境。

在被动冷却的流动中，带通风孔的设备通常是层流，辐射在散热中也非常重要。

1. 应用案例

- 仪表板。
- 机械面板。
- 被罩住的元件。
- 混合动力系统。

2. 建模策略

- 去掉外部特征以简化几何模型。简化或重建薄板金属可以去掉与仿真不相关的细节。
- 模型必须包括设备内部的空气体，而通常物理模型不会包括空气体。如果几何模型是气密性的，Autodesk CFD 会自动创建一个空气体。否则，就需要修改 CAD 模型，封闭缝隙或者使用流体域填充工具在 Autodesk CFD 模型中新建空气体。
- 要保证边界条件和内部流动之间有足够的空间，可能需要在 CAD 模型中延伸开口。
- 设备外壳通常对温度分布几乎没有影响，可以考虑在 CAD 模型或划分网格时将其抑制。

3. 材料

- 由于浮升力会驱动流动，因此空气材料属性允许发生变化，即在空气的“环境”设置中选择“变值”。
- 对于很薄的外壳，传热主要靠导热而不是对流。在某种情况下，可以不计算流动而精确模拟传热。建立与空气属性相同的自定义固体材料。
- 如果包括辐射，要设置流体和固体材料的“发射率”（注意，对流体材料设置的发射率只会作用于固体和与流体接触的壁面）。
- 使用材料设备来模拟如挡板、内部风扇、电路板、简化热模型和热电设备等仿真对象。

4. 边界条件

1）要定义所有的开口，设置“静压” =0，以此模拟暴露在环境中的开口。

2）进口温度已知时，设置温度边界条件。如果未知，那么在设备侧面设置温度或换热系数。

3）对发热元件使用“总热量”边界条件。

4）要仿真对周围环境的传热，可在外表面使用“换热系数”边界条件。该值取决于物理设备周围的空气运动状态：

- 如果空气静止，值为 5 W/(m^2 · K)。
- 如果空气流动，值为 20 W/(m^2 · K)。
- 参考温度等于环境温度。

5. 网格

对于高质量模型的基本原则是网格的划分应该要能够有效地反映出流动和温度的渐变。在流动循环或有较大变化的区域（如尾迹、涡流和分离区），需要较好的网格。

对于许多模型来说，可以使用自动剖分来定义网格分布。在某些几何细节较多的地方，需要局部加密网格。

在某些案例中，可能需要调整最小加密长度以便减少整体网格数。

在高流动变化区局部加密网格。

1）调整几何体和面上的网格分布。

2）如果在一些特殊的区域没有适当的几何特征，那么可以创建网格加密区域。

- 在 CAD 模型中添加一个或多个体。
- 在网格任务栏创建加密区域。

6. 运行

在“求解”对话框的“物理模型”选项卡中：

- “流动” = On。
- “传热” = On。
- 如果元件温度相对较高，辐射 = 开启（辐射通常有稳定的效果。在某些模型中，忽略辐射会导致结果比实际温度高大概 20%）。有个好用的技巧是不加辐射运算 200 步迭代，然后开启辐射再继续计算。这样可以减少分析时间，并且能够看到辐射的效果。同时，要确保给材料设置了合适的发射率。
- 设置重力方向。
- 湍流：这种流动通常是层流。单击“物理”对话框中的“湍流”按钮，选择“层流”选项。如果求解在 100 步内发散，就选择“K – epsilon”模型，再从 0 步开始迭代。

7. 结果提取

被动冷却（内部，通风）流动分布，如图 7-87 所示。

被动冷却（内部，通风）元件温度，如图 7-88 所示。

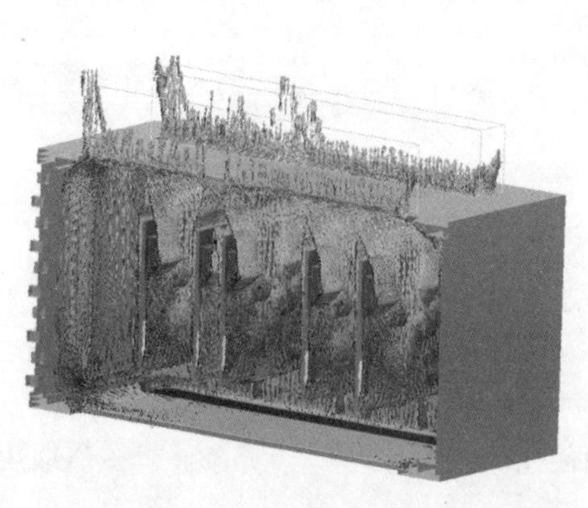

图 7-87　被动冷却（内部，通风）流动分布

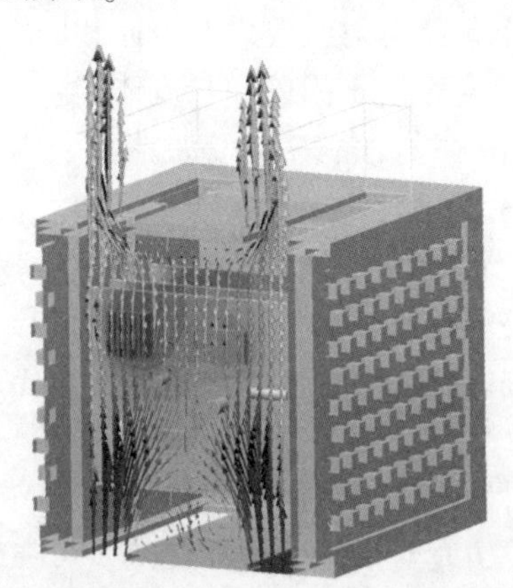

图 7-88　被动冷却（内部，通风）元件温度

- 使用“平面”和“等值面”来查看设备内外的流动。
- 使用轨迹将气流运动可视化。
- 直接在部件上查看温度或使用“部件”按钮来查看具体温度值。
- 使用决策中心来对比不同工况的结果。保存“摘要图像”并创建“摘要项目”，通过“关键值”表格来评估结果。

可使用结果可视化工具来查看其他流动和热结果。

8. 注意事项

- 不要忽视辐射的效果，尤其是元件温度很高时。辐射在此类应用案例中是一个重要的传热途径，如果没有它，预测的器件温度可能会过高。注意，因为辐射需要更多的计算资源，所以删掉一些不必要的几何特征是很重要的。

- 不要忽视元件的导热路径。热量在元件浮于空间时无法通过导热传出去。要确保元件和模型中其他物体物理接触。

7.3.5 被动冷却：内部，封闭

元件被封闭在内部，可通过自然通风、对流和辐射被动冷却。温度变化会引起空气密度变化，然后导致空气流动。因为空气不能离开设备，所以所有的传热都通过外壳。发热元件以空气运动、导热和辐射将热量散到环境。

在被动冷却的流动中，带通风孔的设备通常是层流，辐射在散热中也非常重要。

1. 应用案例

1）路由器。

2）汽车：

- 仪表板。
- 机械面板。
- 被罩住的元件。
- 混合动力系统。

2. 建模策略

- 去掉外部特征以简化几何模型。简化或重建薄板金属可以去掉与仿真不相关的细节。
- 模型必须包括设备内部的空气体，而通常物理模型不会包括空气体。如果几何模型是气密性的，Autodesk CFD 会自动创建一个空气体。否则，就需要修改 CAD 模型，封闭缝隙或者使用流体域填充工具在 Autodesk CFD 模型中新建空气体。
- 确保包括设备外壳。

3. 材料

- 由于浮升力会驱动流动，因此空气材料属性允许发生变化，即在空气的“环境”设置中选择“变值”。
- 对于很薄的外壳，传热主要靠导热而不是对流。在某种情况下，可以不计算流动而精确模拟传热。建立与空气属性相同的自定义固体材料。
- 如果包括辐射，要设置流体和固体材料的发射率（注意，对流体材料设置的发射率只会作用于固体和与流体接触的壁面）。
- 使用材料设备来模拟如挡板、内部风扇、电路板、简化热模型和热电设备等仿真对象。

4. 边界条件

1）对发热元件使用“总热量”边界条件。

2）要仿真对周围环境的传热，可在外表面使用“换热系数”边界条件。该值取决于物理设备周围的空气运动状态：

- 如果空气静止，值为 5 W/(m^2·K)。
- 如果空气流动，值为 20 W/(m^2·K)。
- 参考温度等于环境温度。

5. 网格

对于高质量模型的基本原则是网格的划分应该要能够有效地反映出流动和温度的渐变。在流动循环或有较大变化的区域（如尾迹、涡流和分离区），需要较好的网格。

对于许多模型来说，可以使用自动剖分来定义网格分布。在某些几何细节较多的地方，需要局部加密网格。

在某些案例中，可能需要调整最小加密长度以便减少整体网格数。

在高流动变化区局部加密网格。

1）调整几何体和面上的网格分布。

2）如果在一些特殊的区域没有适当的几何特征，那么可以创建网格加密区域。

- 在 CAD 模型中添加一个或多个体。
- 在网格任务栏创建加密区域。

6. 运行

在“求解”对话框的“物理”选项卡中：

- “流动” = On。
- “传热” = On。
- 如果元件温度相对较高，辐射 = 开启（辐射通常有稳定的效果。在某些模型中，忽略辐射会导致结果比实际温度高大概 20%）。有个好用的技巧是不加辐射运算 200 步迭代，然后开启辐射再继续计算。这样可以减少分析时间，并且能够看到辐射的效果。同时，要确保给材料设置了合适的发射率。
- 设置重力方向。
- 湍流：这种流动通常是层流。单击“物理”选项卡中的“湍流”按钮，选择“层流”选项。如果求解在 100 步内发散，就选择 K – epsilon 模型，再从 0 步开始迭代。

7. 结果提取

被动冷却（内部，封闭）流动分布，如图 7-89 所示。

被动冷却（内部，封闭）元件温度，如图 7-90 所示。

图 7-89　被动冷却（内部，封闭）流动分布

图 7-90　被动冷却（内部，封闭）元件温度

- 使用“平面”和“等值面”来查看设备内部的流动。
- 使用“轨迹”将气流运动可视化。
- 直接在部件上查看温度或使用“部件”按钮来查看具体温度值。
- 使用“决策中心”来对比不同工况的结果。保存“摘要图像”并创建“摘要项目”，通过“关键值”表格来评估结果。

可使用结果可视化工具来查看其他流动和热结果。

8. 注意事项

- 不要忽视辐射的效果，尤其是元件温度很高时。辐射在此类应用案例中是一个重要的传热途径，如果没有它，预测的器件温度可能会过高。注意，因为辐射需要更多的计算资源，所以删掉一些不必要的几何特征是很重要的。
- 不要忽视元件的导热路径。热量在元件浮于空间时无法通过导热传出去。要确保元件和模型中其他物体物理接触。

7.3.6 外部被动冷却

被动冷却设备的很多热性能依赖于与外部环境的相互作用。与带有内部风扇的主动冷却设备不同，被动冷却设备通过设备外部的气流运动冷却。为了模拟这种相互作用，需要构建一个完全包裹设备的空气域。

设备内部的空气域相对于这个外部体非常小。然而在大多数案例中，模型中都会有这个体。因为设备可以被封闭，所以这个区域与外部区域不相连，或者也可以开有通风孔，允许环境中的气流通过设备。

在被动冷却设置中，浮升力是散热的主要原理。因为发热元件的导热也很重要，所以确保有物理接触以便提供适当的热传导途径在实践中会比较好。

1. 应用案例

- 在桌面上的投影仪。
- 在桌子或支架上的电视机或显示器。
- 放在桌面或平台上的路由器、硬盘、换流器。
- 在线路或电线杆上悬挂的通信模块或变压器。
- 墙上吊装的恒温器。
- 悬挂的灯具。

2. 建模策略

根据设备在环境中位置的不同，有3种基本的建模方式：桌面放置、吊装（如在电线杆或电线上）和壁装。

（1）桌面放置

- 设备模型放置在水平面上，如放在桌上的路由器。
- 只有顶面有开口，空气通过此开口进出。设备外壳通常接触底面。
- 根据设备3个方向的外壳平均尺寸。流动的稳定性取决于外壳的长宽比。在又长又窄的设备中，要保证环境中有合理的长宽比。
- 侧视图和正视图如图7-91所示。

（2）吊装

- 设备模型距物理边界很远，如通信设备模块悬挂在电线上。
- 顶面和底面都有开口。空气从底面进，顶面出。
- 构建包裹设备的外壳，将模型放在外壳的水平中心。外壳的尺寸基于模型尺寸，如图7-92所示。

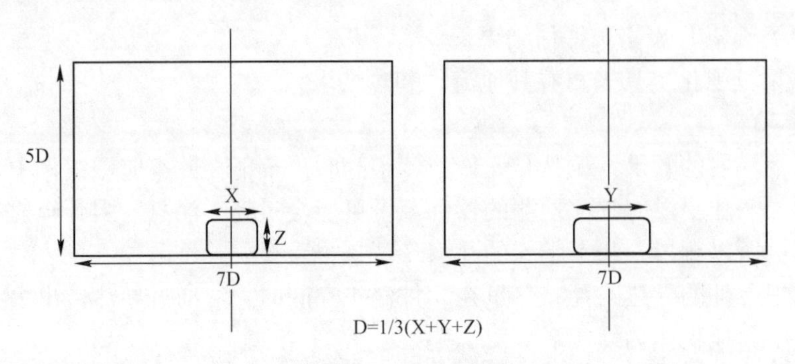

图 7-91　桌面放置

- 将设备放置在距底面开口 1/3 处。
- 侧视图和正视图如图 7-92 所示。

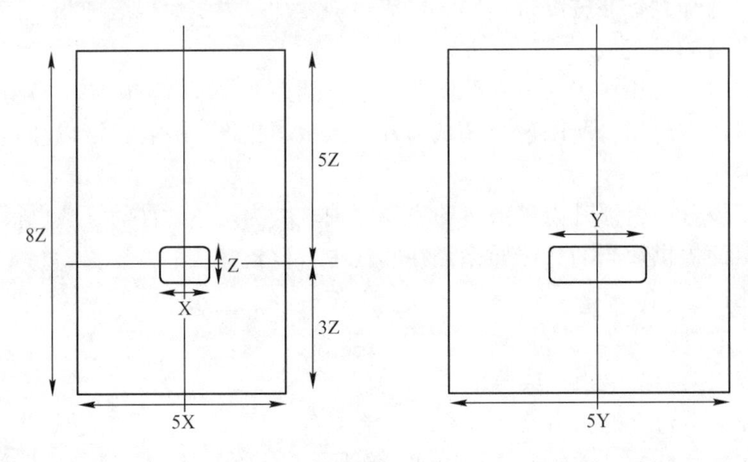

图 7-92　吊装

（3）壁装

- 构建包裹设备的外壳，将模型放在外壳的水平中心。外壳的尺寸基于模型尺寸，如图 7-93所示。
- 将设备放置在距底面开口 1/3 处。
- 侧视图和正视图如图 7-93 所示。

3. 材料

- 由于浮升力会驱动流动，因此空气材料属性允许发生变化，即在空气的“环境”设置中选择“变值”。
- 对于很薄的外壳，传热主要靠导热而不是对流。在某种情况下，可以不计算流动而精确模拟传热。建立与空气属性相同的自定义固体材料。
- 如果包括辐射，就要设置流体和固体材料的“发射率”（注意，对流体材料设置的发射率只会作用于固体和与流体接触的壁面）。
- 使用材料设备来模拟如挡板、内部风扇、电路板、简化热模型和热电设备等仿真对象。

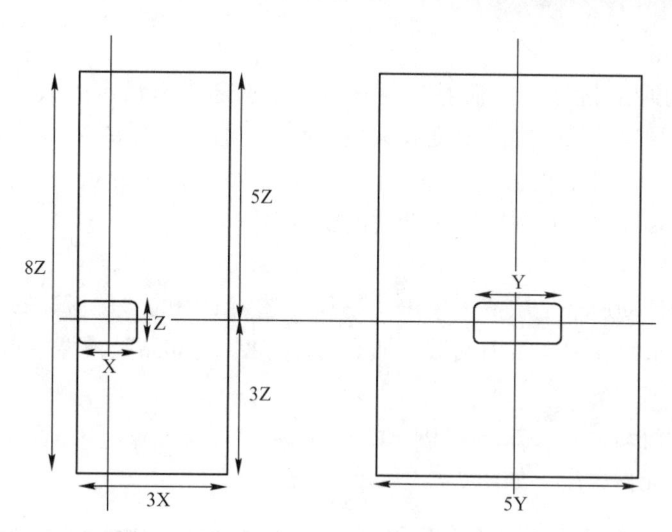

图 7-93　壁装

4. 边界条件

（1）桌面放置

- 要定义一个开口（一般在顶面），设置静压 =0。
- 对开口设置温度约束条件，换热系数 =5 W/(m^2 · K)，参考温度 = 环境温度。
- 不对底面设置，将其作为绝热表面，除非底面温度恒定或者有热量通过此面进出，可设置相应的温度、热流密度或换热系数。
- 对发热元件使用总热量边界条件。

（2）吊装和壁装

- 在上下表面开口设置“静压” =0。
- 底面（入口）：“静温” = 环境温度。
- 对发热元件使用“总热量”边界条件。

5. 网格

对于高质量模型的基本原则是网格的划分应该要能够有效地反映出流动和温度的渐变。在流动循环或有较大变化的区域（如尾迹、涡流和分离区），需要较好的网格。

对于许多模型来说，可以使用自动剖分来定义网格分布。在某些几何细节较多的地方，需要局部加密网格。

在某些案例中，可能需要调整最小加密长度以便减少整体网格数。

在高流动变化区局部加密网格。

1）调整几何体和面上的网格分布。

2）如果在一些特殊的区域没有适当的几何特征，那么可以创建网格加密区域。

- 在 CAD 模型中添加一个或多个体。
- 在网格任务栏创建加密区域。

6. 运行

在“求解”对话框的“物理”选项卡中：

- “流动” = On。

- “传热” = On。
- 如果元件温度相对较高，“辐射” = 开启（辐射通常有稳定的效果。在某些模型中，忽略辐射会导致结果比实际温度高大概 20%）。有个好用的技巧是不加辐射运算 200 步迭代，然后开启“辐射”再继续计算。这样可以减少分析时间，并且能够看到辐射的效果。要确保给材料设置了合适的发射率。
- 设置重力方向。
- 湍流：这种流动通常是层流。单击“物理”选项卡中的“湍流”按钮，选择“层流”选项。如果求解在 100 步内发散，那么选择“K - epsilon”模型，再从 0 步开始迭代。

7. 结果提取

外部被动冷却流动分布，如图 7-94 所示。

外部被动冷却元件温度，如图 7-95 所示。

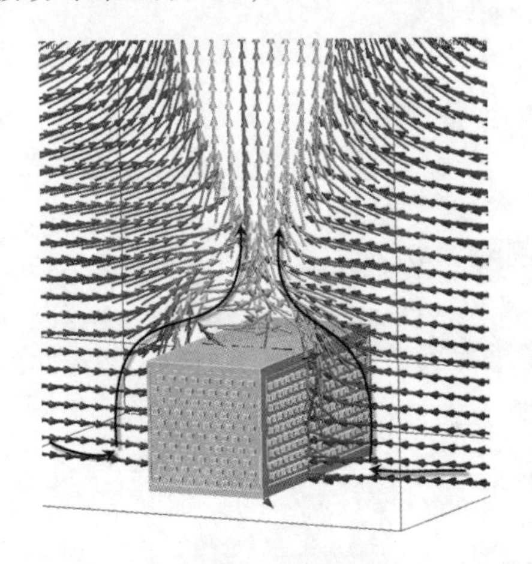

图 7-94 外部被动冷却流动分布

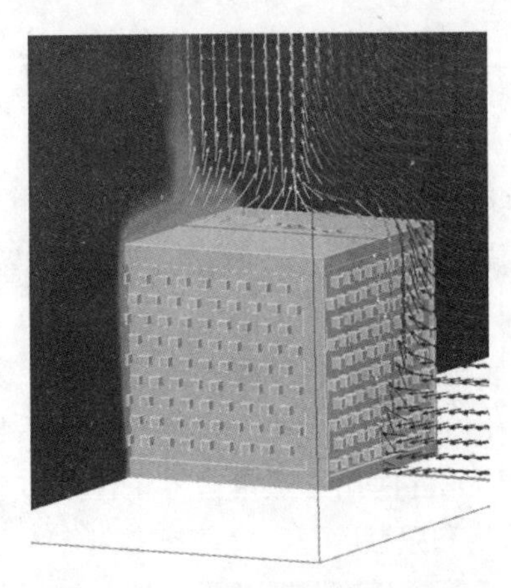

图 7-95 外部被动冷却元件温度

- 使用平面和等值面来查看设备内外的流动。
- 使用轨迹将气流运动可视化。
- 直接在部件上查看温度或使用部件按钮来查看具体温度值。
- 使用决策中心来对比不同工况的结果。保存摘要图像并创建摘要项目，通过关键值表格来评估结果。

可使用结果可视化工具来查看其他流动和热结果。

8. 错误排查

（1）桌面放置

理想状态下，流动应该是从开口侧进入，从中间流出（形成羽流），如图 7-96a 所示。流动不应该是从一侧进，从另一侧出，如图 7-96b 所示。

如果流动是从一侧进，从另一侧出，建议加密设备上方网格。最方便的方法是直接在设备上方添加网格加密区域。在此区域的流动变化的计算会更加精确。

2）吊装和壁装

在理想情况下，流动会从底面进入求解区域，绕设备会有羽流加速，如图 7-97a 所示。流动不应从顶部进入，如图 7-97b 所示。

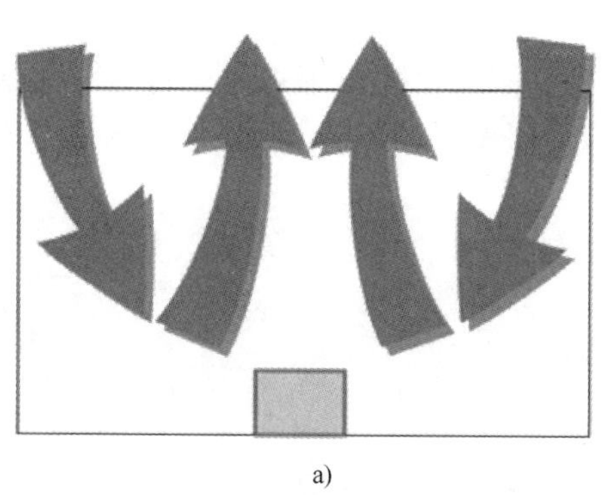
a)

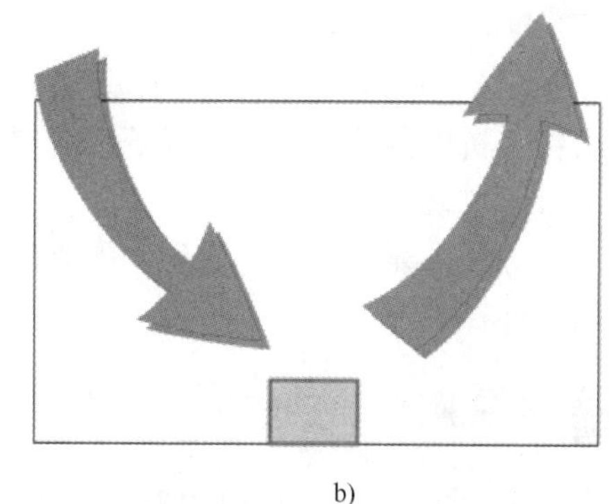
b)

图 7-96　桌面放置预期气流状态与错误气流状态图

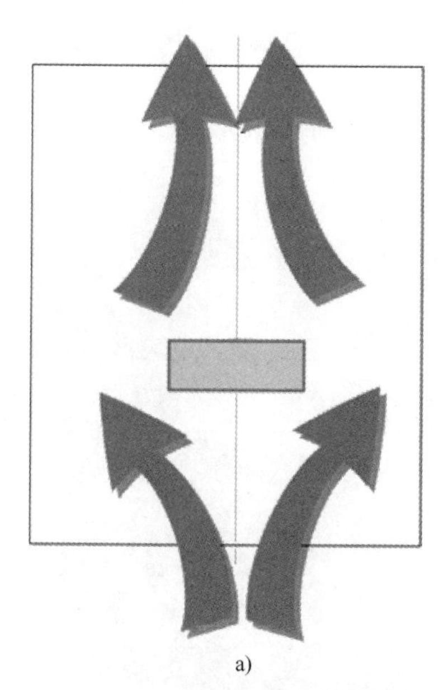
a)

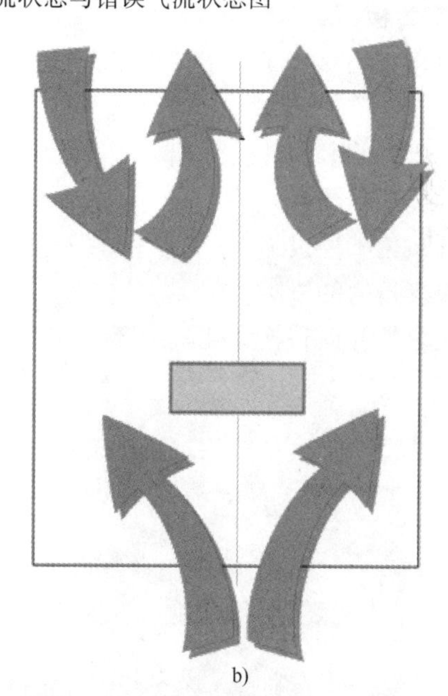
b)

图 7-97　吊装和壁装预期气流状态与错误气流状态图

如果流动从顶部进入，有以下 3 个修正建议。

1）在顶面添加“换热系数”边界条件。设置“换热系数”=5 W/(m^2·K)，“参考温度”=环境温度+1℃。

2）加密设备上方的网格。最直接的方法是在设备上方添加“网格加密区域”，在此区域的流动变化的计算会更加精确。

3）减小局部拉伸，从 1.1 减到 1.08。如果问题仍然存在，再减小到 1.05。

- 在“网格任务”中单击右键，在弹出的快捷菜单中选择“编辑”。
- 单击“高级”按钮。
- 改变局部拉伸处的数值。

注意：如果一个工况中进行了上述的一项或两项修改，那么也要对其他工况进行同样的修改，以确保所有设计研究对比时的一致性。

9. 注意事项

- 不要在设备外表面添加“换热系数”，因为有外部的空气体，设备的对流换热效果应该是通过计算得出的。

- 如果设备是有通风口的，那么不要在通风口上添加“压力”边界条件。因为这些表面在分析模型的内部，所以压力边界条件没有必要添加。然而，要确定的是空气域的出口面要设置适当的压力。
- 这种方法需要大量计算资源，尤其是当设备包含很多细节时。要删除不必要的细节以保证计算效率。

7.3.7 电子散热分析技巧

下面介绍的一 些技巧可以用在几乎所有的电子散热应用中。

1. 金属薄板

金属薄板在很多电子装配体中很常见。要提高建模效率，需要简化或删除金属薄板。基本原则如下：

- 抑制所有的紧固件及其相关孔洞，除非它们会影响到热流路径。
- 删除裂口和凸起。
- 将倒圆角半径设为 0。
- 删除有折边的缝隙。
- 用简单的几何替换穿孔阵列区，如图 7–98 所示。

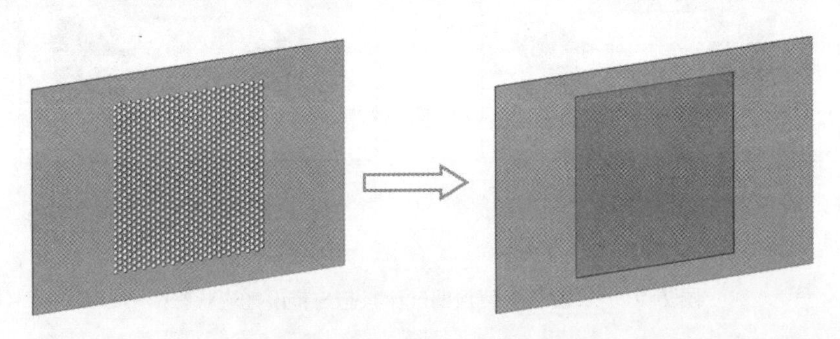

图 7–98　用简单几何替换穿孔阵列区

- 金属薄板简化示例，如图 7–99 所示。

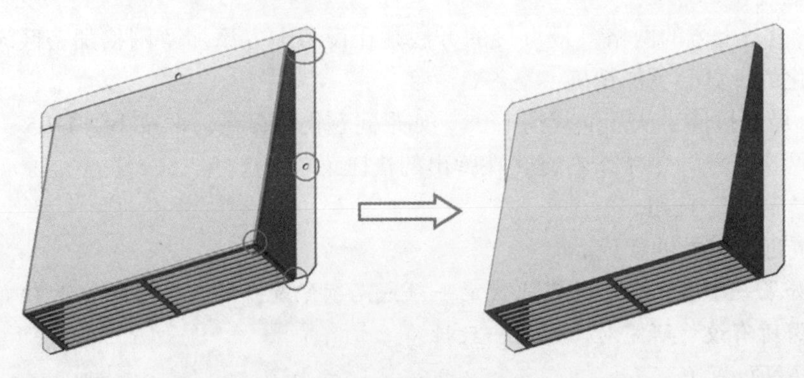

图 7–99　金属薄板简化示例

- 在多数案例中，不建议用 CAD 的薄板金属设计特征和设计表来建立金属薄板零件。
- 薄板金属特征如倒圆角无法删除而且经常会导致网格数过多，从而导致分析时间加长。
- 建议用 CAD 中的实体特征建立金属薄板，删除不影响流动和散热仿真的细节比较容易。

2. 建立流体域

在很多模型中，都需要在外部建立一个包裹设备的空气体。

有以下两种方法建立外部流体区域：

（1）在 CAD 模型中建立

- 如果设备必须接触流体区域的表面，那么建议用这种方法。
- 一个比较好的技巧是设计一个包裹设备的空壳。当模型导入 Autodesk CFD 时，会自动填充及划分网格。它也可以作为网格加密的区域，因为在设备和周围的空气体之间没有被干扰，零件名称不会改变。

（2）使用 Autodesk CFD 中的外部体工具

- 在 CAD 模型中需要添加一个“空气”零件。
- 注意，如果设备必须接触空气体的一侧（如壁装灯具），不应使用这种方法。

如果设备为 1/2 或 1/4 对称时，可以使用对称的特点将模型尺寸和分析时间明显减少。

3. 材料设备

在电子设备中，经常使用材料设备来模拟元件。这是对物理设备进行高效模拟的方法，不必添加复杂的网格和分析模型。

- 要模拟屏风或挡板，可使用阻尼材料。
- 要模拟印制电路板，可使用印制电路板材料。
- 要模拟轴流风机，可使用内部风扇材料。
- 要模拟双热阻模型，可使用 CTM（简化热模型）材料。
- 要模拟热电设备，可使用 TEC（热电制冷器）材料。
- 要模拟热交换器，可使用热交换器材料。

散热器和热管也可以用简单的几何体设置其流动和散热属性。

4. 使用“固体空气”材料模拟细缝和区域内的空气

对于很薄的外壳，绝大部分的传热是通过导热而不是对流。在某些应用案例中，可以不通过求解流动精确仿真热传递。这种方法有如下明显的优势。

- 快速分析：因为在缝隙中只计算导热，所以一个迭代步中只需计算 1 个方程而不是 5 个（在标准的方法中，每个迭代步同时要计算导热和对流）。
- 仿真模型更小：因为在固体中不用创建壁面层，所以网格更少。
- 当使用恰当时，精度与考虑真实对流时一样。
- 热求解比流动求解更容易达到网格独立性。

（1）应用案例

模型中的缝隙如图 7-100 所示。这种技巧可以用在薄壳设备中，或者在仿真中需要关注元件间的细缝时。

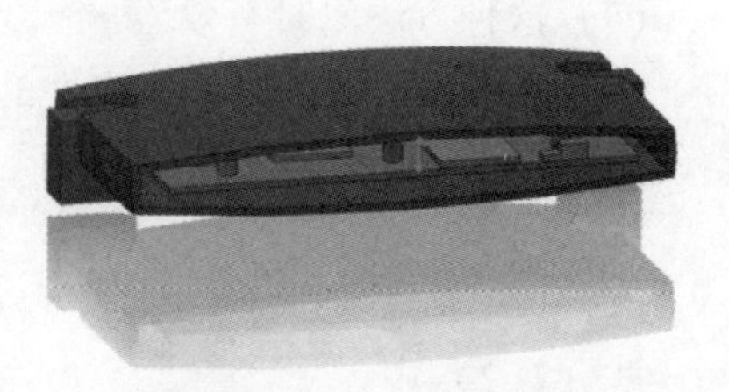

图 7-100　模型中的缝隙

例如：

- 路由器
- 两块电路板之间的空间
- PCB 和外壳之间的空间
- 薄壁金属板与 PCB 之间的空间

（2）建模策略

在默认数据库中，有种固体的材料具有空气的热属性，这种材料称为固体空气，可以选择它。

（3）运行

- “流动” = On。
- 如果元件温度相对较高，“辐射” = 开启（辐射通常有稳定的效果。在某些模型中，忽略辐射会导致结果比实际温度高大概 20%）。有个好用的技巧是不加辐射运算 200 步迭代，然后开启“辐射”再继续计算。这样可以减少分析时间，并且能够看到辐射的效果。要确保给材料设置了合适的发射率。

（4）结果举例

图 7-101a 和图 7-102a 所示的模型分析时包括了流动与传热，而图 7-101b 和图 7-102b 所示的模型采用了“固体空气”分析。

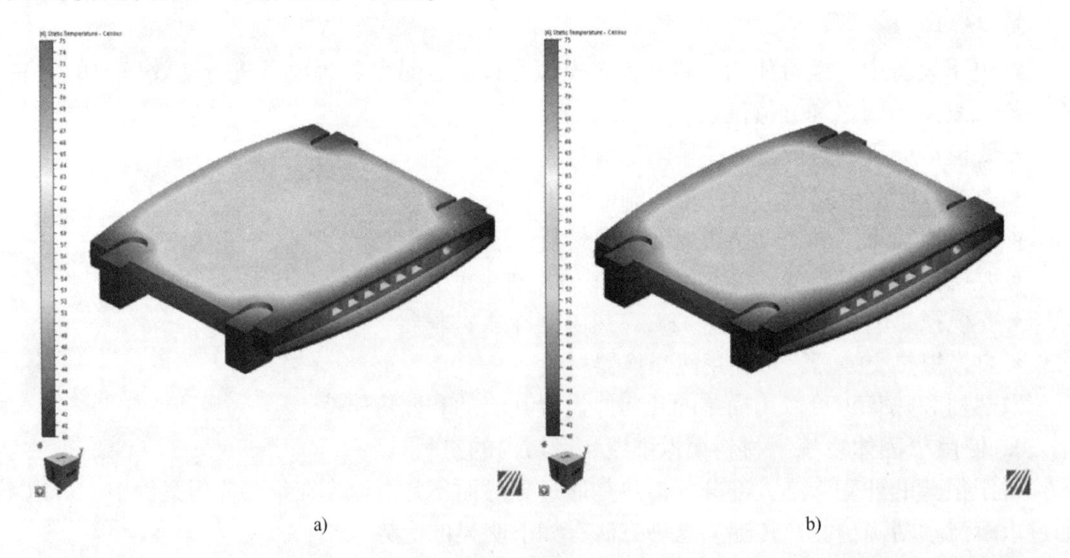

a)　　b)

图 7-101　表面温度分布

（5）这种方法何时有效

瑞利数描述了过渡点。从定性的角度，瑞利数是浮升力和粘性力的比值。浮升力引起了空气运动，而粘性力阻止空气运动。瑞利数的计算见式（7-2）：

$$Ra_H = \frac{浮升力}{粘性力} = \frac{g\beta(T_{Hot} - T_{Cold})H^3}{\alpha\nu} \tag{7-2}$$

式（7-2）中：

g = 重力加速度；

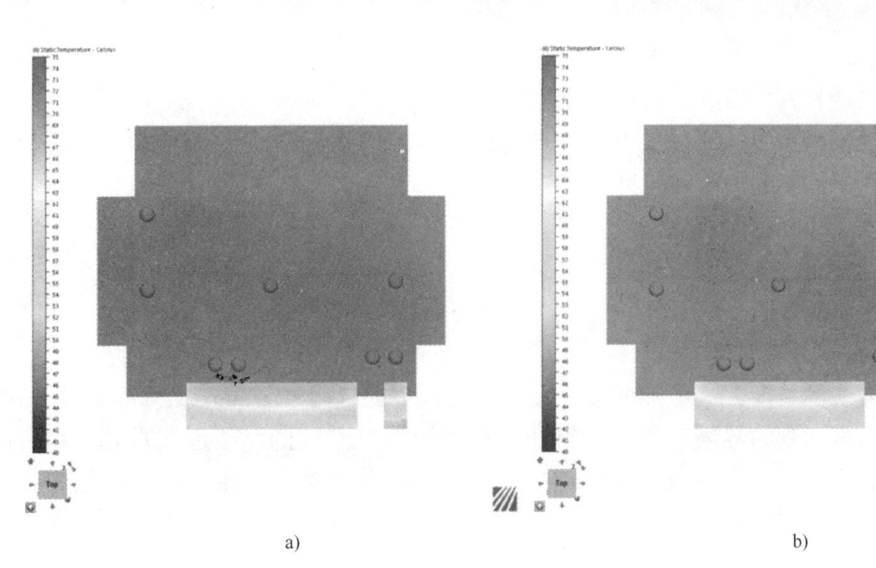

a) b)

图 7-102 内部温度分布

β = 体膨胀系数；

T_{Hot} = 热侧壁面温度；

T_{Cold} = 冷侧壁面温度；

H = 外壳高度；

α = 空气的热扩散率 = $k/\rho C_p$；

ν = 空气的运动粘度 = μ/ρ。

从传导过渡到对流，瑞利数的临界值取决于如下两点。

- 水平：Ra(临界值) = 1708
- 垂直：Ra(临界值) = 1000

举例：

电子系统有 10℃温差，因此，以下参数值为：

T_{Hot} = 55℃

T_{Cold} = 45℃

空气在 50℃温度下的属性：

- $\beta = 1/323.15$ K
- $\alpha = 2.57\times10^{-5}$ m²/s
- $\nu = 1.7867\times10^{-5}$ m²/s
- $g = 9.81$ m/s²

因此，得到式（7-3）：

$$\left.\frac{1708(\text{水平})}{1000(\text{垂直})}\right| = \frac{9.81\times\left(\dfrac{1}{323.15}\right)\times(55-45)H^3}{2.57\times10^{-5}\times1.7867\times10^{-5}} \tag{7-3}$$

临界厚度值如下。

- 水平：H = 13.7 mm。
- 垂直：H = 11.5 mm。

因此，对于有 10℃温差的设备，空气的水平间隙小于或等于 13.7 mm（或垂直间隙小于或等于 11.5 mm）时，就可以用固体空气代替空气。

其实，还可以计算其他温差下的临界间隙。

瑞利数可以用来显示缝隙的三次方与温差的比率。使用该值已经计算了 10℃温差，也可以很容易地计算不同温差的缝隙，见式（7-4）：

$$H_2 = H_1 \sqrt[3]{\frac{\Delta T_1}{\Delta T_2}} \tag{7-4}$$

式（7-4）中：$H_1 = 13.7\ \mathrm{mm}$（水平方向）/11.5 mm（垂直方向），$\Delta T_1 = 10\ \mathrm{K}$。

（6）精度研究

要评估这种方法的精度，这里有个参考案例，案例中的缝隙从 8 mm 到 20 mm，同时尝试两种方式计算。未达到临界缝隙值时，浮升力和“固体”空气的一致性非常好。超过临界缝隙值时，不出所料，由于对流作用传热效果增加而使两者一致性下降，如图 7-103 所示。

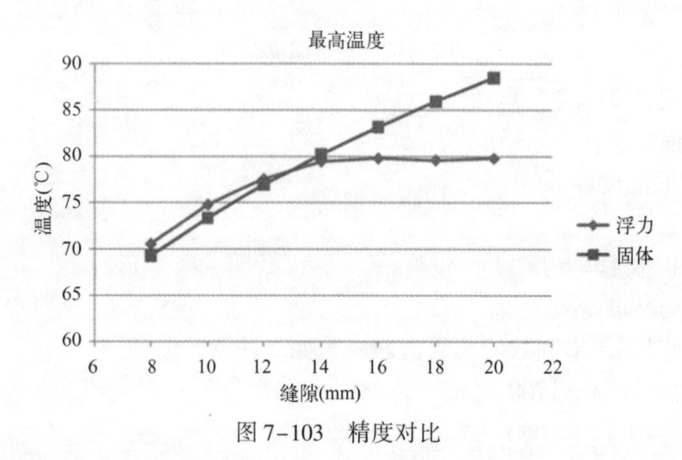

图 7-103　精度对比

5. 网格划分策略

在设备的几何模型细节较多和流动与热变化较大的区域关注网格，如图 7-104 所示。

这种方法的一个延伸是用多重区域包裹设备，如图 7-105 所示。在 CAD 模型中像在 Autodesk CFD 中添加加密区域一样创建这些区域，但网格任务不支持这种方法。

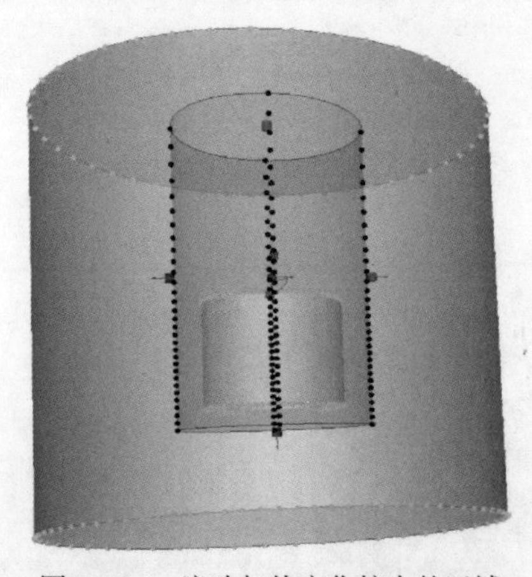

图 7-104　流动与热变化较大的区域

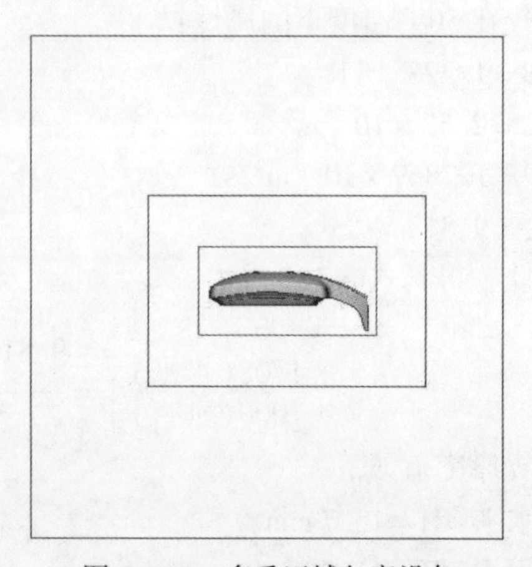

图 7-105　多重区域包裹设备

最内部的网格最密，这里的变化也最大。因为这个区域相对于主要计算域不大，高密度网格不会传播很远，所以网格数不会变得很大。在第二层区域的网格分布就会略微稀疏，其他区域依次更加稀疏。这种方法可以有效地压缩网格在最需要的区域，对网格和计算资源的使用最有效。

7.3.8 印制电路板

印制电路板（PCB）在电子散热领域有广泛的应用。因为 PCB 在温度和热流密度分布方面有着重要的作用，所以这对于准确地反映出热特性是非常重要的。

1. PCB 设置

PCB 通常由多层的铜箔和介电材料（一种称为 FR4 的玻璃纤维聚合物）组成。

PCB 示意图如图 7-106 所示。

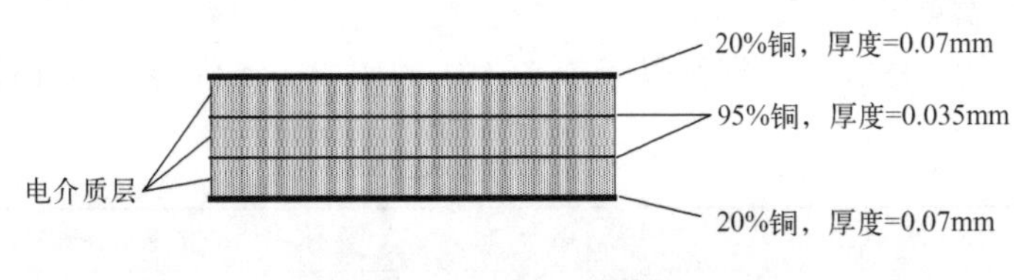

图 7-106 PCB 示意图

因为这些元件很复杂，所以使用简化几何体来仿真其传热效果是常用的做法。需要用到两个导热系数值：平面导热系数和法向导热系数。它们的计算分别见式（7-5）和式（7-6）。

$$k_{in-plane} = \frac{\sum_{i=1}^{N} t_i k_i C_i^E}{\sum_{i=1}^{N} t_i} \tag{7-5}$$

式（7-5）为平面导热系数计算公式。

$$k_{normal-plane} = \frac{\sum_{i=1}^{N} t_i}{\sum_{i=1}^{N} \frac{t_i}{k_i C_i}} \tag{7-6}$$

式（7-6）为法向导热系数计算公式。

式中，N = 层数最大值；

k = 层导热系数；

t = 厚度；

C = 金属含量；

E = 覆盖系数。

覆盖系数是用于计算铺铜配置与密度在平面导热系数方面的权重函数，默认值为 2，值为 1 时用于条带或格栅，值为 2 时用于点或岛状。

举例说明覆盖系数的意义：

以 PCB 的 XY 平面考虑。

- 在 X 方向有一层铜布线，布线宽度一样，线间距与线宽度相同，则覆盖率为 50%。
- 在 X 方向，如果铜铺满整个板子，则布线层的导热系数为其一半，X 方向的有效覆盖指数等于 1。

- 然而，在 Y 方向，导热系数大概为 FR4 层在平面值的两倍，因为这些区域通常热阻比较高的占主导因素（而且铜的导热系数与 FR4 差 3 个数量级）。在这种情况下，有效覆盖指数实际上等于 4.5。
- 在真正的 PCB 中，Y 方向的情况不会那么差。因为实际上还有交叉的布线、接地层、过孔等，导热情况会更好。因此，有人会使用覆盖系数为 2 的经验公式，这种方式对于随机的布线长度和方向的多层 PCB 比较适用。
- 因此，2 通常作为多层板和随机布线的典型设置值。
- 1 应当用于规则布线的网格/排列（通常为内存卡）。

印制电路板材料设置中，用简单的几何体来代表 PCB（甚至物理上很复杂的 PCB），用均匀的几何体来代替详细的多层、布线和平面细节。PCB 的层厚度和每层的材料属性等物理特征都可以用等效导热系数来计算并用于分析仿真。

2. PCB 属性计算器

Autodesk CFD 中的 PCB 等效属性基于表 7-1 中的用户输入内容自动计算。

表 7-1　PCB 输入参数

用户输入	方程符号
总厚度	H_{Total}
介电材料	K_D、ρ_D、C_D
布线/平面材料	K_{tp}、ρ_{tp}、C_{tp}
布线/平面厚度	H_{tp}
布线/平面金属百分比	A_{tp}
布线/平面覆盖系数	E_{xp}

输入后，等效属性会根据下面的公式计算。等效平面导热系数的方程为式（7-7）：

$$K_{Peff} = \frac{\sum H_{tp} K_{tp} \left(\frac{A_{tp}}{100}\right)^{E_{xp}} + (H_{Total} - \sum H_{tp}) K_D}{H_{Total}} \tag{7-7}$$

等效法向导热系数的方程为式（7-8）：

$$K_{Neff} = \frac{H_{Total}}{\sum \frac{H_{tp}}{K_{tp}\left(\frac{A_{tp}}{100}\right)} + \frac{(H_{Total} - \sum H_{tp})}{K_D}} \tag{7-8}$$

等效密度的方程为式（7-9）：

$$\rho_{eff} = \frac{\sum H_{tp} \rho_{tp} \left(\frac{A_{tp}}{100}\right) + (H_{Total} - \sum H_{tp}) \rho_D}{H_{Total}} \tag{7-9}$$

等效比热容的计算方程为式（7-10）：

$$C_{eff} = \frac{\sum H_{tp} \rho_{tp} C_{tp} \left(\frac{A_{tp}}{100}\right) + (H_{Total} - \sum H_{tp}) \rho_D C_D}{\rho_{eff} H_{Total}} \tag{7-10}$$

7.3.9 简化热模型

简化热模型材料允许使用双热阻模型来仿真集成电路。简化热模型用简单的几何方法和热阻网络来仿真电子元件的性能。

这种建模方法用非常简单的几何体来代表非常复杂的设备。有种更严谨的方法是使用设备的所有几何体，通常称为“详细模型”。详细模型通常有很高的精度，但是会非常复杂，而且需要大量的网格和很长的分析时间。

在建模时，支持以下芯片的配置：

- BGA（ball grid array）。
- PBGA（plastic ball grid array）。
- TBGA（taped ball grid array）。
- FC – BGA（flip chip ball grid array）。
- QFP（quad flat pack）。
- PQFP（plastic quad flat pack）。
- NQFP（no – lead quad flat pack）。
- SOIC/SOP（small – outline IC/small – outline package）。

注意，垂直芯片如TO200不支持该模式。建议使用详细模型仿真。

典型的双热阻模型通常只包含3个节点：结、壳和板。结又称为晶元或芯片。壳是封装的顶部表面，也是散热器安装的位置。板节点是封装和板的单接触点。这几个节点由结到壳的热阻（Jc）和结到板的热阻（Jb）连接。热阻网络如图7-107所示。

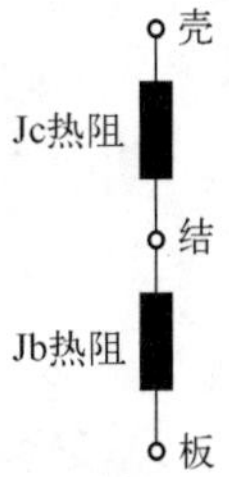

壳
Jc热阻
结
Jb热阻
板

图7-107 双热阻模型热阻网络

在双热阻模型中，只计算3个节点（壳、结和板）的传热。双热阻模型的侧面被认为是绝热的。只有壳侧和板侧允许与周围进行热传递。模型的壳和板侧是等温的，平板方向有很高的导热系数。

注意，双热阻模型是实物的简化，而且其精度通常只有10% ~ 30%。模型被简化到适用于在设计层面上考虑“what – if”的分析。

双热阻模型的结果量值中有板温、结温和壳温的分析。另外，还有壳和板的热流密度。

与详细元件模型不同，双热阻模型只用简单的方块建模。设备必须与PCB接触，散热器要贴在元件的壳侧。

在这个例子中，芯片直接位于PCB上，如图7-108所示。

双热阻模型的热载荷通常使用总热量边界条件。注意，可以添加瞬态热量条件，但是，由于元件材料中不包括比热和密度，因此不可用于时间精度的求解。

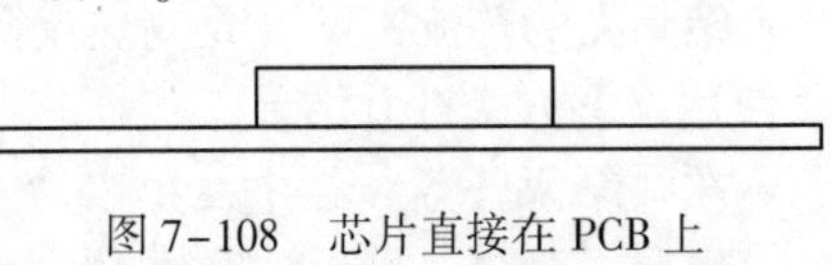

图7-108 芯片直接在PCB上

因为传热计算只在3个热阻网络节点上进行，所以不会在该器件上划分有限元网格。外表面的网络用于连接双热阻模型和周围的几何体。

1. 建模指南

CTM材料必须接触一个流体材料。Autodesk CFD不支持CTM模块完全嵌入固体对象。

简化热模型必须接触一个 PCB 材料（或者一个名称里有“PCB”的固体）。常见的错误设置：一个简化热模型加在两个 PCB 材料之间，或者简化热模型跨于两个相邻的 PCB 材料上。这两种设置都不支持。简化热模型必须接触且只接触一个 PCB。

一般会在原始的 CAD 软件中进行调整，将简化热模型只接触一个 PCB。另一种方法是在 Autodesk CFD 中修改一个 PCB 零件的材料定义，将该零件设置为固体或使固体材料的名字中不包含“PCB”。

简化热模型不能接触被抑制的 PCB 材料零件。被抑制的零件不能接触简化热模型的板或壳表面。

检查材料分支（在“设计分析栏”中）以确保 PCB 元件没有被抑制。被抑制的元件的名字会被横线划去。要解除被抑制状态，右击该元件，在弹出快捷菜单中选择“恢复”。注意，此时要再次定义网格。

2. 数据提取与可视化

在显示结果时，设备会被分为两个区域：结和壳。每个区域根据阻值和周围条件不同有自己的温度，而且每层包含一个矩形单元，如图 7-109 所示。

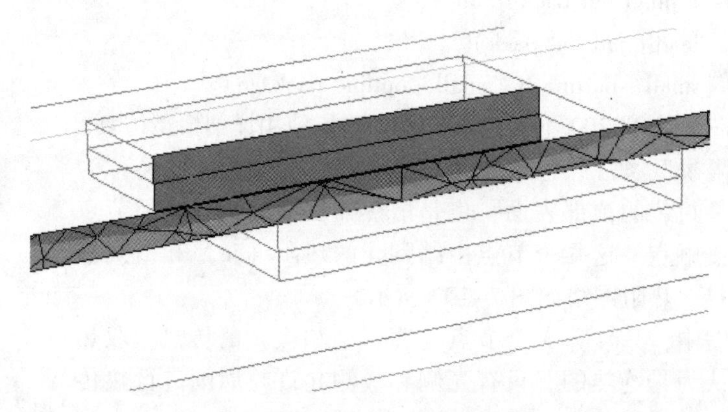

图 7-109　结、壳区域温度

对于双热阻元件，可以得到以下数据。

- 板温。
- 结温。
- 壳温。
- 结到板的热流密度（板侧热流密度）。
- 结到壳的热流密度（壳侧热流密度）。

使用以下方式查看结果。

- 在“结果任务”栏中，单击“全局”按钮，然后将鼠标悬停在要查看的芯片上，会出现一个窗口显示结果数据。
- 在“结果任务”→“部件”中选择简化热模型元件，单击“计算”按钮可以得到相应的输出结果。

7.3.10 散热器

使用散热器材料可以用简单的几何体来仿真散热器的性能。当模型的散热器带有大长宽比的散热器（齿高与齿间距的比率）时，需要划分很多网格。如果要考虑所有的这些网格，就会导致模型的分析非常耗时。

1. 建模注意事项

当确定是否使用散热器材料时，需要考虑：

- 散热器模型使用相关系数对散热器的详细模型进行大致的预估。这些相关系数，基于大量的遮罩散热器的实验结果，可以更快地提供结果帮助用户做出设计决策。
- 用户可以使用散热器材料来模型无遮罩的散热器，但是考虑结果时要偏保守（器件温度可能会更高）。
- 相关系数没有考虑与模型的迎风面不正交的流动效果。
- 如果用户有很多散热器（或大长宽比的散热器），使用散热器材料会有网格简化的优势。
- 散热器相关系数是基于散热器内部的流动为层流的假设。
- 散热器必须为立方体外形且完全沉浸于流体中。
- 散热器可以与多个芯片接触而且不必与芯片尺寸一样。
- 散热器材料支持自然对流，但是此时需要预估接触表面。
- 芯片与散热器材料的迎风面必须为固体网格，即芯片不能使用简化热模型、热电模型、热交换器模型等。
- 不能在散热器的迎风面或出口面设置边界条件。可以设置边界条件到外侧表面。

2. 所需相关系数

为了确保散热器材料的可用性，需要进行某些散热器的物理几何体和运行工况的设置。

（1）微通道

1）通道足够长，流动在通道的95%长度范围内充分发展：

① $L/D_{hch} > 0.05Re_{Dhch}$

其中：

L = 通道长度；

D_{hch} = 通道水力直径；

Re_{Dhch} = 通道雷诺数。

② $L/D_{hch} > 0.05PrRe_{Dhch}$

其中：

L = 通道长度；

D_{hch} = 通道水力直径；

Pr = 普朗特数；

Re_{Dhch} = 通道雷诺数。

2）通道的高宽比率大于4：

$H_{ch}/w_{ch} > 4$

其中：

H_{ch} = 通道高度；

w_{ch} = 通道宽度。

3）固体到流体的导热率比率大于20：

$k_s/k_f>20$

其中：

k_s = 固体导热率；

k_f = 流体导热率。

（2）针翅

1）普朗特数大于或等于 0.71：

$Pr \geqslant 0.71$

2）雷诺数在 40～1000 之间：

$40 \leqslant Re_{dcp} \leqslant 1000$，其中 Re_{dcp} = 基于针直径的雷诺数。

3）迎风速度在 1 m/s～6 m/s 之间：

1 m/s ≤ U ≤ 6 m/s，其中 U = 散热器进口速度（m/s）。

4）针翅直径在 1 mm～3 mm 之间：

1 mm ≤ d ≤ 3 mm，其中 d = 针翅直径。

5）长度方向（流动方向）的针翅间距与针翅直径的比率在 1.25～3 之间：

$1.25 \leqslant S_L/d \leqslant 3$，其中 S_L = 长度方向针翅间距，d = 针翅直径。

6）横向（垂直于流动方向）的针翅间距与针翅直径的比率在 1.25～3 之间：

$1.25 \leqslant S_T/d \leqslant 3$；其中 S_T = 横向针翅间距，d = 针翅直径。

（3）错列锯齿形

气体和流体有温和的普朗特数。

3. 选择模型类型

可以用两种模式来代表物理散热器：单零件或双零件。如果翅片接触的是薄基板，使用单零件模型；否则使用双零件模型。如何区分基板是否足够“薄”？如果基板的厚度只占零件整个高度的很小百分比，且受到流动的影响不明显，就可以认为其足够“薄”。

（1）单零件模型特点

- 包含与实际零件一样包层的简单几何体。
- 基板很薄且对流动的影响可以忽略不计。
- 块体的封装与相连的芯片一样。
- 相连的芯片必须为固体材料类型，如不能使用简化热模型。
- 芯片和散热器要直接接触。

（2）双零件模型特点

- 包含分别与基板和翅片一样包层的简单几何体。
- 基板比较厚且会影响流动特性。
- 基板和块体比相连的芯片大。
- 相连的芯片用简化热模型。
- 散热器与多个散热片相连。

4. 设置模型

在选择好模型类型之后，就要创建几何体和材料属性。

（1）几何体

在 CAD 模型中用简单的固体块体来替换散热器。固体的尺寸与散热器相同。如果选择双零件模型，就用两个固体代表每个散热器，一个代表基板，另一个代表翅片。

（2）基板厚度

散热器材料模型的相关系数使用基板厚度来确定通过基板的传热。

- 对于单零件模型，设置实际基板厚度。
- 对于双零件模型，因为有个简单的块体代表基板，所以设置为0。非零值会仿真超过块体的基板厚度。

（3）基板导热率

输入基板材料导热系数。

（4）翅片导热率

输入翅片材料导热系数。

（5）类型

选择散热器配置里的变化方式，然后输入相关的翅片参数。

5. 验证模型应用

分析之后，查看散热器的结果以确保散热器的材料和流动条件没有问题，“Status = Normal operation ”表示散热器材料的使用没有问题，否则“Status ”这行会提示为什么材料不能正常使用的信息。

有两种方法检查散热器材料的状态。

- 可以在“摘要文件”里查看散热器的状态。单击“分析评估”里的“摘要文件”查看。
- 将鼠标悬停在散热器材料上，会弹出提示信息给出材料的状态和其他运行结果，如图7-110和图7-111所示。

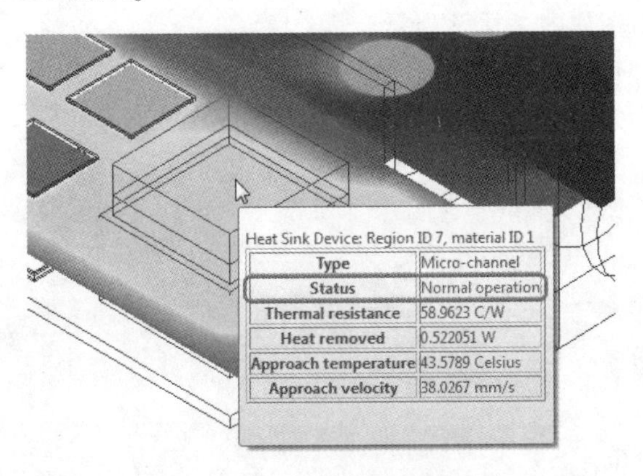

图7-110 状态正常的结果

注意：在初始化迭代中，也可以通过提示信息反映出几何体的异常和运行工况是否合适。可以等迭代超过100步之后再来评估状态值。

7.3.11 TEC（热电制冷器）材料

TEC（热电制冷器）材料，也称为帕尔帖模块，为固体状态基于半导体的电子“热泵”，将热量从关键器件带走以进行制冷。它有不同的尺寸和性能，在电子、医药（保持组

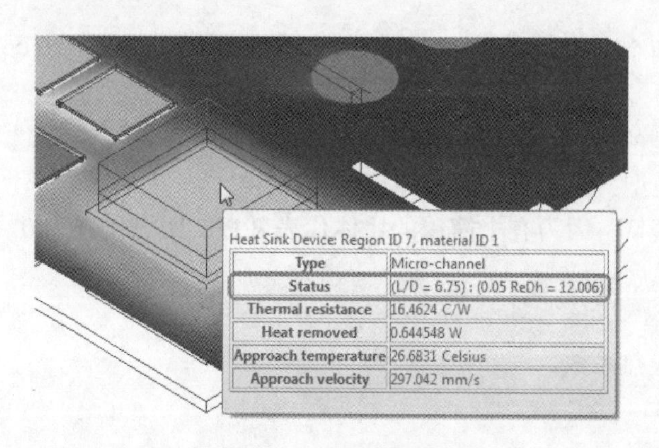

图 7-111 状态异常的结果

织冷却的运输设备)、食品和饮料冷藏等领域应用广泛。

珀尔帖效应是 TEC 设备的驱动现象。在直流电流穿过不同的材料时会发生温差，从而出现这种效应。

TEC 设备通常由两个陶瓷片组成一系列（一个或多个）“三明治式”的热电偶。热电偶包括掺杂了碲化铋的 N 型和 P 型半导体材料。N 型材料包含过多电子，而 P 型材料电子不足。TEC 设备中的热电偶可以进行电串联和热并联。

TEC 设备通常用于制冷，但也可以用于加热。无论哪种方式都适用于精确的温度控制需求。TEC 的运行需要直流电源，而且电极的方向确定了传热方向(从冷到热或从热到冷)。

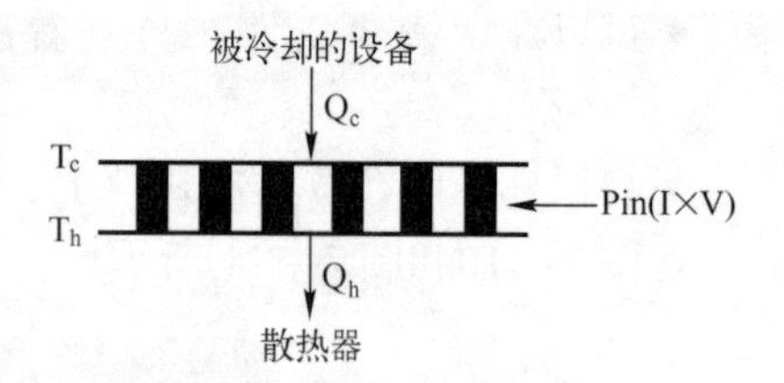

图 7-112 TEC 设备原理简图

TEC 设备的原理简图如图 7-112 所示。

图 7-112 中，TEC 设备作为制冷设备。

TEC 设备的典型输入如下。

- I = 电流。
- V = 电压。
- T_c = 冷侧温度。
- T_h = 热侧温度。
- $DT = \Delta T = T_h - T_c$。
- P_{in} = 输入功率 = $I \times V$。
- Q_c = 模块的制冷量。
- Q_h = 设备的制热量 = $P_{in} + Q_c$。
- COP = 制冷系数 = Q_c/P_{in}。
- a = 塞贝克系数。
- r = 电阻。
- k = 热阻。
- h = TEC 设备高度。
- A = 设备热或冷面积。
- G = 几何因数（接口截面积与热电偶高度之比）。

- N = 热电偶个数（由制造商提供）。

TEC 设备可以用单级或多级配置，以增强其热性能。

注意： 设置时只支持单级设备。

1. 建模指南

- TEC 设备不能与简化热模型材料接触。
- TEC 设备只能用六面形状的块体建模。
- 如果接触 TEC 设备冷侧和热侧的元件被抑制，就会导致求解无法运行。

塞贝克系数的设置为随温度（T_{av}）变化的二阶多项式。系数值由制造商给出，Autodesk CFD 中的默认值可以参考下列表达式。

塞贝克系数 a，单位为 V/K：

1）$a = 0.000210902 + 3.4426e-07(T_{av}-23) - 9.904e-10(T_{av}-23)^2$

2）电阻率 r，单位为 $\Omega-m$：

$r = 1.08497e-05 + 5.35e-08(T_{av}-23) + 6.28e-11(T_{av}-23)^2$

3）导热系数 k，单位为 W/m-K：

$k = 1.65901 - 0.00332(T_{av}-23) + 4.13e-5(T_{av}-23)^2$

计算 a、r、k 值的方法：

- 对于每个量，显示为温度值（单位为℃）。
- 使用曲线拟合工具来计算二阶多项式。
- 从方程中提取 0 阶、1 阶和 2 阶系数。
- 在材料编辑器中的相应区域输入 3 个系数。

2. 结果提取和可视化

TEC 设备的物理特性可以通过温度很好地显示出来，如图 7-113 所示。

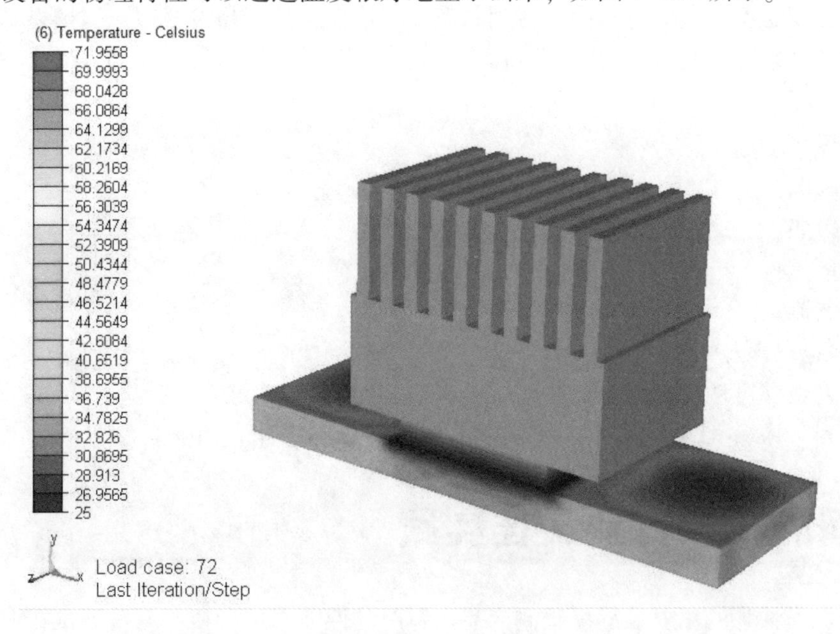

图 7-113　TEC 温度结果

如图 7-113 所示，热量从芯片转移到散热器，TEC 设备的敏感面保持在 25℃。将鼠标悬停在 TEC 设备上，会有弹窗显示如图 7-114 所示的数据。

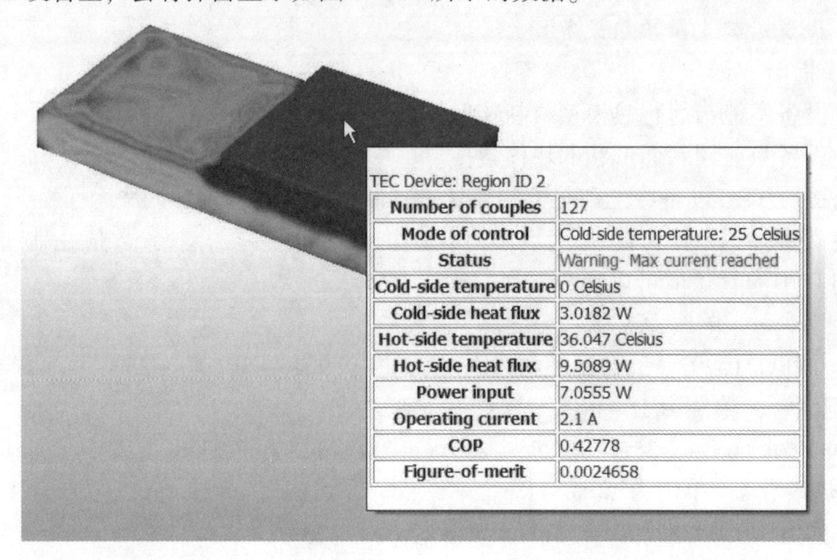

图 7-114　TEC 结果弹窗

这个数据也保存在“部件热分析摘要文件”中，在“分析评估”→“部件热分析摘要文件”中可以找到。

输出的结果有：

- 热电偶数。
- 控制方式。
- 状态（通常不超过运行极限，否则状态会显示设备是否超过极限。这里显示设备可能不能满足系统中的温度期望目标）。
- 冷侧温度。
- 冷侧传热。
- 热侧温度。
- 热侧传热。
- 耗电量。
- 运行电流。
- 制冷系数(Q_c/P_{in})。
- 品质因数（灵敏度）。

参考资料：Rowe D M. CRC Handbook of Thermoelectrics. Boca Raton：CRC Press，1995.

7.4　涡轮机械行业最佳实践

泵与风机设计师的主要挑战是预测产品运行时的性能。原型机—基准测试在业界已经采用了多年，但费时且昂贵。很多公司已经发现了虚拟原型机的益处，并利用 CAE 工具减少成本和上市时间。Autodesk CFD 包含很多强大的工具可以对风机和泵的性能进行仿真，用户已经发现他们可以通过这些工具改善他们的设计。

涡轮机械主要分为两类：

- 涡轮设备，能量从流体转移到转子。
- 泵与风机设备，通过离心叶轮或风机叶片将能量传输到流体。

这些设备与正排量泵和齿轮泵不同。流量与旋转速度密切相关，是基于压差而不是位移容积。涡轮机械必须以旋转来保持压差，而正排量泵是把流体捕捉入内部通道而维持压差。在 CFD 中，可使用线性和角度运动功能来仿真这些正排量泵和齿轮泵。

常用的涡轮机械包括：

- 离心泵。
- 轴流风机。
- 离心压缩器和鼓风机。
- 水轮机。

本主题中的方法主要集中在离心泵、轴流风机和水轮机上。这些已经由 Autodesk 工程师用于大量不同机械的开发中。这些功能可用于大多数应用中，对于某些工况可能需要进行定制化。

注意，这些方法也是比较保守的，在某些案例中可能有些做法比推荐的方法会更快达到收敛。对于某些特定的应用，可以自行根据经验进行改进，大胆优化这些技术可以更高效地得到结果。

可以同时参考 5.5.5 节中总结出的一些建议，这样可以少走弯路，提高工作效率。

7.4.1 离心泵和轴流风机

离心泵和轴流风机的运行是来自于发动机的机械能转化为液体的动能。在离心泵中，流动从轴向进入，通过叶轮旋转，最后穿过涡壳径向排出。大多数离心泵的目的是增加液压或使流动穿过更多管道。

在轴流风机中，空气通过旋转叶轮时会被加速。大多数轴流风机用来提高风速，达到通风的目的。

1. 目标

很多泵和风机主要用于确定给定工况下的运行点。

- 确定最大流量（在 0 压头损失时）。
- 确定给定压头损失的流量。
- 确定给定流量的压头。
- 确定性能曲线。

其他的目标是确定流动中的无效源，其原因有可能是叶片通道吸入侧的循环区域或叶轮出口的喷射尾迹流型。

2. 应用举例

- 水泵。
- 冷却风机（轴流）。
- 冷却风机（径流）。

3. 建模策略

- 没有不必要特征的无错的 CAD 几何模型对于提高分析效率来说是很重要的。尤其是在叶轮和涡壳上要移除细小的边和面，以及耐磨环和外壳上细小的缝隙。
- 延伸进口和出口到至少 3~4 倍的叶轮水力直径，这样可以避免边界条件直接影响结果。
- 旋转区域应包裹叶轮，但是不要接触任何静态的元件，其边界应该位于涡轮外直径和水域直径的中间。
- 想方便地加密叶片边缘附近和泵壳涡舌处的网格，可以尝试使用有边缘特征的面（而不是用一个大面延伸覆盖叶片或蜗壳）。这样可以更容易地在这些关键区域加密局部网格。
- 轴流风机的典型结构是指由叶轮及其周围的圆柱形区域组成的结构。在进出口设计延长区域，延长到离旋转区域 3~4 倍的水力半径的长度，如图 7-115 所示。

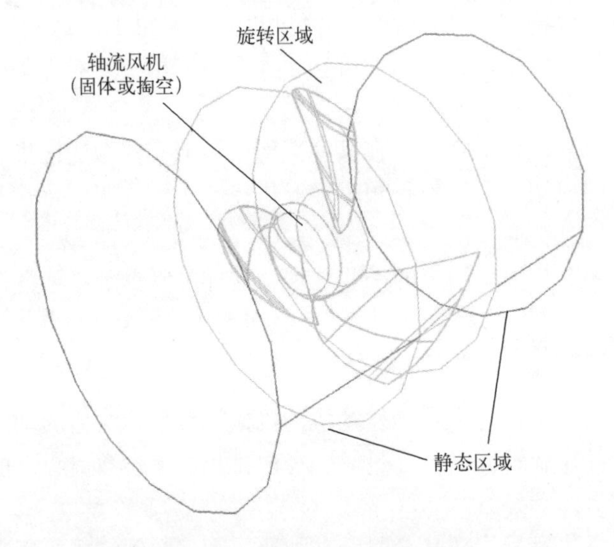

图 7-115 轴流风机旋转区域

4. 分析设置

（1）材料

1）新建旋转区域材料，将其设置在叶轮周围的体上。在材料编辑器中，设置工况类型为已知的转速。使用表格设置旋转速度，并用 50 个时间步从 0 增加到最大转速。

2）举例：

- 如果 5 个叶片的涡轮旋转速度是 3000 r/min，则对叶片转过的时间步长的要求是 72°（360°/5 = 72°）。
- 在转速为 3000 r/min 时，求得的时间步长为 0.004 s（d/N×6）= 72 /（3000）×（6）= 0.004）。
- 要达到全速运转的 50 个时间步需要 0.2 s（50×0.004 = 0.2）。该值在转速 - 时间表中的设置见表 7-2。

表 7-2 转速-时间表

旋转速度/(r/min)	时间/s
0	0
3000	0.2
3000	100

(2) 边界条件

1) 在吸风入口设置“静压” =0。

2) 根据要分析的对象设置出口边界条件。

- 要确定出口流量：在出口设置“静压” =0。
- 要确定给定压头下的流量：在出口设置“瞬态”压力条件。使用“分段线性”的方式设置压力从0到目标值，其过程为100个时间步。
- 要确定给定流量的压头：在出口设置“瞬态”流量。使用“分段线性”的方式设置流量从0到目标值，其过程为100个时间步。要把流速方向设置成流出模型，在表格中把值设为负数。

(3) 网格

1) 除非传热有很大影响，否则可把实体抑制，如叶轮、涡壳和耐磨环。

2) 用自动网格划分或手动网格划分来定义网格分布。

- 自动网格划分基于几何曲面生成网格。它努力地在整个模型中调和网格变化。在旋转区域使用均匀设置。这样可以避免在流动中由于网格的变化而造成错误的网格变动。
- 另一种方案是使用手动网格划分。典型的方式是基于元件尺寸设置网格大小，并采用面加密和边加密。

3) 在两种划分方式中都要注意的事项：

- 足够的网格密度是成功分析的关键。因为在旋转设备处有高度的流动变化，所以足够精细的网格是分析的基本要求。
- 在叶片的主导边和涡舌处进行局部加密，以确保曲面有足够网格。这些地方一般都是关键区域并且会发生大的压力和流动变化。
- 检查每段通道吸入侧的网格分布。不良的压力变化通常发生在这个区域，足够的网格是保障求解处流动变化的关键。
- 确保在旋转区域内的节点长宽比在100以下。要检查该值，在结果量值对话框中开启流函数，然后运行0步迭代，做出等值面以查看节点长宽比。

(4) 监控点

在出口中心新建节点来监控压力和流量（流速乘以出口面积），操作步骤：

- 右键单击非模型区域，在弹出的快捷菜单中选择监控点。
- 设置好位置，单击“添加”。

(5) 时间步长和运行时间步数

由于旋转速度和边界条件逐渐提升相关，因此在开始阶段运行足够的时间步很重要，然后运行足够的转数以达到流动完全发展。参考以下3个阶段的指南可以达到很好的分析效果。

1）第一阶段：转速和边界条件逐渐提升。

2）第二阶段：运行 20 个完整旋转以达到充分发展，需要的时间步等于单个叶片转过的间隔。

3）第三阶段：转一圈所需的时间步等于转过 3°。最终的转动确保流动、压力和水力扭矩达到稳态。

有时需要一些计划和简单计算来确定正确的时间步长和每个阶段要运行的时间步数。

（6）举例

假设一个转速为 3000 r/min 的 5 叶叶轮。叶片到叶片的时间步长为 0.004 s。时间步长 $t = D/(N) \times 6$，其中 $D = 360/$叶片数，N 为转速。本例中 $t = 72/(3000 \times 6) = 0.004$ s。

1）第一阶段：

- 旋转速度需要 50 个时间步来增加，就是 0.004 ×50 = 0.2 s。
- 出口边界条件需要再加 50 步，就是 0.004 ×50 = 0.2 s。

一共需要 0.4 s 和 100 个时间步。

2）第二阶段：

- 在全速时，完成 20 圈旋转需要再加 100 步（每段 1 个时间步，每转需要 5 步，因此，需要 100 步转 20 圈），这就是再加 0.4 s。

此阶段，再加 0.4 s 和 100 个时间步。

3）第三阶段：

每个时间步转 3°，步长约为 0.000167 s（$t = 3/(N \times 6) = 3/(3000 \times 6) \approx 0.000167$ s）。

每个时间步转 3°，每圈需要 120 步。

对于第三阶段，再加 0.02 s 和 120 步。

3 个阶段的设置见表 7-3。

表 7-3　3 个阶段的设置

	时间步长/s	时间步数
第一阶段	0.004	100
第二阶段	0.004	100
第三阶段	0.000167	120

（7）结果输出

1）要查看水力扭矩的历史记录，可单击“结果”（选项卡）→“分析评估”（展开面板）→“旋转区域结果”。该数据也会以“csv”格式保存在工况所在的目录下，可以用 Excel 打开并绘图。

2）在出口创建监控点可以跟踪求解过程，这样可以关注关键区域的求解过程。

3）生成动画结果：

- 设置“时间步”为半个叶片旋转历程。
- 设置“保存内部迭代”（在“求解”对话框中）为 1。
- 继续分析，并且运行足够的时间步数以完成一个完整的旋转。

4）计算压头特性曲线：

- 设置并计算一个运行点。

- 克隆工况，提高出口流量或压力，然后运行。
- 重复上述步骤完成其余运行点。
- 在出口建立切平面，将其设为“摘要平面”。
- 在“决策中心”里，右键单击“决策中心”模型树，然后单击“更新关键值”按钮。
- 在“输出栏”，确保“摘要平面”选项卡正在显示，单击“保存”按钮。
- 数据会存在一个“csv”格式文件中。用 Excel 打开它，可以绘出所有工况的 PQ 曲线。

（8）注意事项

- 避免网格不足。旋转分析一般对网格的敏感性比静态分析要高。要确保像叶片主导边、涡舌和叶片通道吸入侧这样的高变化区域有足够的网格。
- 避免启动冲击。要避免开始分析时就指定全速旋转，因为这跟物理现实是不同的，并且会导致叶片通道的区域分离。使用上面所述的表格逐渐增加旋转区域的转速会比较好。
- 避免在出口直接设置非零压力或流量。在转速增加时，逐渐增加出口边界相应设置。如果没有这样做的话，就会导致流动以错误的方式穿过泵。

7.4.2 涡轮

涡轮是一种将流动中的能量转化为机械能的旋转机械。

1. 对象

在涡轮方面的应用关注于确定以下内容。

- 流动行为（上下游的旋涡）。
- 是否需要在上下游处对流动进行机械矫正。
- 合成扭矩。
- 合成旋转速度。
- 功率。
- 效率。
- 根据负载函数转动（负载转速与空载转速）。

2. 应用举例

典型的水力冲击式涡轮机包括：

- 涡轮流量计。
- 水轮。
- 牙医电钻。
- 风车。

注意：轴流和燃气涡轮是另一种类型的涡轮，用于很多发电和推进应用，但这些涡轮通常有多级设备，因此，不在本书讨论范围之内。

3. 建模策略

- 没有不必要特征的无错的 CAD 几何模型对于提高分析效率来说是很重要的，尤其是在叶轮和涡壳上要移除细小的边和面，以及耐磨环和外壳上细小的缝隙。
- 延伸进口和出口到至少 3 ~4 倍的叶轮水力直径，这样可以避免边界条件直接影响结果。

- 旋转区域应包裹叶轮，但是不要接触任何静态的元件，其边界应该位于涡轮外直径和水域直径的中间。
- 想方便地加密叶片边缘附近和泵壳涡舌处的网格，可以尝试使用有边缘特征的面（而不是用一个大面延伸覆盖叶片或涡壳）。这样可以更容易地在这些关键区域加密局部网格。

4. 分析设置

（1）有两种基本方式对涡轮进行分析

1）方式1：应用负载。用这种方法确定已知负载下的转速。

- 用速度多边形来计算理想转速。
- 用非冲击启动，运行到指定的转速。
- 改变自由转动的方式，加载载荷。再运行一些时间步，直到达到实际的转速。

2）方式2：规定速度。用这种方法确定转速和负载之间的关系。

- 使用非冲击启动，运行到指定的转速。
- 确定该速度下的合成扭矩。
- 把转速调整到下一个值，继续分析。记录此转速下的合成扭矩。重复其他的转速。

（2）材料

1）新建旋转区域材料，将其设置在叶轮周围的体上。在材料编辑器中，设置工况类型为已知的转速。使用表格设置旋转速度，并用50个时间步从0增加到最大转速。

2）举例：

- 如果5个叶片的涡轮旋转速度是3000 r/min，则对叶片转过的时间步长的要求是72°（360/5 = 72）。
- 在转速为3000 r/min时，求得的时间步长为0.004 s（$D/N\times6$）= 72/(3000×6) = 0.004）。
- 要达到全速运转的50个时间步需要0.2 s（50×0.004 = 0.2）。该值在转速时间表中的设置见表7-4。

表7-4 转速－时间表

旋转速度/(r/min)	时间/s
0	0
3000	0.2
3000	100

（3）边界条件

- 入口：设置速度或流量边界条件。
- 出口：设置“静压” =0 。

（4）网格

1）除非传热有很大影响，否则可把实体抑制，如叶轮、涡壳和耐磨环。

2）用自动网格划分或手动网格划分来定义网格分布。

- 自动网格划分基于几何曲面生成网格。它努力地在整个模型中调和网格变化。在旋转区域使用均匀设置。这样可以避免在流动中由于网格的变化而造成错误的网格变动。

- 另一种方案是使用手动网格划分。典型的方式是基于元件尺寸设置网格大小，并采用面加密和边加密。

3）在两种划分方式中都要注意的事项：

- 足够的网格密度是成功分析的关键。因为在旋转设备处有高度的流动变化，所以足够精细的网格是分析的基本要求。
- 在叶片的主导边和涡舌处进行局部加密，以确保曲面有足够网格。这些地方一般都是关键区域并且会发生大的压力和流动变化。
- 检查每段通道吸入侧的网格分布。不良的压力变化通常发生在这个区域，足够的网格是保障求解处流动变化的关键。
- 确保在旋转区域内的节点长宽比在100以下。要检查该值，在结果量值对话框中开启流函数，然后运行0步迭代，做出等值面以查看节点长宽比。

（5）监控点

在出口中心新建节点来监控压力和流量（流速乘以出口面积），操作步骤如下：

- 右键单击非模型区域，在弹出的快捷菜单中选择“监控点”。
- 设置好位置，单击“添加”。

（6）运行

对于两种方式（应用负载和规定转速），必须达到稳态转速。最好的方式是用非冲击启动。

1）步骤1：非冲击启动的设置——时间步长和运行时间步数。

由于旋转速度和边界条件逐渐提升相关，因此在开始阶段运行足够的时间步很重要，然后运行足够的转数以达到流动完全发展。参考以下3个阶段的指南可以达到很好的分析效果。

- 第一阶段：转速和边界条件逐渐提升。
- 第二阶段：运行20个完整旋转以达到充分发展，需要的时间步等于单个叶片转过的间隔。
- 第三阶段：转一圈所需的时间步等于转过3°。最终的转动确保流动、压力和水力扭矩达到稳态。

有时需要一些计划和简单计算来确定正确的时间步长和每个阶段要运行的时间步数，可参考下例。

一个转速为3000r/min的5叶叶轮，叶片到叶片的时间步长为0.004s。时间步长$t=D/(N\times6$，其中$D=360$/叶片数，$N=$转速）。$t=72/(3000\times6)=0.004$s。

第一阶段：

- 旋转速度需要50个时间步=来增加，就是$0.004\times50=0.2$s。
- 出口边界条件需要再加50步，也就是$0.004\times50=0.2$s。

第一阶段一共需要0.4s和100个时间步。

第二阶段：

在全速时，完成20圈旋转需要再加100步（因为每段1个时间步，每转需要5步，所以需要100步转20圈），这就是再加0.4s。

第二阶段再加 0.4 s 和 100 个时间步。

第三阶段：

每个时间步转 3°，步长就是 0.000167 s($t=3/(N\times6)=3/(3000\times6)=0.000167$ s)。

每个时间步转 3°，每圈需要 120 步。

对于第三阶段，再加 0.02 s 和 120 步。

3 个阶段全部设置见表 7-5。

表 7-5　时间步设置

	时间步长/s	时 间 步 数
第一阶段	0.004	100
第二阶段	0.004	100
第三阶段	0.000167	120

在达到转速后，将旋转区域调整为自由转动，添加惯量作为阻力载荷。

- 回到材料任务界面，编辑“旋转区域”材料。
- 将工况改为“自由转动”。
- 设置“惯量负载”。
- 再运行一些时间步，直到再次达到稳态转速。

2）步骤 2：规定转速方式。

- 在达到转速后，单击“分析评估”→“旋转区域结果”来确定合成扭矩。
- 提高转速，重复上述第二阶段和第三阶段。这是确保流动、压力和扭矩达到稳态求解所必需的。

（7）结果输出

1）要查看水力扭矩的历史记录，单击“结果”（选项卡）→“分析评估”（展开面板）→“旋转区域”结果。该数据也会以“csv”格式保存在工况所在的目录下，可以用 Excel 打开并绘图。

2）在出口创建监控点可以跟踪求解过程，这样可以关注关键区域的求解过程。

3）生成动画结果：

- 设置“时间步”为半个叶片旋转历程。
- 设置“保存内部迭代”（在“求解”对话框中）为 1。
- 继续分析，并且运行足够的时间步数以完成一个完整的旋转。

4）大多数涡轮应用中所要查看的结果量值如下。

- 转速：从“旋转区域结果”表中查看（“分析评估”→“旋转区域结果”）。
- 扭矩：从“旋转区域结果”表中查看（“分析评估”→“旋转区域结果”）。
- 轴功率：根据转速和扭矩乘积计算。
- 效率：根据(流量×压降)/(转速×扭矩)计算。

（8）注意事项

- 避免网格不足。旋转分析一般对网格的敏感性比静态分析要高。要确保像叶片主导边、涡舌和叶片通道吸入侧这样的高变化区域有足够的网格。
- 避免启动冲击。要避免开始分析时就指定全速旋转，因为这跟物理现实是不同的，并且会导致叶片通道的区域分离。使用上面所述的表格逐渐增加旋转区域的转速会比较好。

7.4.3 错误排查

本部分内容讨论涡轮机械仿真时的一些常见问题。

1. 结果与实验不符

- 检查分析设置（压力、流量、转速、流体）是否与测试条件一致。
- 检查仿真用的几何体是否能反映实际几何体。
- 检查扭矩、压力和流动是否达到了稳态（已停止变化）。如果没有，就增加时间步。
- 加密整体网格，减小时间步长。
- 最大速度超过了叶轮尖端的速度，或者求解发散。

在典型的泵或风机分析中，最高的速度应该是叶轮尖端的速度（v = 半径 × 转速）。如果流体速度超过了叶尖速度，就有可能出现问题，导致发散。

2. 评估问题

第一步要查明峰值速度的位置及液体流动的速度。可以用等值面来显示速度的量级，并且将滑杆移动到右边。如果最大速度在一个很小的区域，可能不影响其他地方的结果，那可以忽略。

如果在很大的区域内都有很高的流速，就需要仔细检查模型。

3. 检查网格

- 确保在旋转区域内的节点长宽比在100以下。要检查该值，在结果量值对话框中开启流函数（“求解”对话框的控制选项卡中），然后运行0步迭代，做出等值面以查看节点长宽比。
- 检查像叶片主导边、涡舌和叶片通道吸入侧这样的关键区域，划分足够的网格。

4. 改变求解设置

- 在“求解”对话框的“控制”选项卡中，单击“求解控制”。
- 将“速度”和“压力”的滑块调至0.25。
- 再次计算。

5. 开启可压缩性

- 如果问题仍然存在，那么在“求解”对话框的“物理”选项卡中把“可压缩性”选项改为“可压缩”。
- 这样可以增加流动方程里的控制项，提高求解稳定性。

如果流体密度为常数，则流体会被认为是不可压缩的。

附录A　Autodesk CFD 涡轮机械性能曲线生成器

所用插件名称：AutodeskSimCFDPumpCalc. msi。

1. 介绍

本插件自动进行以下工作来计算性能曲线：

- 从一个工况开始，插件会使用用户指定的输入创建一个多工况的设计。
- 插件会用简单的配置变更修改现有工况。消除每个工况的需要手动操作的变更。
- 最后，本插件输出数据到 Excel 文件中，保存扭矩、性能曲线和基本运行数据。

注意：本插件仅用于单进口－单出口设备。需要 Autodesk CFD 2014 及更高版本，以及 Microsoft Excel 支持。

2. 安装注意事项

退出正在运行的 Autodesk CFD，安装后重新打开 Autodesk CFD 。

3. 使用方法

下面介绍使用过程，注意按步骤操作以确保获得想要的输出结果。

仔细检查所有的输入文本，因为插件执行时会需要指定好的、区分大小写的名称。例如，需要输入“Inlet”以确保名称是正确的。

在插件工具栏中会出现新按钮，这些按钮会在下面的工作流中出现，如图 A-1 所示。

图 A-1　新的按钮

（1）Setup（设置）

模型按照标准的流程设置，这里是一些例外：

1）不要在进出口设置任何流动边界条件（速度、压力、流量等），本插件会自动帮用户设置。

2）用户需要设置两个 CAD 实体组来定义进出口位置。

- 选择单个进口面，命名为“Inlet”组。
- 选择单个出口面，命名为“Outlet”组。

3）在“求解”对话框中，忽略时间步长和时间步数的设置。它们会基于其他输入自动调整。

4）在用户的设计中应该只有 1 个工况。

当用户设置完模型后，单击插件选项卡下的“Setup”按钮，可自动根据每个运行点创建工况，“Pump Setup”对话框如图 A-2 所示。

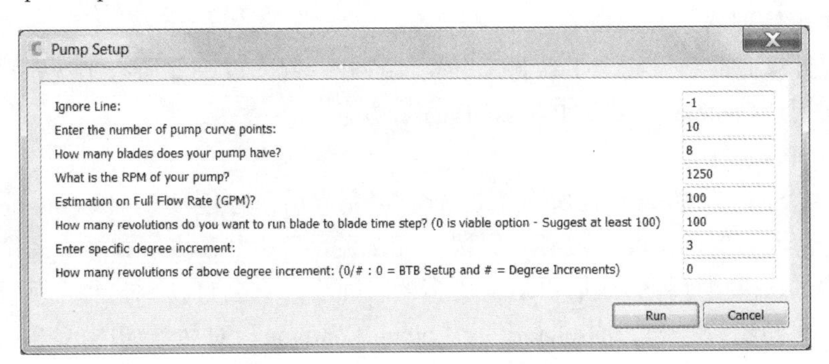

图 A-2 “Pump Setup”对话框

输入项解释如下。

Enter the number of pump curve points（要仿真的运行点的数量）：默认值是 10，最小为 3。

- 第一个点模拟的是进出口压力都为 0 的工况。这可以视为是“完全流动”的工况。
- 中间的工作点是一系列定义好的流量工况。每个工况在术语中称为“OP# - < Flow Rate > GPM”（如“OP3 - 325. 0 GPM”）。
- 最终的数据点是“无流动”工况，而且出口不设置边界条件。

How many blades does your pump have?（你的泵有多少个叶片?）

输入设备中的叶片数。

What is the RPM of your pump?（泵的转速是多少?）

输入用户设备的转速。该值与旋转区域材料的数值一样。

Estimation on Full Flow Rate（GPM）?（估计一下最大体积流量（GPM)?）

不用运行最大流速模型，设备的流量是不知道的。输入一个预估的 GPM。如果不确定，可以估计得偏保守，这样就不会出现仿真超过设备极限之外的情况了。

How many revolutions do you want to run blade to blade time step?（0 is viable option - Suggest at least 100）[叶片间的时间步要进行多少个旋转?（可以是 0，建议至少为 100）]

- “叶片间”的时间是一个叶片转到相邻叶片的时间。
- 例如，如果有 4 个叶片，输入 100，则插件会运行 400 个时间步。8 个叶片就是 800 个时间步。

Enter specific degree increment（输入角度增量）

很多时候，用户想要仿真叶片转过指定的角度而不是一个叶片间距，默认为推荐的 3°。

How many revolutions of the above degree increment?（按上面的角度增量进行多少个旋转?）

- 设置为 0 时，使用叶片间（Blade to Blade，BTB）的设置。
- 要覆盖 BTB 设置，就需要设置一个值。

- 插件不会自动按照指定的角度增量运行 BTB。要这样做的话，先使用“Setup”选项，直到工作完成，然后使用“Continue”选项按下面的描述运行。

一旦所有的值都被正确设置，单击“Run”按钮。运行不会中断用户界面。基于用户的配置，所有所需的工况都会被自动设置。设置完成后，信息窗会有提示。

使用“求解管理器”开启所有的工况计算。

所有工况计算完成后，应该手动将工况轮流打开一遍，以确保所有工况都已完成。

接下来使用“Continue”或“Process Data”功能。

（2）Continue（继续）

在使用了“Setup”功能并且所有工况都求解完成后，才能使用“Continue”功能。用户可以删除任何不需要的工况，但必须保留“完全流动”“无流动”和至少一个中间工况。

该功能尝试在模型计算完成后再运行更多的时间步。它会自动调整每个活动设计中的每个工况中的“时间步数”和“时间步长”。“Setup Continue”对话框如图 A-3 所示。

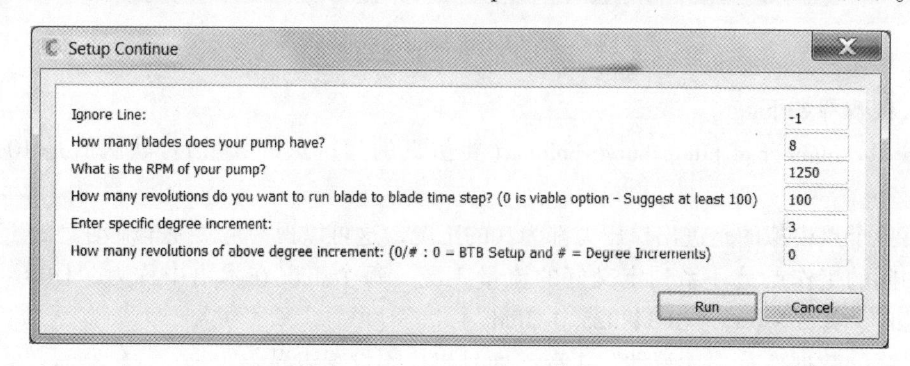

图 A-3 “Setup Continue”对话框

输入项解释如下。

How many blades does your pump have?（你的泵有多少个叶片?）

输入用户设备中的叶片数。

What is the RPM of your pump?（泵的转速是多少?）

在用户定义的旋转区域材料中的泵的转速。

How many revolutions do you want to run blade to blade time step?（0 is viable option - Suggest at least 100）［叶片间的时间步要进行多少个旋转?（可以是 0，建议至少为 100）］

“叶片间”的时间是一个叶片转到相邻叶片的时间。

Enter specific degree increment（输入角度增量）

很多时候，用户想要仿真叶片转过指定的角度而不是一个叶片间距。默认为推荐的 3°。

How many revolutions of the above degree increment（按上面的角度增量进行多少个旋转）

- 设置为 0 时，使用叶片间（Blade to Blade，BTB）的设置。
- 要覆盖 BTB 设置，就需要设置一个值。
- 插件不会自动按照指定的角度增量运行 BTB。要这样做的话，先使用“Setup”选项，直到工作完成，然后使用“Continue”选项按下面的描述运行。

一旦所有的值都被正确设置，单击“Run”按钮。运行不会中断用户界面。基于用户的配置，所有所需的工况都会被自动设置。设置完成后，信息窗会有提示。

使用“求解管理器”开启所有的工况计算。

所有工况计算完成后，应该手动将工况轮流打开一遍，以确保所有工况都已完成。

接下来使用“Continue”或“Process Data”功能。

(3) Process Data（处理数据）

“处理数据”功能只能在仿真完成后使用。其主要目的是将每个工况的一部分重要数据输出到一个单独的Excel表中。包含但不限于：

- 基本运行数据。
- 平均扭矩（基于最后100步迭代的求解）。
- 功率。
- WHP（水功率）。
- 效率。
- 最初扭矩数据和相应图线。
- 性能曲线。

每个工况都有个相关的表格，表格中有该工况所有的关键数据。另一个表格中包含每个扭矩曲线的趋势图。最后一个表格包括性能曲线。

当使用这个功能时不能打开Excel手动操作，否则会打断该插件对API的调用，如图A-4所示。

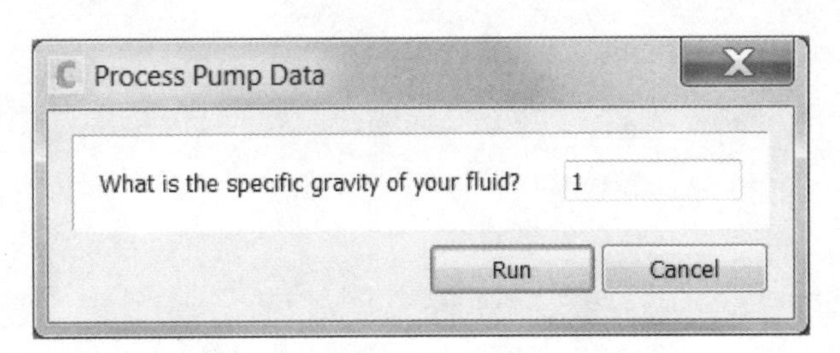

图A-4 “Process Pump Data”对话框

输入项解释如下。

What is the specific gravity of your fluid?（流体的重力是多少?）

对于水，设置为1.0。

4. 卸载本插件

- 在Windows“开始”菜单中打开“Autodesk Exchange App Manager”（“开始”→“所有程序”→“Autodesk”→“CFD 2017”→“Autodesk Exchange App Manager”）。
- 选择“SimCFD Pump Calculator”。
- 单击“卸载”按钮。

另外，在“控制面板”→“卸载程序”中也可以卸载。

如果Autodesk CFD正在运行，可退出并重启后在“插件”选项卡中删除该插件。